Technik der Turboflugtriebwerke

Die Reihe Technik der Turboflugtriebwerke enthält wissenschaftlich fundierte Gesamtdarstellungen des vorhandenen Fachwissens zur Berechnung, Konstruktion und zum Bau von Turboflugtriebwerken.

**Fertigungsverfahren
von Turboflugtriebwerken**
von Peter Adam

**Steuerung und Regelung
der Turboflugtriebwerke**
von Klaus Bauerfeind

**Aerodynamische Berechnungsmethoden
für Turbomaschinen**
von Hans-Wilhelm Happel

Projektierung von Turboflugtriebwerken
von Hubert Grieb

Klaus Bauerfeind

Steuerung und Regelung der Turboflugtriebwerke

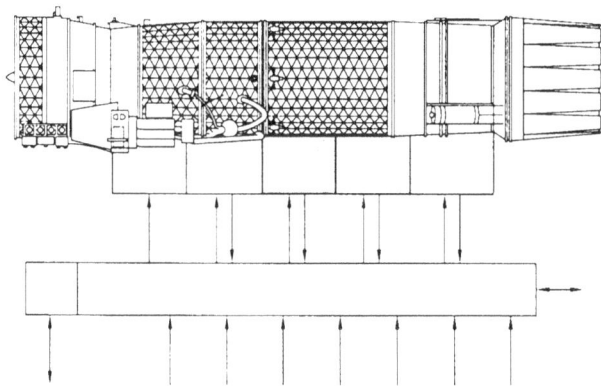

Springer Basel AG

Der Autor:

Dr.-Ing. Klaus Bauerfeind
c/o MTU München GmbH
Dachauer Straße 665
D-80995 München

Dieses Buch entstand mit freundlicher Unterstützung der MTU München.

Die Deutsche Bibliothek – CIP-Einheitsaufnahme

Bauerfeind, Klaus:
Steuerung und Regelung der Turboflugtriebwerke / Klaus
Bauerfeind. - Basel ; Boston ; Berlin : Birkhäuser, 1999
  (Technik der Turboflugtriebwerke)
  ISBN 978-3-0348-9748-8   ISBN 978-3-0348-8734-2 (eBook)
  DOI 10.1007/978-3-0348-8734-2

Dieses Werk ist urheberrechtlich geschützt. Die dadurch begründeten Rechte, insbesondere die der Übersetzung, des Nachdrucks, des Vortrags, der Entnahme von Abbildungen und Tabellen, der Funksendung, der Mikroverfilmung oder der Vervielfältigung auf anderen Wegen und der Speicherung in Datenverarbeitungsanlagen, bleiben, auch bei nur auszugsweiser Verwertung, vorbehalten. Eine Vervielfältigung dieses Werkes oder von Teilen dieses Werkes ist auch im Einzelfall nur in den Grenzen der gesetzlichen Bestimmungen des Urheberrechtsgesetzes in der jeweils geltenden Fassung zulässig. Sie ist grundsätzlich vergütungspflichtig. Zuwiderhandlungen unterliegen den Strafbestimmungen des Urheberrechts.

©1999 Springer Basel AG
Ursprünglich erschienen bei Birkhäuser Verlag 1999
Softcover reprint of the hardcover 1st edition 1999

ISBN 978-3-0348-9748-8

9 8 7 6 5 4 3 2 1

Vorwort

Das Buch behandelt die wichtigsten zum Fachgebiet des Steuerns und Regelns der Turboflugtriebwerke gehörenden Spezialdisziplinen. Das Triebwerk als Regelstrecke mit seinem stationären und instationären Verhalten wird genauso dargestellt wie Steuer- und Regelkonzepte mit ihrer Realisierung in Hardware. Dabei werden auch die Technik vergangener Epochen sowie einige theoretische Grundlagen kurz behandelt.

Der vorgegebene Umfang des Buches wurde vor allem dazu genutzt, dieses Fachgebiet einmal geschlossen darzustellen und damit eine bestehende Lücke in der Fachliteratur zu schließen.

Das Buch wendet sich an den Ingenieur in der Luftfahrtindustrie, der sich auch über Nachbar-Fachgebiete informieren möchte, den Jungingenieur in der Einarbeitungsphase, an Studenten entsprechender Fachrichtungen, an die Praktiker bei Luftfahrtgesellschaften und der Bundeswehr sowie Beamte einschlägiger Behörden. Wert gelegt wurde auf eine leicht verständliche Darstellungsweise, unterstützt durch mehr als 180 Bilder.

Bedanken möchte ich mich bei der Geschäftsleitung der MTU München GmbH, die das Entstehen dieses Buches initiierte und ermöglichte. Mein Dank gilt aber auch meinen ehemaligen Kollegen Hans Prechter, Werner Wunderlich und Friedrich Schwamm sowie Dr. Kurt Maier für das Korrekturlesen. Ebenfalls zu Dank verpflichtet bin ich Herrn Dr. Walle von der Firma Bodenseewerk Gerätetechnik GmbH für Material und ein ausführliches Gespräch. Der Autor dankt allen, die ihn während der Herstellung des Manuskriptes unterstützt haben, insbesondere bei der Texterstellung und den umfangreichen Zeichnungsarbeiten.

Last but not least sei dem Birkhäuser Verlag gedankt für die gute Ausstattung des Buches.

München, Januar 1999 *Klaus Bauerfeind*

Inhalt

1 Einleitung 1

2 Grundsätzliche Aufgabenstellungen 5

3 Das Turboflugtriebwerk als Regelstrecke 9
   3.1 Allgemeines 9
   3.2 Typische Bauformen der Turboflugtriebwerke 9
       3.2.1 Gestaltung zur Optimierung des Vortriebswirkungsgrads 9
       3.2.2 Gestaltung zur Optimierung des inneren Wirkungsgrads und der Leistungsdichte 14
   3.3 Stationäres Betriebsverhalten 14
   3.4 Konzept der reduzierten Leistungsparameter 18
   3.5 Instationäres Betriebsverhalten und Simulationsmodelle 24
       3.5.1 Grundsätzliches 24
       3.5.2 Einen instationären Vorgang auslösende Triebwerkeingangsparameter 25
       3.5.3 Physikalische Vorgänge beim instationären Betrieb 26
       3.5.4 Modelliermöglichkeiten des instationären Betriebsverhaltens 34
   3.6 Windmilling- und Startverhalten 41
       3.6.1 Grundsätzliche Aspekte und Aufgabenstellungen 41
       3.6.2 Grundlagen des Windmilling-Betriebs 43
           3.6.2.1 Physikalische Grundlagen 43
           3.6.2.2 Arbeitsweisen von Verdichtern und Turbinen im Windmilling-Betrieb 45
           3.6.2.3 Syntheserechnung mit Kennfeldern 51
           3.6.2.4 Diskussion des Windmilling-Betriebs beispielhaft für das Einwellen-Einstromtriebwerk 51
       3.6.3 Grundlagen des Startverhaltens 53
   3.7 Stell-, Stör- und Regelgrößen (Triebwerkparameter) 55

4 Steuer- und Regelungskonzepte der Turboflugtriebwerke 59
   4.1 Schubsteuerung durch den Leistungshebel 59
       4.1.1 Anforderungen 59
       4.1.2 Steuerkonzepte 60
       4.1.3 Vollast-Leistungsstufen bei militärischen Triebwerken 64

4.2	Starten und Abschalten	64
	4.2.1 Startvorgang	64
	4.2.1.1 Startermotor	65
	4.2.1.2 Brennkammer-Zündvorrichtung	67
	4.2.1.3 Brennstoffzumessung	67
	4.2.2 Abschaltvorgang	68
4.3	Rotorbeschleunigung/-verzögerung	69
	4.3.1 Grundsätzliches	69
	4.3.2 Bewährte und mögliche Konzepte für die Steuerung und Regelung der Rotorbeschleunigung/-verzögerung	71
4.4	Grenzwertparameter-Begrenzer	74
4.5	Wasser-Methanol-Einspritzung zur Startschuberhöhung	76
4.6	Nachbrennerbetrieb	78
	4.6.1 Grundsätzliches	78
	4.6.2 Konzepte für eine geregelte Nachbrenner-Rückwirkungsfreiheit	79
	4.6.3 Konzept des gesteuerten, weitgehend rückwirkungsfreien Nachbrennerbetriebs	84
	4.6.4 Nachbrenner-Zündvorrichtungen	88
4.7	Optimierte Betriebsartensteuerung (*Mode Control*)	90
4.8	Luftschraubensteuerung bei Turboprop (PTL)-Triebwerken	93
	4.8.1 Grundsätzliches	93
	4.8.2 Steuerungskonzepte	93
4.9	Rotorsteuerung bei Hubschraubertriebwerken	96
	4.9.1 Grundsätzliches	96
	4.9.1 Steuerungskonzepte	97
4.10	Spezielle Steuerungsanforderungen anderer Luftfahrt-Gasturbinentriebwerke (Sonderbauarten)	99
	4.10.1 Besondere Steuerungsanforderungen für Triebwerke mit variabler Geometrie	100
	4.10.2 Besondere Steuerungsanforderungen für Hyperschalltriebwerke	102
	4.10.3 Steuersysteme für Verlusttriebwerke	103
	4.10.4 Steuersysteme für Hilfsgasturbinen (APU´s)	105
	4.10.5 Steuerungsanforderungen für VTOL-Triebwerke	108
4.11	Einige allgemeine Entwicklungsschwerpunkte	111

5 Autarke Steuerungskonzepte wichtiger Triebwerkkomponenten ... 115
  5.1 Grundsätzliches ... 115
  5.2 Lufteinlauf ... 115
  5.3 Verdichter ... 119

5.4 Turbinen 124
5.5 Brennkammer und Nachbrenner 124
5.6 Schubdüse für Überschallflug 126
5.7 Schubumkehrer 127

6 Sicherheits- und Zuverlässigkeitsanforderungen 128

7 Brennstofftypen und ihre physikalischen Eigenschaften 133
7.1 Grundsätzliches 133
7.2 Einteilung der Brennstoffe für Turboflugtriebwerke 135
7.3 Physikalische Eigenschaften und Kennwerte 136

8 Typische Komponenten der Steuer- und Regelsysteme 140
8.1 Allgemeines 140
8.2 Sensoren 141
    8.2.1 Drehzahlmessung 143
    8.2.2 Temperaturmessung 144
    8.2.3 Druck- und Druckverhältnismessung 148
    8.2.4 Brennstoff-Durchflußmessung 153
    8.2.5 Drehmomentmessung 154
    8.2.6 Positionsmessung 155
    8.2.7 Mögliche künftige Sensoren 155
8.3 Stellglieder und ihre Komponenten 156
    8.3.1 Brennstoffpumpen 156
    8.3.2 Brennstoffzumeßventile 164
    8.3.3 Brennstoffdüsen 168
    8.3.4 Pneumatische Stellzylinder 174
    8.3.5 Luftmotoren 174
    8.3.6 Hydraulische Stellzylinder 175
    8.3.7 Hydraulikpumpen und -motoren 176
    8.3.8 Elektromotoren und Spulenantriebe 177
    8.3.9 Mechanische Antriebe 177
8.4 Funktionserzeuger, Rechner 178
    8.4.1 Mechanische Funktionserzeugung 179
    8.4.2 Pneumatische Funktionserzeugung 180
    8.4.3 Elektrische Funktionserzeugung und Rechner 181

9 Digitale Elektronik für die Steuerung, Regelung und Überwachung moderner Turboflugtriebwerke 189
9.1 Rückblick und Entwicklungsgeschichte bis zum FADEC 189

Inhalt IX

9.2 FADEC als komplettes Betriebssystem für Turboflugtriebwerke 191
9.3 FADEC als Überwachungssystem 195
9.4 Wichtige Entwicklungsschritte von der projektbezogenen
    Konzipierung bis zur Zulassung 196
9.5 Hardware des Digitalreglers 199
    9.5.1 Zuverlässigkeit, Sicherheit und Redundanz 199
    9.5.2 Grundsätzlicher Aufbau 202
    9.5.3 Mikroprozessoren, Speicher und andere Bauelemente 205
    9.5.4 Kommunikation mit Sensoren, Stellgliedern, Cockpit,
          Überwachungs- und Testgeräten 207
    9.5.5 Abschirmung gegen EMC, Blitz und nukleare Explosionen 207
    9.5.6 Schutzmaßnahmen gegen unzulässige Temperaturen
          und Vibrationen 208
    9.5.7 Stromversorgung 209
    9.5.8 Fragen der Integration mit zellenseitiger Elektronik 210
9.6 Software des FADEC-Systems 213
    9.6.1 Erstellen der Software 213
    9.6.2 Analyse, Testen und Validieren der Software 215
9.7 Testen und Validieren des Gesamtsystems 216
9.8 Allgemeine Entwicklungstendenzen 218

10 Beispiele ausgeführter Steuer- und Regelsysteme 223
10.1 Betriebssystem des Junkers-Triebwerks Jumo 109-004B
     von 1944 223
     10.1.1 Allgemeines 223
     10.1.2 Betriebssystem und Steuerelemente 225
10.2 Betriebssystem des Turbo-Union-Triebwerks RB199
     im Tornado-Kampfflugzeug 228
     10.2.1 Allgemeines 228
     10.2.2 Betriebssystem und Steuerelemente 231
            10.2.2.1 Brennstoffzumeßsystem für Grundtriebwerk 236
            10.2.2.2 Nachbrennerbrennstoff-Zumeßsystem 238
            10.2.2.3 Schubdüsenverstellsystem 243
            10.2.2.4 Schubumkehrerbetätigungssystem 248
            10.2.2.5 Aufbau und Funktionsweise des Digitalreglers DECU 253
10.3 Betriebssystem des Triebwerks V2500 der IAE 255
     10.3.1 Allgemeines 255
     10.3.2 Betriebssystem mit seinen wichtigsten Steuerfunktionen 256
     10.3.3 Brennstoffzumeßsystem 259

10.4 Betriebssystem des Hubschraubertriebwerks MTR390 263
    10.4.1 Allgemeines 263
    10.4.2 Betriebssystem mit seinen wichtigsten Steuerfunktionen 264
    10.4.3 Brennstoffzumeßsystem 267

Anhang: Einige Definitionen und Grundlagen der Regelungstechnik 269
  A1 Begriffe der Steuer- und Regelungstechnik 269
  A2 Mathematische Beschreibung des Verhaltens typischer Systemelemente 276
      A2.1   Mathematische Grundlagen 276
      A2.2   Dynamisches Verhalten ausgewählter Grundelemente 280
      A2.3   Darstellung in der Zustandsebene 283
  A3 Zeitverhalten einfacher Regelstrecken und ihre Stabilität 285
  A4 Reglerentwurf mit Sprungantwort 290
      A4.1   Allgemeine Optimierungskriterien 290
      A4.2   Kompensation von P-T-Gliedern in der Regelstrecke 292
      A4.3   Unterlagerte Regelkreise 293
  A5 Digitale Regelungen 294
      A5.1   Funktionseinheiten 294
      A5.2   Digitalisierung analoger Reglerfunktionen 295
      A5.3   Verschiebungsoperator und Z-Transformation 296
      A5.4   Wahl der Abtastperiode 297
  A6 Besonderheiten und Vorgehensweise beim Entwurf
      von Steuer- und Regelsystemen von Turboflugtriebwerken 297

Verwendete Symbole 301

Literaturverzeichnis 304

Sachwortverzeichnis 311

1 Einleitung

Zum Fachgebiet „Steuern und Regeln der Turboflugtriebwerke" gehören das stationäre und instationäre Betriebsverhalten des Turboflugtriebwerks als Regelstrecke, die einzusetzenden Steuer- und Regelstrategien zur Lösung der Aufgabenstellungen und schließlich die gerätetechnische Hardware nebst der Software bei den digitalen Regelungen.

Die Steuerung bzw. Regelung als Betriebssystem der Turboflugtriebwerke hat einen wichtigen Einfluß auf die spezifische Leistungsausbeute sowie auf die Handling-Qualitäten und die Zuverlässigkeit und Sicherheit der Antriebsanlage.

Trotz zahlreicher Veröffentlichungen und Vorträge über viele Teilaspekte wurde bisher kaum der Versuch unternommen, dieses Gesamtgebiet einmal möglichst geschlossen darzustellen. Allerdings ist durch den vorgegebenen Umfang des Buches eine vollständige Behandlung aller relevanten Teilaspekte nicht möglich. Es wurde vielmehr angestrebt, einen Überblick über das Gesamtgebiet zu geben, so daß der Leser die große Vielfalt der bis heute eingesetzten Steuer- und Regelgesetze sowie die zahlreichen gerätetechnischen Ausführungen selbst einordnen und ihre Vorzüge und Nachteile zumindest qualitativ bewerten kann. Außerdem wurde zu jedem behandelten Thema weiter vertiefende Fachliteratur angegeben.

Ausgangspunkt ist das Turboflugtriebwerk als Regelstrecke zusammen mit den operationellen Forderungen an die Antriebsanlage.

Die in der Vergangenheit angewendeten Steuer- und Regelungskonzepte sowie die Systemkomponenten für unterschiedliche, aber auch identische Aufgabenstellungen zeichnen sich durch eine große Vielfalt aus. Soft- und hardwaremäßig haben sich seit Ende des zweiten Weltkriegs – zumindest bis etwa in die achtziger Jahre – teilweise völlig unterschiedliche Entwicklungen ergeben, insbesondere zwischen Europa, den USA und der ehemaligen Sowjetunion, aber auch zwischen den einzelnen Triebwerkfirmen in Europa und den USA.

Ursache dafür waren nicht zuletzt die bereits während des Krieges vor allem in Deutschland erfolgten Triebwerkentwicklungen bei BMW und Junkers, die nach dem Krieg durch den Rückgriff der Alliierten auf die einschlägigen deutschen Ingenieure ihren Weg in die USA, nach Frankreich und in die Sowjetunion fanden. Eigene Wege ging vor allem England, das bereits gegen Ende des zweiten Weltkrieges eine eigene Entwicklung von Turboflugtriebwerken begonnen hatte, die dann kontinuierlich von einem halben Dutzend englischer Triebwerkfirmen bis Ende der fünfziger Jahre fortgesetzt wurde, bevor nach dem anschließenden Konzentrationsprozeß nur noch eine Triebwerkfirma in England übrig blieb.

In Deutschland begannen wesentliche Aktivitäten auf dem Gebiet der Triebwerkentwicklung nach der Zwangspause durch den zweiten Weltkrieg erst wieder mit dem Jahr 1960 und zwar in Kooperation mit dem britischen Hersteller Rolls-Royce. Da es sich zunächst um die Entwicklung von drei Triebwerktypen für senkrecht startende und landende Flugzeuge handelte – eine seinerzeit nicht nur neue, sondern auch sehr anspruchsvolle Technik – mußten dazu zunächst grundsätzliche Studien über das dynamische

Triebwerkverhalten durchgeführt werden. Diese Studien, unterstützt durch Triebwerkversuche, erfolgten nahezu ausschließlich bei MTU bzw. ihrer Rechtsvorgängerin [10]. Dabei entstand auch eine Anzahl neuer Steuer- und Regelstrategien, die z. T. in nachfolgenden Triebwerkprojekten Anwendung fanden ([11], [24], [27], [28], [35]).

Im Versuchsbereich des gleichen Unternehmens wurde bereits in den sechziger Jahren ein umfangreiches Geräteprüffeld geschaffen, das das Austesten aller Geräte, zusammen mit einem in Analogtechnik simulierten Triebwerk erlaubte – ein Novum zu dieser Zeit. Ab etwa Mitte der siebziger Jahre wurde dann Entwicklungskapazität für elektronische Regler auf- und später weiter ausgebaut, so daß MTU heute entweder allein, oder federführend in einer Kooperation, digitale Regelsysteme konzipieren und entwickeln kann.

Parallel zu diesen Aktivitäten entstand mit der Firma PLU in Neuß am Rhein als Tochter der bekannten Kfz-Zulieferfirma Pierburg ein Unternehmen für zunächst Überholung und Fertigung von Brennstoffzumeßsystemen, denen später auch eigene Entwicklungsaktivitäten in Kooperation mit ausländischen Partnern folgten.

Auf dem Sektor der elektronischen Triebwerkregelungen wurde ab etwa 1970 die Firma BGT (Bodenseewerk Gerätetechnik GmbH) in Überlingen aktiv. Entwicklungen in internationalen Kooperationen, Eigenentwicklungen und Fertigung inkl. Lizenzfertigung von elektronischem Gerät für die Luftfahrt bilden die Schwerpunkte.

Darüber hinaus entstanden zahlreiche weitere Betriebe, die, häufig auch in Kooperation mit ausländischen Partnern, Komponenten und Geräte für Triebwerkregelungen herstellen.

Üblicherweise werden die Steuer- und Regelkonzepte in den Triebwerkfirmen erarbeitet und spezifiziert, um nach einem Ausschreibungsverfahren von Spezialfirmen in Hardware umgesetzt zu werden. Von einigen Triebwerkherstellern werden aber auch Entwicklungsarbeiten vor allem an digitalen Regelsystemen in eigener Regie oder bei Tochterunternehmen durchgeführt.

In den vergangenen Jahrzehnten bis etwa in die achtziger Jahre kamen aus den genannten Gründen sehr unterschiedliche Techniken zum Einsatz, je nach Geschichte und Tradition der einzelnen Firmen. Unabhängig davon, ob die Funktionserzeugung und die Betätigung der Stellgrößen vorwiegend mechanisch, pneumatisch oder hydraulisch erfolgte, waren die Systeme auf einen sehr hohen Stand entwickelt worden und wohl auch weitgehend gleichwertig.

Auf dem Gebiet der Triebwerkregelung bestand und besteht deshalb ein ganz beträchtliches Rationalisierungspotential durch Standardisierung, auch wenn etwa seit Beginn der neunziger Jahre gewisse Vereinheitlichungstendenzen erkennbar werden. Schließlich können bei komplexen militärischen Triebwerken die Entwicklungs- und Produktionskosten aller Komponenten des Betriebssystems 25 % und mehr der Gesamtkosten ausmachen.

Die ungebrochen stürmische Entwicklung im Turboflugtriebwerkbau stellt auch laufend neue Herausforderungen an die Steuer- und Regelsysteme.

Die Entwicklung neuer Steuer- und Regelsysteme erfolgt meist schrittweise. Zunächst entstehen neue funktionale Anforderungen von mehreren Seiten. Dies sind die Erfordernisse an den Einsatz des Fluggeräts, Forderungen der Piloten hinsichtlich ihrer Entlastung mit dem Wunsch nach höchstmöglicher Sicherheit, Forderungen des Betreibers nach ökonomischem Betrieb mit hoher Zuverlässigkeit und Einsatzverfügbarkeit und schließlich Forderungen, die sich aus neuartigen Triebwerkkomponenten ergeben. Hinzu kommen Forderungen nach einer Minimierung der Masse und der Entwicklungs- und Fertigungskosten bei einer Maximierung der Zuverlässigkeit. Diese Forderungen müssen zunächst exakt beschrieben werden. Danach sind Konzepte zu definieren, Hardware zu konstruieren, zu fertigen und zu erproben, bis ein Standard erreicht ist, der für den serienmäßigen Einsatz geeignet ist. Im rauhen Alltagsbetrieb erfolgt schließlich die eigentliche Bewährung und endgültige Beurteilung. Das gilt auch für die Komplexe Sicherheit und Zuverlässigkeit, die stets parallel zu betrachten und zu behandeln sind. Jede neue Technik bei den Steuer- und Regelsystemen führt hier zu neuen Problemstellungen, Beurteilungen und Lösungen.

Vermutlich wird in der Zukunft der Druck des Gesetzgebers auf die Flugzeugbetreiber hinsichtlich eines umweltverträglichen Betriebs weiter steigen, so daß zusätzliche Einrichtungen an den Triebwerken nötig werden, die weitere Steuerungsaufgaben nach sich ziehen könnten.

Mit der Anwendung der digitalen Elektronik seit Mitte der achtziger Jahre ergaben sich neue attraktive Möglichkeiten, deren volle Ausschöpfung sicher noch lange weitergehen wird.

Von enormem Vorteil ist hier zunächst die unvergleichlich größere Rechen- und Speicherkapazität, die dem Ingenieur sehr viel mehr Möglichkeiten bei der Definition seiner Steuer- und Regelalgorithmen eröffnet. Gerade deshalb ist es nötig, zumindest einige der bisher und auch heute noch üblichen Steuergesetze zu überprüfen, die in der Vergangenheit vorrangig aufgrund der physikalischen Möglichkeiten bzw. Grenzen der pneumatisch-hydraulischen Funktionserzeugung entstanden sind. Ein mindestens genauso wichtiger Aspekt ist die Chance des „Abspeckens" von Systemkomponenten, bei denen auf die bisher notwendige Funktionserzeugung verzichtet werden kann. Damit ergibt sich die Möglichkeit, bei diesen Komponenten zu einer Standardisierung und beträchtlichen Kostenersparnis durch hohe Stückzahlen zu gelangen. Ein durchschlagender ökonomischer Vorteil wird sich allerdings nur dann einstellen, wenn auch bei der Hardware und Software des digitalen Reglers sowie den Gebern, Stellgliedern und Umsetzern eine gewisse Standardisierung erreicht wird.

Allerdings zeichnet sich zur Jahrhundertwende auch eine neue Tendenz ab. Vermehrt wird gefordert, die wichtigsten Stellglieder so zu gestalten, daß sie die benötigte Steuerelektronik gleich mit beinhalten, also weitgehend autark sind und im zentralen Computer keine oder keine größere Rechenkapazität benötigen. Damit entsteht ein Potential für stabilere und sicherere Betriebssysteme, die zudem leichter zu validieren sind und weniger Vernetzung mit anderen Komponenten benötigen. Voraussetzung ist allerdings die erfolgreiche Entwicklung elektronischer Elemente, die noch wesentlich rauhere Umgebungsbedingungen vertragen als die bisher in den abgeschirmten Boxen am relativ kühlen Fan-Gehäuse, wie sie heute allgemein üblich sind.

Leider ist ein solcher technologischer Sprung aber auch verantwortlich dafür, daß angelaufene Bemühungen und bereits erzielte Teilerfolge zur Standardisierung insbesondere von Hardware zumindest teilweise wieder zunichte gemacht werden. Solche technologischen Sprünge betrafen in der Vergangenheit z. B. den Übergang von den pneumatischen und hydromechanischen Reglern zu den elektronischen Analogreglern und etwa 15 Jahre danach zu den elektronischen Digitalreglern. Eine Zeitspanne von 15 Jahren ist aber auch in etwa nötig, bis sich greifbare Standardisierungs- und damit Rationalisierungsergebnisse abzeichnen.

Allerdings ist durch den harten Wettbewerb der Fluggesellschaften auch ein sehr starker Druck auf die Hersteller von z. B. zivilen Triebwerken entstanden, die Bedürfnisse der Betreiber genau zu analysieren und einsatzoptimale Triebwerke zu liefern, bei denen das Betriebssystem eine bedeutende Rolle spielt. Über den Kostendruck werden die Standardisierungsbemühungen in der Zukunft mit Sicherheit weiter verstärkt werden.

Um den Rahmen dieses Buches nicht zu sprengen, werden Überwachungssysteme nur dort kurz gestreift, wo sie zur Überwachung elektronischer Hardware nötig sind.

2 Grundsätzliche Aufgabenstellungen

Das automatische Steuern und Regeln eines Turboflugtriebwerks durch sein Betriebssystem hat insbesondere die im folgenden beschriebenen Hauptforderungen zu erfüllen:

a) Weitestgehende Entlastung des Piloten von allen triebwerkspezifischen Steuerungs-, Begrenzungs- und Kontrollaufgaben

Bei der ersten Generation von Turboflugtriebwerken bis etwa Mitte der 60er Jahre lag es meist in der Verantwortung des Piloten, durch Überwachung der Drehzahl- und/oder Turbinentemperaturanzeige, der Einstellung eines für den Startvorgang zulässigen maximalen Druckverhältnisses (bei bestimmten amerikanischen Triebwerken) oder aber auch durch vorsichtiges Verfahren des Leistungshebels, Triebwerkschäden zu vermeiden.

Während dies bei Verkehrsflugzeugen zumindest teilweise vom Bordingenieur als drittem Mann im Cockpit übernommen wurde, war es bei Kampfflugzeugen eine große zusätzliche Belastung für den Piloten. Im Luftkampf stehen die Piloten unter extremem Streß, weshalb die teilweise recht umfangreichen Anweisungen in den Betriebsanleitungen in solchen Situationen häufig ignoriert wurden. Aber auch die Luftfahrtgesellschaften und Flugzeughersteller begannen ab etwa den siebziger Jahren, den Flugingenieur aus ökonomischen Gründen aus der Kanzel der Verkehrsflugzeuge zu verbannen. Damit stieg der Druck auf die Triebwerkhersteller, weitestgehend automatisierte Triebwerkbetriebssysteme zu entwickeln, bei denen der Pilot mit seinen Augen, seinem Verstand und seinen Händen nicht länger als integraler Bestandteil eines oder mehrerer Regelkreise benötigt wird.

Die Industrie akzeptierte diese Forderung. In der Folgezeit war deshalb der Erfolg oder Mißerfolg eines bestimmten Turboflugtriebwerks häufig auch mit abhängig von der Beurteilung seiner Handling-Qualitäten durch die Piloten.

Eine wichtige Forderung ist ein möglichst konstanter Startschub über einen großen Bereich von Ansaugtemperaturen. Ein konstantes Schubniveau wird auch verlangt bei einer Verschlechterung des mechanischen Zustands des Triebwerks im Rahmen seiner Abnutzung im Betrieb. Gewünscht wird von den Piloten außerdem eine weitgehend lineare Beziehung zwischen Schub und Leistungshebelstellung über dem gesamten Flugbereich – möglichst ohne Totbänder durch etwaige Begrenzer. Nur unter dieser Voraussetzung kann insbesondere der Pilot eines Kampfflugzeugs abschätzen, wieviel Schubreserve ihm bei einer bestimmten Leistungshebelstellung noch zur Verfügung steht.

b) Möglichst ökonomischer Betrieb zur Minimierung des Brennstoffverbrauchs und Maximierung von Schub und Lebensdauer

Insbesondere beim Vorhandensein zusätzlicher Stellgrößen neben dem Brennstoff in die Triebwerkbrennkammer kann dieses Ziel durch eine optimale Auslegung des Betriebssystems erreicht werden. Dabei ist dafür Sorge zu tragen, daß die Strömungsmaschinen in den wichtigen Flugpunkten möglichst im Gebiet höchster Wirkungsgrade arbeiten, die Mach-Zahlen in den druckverlustbehafteten Strömungskanälen nicht zu hoch liegen und der Arbeitsprozeß durch variable Geometrie so beeinflußt wird, daß sich eine Maximierung des Schubs ergibt, wo dies nötig ist. Dem dient auch eine diesen Forderungen angepaßte variable maximale Turbineneintrittstemperatur, die so zu steuern ist, daß alle schubkritischen Flugzustände abgedeckt werden. Bei allen anderen Flugzuständen ist die Turbineneintrittstemperatur zugunsten einer möglichst hohen Lebensdauer der Heißteile abzusenken. Zur Erhöhung der Lebensdauer gehören auch Betriebssysteme, die ein instationäres Überschwingen festigkeitskritischer Parameter weitgehend vermeiden – genauso wie unnötige Temperaturschocks im Heißteilbereich beim Starten, Abschalten, Beschleunigen und Verzögern. So weit wie möglich zu vermeiden ist auch ein sogenanntes Schubloch nach dem Hochfahren des Triebwerks, wo während des thermischen Stabilisierungsvorgangs der Bauteile gerade in der wichtigen Startphase des Flugzeugs bis zu 5 % und in Extremfällen noch mehr Schub fehlen kann, wenn nicht entsprechende Maßnahmen ergriffen werden.

c) Möglichst kurze Ansprechzeiten nach Anwahl eines neuen Betriebszustandes durch den Leistungshebel

In gewissen Notsituationen können kurze Ansprechzeiten überlebenswichtig sein. Dies gilt insbesondere für die Antriebsanlagen von Kampfflugzeugen, u.U. aber auch bei Transport- und Verkehrsflugzeugen. Besonders wichtig ist ein rasches Ansprechverhalten des Schubs beim Durchstarten nach einem abgebrochenen Landeanflug. Beim Alarmstart von Kampfflugzeugen ist auf einen möglichst kurzen Startvorgang am Boden Wert zu legen. Auch beim Schwebeflug schubstrahlgestützter senkrecht startender und landender Flugzeuge (VTOL) spielt das Schubansprechverhalten eine große Rolle. Zu den typischen instationären Betriebsbereichen gehören:
– Starten am Boden und im Flug einschließlich Wiederstart,
– Abschalten aus allen Betriebszuständen (inklusive Notabschaltungen),
– Schub/Leistungserhöhung durch Drehzahlbeschleunigung,
– Schub/Leistungsminderung durch Drehzahlverzögerung.

Dazu kommen bei Vorhandensein eines Nachbrenners:
– Anwahl der Nachverbrennung,
– Abschalten des Nachbrenners,
– Schuberhöhung durch Hochfahren des Nachbrenners,
– Schubverminderung durch Zurückfahren des Nachbrenners.

d) Hohe Sicherheit und Zuverlässigkeit bei allen Betriebszuständen

Je nach den Folgen werden mögliche auftretende oder anzunehmende Fehler in verschiedene Kategorien eingeteilt. Zu den kritischen Fehlerkonsequenzen zählt dabei der Schubverlust in einer schubkritischen Flugphase bzw. der Schubausfall bei einmotorigen Flugzeugen, ein Feuer am Triebwerk sowie eine berstende Turbinenscheibe, die das Gehäuse durchschlägt. Im letzteren Fall kann die Fehlerursache sowohl beim Betriebssystem und seinen Komponenten als auch bei den Triebwerkbauteilen selbst liegen. So wurde z. B. zur Verhinderung einer berstenden ND-Turbinenscheibe nach einem Wellenbruch in der ersten Generation von Nebenstromtriebwerken der Firma Rolls-Royce durch die dann auftretende Relativbewegung zwischen ND-Turbine und ND-Verdichter über eine Spindel und ein Stahlseil das Brennstoffventil geschlossen. Später, z. B. beim Tornado-Triebwerk, wurde der Drehzahlgeber direkt an der ND-Turbine angebracht, die bei einem evtl. „Durchgehen" den Brennstoff dann ebenfalls sehr rasch zurückgenommen hätte. Wie sinnvoll diese Absicherung war, zeigte sich später im Betrieb. Es stellte sich nämlich heraus, daß der Nachbrenner bei Vollast ein niederfrequentes Brummen erzeugte, das ausgerechnet im Resonanzbereich dieser ND-Welle lag. Zur Ausschaltung jeden Bruchrisikos wurde daraufhin u.a. das Material der Welle geändert, so daß deren Resonanzfrequenz nunmehr in einem ausreichenden Sicherheitsabstand liegt.

Das Beispiel zeigt, daß Konzept und Anordnung der Komponenten des Betriebssystems für die Sicherheit sehr wichtig sein können. Das Beispiel zeigt aber auch, daß der genauen Simulation eines solchen Schadens hinsichtlich Abschaltrate des Brennstoffs und resultierender Überdrehzahl der dann plötzlich unbelasteten Turbine ein hoher Stellenwert zukommt, da normalerweise ein solcher Fall am Triebwerk nicht zu testen ist. Deshalb sind Simulationen des instationären Betriebsverhaltens unverzichtbarer Bestandteil bei der Auslegung des Betriebssystems.

Zum gesamten Triebwerk-Betriebssystem gehört die Steuerung bzw. Regelung der folgenden Vorgänge:

– Starten und Abschalten des Triebwerks bei Bodenstand sowie im Flug innerhalb eines zulässigen Bereichs,
– Steuern eines geeigneten Leistungsparameters durch den Leistungshebel zwischen dem variablen Leerlauf und der variablen Vollast ,
– Beschleunigen und Verzögern des Triebwerks zwischen Leerlauf und Vollast auf beliebige Stellungsänderungen des Leistungshebels,
– Zünden und Abschalten des Nachbrenners (falls vorhanden),
– Hoch- und Zurückfahren des Nachbrenners (falls vorhanden),
– Begrenzung von Triebwerkparametern auf kritische Grenzwerte, bei deren Überschreitung sonst Betriebs- oder Festigkeitsprobleme auftreten können,
– automatische Betätigung variabler Geometrie zur Optimierung von Strömungsprozessen und des thermodynamischen Prozesses,
– Einstellen des Luftschrauben- bzw. Rotorblatt-Anstellwinkels bei PTL- und Hubschraubertriebwerken bzw. Konstanthalten der Rotordrehzahlen,
– Betätigung des Schubumkehrers mit allen dazu notwendigen Eingriffen am Triebwerk,
– Steuerung von Kühlluft auf die Gehäuse von Turbinen und HD-Verdichtern zur Reduzierung der Schaufelspiele im Betrieb,
– Steuerung des Wärmetransfers vom Schmieröl in den Brennstoff und Begrenzung dessen Temperatur auf zulässige Maximalwerte,

- Kommunizieren mit zellenseitigen Systemen, wie
  - Hilfsgasturbine (APU),
  - Betriebssystem des Lufteinlaufs, soweit nicht integraler Bestandteil des Triebwerkbetriebssystems,
  - Luft- und Leistungsentnahmesysteme,
  - Anzeige wichtiger Triebwerkparameter entweder als Display oder in Überwachungssystemen,
  - automatischen Flugsystemen (soweit vorhanden).

Die zu steuernden Vorgänge können auch eingeteilt werden in die Steuerung des Brennstoffs, der Luftströme, der variablen Geometrie und des Wärmehaushalts.

3 Das Turboflugtriebwerk als Regelstrecke

3.1 Allgemeines

Eine sinnvolle Beschäftigung mit der Steuerung und Regelung der Turboflugtriebwerke setzt eine Kenntnis der Arbeitsweise seiner Komponenten im aero-/thermodynamischen Zusammenspiel voraus. Ohne diese Kenntnisse ist weder die optimale Konzipierung eines Betriebssystems möglich, noch können das „Wie" und „Warum" eines bestehenden Betriebssystems vernünftig nachvollzogen werden. Diese Feststellung gilt grundsätzlich für alle zu steuernden oder regelnden technischen Anlagen, handele es sich dabei um eine petrochemische Anlage, ein Walzwerk oder eine Rakete. Immer ist der Ausgangspunkt die Anlage selbst, deren Stellgrößen von einem Betriebssystem so zu steuern sind, daß auch trotz zahlreicher Störgrößen ein möglichst optimales und sicheres Betriebsverhalten erzielt wird.

Eine Besonderheit beim Turboflugtriebwerk ist die Tatsache, daß die großen Veränderungen der physikalischen Eingangsgrößen über dem Flugbereich die thermodynamischen Prozesse sehr stark beeinflussen und das Betriebssystem damit fertig werden muß. Diese Einflüsse der Flugzustandsparameter, die als Störgrößen aufgefaßt werden können, sowie die Auswirkung der verschiedenen Stellgrößen bei den typischsten Triebwerkarten sind z. B. wichtige Grundlagen für die Behandlung der in Abschnitt 4 dargestellten Steuer- und Regelungskonzepte.

Da der Leser dieses Buches in der Regel zumindest Grundkenntnisse auf dem Gebiet der Thermodynamik der Turboflugtriebwerke besitzen dürfte bzw. auf die umfassende Fachliteratur verwiesen werden kann (z. B. [1] bis [9]), werden im folgenden nur einige allgemeine Grundlagen, sowie etwas ausführlicher die für dieses Fachgebiet relevanten Beziehungen und Verfahren dargestellt.

3.2 Typische Bauformen der Turboflugtriebwerke

3.2.1 Gestaltung zur Optimierung des Vortriebswirkungsgrads

Primäre Aufgabe des Turboflugtriebwerks ist die Erzeugung einer Kraft, genannt Schub. Über die Befestigungspunkte im Luftfahrzeug wird dieses damit entweder beschleunigt, gegen den Luftwiderstand auf einer bestimmten Geschwindigkeit gehalten oder gegebenenfalls beim Landen mittels Umkehrschub zusätzlich verzögert. Entsprechendes gilt für Hubschrauberantriebe.

Seit dem ersten Motorflug ist das physikalische Grundprinzip aller Flugantriebe grundsätzlich gleich geblieben und kann durch den Impulssatz beschrieben werden. In einer an den Seitenbegrenzungen offenen oder auch geschlossenen Stromröhre wird die eintretende Luft beschleunigt, wobei die dafür benötigte Leistung von einer Kraftmaschine, hier der Gasturbine, aufgebracht wird. Das Prinzip dieser Schuberzeugung ist in Bild 3-1 dargestellt.

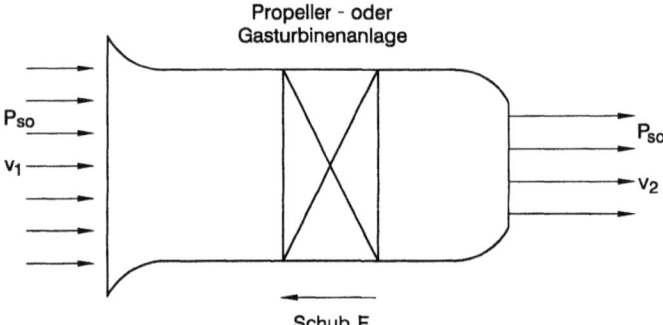

Bild 3-1 Prinzip der Schuberzeugung

Der eintretende Luftstrom wird unter Energiezufuhr von der Eintrittsgeschwindigkeit v_1 (= Fluggeschwindigkeit) auf die Austrittsgeschwindigkeit v_2 beschleunigt. Die Reaktionskraft zur Beschleunigung dieses Luftdurchsatzes W ist der für den Vortrieb nutzbare Nettoschub F_N mit

$$F_N = W(v_2 - v_1) \tag{3-1}$$

solange in der Eintritts- und Austrittsebene der statische Umgebungsdruck herrscht.

Leicht ersichtlich hängt der erzeugte Schub F_N von zwei Faktoren ab, nämlich vom Luftdurchsatz W und der Differenzgeschwindigkeit ($v_2 - v_1$). Der gleiche Schub kann deshalb grundsätzlich sowohl mit einem großen W und kleinem ($v_2 - v_1$) als auch umgekehrt erzeugt werden. Die aufzubringende Leistung P_L zur Beschleunigung des Luftdurchsatzes beträgt

$$P_L = \frac{W}{2}\left(v_2^2 - v_1^2\right) . \tag{3-2}$$

Die Vortriebsleistung P_V des das Luftfahrzeug mit der Geschwindigkeit v_1 bewegenden Schubs F_N ist andererseits

$$P_V = F_N v_1 = W(v_2 - v_1)v_1 . \tag{3-3}$$

Das Verhältnis aus P_V zu P_L ergibt den wichtigen Vortriebswirkungsgrad η_V

$$\eta_V = \frac{P_V}{P_L} = \frac{2}{1 + v_2/v_1} . \tag{3-4}$$

Die günstigste Energieumsetzung mit $\eta_V \approx 1$ ergibt sich demnach dann, wenn die Austrittsgeschwindigkeit v_2 nur unwesentlich höher liegt als die Eintritts- bzw. Fluggeschwindigkeit v_1. Dies erfordert insbesondere bei niedrigen Fluggeschwindigkeiten möglichst hohe Luftdurchsätze und damit große Querschnitte des Turboflugtriebwerks, denn: Soll v_2/v_1 möglichst nicht weit über 1 liegen, so ist bei kleinem v_1 auch ($v_2 - v_1$) im Schubterm klein, während bei großem v_1 und gleichem Wert von v_2/v_1 der Term ($v_2 - v_1$) sehr viel größer ist.

3.2 Typische Bauformen der Turboflugtriebwerke

Deshalb lassen sich die Turboflugtriebwerke baulich in zwei Gruppen einteilen. In der ersten Gruppe besteht das Turboflugtriebwerk ausschließlich aus der Gasturbine mit Verdichter(n), Brennkammer und Turbine(n). Die in den Verdichter eintretende Luft verläßt die Turbine noch mit relativ hohem Druck und hoher Temperatur und wird in der Schubdüse auf hohe Austrittsgeschwindigkeit beschleunigt.

Bei der zweiten Gruppe wird mittels einer weiteren Turbine ein Teil der Energie im Abgasstrahl dazu benutzt, ein zweites System über eine meist weitere Welle anzutreiben, das zusätzlich größere Mengen Luft erfaßt und diese auf eine geringere Zusatzgeschwindigkeit beschleunigt.

Besteht das zweite System aus einem ummantelten, vor der eigentlichen Gasturbine (Kerntriebwerk oder Gasgenerator) liegenden Niederdruckverdichter (Bläser oder Fan) und einer über eine feste Welle damit verbundenen Nutzturbine hinter der Turbine des Kerntriebwerks, so spricht man von einem Nebenstromtriebwerk. Alle modernen Turboflugtriebwerke, zumindest in der zivilen Luftfahrt, sind heute Nebenstromtriebwerke. Bei anderen Bauformen treibt die Nutzturbine zumeist über ein Untersetzungsgetriebe einen freiliegenden Propeller (Turboprop) oder einen horizontalen Rotor (Hubschrauberantrieb) an.

Ein wichtiger Parameter ist das Nebenstromverhältnis (*bypass ratio*) μ. Es ist definiert als:

$$\mu = \frac{W_2 - W_C}{W_C} = \frac{W_{außen}}{W_{innen}} \qquad (3\text{-}5)$$

mit W_2 als dem gesamten und W_C dem durch das Kerntriebwerk strömenden Luftdurchsatz. Während bei Turboprops und Hubschrauberantrieben $\mu > 100$ ist, liegen heutige Nebenstromtriebwerke bei etwa 0,3 bis 1,5 im militärischen Bereich und bis zu etwa 8 in Verkehrsflugzeugen.

Während bei mäßigen Fluggeschwindigkeiten im Hinblick auf einen guten Vortriebswirkungsgrad die Austrittsgeschwindigkeit v_2 nicht zu sehr über v_1 liegen sollte, ist bei hohen Fluggeschwindigkeiten dafür Sorge zu tragen, daß v_2 überhaupt noch (genügend) über v_1 liegt, um den dort stark ansteigenden Schubbedarf zu decken. Da im engsten Querschnitt einer Schubdüse gerade Schallgeschwindigkeit erreicht wird, sofern das Verhältnis von Düsengesamtdruck zu statischem Umgebungsdruck einen Wert von etwa 2 erreicht oder überschreitet, beträgt die Austrittsgeschwindigkeit v_2

$$v_2 = \sqrt{\kappa R T_8} \qquad (3\text{-}6)$$

mit κ dem Adiabatenkoeffizienten, R der Gaskonstante und T_8 der Temperatur des Abgasstrahls. Reicht v_2 nicht aus, so gibt es grundsätzlich zwei Möglichkeiten zur Erhöhung der Austrittsgeschwindigkeit aus der Schubdüse.

Die erste liegt in der Steigerung der Abgastemperatur durch eine Nachverbrennung, bei der vor dem Düsenaustritt eine zusätzliche Aufheizung bis zu etwa 2200 K erfolgt. Gegenüber normalen Abgastemperaturen zwischen etwa 600 und 1000 K ergibt dies immerhin eine etwa 40- bis 90-prozentige Steigerung von v_2, allerdings auf Kosten eines sehr niedrigen inneren Wirkungsgrades. Diese Art der Schubsteigerung kommt somit nur für einen zeitlich begrenzten Einsatz in Frage.

Die zweite Möglichkeit liegt im Einsatz einer konvergent-divergenten Schubdüse, ähnlich einer Laval-Düse, insbesondere angewendet bei Hochgeschwindigkeitsflugzeugen. Durch die hohe Fluggeschwindigkeit entsteht über dem Aufstau im Lufteinlauf ein sehr hohes Druckniveau im Triebwerk, weshalb das Düsendruckverhältnis weit über seinem kritischen Wert von etwa 2 liegt. Es ergäbe sich dann zwar auch bei einer einfachen konvergenten Schubdüse noch ein kleiner Schubzuwachs gemäß Düsenendfläche mal Differenz der statischen Drücke in der Düsenendfläche und der Umgebung. Effizienter ist in diesem Fall aber die weitere Entspannung des Druckes mittels einer Überschallbeschleunigung in einem zusätzlichen erweiterten (divergenten) Teil der Düse, möglichst bis nahe auf Umgebungsdruck. Für den Antrieb überschallschneller Flugzeuge wird häufig von beiden Möglichkeiten Gebrauch gemacht.

Damit ergeben sich – je nach Einsatzspektrum – die folgenden klassischen Bauformen der Turboflugtriebwerke:

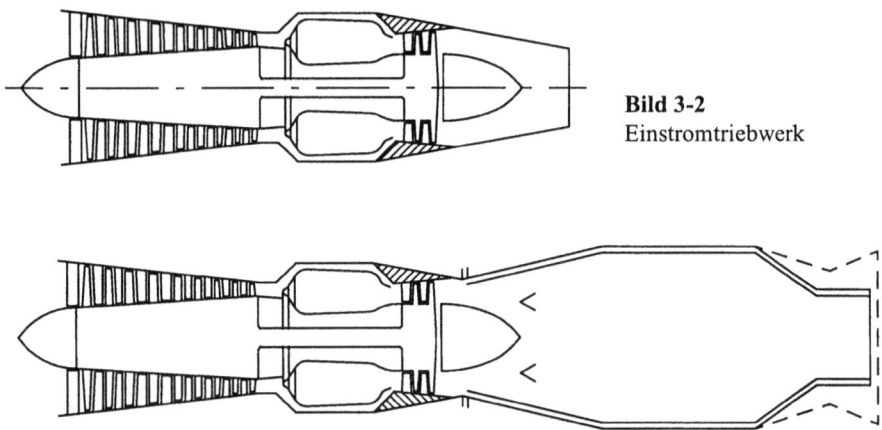

Bild 3-2 Einstromtriebwerk

Bild 3-3 Einstromtriebwerk mit Nachverbrennung und konvergent/divergenter Schubdüse

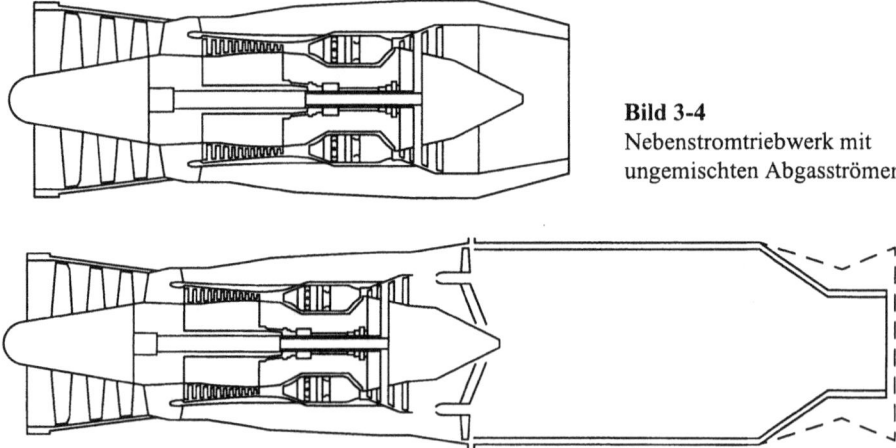

Bild 3-4 Nebenstromtriebwerk mit ungemischten Abgasströmen

Bild 3-5 Nebenstromtriebwerk mit Nachverbrennung und konvergent/divergenter Schubdüse

3.2 Typische Bauformen der Turboflugtriebwerke

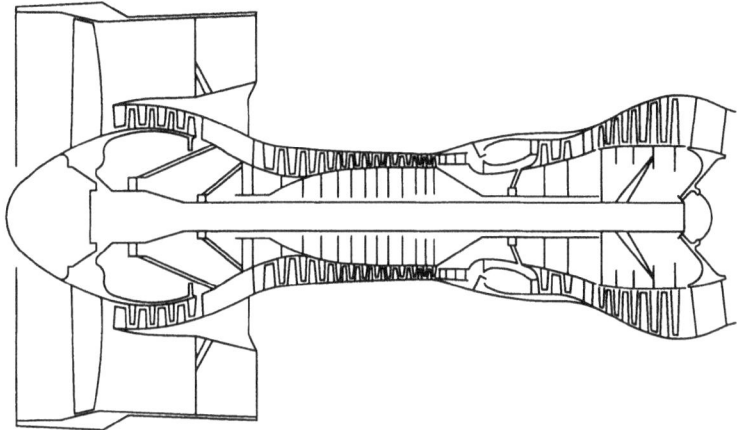

Bild 3-6 Fan-Triebwerk mit hohem Nebenstromverhältnis (meist ungemischte Abgasströme) und mit im Fan integriertem Schubumkehrer

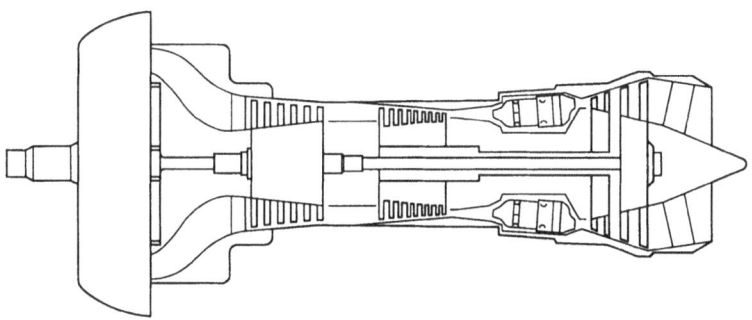

Bild 3-7 Turboprop-Triebwerk (zweiwellig)

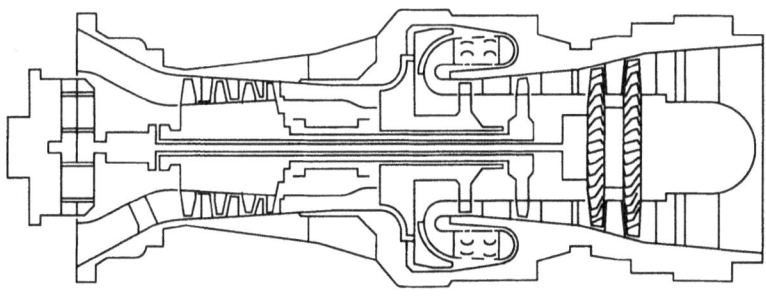

Bild 3-8 Hubschrauber-Triebwerk (mit zweiwelligem Gasgenerator)

3.2.2 Gestaltung zur Optimierung des inneren Wirkungsgrads und der Leistungsdichte

Zur Optimierung des Turboflugtriebwerks hinsichtlich eines möglichst niedrigen spezifischen Brennstoffverbrauchs und eines hohen spezifischen Schubs stehen neben dem Nebenstromverhältnis noch zwei weitere Parameter zur Verfügung, nämlich die Turbineneintrittstemperatur und das Gesamtdruckverhältnis der Verdichtung. Beide Parameter sind theoretisch frei wählbar, in der Praxis aber dann doch durch die technologischen Grenzen in Form von verfügbaren Materialien und Kühlkonzepten bei der Turbinentemperatur sowie vom technischen Aufwand und ansteigenden Verlusten bei steigendem Druckverhältnis begrenzt. Diese technischen Grenzen haben sich aber seit der ersten Triebwerkgeneration ständig nach oben verschoben.

Während alle Turboflugtriebwerke regelmäßig in der Nähe der zum Entstehungszeitpunkt technisch möglichen maximalen Turbineneintrittstemperaturen ausgelegt werden, hängt das dazugehörende optimale Druckverhältnis ab vom gewählten Nebenstromverhältnis, den Verlusten in den Triebwerkkomponenten, sowie davon, ob der spezifische Verbrauch oder der spezifische Schub optimiert werden soll. Für den optimalen Verbrauch liegt das Druckverhältnis höher als für den optimalen Schub, so daß hier meist ein Kompromiß einzugehen ist. Außerdem steigt es mit zunehmendem Nebenstromverhältnis an. Es hängt außerdem davon ab, bei welchem Flugzustand zu optimieren ist. Auch hier ist häufig ein Kompromiß einzugehen.

Zum technischen Stand etwa Mitte der neunziger Jahre optimierte Triebwerke weisen im Auslegungspunkt typischerweise eine Turbineneintrittstemperatur von $T_4 \approx 1850\,\text{K}$, ein Nebenstromverhältnis von $\mu \approx 0{,}3$ bis $0{,}4$ und ein Druckverhältnis $\Pi \approx 24$ für militärische Kampfflugzeuge und von $T_4 \approx 1850\,\text{K}$, $\mu \approx 5$ bis 8 und $\Pi > 40$ für Transportflugzeuge auf.

Die Erzeugung dieser hohen Verdichterdruckverhältnisse wirft viele Probleme auf. Da die geometrische Auslegung von Ringraum und Beschaufelung eines Verdichters in der Regel nur für einen recht engen Betriebsbereich optimal dimensioniert werden kann, ergeben sich beim Betrieb weit außerhalb des Auslegungsbereichs umso größere aerodynamische Probleme, je höher das Auslegungsdruckverhältnis gewählt wird. Um diese Probleme in den Griff zu bekommen, werden entweder die im Gehäuse angeordneten Schaufeln (Leiträder) in mehreren Stufen verstellbar ausgeführt oder der Verdichtungsprozeß auf mehrere Verdichtergruppen mit jeweils eigenen Wellen und eigenen Turbinen in koaxialer Bauweise aufgeteilt.

3.3 Stationäres Betriebsverhalten

Beim stationären Triebwerkbetrieb sind alle physikalischen Prozesse im Gleichgewicht und die sie beschreibenden Parameter konstant. Die wichtigsten physikalischen Arbeitsprozesse sind:
– verlustbehafteter Verdichtungsprozeß unter Leistungsaufnahme,
– verlustbehafteter Expansionsprozeß unter Leistungsabgabe,
– verlustbehafteter Verbrennungsprozeß in Brennkammer bzw. Nachbrenner,
– verlustbehaftete Mischungsprozesse (Kühlluft, Nebenstrom),

3.3 Stationäres Betriebsverhalten

– Reibungsverluste in Strömungskanälen,
– verlustbehaftete Düsenströmung.

Dabei sind insbesondere folgende Bedingungen zu erfüllen:
– Leistungsgleichheit zwischen Verdichter und Turbine auf der gleichen Welle unter Berücksichtigung mechanischer Verluste und evtl. Luft- und Leistungsentnahmen,
– Kontinuitätsbedingung im Strömungskanal.

Für die Berechnung der stationären Triebwerkleistungsparameter wird das Betriebsverhalten der Verdichter, Turbinen und der Brennkammer in Form von Kennfeldern dargestellt. Während die Verdichter- und Turbinenkennfelder auf der Mach'schen Ähnlichkeit basieren und lediglich für Sekundäreinflüsse bezüglich Reynolds-Zahl, Schaufelspitzenspiele und Stoffwerte des durchströmenden Mediums zu korrigieren sind, folgt der Brennkammerausbrenngrad physikalischen Gesetzmäßigkeiten, die nur halbempirisch in Kennfeldform dargestellt werden können. Die Bilder 3-9 bis 3-11 zeigen beispielhafte Kennfelder für Verdichter, Turbine und Brennkammer.

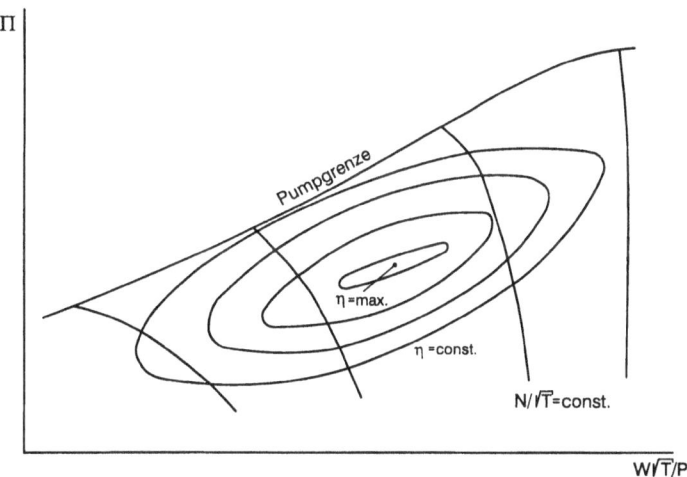

Bild 3-9 Beispiel für ein Verdichterkennfeld

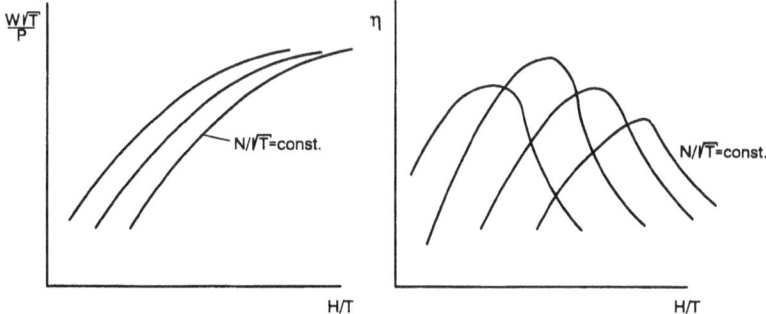

Bild 3-10 Beispiel für ein Turbinenkennfeld

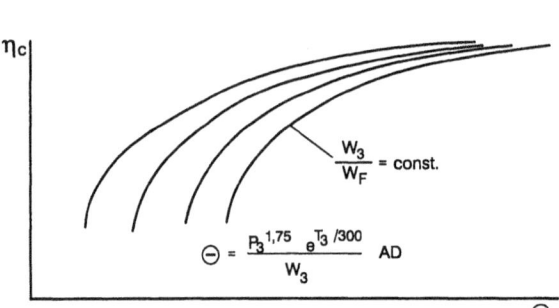

Bild 3-11 Beispiel für ein Brennkammerkennfeld

Für die Diskussion des stationären, quasistationären und instationären Betriebsverhaltens ist das Verdichterkennfeld am wichtigsten, da sich hier alle Zustandsänderungen am deutlichsten auswirken. Außerdem enthält es die wichtigste Betriebsgrenze, meist als Pumpgrenze oder Abreißgrenze bezeichnet. Wird diese aerodynamische Betriebsgrenze auch nur kurzfristig überschritten, bricht die normale Strömung durch das Triebwerk zusammen, wobei sogar eine pulsierende Rückströmung das Brennkammerfeuer vor den Triebwerkeinlauf blasen kann, mechanische Beschädigungen auftreten können, zumindest aber der Schub zusammenbricht. Die Charakteristik eines solchen Pumpvorgangs hängt von zahlreichen Faktoren ab, wie z. B., ob er im oberen oder unteren reduzierten Drehzahlbereich auftritt, ob er vom ersten, zweiten oder dritten Verdichter eines mehrwelligen Triebwerks ausgelöst wird sowie nicht zuletzt vom Steuer- und Regelkonzept, das darüber entscheidet, ob und in welchem Maß während des Pumpvorgangs eine Entdrosselung, d. h. aerodynamische Entlastung stattfindet. Die Lage der Pumpgrenze im Verdichterkennfeld ist in der Regel selbst etwas variabel, und zwar mit der betriebsbedingten Schaufelspielvergrößerung und Verschmutzung der Schaufeln, einem Reynolds-Zahl-Einfluß im Bereich niedriger Drücke wie beim Langsamflug in großer Höhe sowie einer gestörten Zuströmung zum Verdichter. Letztere ergibt sich häufig für den ersten Verdichter hinter dem Lufteinlauf z. B. eines Jagd- und/oder Kampfflugzeugs. Dieser kann diese Störungen in Form von Druckprofilen auch an den/die stromabwärts arbeitenden Verdichter weitergeben.

Deshalb ist es notwendig, im Betriebskennfeld einen ausreichenden Sicherheitsabstand zwischen dem Arbeitspunkt und dem entsprechenden Abreißpunkt auf der Pumpgrenze (z. B. beim gleichen reduzierten Massendurchsatz) vorzusehen.

Als einfaches Beispiel wird im folgenden kurz der Rechengang für einen Leistungspunkt eines Einwellen-Einstromtriebwerks dargestellt:

a) Vorgaben
- triebwerkspezifisch: alle Komponentenkennfelder, alle Verlustfaktoren und die geometrischen Abmessungen des Triebwerks,
- Flugzustand: Flughöhe und Flug-Machzahl sowie Temperaturabweichung von den Standardtag-Zustandsbedingungen,

3.3 Stationäres Betriebsverhalten

- Triebwerklastpunkt: entweder die Drehzahl, Turbineneintrittstemperatur, Leistungshebelstellung oder ein anderer geeigneter Parameter; außerdem Luft- und Leistungsentnahme.

b) Rechnungsgang
- bestimme T_2, P_2, P_{s0} aus Flugzustand,
- Beispiel: Vorgabe Drehzahl N,
- bilde $N/\sqrt{T_2}$ und schätze Verdichterdruckverhältnis Π; aus Verdichterkennfeld folgt: $W_2\sqrt{T_2}/P_2$; η_{is},
- berechne Verdichteraustrittszustand T_3 und P_3 sowie Verdichterleistung P_c und Durchsatz W_3 mit vorgegebener Abblaseluft,
- schätze Turbineneintrittstemperatur T_4,
- berechne das Brennstoff-/Luftverhältnis FAR und greife η_c aus Brennkammerkennfeld,
- bestimme P_4 mit Brennkammerdruckverlust aus Druckverlustgleichung,
- bilde $\left(\dfrac{W_4\sqrt{T_4}}{P_4}\right)_{Rechnung}$,
- berechne über Leistungsgleichgewicht und Turbinengefälle die Turbinenaustrittszustände P_5 und T_5,
- bilde Turbinengefälle H/T_4 und greife $\left(\dfrac{W_4\sqrt{T_4}}{P_4}\right)_{Kennfeld}$ aus Turbinenkennfeld,
- ist $\left(\dfrac{W_4\sqrt{T_4}}{P_4}\right)_{Rechnung} \neq \left(\dfrac{W_4\sqrt{T_4}}{P_4}\right)_{Kennfeld}$, iteriere T_4 bis Gleichheit,
- berechne Druckverlust im Schubrohr und bilde P_8,
- berechne $\left(\dfrac{W_8\sqrt{T_8}}{P_8}\right)_{Rechnung}$,
- bilde P_8/P_{s0} (Düsendruckverhältnis) und bestimme mit κ den Durchsatzparameter $\left(\dfrac{W_8\sqrt{T_8}}{A_{8eff}\,P_8}\right)_{Düse}$,
- bestimme mit tatsächlicher Düsenfläche A_8 und c_D die effektive Düsenfläche $A_{8eff} = c_D A_8$ und damit $\left(\dfrac{W_8\sqrt{T_8}}{P_8}\right)_{Düse}$,
- ist $\left(\dfrac{W_8\sqrt{T_8}}{P_8}\right)_{Rechnung} \neq \left(\dfrac{W_8\sqrt{T_8}}{P_8}\right)_{Düse}$, iteriere das eingangs geschätzte Verdichterdruckverhältnis Π bis Übereinstimmung.

Damit sind alle interessierenden Triebwerkparameter eindeutig bestimmt und der stationäre Triebwerkarbeitspunkt kann in alle Kennfelder eingetragen werden. Wiederholt man die Rechnung für weitere Lastpunkte, so kann man schließlich die ermittelten stationären Betriebslinien in die Kennfelder eintragen. Abhängig vom Flugzustand sowie der angewählten Triebwerklast (z. B. durch Vorgabe der Drehzahl oder der Turbineneintrittstemperatur) arbeitet das Triebwerk dann stets in einem bestimmten Punkt auf der stationären Betriebslinie. Aber auch unabhängig von der Eintragung in die Komponentenkennfelder lassen sich alle Druckverhältnisse, Temperaturverhältnisse und weitere sog. reduzierte Parameter (vgl. dazu Abschnitt 3.4) über jedem anderen reduzierten Parameter auftragen, also z. B. über der reduzierten Drehzahl $N/\sqrt{T_2}$.

3.4 Konzept der reduzierten Leistungsparameter

Die für die Strömungsmaschinen mögliche und übliche Kennfelddarstellung mittels Ähnlichkeitsparametern läßt sich, mit gewissen Einschränkungen, auf das gesamte Triebwerk erweitern. Damit ergibt sich der große Vorteil, daß sich jeder Ähnlichkeitsparameter, in der Fachsprache auch reduzierter Leistungsparameter genannt, primär als Funktion nur noch eines einzigen weiteren Ähnlichkeitsparameters darstellen läßt. Dagegen ist jeder absolute Leistungsparameter, wie z. B. der Brennstofffluß W_F, abhängig von mindestens drei Parametern, nämlich N, P_2 und T_2.

Die Umwandlung eines absoluten Leistungsparameters in einen reduzierten ist relativ einfach, wie hier am Beispiel des Brennstoffflusses gezeigt. Die allgemeine Verbrennungsgleichung für die Brennkammer lautet:

$$(T_4 - T_3) c_{p34} W_3 = W_F \eta_c H_F \ . \tag{3-7}$$

Setzt man nun anstatt der absoluten Temperaturen T_4 und T_3 deren auf die Ansaugtemperatur T_2 bezogenen Temperaturverhältnisse ein und anstatt des Luftdurchsatzes W_3 dessen reduzierten Parameter $W_3 \sqrt{T_2} / P_2$, so erhält man:

$$\left(\frac{T_4}{T_2} - \frac{T_3}{T_2} \right) \frac{W_3 \sqrt{T_2}}{P_2} = \frac{\eta_c H_F}{c_{p34}} \cdot \frac{W_F}{\sqrt{T_2} P_2} \ . \tag{3-8}$$

Da sowohl die Temperaturverhältnisse als auch der reduzierte Durchsatz entlang einer Verdichterarbeitslinie eindeutige Funktionen, z. B. vom reduzierten Drehzahlparameter $N/\sqrt{T_2}$ sind, ist auch der reduzierte Brennstoffparameter $\eta_c W_F / \sqrt{T_2} P_2$ als Funktion von z. B. $N/\sqrt{T_2}$ darstellbar, wenn man zunächst H_F / c_{p34} konstant setzt. Allerdings spielt im unteren $N/\sqrt{T_2}$-Bereich, in dem die Schubdüse zunehmend unterkritisch durchströmt wird, auch noch das Aufstaudruckverhältnis P_2 / P_{s0}, also die Flug-Machzahl, eine Rolle. Dies deshalb, weil der reduzierte Durchsatz $W_8 \sqrt{T_8} / P_8$ durch die Schubdüse im unterkritischen Bereich eine Funktion des Düsendruckverhältnisses ist und erst im überkritischen Bereich konstant bleibt. Damit entsteht ein Einfluß auf die Lage

3.4 Konzept der reduzierten Leistungsparameter

des Verdichterarbeitspunkts im Kennfeld, wie der letzten Iterationsschleife im Synthesebeispiel des Abschnitts 3.3 zu entnehmen ist.

Für die wichtigsten reduzierten Leistungsparameter eines Einstrom-Einwellentriebwerkes ergeben sich folgende Darstellungsmöglichkeiten:

Absoluter Leistungsparameter:		Reduzierter Leistungsparameter:
Drehzahl	N	$N / \sqrt{T_2}$
Luftdurchsatz	W_2	$W_2 \sqrt{T_2} / P_2$
Druck	P_v	P_v / P_2
Temperatur	T_v	T_v / T_2
Schub	F_G	F_G / P_2 (unterkritische Düse)
Brennstofffluß	W_F	$W_F / \sqrt{T_2} P_2$
Arbeit	H	H / T_2
Leistungsentnahme	ΔP	$\Delta P / \sqrt{T_2} P_2$
Wellenmoment	M^*	M^* / P_2

Anstatt auf den Ansaugzustand P_2 und T_2 am Triebwerkeintritt können die reduzierten Leistungsparameter auf jede beliebige Triebwerkebene bezogen werden, da jedes Temperatur- und Druckverhältnis wiederum einen reduzierten Parameter darstellt. Für genauere Rechnungen sind dann allerdings noch Korrekturen für das Eintrittstemperaturniveau durchzuführen, da dieses einen gewissen Einfluß auf das für diese Betrachtung zunächst konstant gesetzte mittlere $\bar{c}_p$ hat. Weitere Korrekturen können für das Reynolds-Zahl-Niveau in den Strömungsmaschinen erforderlich werden. Gegebenenfalls sind auch die Einflüsse von Luft- und Leistungsentnahmen zu berücksichtigen. Typische Darstellungen der reduzierten Parameter ohne diese Sekundäreffekte zeigt Bild 3-12.

Bis zur Einführung elektronischer Rechenanlagen etwa zu Beginn der 60er Jahre mit der Möglichkeit, nunmehr sehr große Datenmengen zu speichern, zu verarbeiten und auszudrucken, wurden alle Triebwerkleistungsbroschüren auf dieser Basis erstellt. Heute besitzen diese Ähnlichkeitsparameter nach wie vor einen hohen Wert bei der Beurteilung von Testergebnissen und deren Umrechnung auf andere, nicht getestete Flugzustände, für rasche Überschlags- und Kontrollrechnungen, sowie insbesondere bei der Konzeption von Steuer- und Regelsystemen.

Mit Hilfe der reduzierten Leistungsparameter und ihrer funktionellen Zusammenhänge ist es z. B. auch möglich, für die Steuerungen, Vorsteuerungen und Regelungen einige nur mit Schwierigkeit zu messende physikalische Größen durch geeignete andere Parameter zu ersetzen.

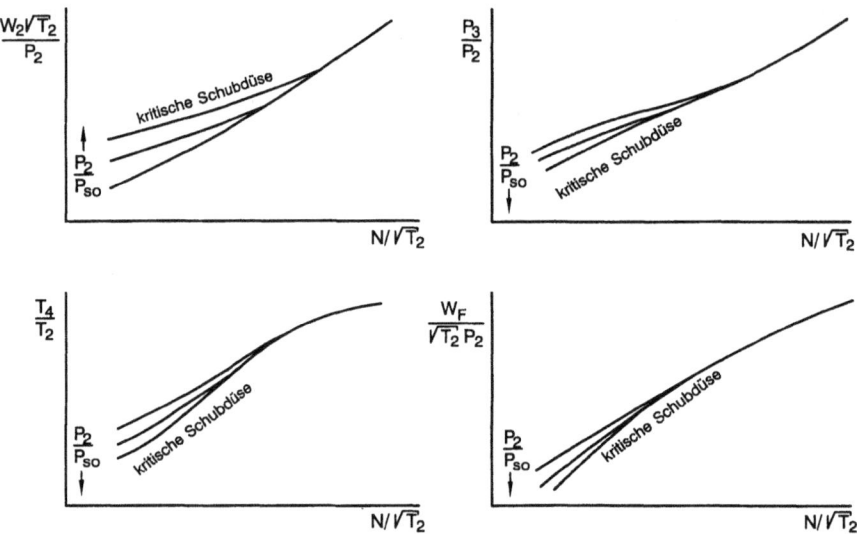

Bild 3-12 Beispiele für reduzierte Triebwerkparameter

Die folgenden vier Beispiele mögen dies verdeutlichen:

a) Brennstoffvorsteuerung für Lastpunktregelung

In der Regel wird bei modernen Triebwerken über den Leistungshebel ein Lastpunkt angewählt, gekennzeichnet z. B. durch eine Drehzahl, eine Turbinentemperatur oder ein Druckverhältnis. Das Stellglied ist dabei der Brennstoff in die Brennkammer. Da sich dieser Brennstofffluß bei gleicher Drehzahl oder Turbinentemperatur je nach Flugzustand in seinem absoluten Wert um bis zu über 20:1 ändern kann, ist für diesen Regelkreis eine Vorsteuerung nötig. Die Vorsteuerung kann abgeleitet werden aus dem reduzierten Brennstoffparameter

$$W_F / P_2 \sqrt{T_2} = f_1\left(N / \sqrt{T_2}\right).$$

Da aber auch der Brennkammereintrittsdruck

$$P_3 / P_2 = f_2\left(N \sqrt{T_2}\right)$$

ist, ergibt sich für eine genügend genaue Vorsteuerung

$$W_F / P_3 = f_3\left(N; T_2\right).$$

Mit dieser Vorsteuerung kann der Regler dann mit einem Eingriffsbereich von etwa 30 bis 40 %, anstatt von 2000 % ohne Vorsteuerung, ausgelegt werden.

Dividiert man in obiger Ausgangsgleichung beide Seiten durch $N / \sqrt{T_2}$, so erhält man den ebenfalls häufig verwendeten Brennstoffzumeßparameter

$$W_F / NP_2 = f_4\left(N / \sqrt{T_2}\right) \text{ bzw. } W_F / NP_3 = f_5\left(N / \sqrt{T_2}\right).$$

3.4 Konzept der reduzierten Leistungsparameter

b) Linien T_4/T_2 = const. (Kühl'sche Geraden) im Verdichterkennfeld des Einstromtriebwerks bzw. Gasgenerators

Unter den mit guter Näherung zutreffenden Annahmen
- $P_4/P_3 = C_1$ (Brennkammerdruckverlust)
- $W_4\sqrt{T_4}/P_4 = C_2$ (kritisch durchströmte Turbine)
- $W_4/W_2 = C_3$

folgt zunächst:

$$W_2 = \frac{C_1 C_2}{C_3} \cdot \frac{P_3}{\sqrt{T_4}} .$$

Erweitert man beide Seiten dieser Gleichung mit $\sqrt{T_2}/P_2$, so erhält man:

$$\frac{W_2\sqrt{T_2}}{P_2} = K\sqrt{\frac{T_2}{T_4}} \cdot \frac{P_3}{P_2} . \qquad (3\text{-}9)$$

Für jeden Wert T_4/T_2 = const. erhält man somit jeweils eine Gerade im Verdichterkennfeld durch den Punkt 0/0. Allerdings gilt diese Beziehung nur im oberen Arbeitsbereich, solange obige Annahmen näherungsweise zutreffen (Bild 3-13).

Im Fall des Gasgenerators eines mehrwelligen Triebwerks sind anstatt von T_2, P_2, W_2 die entsprechenden Parameter der Eintrittsebene des HD-Verdichters zu setzen.

Da diese Beziehung leicht ersichtlich sowohl für stationären als auch instationären Betrieb gilt, kann das Turbinen-Temperaturverhältnis z. B. in Abhängigkeit des Parameters $N/\sqrt{T_2}$ auch als Sollwert für Beschleunigungs- und Verzögerungsvorgänge dienen.

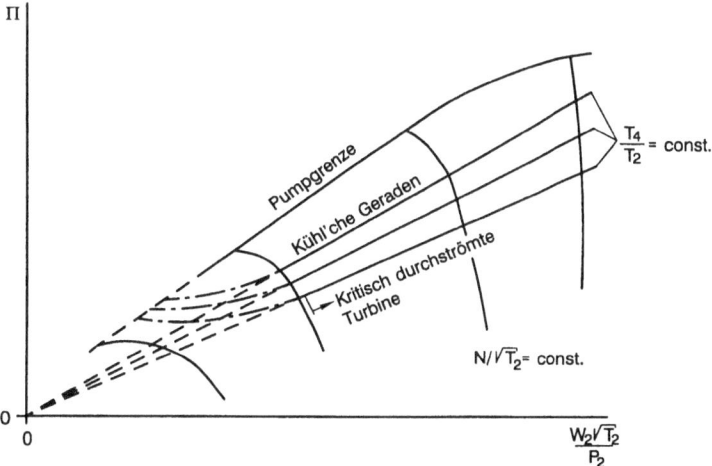

Bild 3-13 Kühl'che Geraden im Verdichterkennfeld

c) Turbinendruckverhältnis als Regelparameter für Arbeitsliniennivau

Da im oberen Arbeitsbereich Turbine und Schubdüse kritisch durchströmt werden, gilt für das Einstromtriebwerk:

$$\frac{W_4 \sqrt{T_4}}{P_4} = C_1 \quad \text{und} \quad \frac{W_5 \sqrt{T_5}}{A_8 P_5} = C_2 \ . \tag{3-10}$$

Da $W_4 \approx W_5 \approx W_8$, gilt auch:

$$\sqrt{\frac{T_4}{T_5}} = \frac{C_1}{C_2} \cdot \frac{P_4}{P_5 A_8} \ . \tag{3-11}$$

Andererseits gilt für die Expansion in der Turbine:

$$\frac{T_5}{T_4} = 1 + \eta_T \left[\left(\frac{P_5}{P_4} \right)^{\kappa-1/\kappa} - 1 \right] \ . \tag{3-12}$$

Daraus erhält man in allgemeiner Form:

$$\frac{P_4}{P_5} = f_1(A_8) \quad \text{und} \quad \frac{T_4}{T_5} = f_2(A_8) \ . \tag{3-13}$$

Für einen Betrieb entlang der normalen Arbeitslinie mit konstanter Drosselung ($A_8 = const.$) folgt damit:

$$\frac{P_4}{P_5} = const. \ ; \quad \frac{T_4}{T_5} = const. \tag{3-14}$$

Da beim Zweiwellen-Nebenstromtriebwerk das Expansionsverhältnis über beide Turbinen wegen der mit dem Nebenstromverhältnis $\mu = f\left(N/\sqrt{T_2}\right)$ variablen Gefälleaufteilung außerdem noch eine Funktion von $N/\sqrt{T_2}$ ist, gilt dort:

$$\frac{P_4}{P_5} = f(N/\sqrt{T_2}) \ ; \quad \frac{T_4}{T_5} = f(N/\sqrt{T_2}) \ . \tag{3-15}$$

Man kann also z. B. mit einer Regelung auf das Turbinendruckverhältnis die Verdichterarbeitslinie konstant halten.

d) Regelungsparameter $\dot{N}/P_2$ für Beschleunigung bzw. Verzögerung

Simuliert man bei der in Abschnitt 3.3 beschriebenen Berechnung eines Kennfeldpunktes eine Leistungsentnahme von der Verbindungswelle zwischen Turbine und Verdichter, um die dann die Turbinenleistung höher sein muß als die Verdichterleistung, so steigt dadurch der Betriebspunkt im Verdichterkennfeld in Richtung höheres Druckverhältnis. Die gesamte Betriebslinie nähert sich damit der Pumpgrenze. Das Gegenteil trifft zu für eine simulierte Leistungseinspeisung.

Auch eine Rotorbeschleunigungs- bzw. -verzögerungsleistung ist äquivalent einer Turbinenüberschuß- bzw. -unterschußleistung. Das Leistungsgleichgewicht lautet allgemein:

$$W_2 (T_3 - T_2) \bar{c}_{p23} + \Delta P = W_4 (T_4 - T_5) \bar{c}_{p45} \ . \tag{3-16}$$

3.4 Konzept der reduzierten Leistungsparameter

Multipliziert man beide Seiten mit $1/P_2\sqrt{T_2}$, so erhält man:

$$\frac{W_2\sqrt{T_2}}{P_2}\left(\frac{T_3}{T_2}-1\right)\bar{c}_{p23} + \frac{\Delta P}{P_2\sqrt{T_2}} = \frac{W_4\sqrt{T_2}}{P_2}\left(\frac{T_4}{T_2}-\frac{T_5}{T_2}\right)\bar{c}_{p45}. \quad (3\text{-}17)$$

Nun ergibt sich aber das zusätzliche Wellenmoment M der Beschleunigungs-/Verzögerungsleistung ΔP zu $M = \Delta P / \omega$. Andererseits ist die Beschleunigung des Rotors

$$\dot{\omega} = \frac{M}{\theta}. \quad (3\text{-}18)$$

Damit ergibt sich:

$$\dot{\omega} = \frac{\Delta P}{\omega\theta} \quad \text{oder} \quad \frac{\dot{\omega}}{P_2} = \frac{1}{\theta}\cdot\frac{\Delta P}{P_2\sqrt{T_2}\,\omega/\sqrt{T_2}}. \quad (3\text{-}19)$$

Damit ist auch der Parameter $\dot{\omega}/P_2$ ein reduzierter Leistungsparameter, der sich als Linie z. B. in der Verdichtercharakteristik abbildet.

Mittels einer Regelung auf $\dot{\omega}/P_2$ bzw. $\dot{N}/P_2 = f(N/\sqrt{T_2})$ läßt sich somit das Niveau der instationären Betriebslinie im Verdichter und damit ihr Pumpgrenzenabstand steuern, ohne daß dafür auf die eigentlichen Parameter des Verdichterkennfelds zurückgegriffen werden muß (Bild 3-14).

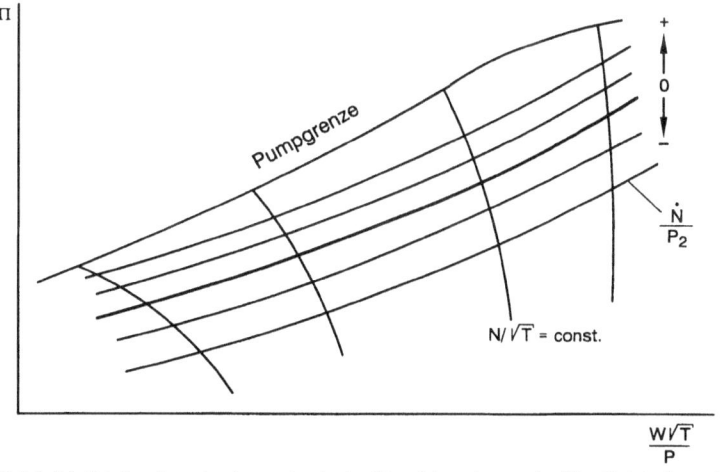

Bild 3-14 Linien konstanter reduzierter Beschleunigung im Verdichterkennfeld

3.5 Instationäres Betriebsverhalten und Simulationsmodelle

3.5.1 Grundsätzliches

Eine möglichst genaue Simulation des instationären Betriebsverhaltens von Turboflugtriebwerken ist aus einer Vielzahl von Gründen wichtig. Abgesehen davon, daß das Triebwerk-Lastenheft über dem Flugbereich bestimmte Schubansprechzeiten fordert, ist eine genaue Kenntnis und modellmäßige Darstellung des Schubansprechverhaltens auch für die Entwicklung automatischer Landehilfen für Flugzeuge sowie für die Auslegung von Flugsimulatoren zur Ausbildung von Piloten notwendig. Darüber hinaus sind bei der Entwicklung eines neuen Triebwerks die instationären Auslenkungen des Arbeitspunktes in den Verdichterkennfeldern vorrangig zu simulieren, um die Sicherheitsabstände zwischen den jeweiligen Grenzwerten und ihren stationären Werten nicht unnötig groß wählen zu müssen, was andernfalls Triebwerkmasse und -preis unnötig in die Höhe treibt.

Große Bedeutung hat auch die Simulation des Unterschieds zwischen einer „kalten" und einer „heißen" Beschleunigung. Während erstere z. B. vom stabilisierten Leerlaufpunkt aus erfolgt, war im zweiten Fall das Triebwerk im Vollastpunkt stabilisiert, um dann nach Verzögerung auf Leerlauf sofort wieder auf Vollast beschleunigt zu werden. Je nach verwendetem Regelsystem ergeben sich dann entweder Unterschiede in der Beschleunigungszeit oder im zuzumessenden Beschleunigungsbrennstoff.

Sehr wichtig ist die möglichst genaue Kenntnis des Triebwerkübertragungsverhaltens für Auslegung und Stabilität der Regelsysteme, insbesondere bei komplexeren Triebwerken mit vermaschten Regelkreisen.

Ferner werden instationäre Triebwerkmodelle eingesetzt bei der Simulation von Triebwerk- und Systemfehlern und ihren Auswirkungen. Ein weiteres Anwendungsgebiet liegt bei der rechnerischen Ermittlung instationärer Dichtungsspieländerungen und axial/radialer Eingriffspunktverschiebungen. Dies sind meist die Mechanismen, die für das Zustandekommen eines sog. Schublochs verantwortlich sind. Dabei können gerade in der kritischen Startphase des Flugzeugs u. U. bis zu 5 % Schub fehlen, in Extremfällen sogar mehr, weil der volle Schub erst etliche Minuten nach dem Hochfahren zur Verfügung steht, wenn sich die thermischen Verhältnisse im Triebwerk stabilisiert haben.

Wichtig ist auch die Kenntnis des instationären Übersteuerns kritischer Temperaturen und Drücke, weil dies Einfluß auf die Lebensdauer der Bauteile hat.

Ein bedeutendes Teilgebiet mit ganz besonderer Problematik ist die Simulation des Startverhaltens am Boden bzw. von einem Windmilling-Zustand aus im Flug. Dabei arbeitet das Triebwerk in Kennfeldbereichen, die normalerweise am Komponentenprüfstand nicht vermessen werden.

Beim instationären Betrieb von Turboflugtriebwerken laufen zahlreiche, zum Teil recht komplexe Vorgänge ab. Bis etwa Anfang der 60er Jahre wurde in der Industrie und der Fachliteratur nur die Rotorbeschleunigung als Funktion eines Überschuß-/Unterschußmoments der Turbine gegenüber dem auf gleicher Welle rotierenden Verdichter gesehen und simuliert.

Als sich Anfang der 60er Jahre insbesondere deutsche Flugzeugfirmen mit Entwurf, Entwicklung und Erprobung schubmodulierter, senkrecht startender und landender Flug-

3.5 Instationäres Betriebsverhalten und Simulationsmodelle

zeuge (VTOL) befaßten, stellte sich rasch die Unzulänglichkeit des bis dahin üblichen Verständnisses und der darauf aufbauenden Modellierung des instationären Betriebsverhaltens heraus. Deshalb wurde bei der Triebwerkfirma MAN-Turbomotoren, der späteren MTU, auf diesem Spezialgebiet grundlegende Forschungsarbeit geleistet und im Triebwerkversuch verifiziert. Der Verfasser hatte dazu erstmals den Einfluß des Wärmeaustausches zwischen Gasströmung und Triebwerkmaterial als wichtigen physikalischen Vorgang für das instationäre Betriebsverhalten erkannt. Die bis dato immer wieder festgestellte Diskrepanz zwischen den stets ohne Wärmeaustausch berechneten und den am Triebwerk gemessenen Beschleunigungsraten in der Größenordnung von 25 - 30 % fand damit ihre Erklärung. Weitere typische instationäre Effekte im Strömungsmaschinen- und Verbrennungsbereich wurden gefunden und ebenfalls so approximiert, daß sie einer rechnerischen Behandlung zugänglich wurden [10].

3.5.2 Einen instationären Vorgang auslösende Triebwerkeingangsparameter

Betrachtet man das Turboflugtriebwerk ohne seine Regelsysteme als eine „Black Box", so gehen in diese eine Reihe von Eingangsparametern ein. Am Beispiel eines Nachbrennertriebwerks mit variabler Schubdüsenfläche wird dies in Bild 3-15 gezeigt. Die Eingangsparameter können in Stell- und in Störgrößen eingeteilt werden:

a) Stellgrößen: W_F; W_{FRH}; A_8; variable Geometrie wie z. B. in Strömungsmaschinenkomponenten

b) Störgrößen: P_2; T_2; P_{s0}; ΔP; ΔW; Alterung, Änderung der internen Geometrie durch Abnutzung

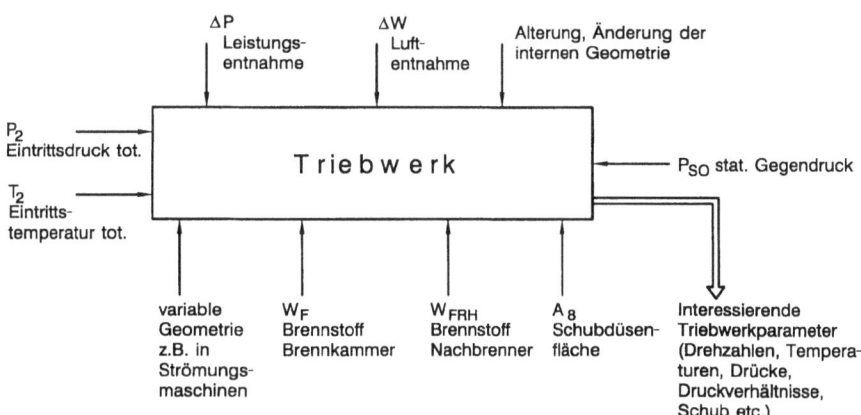

Bild 3-15 Blockschaltbild für die Ein- und Ausgangsparameter

Sind alle Eingangsparameter hinreichend lange konstant, arbeitet das Triebwerk mit seinen Komponenten stationär. Ändern sich nun eine oder auch mehrere der Eingangsgrößen, fährt das Triebwerk mit einer gewissen Verzögerung einen neuen stationären Arbeitspunkt an. Während sich die Stellgrößen je nach den verwendeten Steuer- und Regelsystemen i. a. sehr rasch ändern können, was übrigens auch für die Luft- und Leistungsentnahme gilt, verlaufen Änderungen von P_2, P_{s0}, T_2 und Alterung i. a. langsam, so daß das Triebwerk dann quasistationär arbeitet. Eine Ausnahme stellt bei VTOL-Flugzeugen der Eingangsparameter T_2 insofern dar, als bei der gefürchteten Rezirkulation von heißen Abgasen in der Startphase plötzliche und beträchtliche Temperaturschwankungen am Triebwerkeinlauf auftreten können.

3.5.3 Physikalische Vorgänge beim instationären Betrieb

Rotordrehzahlbeschleunigungsvorgang

Die Rotorbeschleunigung/-verzögerung wird ausgelöst durch eine Störung des Leistungsgleichgewichts zwischen Verdichter und Turbine auf der gleichen Welle. Ursache dafür kann jeder der Eingangsparameter sein, außer dem statischen Außendruck P_{s0}, solange die Schubdüse kritisch durchströmt wird. Die Rotorbeschleunigung/-verzögerung ergibt sich aus der Beziehung

$$\dot{\omega} = \frac{M}{\theta} \qquad (3\text{-}20)$$

oder

$$\dot{N} = \frac{\Delta P}{N\theta (2\pi)^2} \; .$$

Setzt man die reduzierten Parameter

$$\frac{\Delta P}{\sqrt{T_2}\,P_2} \quad \text{und} \quad \frac{N}{\sqrt{T_2}} \qquad (3\text{-}21)$$

ein, so erhält man:

$$\frac{\dot{N}}{P_2} = \frac{\Delta P / \sqrt{T_2}\,P_2}{N / \sqrt{T_2}\,\theta (2\pi)^2} \; . \qquad (3\text{-}22)$$

Ersichtlich ist die Beschleunigungs-/Verzögerungsrate für einen vorgegebenen Kennfeld-Arbeitsbereich direkt proportional zum Triebwerkeintrittsdruck P_2. $\dot{N}/P_2$ stellt somit selbst einen reduzierten Parameter dar, allerdings als Funktion zweier anderer reduzierter Parameter, hier z. B. $N/\sqrt{T_2}$ und $\Delta P/\sqrt{T_2}\,P_2$.

Wenn man berücksichtigt, daß sich über einem Flugbereich die Triebwerkansaugdrücke z. B. um 1:10 verändern, so ergeben sich für die gleichen Auslenkungen des instationären Arbeitspunktes im Verdichter (bzw. letzten Verdichter vor der Brennkammer bei einem Mehrwellentriebwerk) Variationen der Beschleunigungsrate $\dot{N}$ von ebenfalls 1:10.

Im Kennfeld des vor der Brennkammer arbeitenden Verdichters ergeben sich qualitativ die in Bild 3-16 dargestellten instationären Betriebslinien bei einer durch Brennstoffüber-/-unterschuß ausgelösten Beschleunigung/Verzögerung. Dabei hängt die genaue Form der instationären Betriebslinien von der Charakteristik des verwendeten Triebwerkregelsystems ab.

Bei einem Mehrwellentriebwerk entsteht das Über-/Unterschußmoment z. B. an der Niederdruckwelle mittelbar durch die veränderten Verhältnisse an der Hochdruckwelle.

3.5 Instationäres Betriebsverhalten und Simulationsmodelle

Dabei gibt es mehrere unterschiedliche Einflüsse sowohl auf die Turbinen- als auch auf die Verdichterleistung. Bei einem instationären Vorgang kann die ND-Drehzahl als Funktion der HD-Drehzahl gegenüber ihrer stationären Beziehung sowohl vor- als auch nacheilen, je nach Aufteilung der Gefälle, des Nebenstromverhältnisses und des Verhältnisses der polaren Massenträgheitsmomente der Rotoren. Die Auslenkungen im ND-Verdichterkennfeld gegenüber der stationären Arbeitslinie sind jedoch wesentlich geringer.

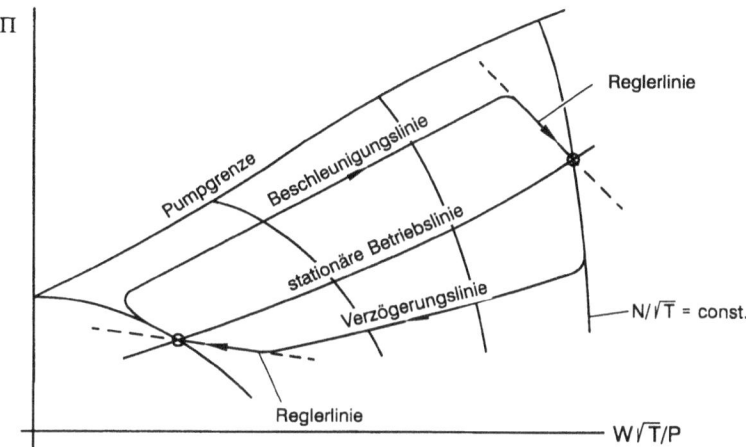

Bild 3-16 Stationäre und instationäre Betriebslinien im Verdichterkennfeld

Wärmeaustausch zwischen Gas und Triebwerkmaterial

Der erstmals in den 60er Jahren vom Verfassser erkannte und in Rechnungen und Triebwerkversuchen quantifizierte Einfluß des Wärmeaustausches zwischen dem Strömungsmedium und dem Triebwerkmaterial auf das instationäre Verhalten [10] liegt in einer Größenordnung, die bei Nichtberücksichtigung zwangsläufig zu beträchtlichen Fehlern bei Rechnungen bzw. Simulationen führen muß. Dies gilt insbesondere für all jene instationären Vorgänge, die durch eine Änderung des zugemessenen Brennstoffs in die Brennkammer ausgelöst werden. Zusätzliche Wärme fließt bei einem instationären Vorgang überall dort, wo eine zusätzliche Temperaturdifferenz zwischen der Gasströmung und den von ihr benetzten Triebwerkkomponenten entsteht. „Zusätzlich" deshalb, weil auch im stationären Betrieb vor allem in den Ebenen hoher Temperatur Wärmeströme fließen, da zu Kühlungszwecken vom thermisch hoch belasteten Material Wärme abzuführen ist.

Natürlich ist es vom Rechenaufwand her nicht möglich, bei den tausenden von Triebwerkbauteilen eines Triebwerkmusters alle individuellen Wärmeströme zu berechnen bzw. bei Simulationen zu berücksichtigen. Dies ist in der Praxis auch keinesfalls nötig. Selbst für anspruchsvolle Simulationen ist es völlig ausreichend, den Wärmeaustausch in den wichtigsten Triebwerkkomponenten wie z. B. Verdichterschaufeln und

Verdichtergehäuse, Brennkammer, Turbinenschaufeln und Turbinengehäuse, Schubrohr, Wellen, Scheiben, Lager etc. jeweils pauschal zu erfassen.

Während die vom Gas direkt umspülten, meist relativ dünnwandigen Schaufeln und Gehäuse entsprechend der zusätzlichen Temperaturdifferenz rasch sehr viel Wärme aufnehmen bzw. abgeben, erfolgt der Wärmefluß in die dickwandigen Bauteile wie Scheiben, Wellen, Lager etc. überwiegend durch Wärmeleitung und damit entsprechend langsam.

Als Beispiel für eine 3,5 s-Beschleunigung eines Triebwerks von Leerlauf auf Vollast sind die individuellen Wärmeflüsse in die verschiedenen Triebwerkkomponenten eines älteren Zweiwellen-Nebenstromtriebwerks in Bild 3-17 dargestellt. Der gesamte Wärmefluß bei guter Übereinstimmung zwischen Rechnung und Messung ist aus Bild 3-18 ersichtlich. Das Integral unter dieser Kurve muß der Summe aller Komponenten-Wärmeinhalt-Differenzen zwischen stabilisiertem Leerlauf und stabilisierter Vollast entsprechen.

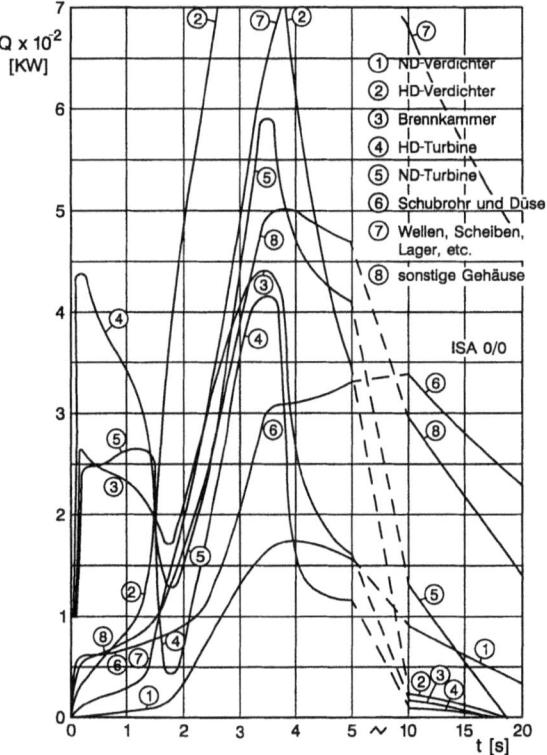

Bild 3-17 Wärmeströme in die Triebwerkkomponenten während einer Beschleunigung von Leerlauf auf Vollast (Twk MAN-RB153-61 aus [10])

3.5 Instationäres Betriebsverhalten und Simulationsmodelle

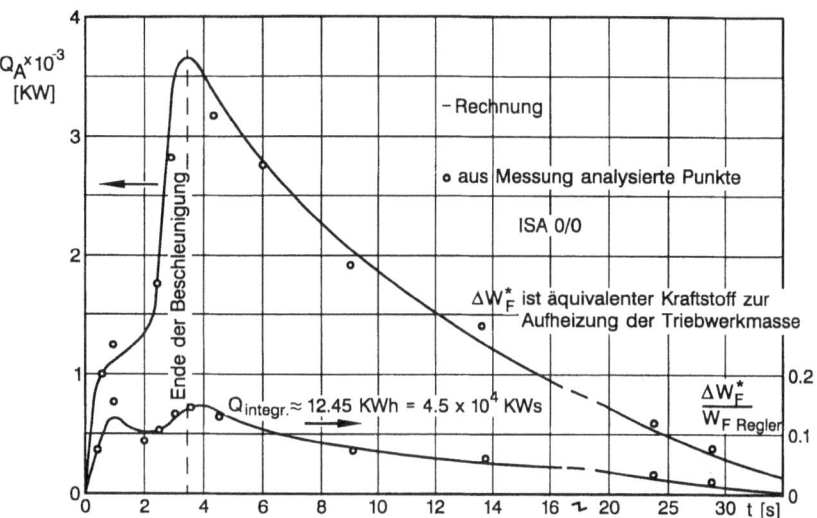

Bild 3-18 Gesamter Wärmestrom im Triebwerk während Beschleunigung von Leerlauf auf Vollast (Twk MAN-RB153-61 aus [10])

In Bild 3-19 sind über der Zeit für diese Beschleunigung über der Kurve für die Zunahme der Enthalpiedifferenz zwischen dem Triebwerkein- und -austritt W_2 ($i_6 - i_2$) zunächst die Rotorbeschleunigungsleistung beider Rotoren aufgetragen und darüber die Aufheizleistung. Die oberste Kurve ist die Enthalpiezufuhr durch den zugemessenen Brennstoff.

Es gehen also vom gesamten zugemessenen Brennstoff 10-15 % für den Wärmeaustausch „verloren". Bei modernen Triebwerken mit ihren relativ kleineren Massen ist dieser Prozentsatz entsprechend geringer.

Auch nach Beendigung der Rotorbeschleunigung geht der Wärmefluß durch Wärmeleitung in die dickwandigen Bauteile weiter. Dieser Verlauf kann im vorliegenden Fall durch ein Verzögerungsglied mit einer Zeitkonstante von rund 10 Sekunden approximiert werden.

Messungen an einem kleineren und zwei größeren Triebwerken (Bild 3-20) ähnlichen technischen Standards zeigten, daß diese Zeitkonstante T_{AV}^* bei Vollast Bodenstand grob approximiert werden kann durch die Beziehung

$$T_{AV}^* \approx 0,015 \, M_{TW}$$

wobei M_{TW} die gesamte Triebwerkmasse in kg ist.

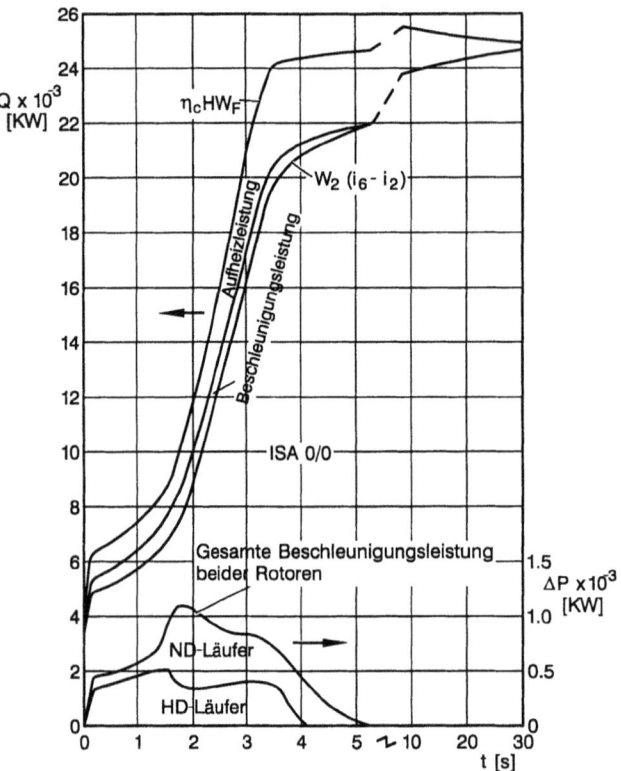

Bild 3-19 Aufheiz- und Beschleunigungsleistung zwischen Leerlauf und Vollast (Twk MAN-RB153-61 aus [10])

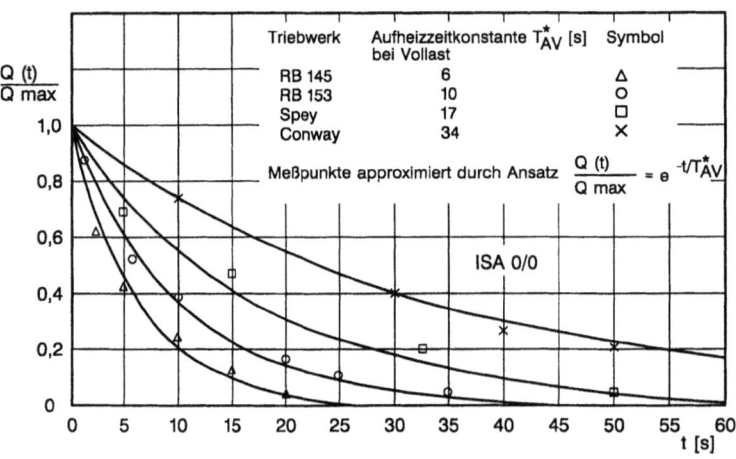

Bild 3-20 Aufheizwärmefluß verschiedener Triebwerke nach Rotorbeschleunigung (aus [10])

3.5 Instationäres Betriebsverhalten und Simulationsmodelle

Wegen der geringeren Triebwerkdrücke bei Leerlauf ist die entsprechende Zeitkonstante dort näherungsweise zweimal so groß wie bei Vollast, wobei am Ende einer Verzögerung bei Leerlauf Wärme an den Gasstrom abgegeben wird. Ähnliche Tendenzen ergeben sich über dem Flugbereich, wo die Triebwerkdrücke wesentlich höher oder niedriger als bei Bodenstand sein können.

Für eine ganz grobe, pauschale Berücksichtigung des Wärmeflusses in Rechnungen kann das Triebwerk durch eine äquivalente Platte, identisch mit der Triebwerkmasse und sinnvoll gemittelten Materialkonstanten des Triebwerkmaterials dargestellt werden. Die Platte wird von einer Gasströmung umspült, deren thermodynamische Daten sinnvolle Mittelwerte der Gasströmung im Triebwerk darstellen. Die halbe Plattendicke X_{Platte}, die wesentlich das Zeitverhalten der Wärmeströmung bestimmt, wird als Funktion eines charakteristischen Triebwerkdurchmessers D_{ch} gewählt, der bei Nebenstromtriebwerken sinnvoll zwischen dem Außen- und Innenstromdurchmesser gemittelt werden kann.

Mit der empirischen Beziehung

$$X_{Platte} \approx 1.85 \cdot 10^{-2} D_{ch}$$

wurden bei diesen vier (älteren) Triebwerken die Verhältnisse des tatsächlichen Wärmeflusses recht gut approximiert.

Wärmeaustausch als Zwischenkühlungseffekt

Fließt bei einer Triebwerkbeschleunigung von Leerlauf auf Vollast Wärme von der Gasströmung in die Verdichterschaufeln und Verdichtergehäuse, so ergibt sich ein thermodynamischer Zwischenkühlungseffekt, der den Verdichterwirkungsgrad um etwa 1 bis 3 Prozentpunkte anheben kann. Außerdem ergeben sich geringfügige Verschiebungen der Verdichtercharakteristik, da die reduzierten Drehzahlen der hinteren Stufen durch die Abkühlung instationär höher liegen als beim stationären Betrieb [10].

Auswirkung auf Dichtungsspiele

Die für den Wirkungsgrad der Strömungsmaschinen, die Verdichterpumpgrenzen und das Luft-Ölsystem so wichtigen Spiele zwischen den rotierenden und stationären Bauteilen werden neben einer radialen Aufweitung des Rotors mit steigender Drehzahl insbesondere durch die meist unterschiedlichen Aufheizraten von Rotor und Stator bestimmt. Hinzu kommen dann häufig auch noch axiale Auslenkungen durch die zeitlich unterschiedliche Längung von Wellen und Gehäusen mit steigender Temperatur. Bei modernen Triebwerken werden heute weitgehend thermisch kompensierende HD-Verdichtergehäuse eingesetzt, um sowohl eine instationäre Spielaufweitung als auch negative Spiele durch ein Einlaufen der Schaufelspitzen weitgehend zu vermeiden oder zu minimieren. Die Verhältnisse für die Berechnung dieser Spiele sind häufig sehr komplex und können nur für jeden speziellen Triebwerkentwurf sinnvoll approximiert werden.

Aufstauverhalten der Triebwerkkomponenten
Alle von Luft bzw. Gas durchströmten Triebwerkkomponenten besitzen endliche Volumina. Da sich bei einer instationären Änderung des Drucks und der Temperatur auch die im Volumen befindliche Gasmasse ändert, muß für eine gewisse Zeit die zuströmende Masse unterschiedlich von der abströmenden sein.

Bei sehr rasch verlaufenden Störungen des Gleichgewichtszustandes treten gasdynamische Abläufe auf, die nach der Theorie der instationären kompressiblen Fadenströmung behandelt werden können. Ein typischer Fall ist das Schubrohr, bei dem z. B. nach einer raschen Änderung der Düsenfläche Druckwellen stromaufwärts wandern, dort reflektiert werden und sich mit neu ankommenden Wellen überlagern. Die Annahme eines sich dabei instationär einstellenden mittleren Drucks ist deshalb nicht zutreffend. Trotzdem sind für die meisten praktischen Anwendungen grobe Näherungen durchaus ausreichend, bei denen der mittlere Druckaufbau durch ein lineares Verzögerungsglied erster Ordnung beschrieben wird.

Während die Zeitkonstanten für den Aufstau in den Stufen der Strömungsmaschinen gewöhnlich im Millisekundenbereich liegen, bewegen sich die Zeitkonstanten für längere Schubrohre im Hundertstel-Sekundenbereich [10].

Verzögerungen in den Brennersystemen
Bei den Brennersystemen der Triebwerkbrennkammer und, soweit vorhanden, des Nachbrenners, kann der Brennstoff jeweils entweder aus einem Flammhalter direkt in den stromabwärts anschließenden Rezirkulationswirbel gespritzt werden oder bereits vor dem Flammhalter eingebracht werden. Außerdem gibt es Konstruktionen, bei denen der Brennstoff zunächst in heiße Verdampfungsrohre gespritzt wird.

Grundsätzlich können alle für die Verbrennung maßgeblichen thermodynamischen Parameter einen instationären Verbrennungsvorgang auslösen. Praktische Bedeutung hat i.a. jedoch nur eine Änderung des Brennstoffflusses und seine zeitliche Auswirkung auf die daraus folgende Temperaturänderung. Bei einem solchen Vorgang spielt sich rein qualitativ folgendes ab:

a) Erhöhung des Brennstoffflusses
– Während der zusätzlich eingespritzte Brennstoff die Aufbereitungsphasen durchläuft, wird zunächst für Aufheizung und Verdampfung mehr Wärme entzogen.

– Es ist möglich, daß ein Teil dieses zusätzlichen Brennstoffs (bei starker Erhöhung) nicht genügend aufbereitet wird, um in der restlichen zur Verfügung stehenden Zeit vollständig verbrennen zu können.

– Es ist außerdem möglich, daß Teile des zusätzlich eingespritzten Brennstoffs vom Rezirkulationswirbel nicht erfaßt werden und deshalb unverbrannt oder nur teilweise verbrannt die Brennzone verlassen. Die Verhältnisse können sich dann mit ansteigendem Temperaturniveau wieder verbessern.

3.5 Instationäres Betriebsverhalten und Simulationsmodelle

b) Verringerung des Brennstoffflusses

- Nach einer plötzlichen Verringerung durchläuft der kurz zuvor noch eingespritzte Brennstoff die Transport- und Aufbereitungsphase und liefert deshalb im Verbrennungsprozeß für kurze Zeit noch die ursprüngliche Temperatur.

- Der nachfolgende, geringere Brennstofffluß wird in der Aufbereitungsphase bei dem noch zu hohen Temperaturniveau kurzzeitig stärker aufgeheizt mit einer besseren Aufbereitung in Verbindung mit einem etwas höheren Ausbrenngrad. Die Totzeit bis zum Einsetzen der Zündung verringert sich gegenüber den stationären Verhältnissen und noch mehr gegenüber dem Fall der Brennstofferhöhung.

Bei dem bereits angeführten Testtriebwerk MAN-RB153-61 ergaben sich für den instationären Ausbrenngrad z. B. nach einer sprungartigen Erhöhung bzw. Verringerung des zugemessenen Brennstoffs Totzeiten von knapp 10 Millisekunden und Zeitkonstanten von knapp 5 Millisekunden (Verzögerung) und über 10 Millisekunden (Beschleunigung) [10].

Einige Auswirkungen auf das instationäre Triebwerkverhalten

Im Rahmen dieser grundsätzlichen Untersuchungen Anfang der sechziger Jahre konnte vom Verfasser ein weiteres Phänomen qualitativ und quantitativ abgeklärt werden, über das bis dato nur spekuliert worden war. Dabei handelt es sich um Pumpvorgänge während einer Beschleunigung unmittelbar nach einer Verzögerung. Rechnungen mit dem instationären Leistungssyntheseprogramm, in das alle die vorerwähnten instationären Effekte eingebaut worden waren, zeigten z. B. für das Triebwerk MAN-RB153 einen deutlichen Anstieg der Beschleunigungslinie im HD-Verdichterkennfeld, wenn diese Beschleunigung unmittelbar nach einer Verzögerung, also mit noch heißem Triebwerk beginnt, wobei sich die höchste Beschleunigungslinie nach einer Verzögerung von etwa einer Sekunde ergab, wie aus Bild 3-21 ersichtlich.

Eine erhöhte Beschleunigungslinie gegenüber einer Beschleunigung von stabilisiertem Leerlauf auf Vollast ergibt sich aber auch bereits für eine Beschleunigung von z. B. 90 auf 95 % Drehzahl, da hier weniger Aufheizwärme abgezweigt wird als bei einer Beschleunigung des kalten Triebwerks von stabilisiertem Leerlauf aus.

Diese Mechanismen wurden etwa ein Dutzend Jahre später in den USA nochmals entdeckt und sind dort seitdem als *Bodie-Transients* bekannt.

Die oben geschilderten Effekte gelten jedoch nur für den Fall, daß während der Beschleunigung der Brennstoff mittels einer Steuerfunktion zugemessen wird.

Wird im Gegensatz dazu z. B. auf maximal zulässige Beschleunigungsraten $\dot{N}$ geregelt, so ergeben sich, abgesehen von kleineren Sekundäreffekten, in etwa gleiche Beschleunigungslinien im HD-Verdichter und natürlich auch gleiche Beschleunigungszeiten, unabhängig vom thermischen Zustand des Triebwerks zu Beginn der Beschleunigung. Dies deshalb, weil $\dot{N}/P_2 = f\left(N/\sqrt{T}\right)$ eine bestimmte Linie oberhalb (Beschleunigung) oder unterhalb (Verzögerung) der stationären Arbeitslinie im maßgeblichen Verdichter vor der Brennkammer bedingt. Kritisch können Wiederbeschleunigungen aber auch hinsichtlich der Schaufelspitzenspiele wegen der unterschiedlichen Aufheizzeitkonstanten von Gehäusen, Schaufeln und Rotoren sein. So können vergrößerte Verdichterschaufelspiele zu einem Abfall der Pumpgrenze und sich stark verkleinernde Spiele bis zum Anlaufen und Einreiben der Schaufeln im Gehäuse(belag) führen.

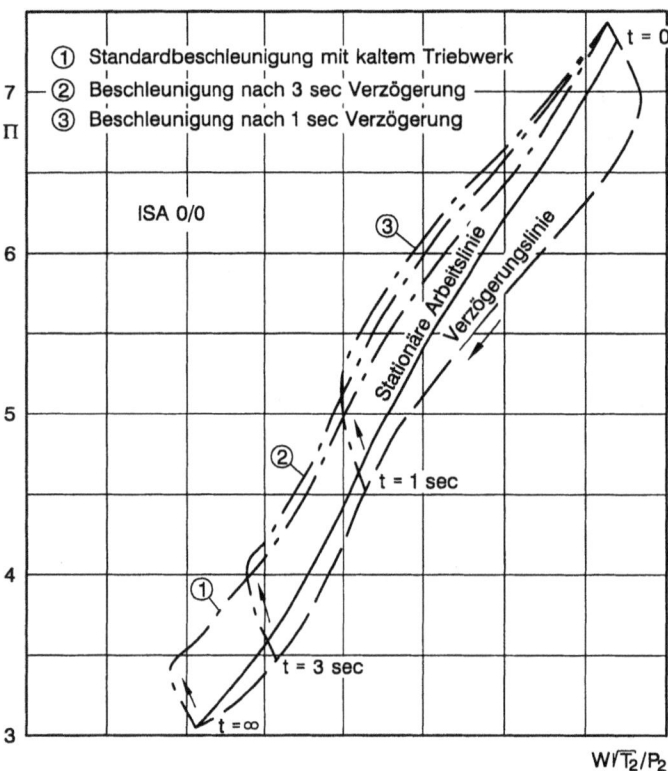

Bild 3-21 Beschleunigungslinie im HD-Verdichter mit kaltem und heißem Triebwerk bei gleicher Brennstoffzumessung (Twk MAN-RB153-61 aus [10])

3.5.4 Modelliermöglichkeiten des instationären Betriebsverhaltens

Während der Triebwerkentwicklung stellt das sog. Instationäre Triebwerk-Syntheseprogramm heute das grundsätzliche Handwerkzeug für die Simulation des instationären Betriebsverhaltens dar. Dieses Instationäre Syntheseprogramm ist die Erweiterung des Stationären Syntheseprogramms um den Zeitbereich, der dadurch erfaßt wird, daß mit fortschreitender Zeit t vom stationären Ausgangspunkt ausgehend, jeweils ein Synthesepunkt gerechnet wird. Ein instationärer Vorgang wird dann durch eine beliebig große Zahl solcher Synthesepunkte beschrieben, wobei in der Anfahrphase die Zeitschritte klein, während der eigentlichen Beschleunigung bzw. Verzögerung mittelgroß und für den Stabilisierungsvorgang groß gewählt werden. In dieses erweiterte Syntheseprogramm können alle grundsätzlichen physikalischen Vorgänge beim instationären Betrieb aufgenommen werden, und zwar mit beliebiger Genauigkeit. Rechenzeit, Rechenkosten und

3.5 Instationäres Betriebsverhalten und Simulationsmodelle

Dateneinspeicherungsaufwand sind dann allerdings der Preis für hohe (evtl. zu hohe) Genauigkeitsforderungen.

Der ganz große Vorteil dieses Instationären Syntheseprogramms ist die damit bereits vorhandene bestmögliche Basis für das stationäre Betriebsverhalten, dessen korrekte Simulation während einer Triebwerkentwicklung bis in den Serieneinsatz ein absolutes Muß für einen Triebwerkhersteller ist.

Der Berechnungsingenieur hat sich dann auch nicht laufend zu fragen, ob z. B. die Annahme eines linearen Verhaltens wirklich zutreffend ist oder durch stark variable Gradienten im Wirkungsgrad, durch verstellbare Verdichtergeometrie, die gerade gegen den Anschlag läuft etc. sein Ergebnis verfälscht wird. Alle diese Nichtlinearitäten sind im Modell enthalten.

In das Instationäre Syntheseprogramm können auch alle Regelgesetze bzw. Reglerkennfelder mit aufgenommen werden, so daß die Simulation dann tatsächlich mit dem Leistungshebel gefahren werden kann und zwar für jeden beliebigen Flugzustand.

Werden größere Diskrepanzen zwischen den Ergebnissen aus Simulation und Triebwerkversuch festgestellt, lohnt es sich fast stets, diese aufzuklären. Häufig werden dabei Dinge festgestellt, die sonst vom Entwicklungsingenieur entweder überhaupt nicht oder nur mit sehr viel mehr Aufwand entdeckt worden wären.

In der Praxis können die meisten Aufgaben mit diesem Rechenprogramm gelöst werden. In einigen Sonderfällen, wie z. B. bei Stabilitätsuntersuchungen an komplexen Regelkreisstrukturen kann es sinnvoll sein, mit Hilfe des Instationären Syntheseprogramms für das Triebwerk ohne seine Stell- und Regelorgane für kleine Auslenkungen im linearen Bereich zunächst die Übertragungsfunktionen für eine Reihe von Flugzuständen zu bestimmen.

Dazu wird eine kleine sprungartige Veränderung eines jeden Triebwerkeingangsparameters, unter Konstanthaltung der anderen, vorgegeben und mit dem Programm die Triebwerkausgangsparameter = Reglereingangsparameter berechnet. Aus diesen lassen sich dann leicht die Übertragungsfunktionen in Form linearer Differentialgleichungen bzw. ihre Laplace-Transformationen gewinnen (vgl. Anhang A2). Hilfreich ist dabei die Kenntnis der jeweiligen, sinnvoll approximierten Struktur der linearen Differentialgleichungen. Diese lauten in Operatorenschreibweise mit $D \equiv d/dt$ (ohne Berücksichtigung des Wärmeaustausches):

a) für Einwellentriebwerk

Drehzahl: $$\Delta N = \frac{\partial N}{\partial W_F} \cdot \frac{1}{(1+T_1^* D)(1+T_V^* D)} \Delta W_F + \cdots \quad (3\text{-}23)$$

Parameter $\emptyset$: $$\Delta \emptyset = \frac{\partial \emptyset}{\partial W_F} \cdot \frac{1+aD}{(1+T_1^* D)(1+T_V^* D)} \Delta W_F + \cdots \quad (3\text{-}24)$$

(Drücke, Temperaturen)

b) für Zweiwellentriebwerk

Drehzahl: $\quad \Delta N_{H/N} = \dfrac{\partial N_{H/N}}{\partial W_F} \cdot \dfrac{1+\alpha_{H/N} D}{(1+T_1^* D + T_2^* D^2)(1+T_V^* D)} \Delta W_F + \cdots \quad$ (3-25)

Parameter Ø: $\quad \Delta \emptyset = \dfrac{\partial \emptyset}{\partial W_F} \cdot \dfrac{1+\beta D + \gamma D^2}{(1+T_1^* D + T_2^* D^2)(1+T_V^* D)} \Delta W_F + \cdots \quad$ (3-26)

(Drücke, Temperaturen)

Die Zeitkonstante T_V^* approximiert dabei die Summe aller Aufstaueffekte und Brennverzögerungen und sorgt im hochfrequenten Spektrum für einigermaßen realistische Anlaufvorgänge.

Zum besseren Verständnis der physikalischen Zusammenhänge seien kurz die linearen Übertragungsfunktionen für das Einwellen-Einstromtriebwerk ohne Nachverbrennung für kleinere Auslenkungen (ohne T_V^*) hergeleitet.

Für das Überschußmoment M an der Welle (das im stationären Betrieb Null ist) gilt für einen Flugzustand allgemein:

$$M = f(N; W_F) \qquad (3\text{-}27)$$

und linealisiert für kleine Auslenkungen:

$$\Delta M = \left(\dfrac{\partial M}{\partial N}\right)_{W_F} \Delta N + \left(\dfrac{\partial M}{\partial W_F}\right)_N \Delta W_F \qquad (3\text{-}28)$$

außerdem gilt:

$$\Delta M = 2\pi\theta\, D(\Delta N).$$

Beide Gleichungen kombiniert ergibt:

$$\left[1 - \dfrac{2\pi\theta}{(\partial M/\partial N)_{W_F}} D\right] \Delta N = -\dfrac{(\partial M/\partial W_F)_N}{(\partial M/\partial N)_{W_F}} \Delta W_F \qquad (3\text{-}29)$$

oder

$$\dfrac{\Delta N}{\Delta W_F} = -\dfrac{(\partial M/\partial W_F)_N}{(\partial M/\partial N)_{W_F}} \cdot \dfrac{1}{1+T_1^* D} = \left(\dfrac{dN}{dW_F}\right)_{stationär} \dfrac{1}{1+T_1^* D} \qquad (3\text{-}30)$$

mit der Triebwerkzeitkonstanten

$$T_1^* = -\dfrac{2\pi\theta}{(\partial M/\partial N)_{W_F}}$$

und

$$-\left(\dfrac{\partial M}{\partial W_F}\right)_N \Big/ \left(\dfrac{\partial M}{\partial N}\right)_{W_F} = \left(\dfrac{dN}{dW_F}\right)_{stationär} \qquad (3\text{-}31)$$

dem örtlichen Anstieg der stationären $N-W_F$-Kurve.

3.5 Instationäres Betriebsverhalten und Simulationsmodelle

Für jeden anderen interessierenden Parameter $\emptyset$ (z. B. den Schub) gilt linearisiert für kleine Änderungen:

$$\Delta \emptyset = \left(\frac{\partial \emptyset}{\partial N}\right)_{W_F} \Delta N + \left(\frac{\partial \emptyset}{\partial W_F}\right)_N \Delta W_F \tag{3-32}$$

Setzt man für ΔN obige Gleichung ein und vereinfacht, so ergibt sich:

$$\Delta \emptyset = \left(\frac{\partial \emptyset}{\partial W_F}\right)_{station\ddot{a}r} \cdot \frac{1 + \frac{(\partial \emptyset / \partial W_F)_N}{(d \emptyset / d W_F)_{station\ddot{a}r}} T_1^* D}{1 + T_1^* D} \Delta W_F \tag{3-33}$$

oder

$$\Delta \emptyset = \left(\frac{d \emptyset}{d W_F}\right)_{station\ddot{a}r} \cdot \frac{1 + a D}{1 + T_1^* D} \Delta W_F \ . \tag{3-34}$$

Die Bedeutung der Zeitkonstante T_1^* erkennt man leicht aus der Lösung der linearen Differentialgleichung erster Ordnung für die Drehzahl N bei einer plötzlichen Veränderung des Brennstoffes W_F um z. B. $\Delta W_F = 1$. Die Differentialgleichung lautet dann:

$$\Delta N_{ist} + \frac{d}{dt}\left(T_1^* \Delta N_{ist}\right) = \Delta N_{soll} \tag{3-35}$$

mit

$$\left(\frac{dN}{dW_F}\right)_{station\ddot{a}r} \cdot \Delta W_F = \Delta N_{soll} \tag{3-36}$$

oder gelöst:

$$\frac{\Delta N_{ist}}{\Delta N_{soll}} = 1 - e^{-t/T_1^*} \ . \tag{3-37}$$

ΔN_{ist} steigt von Null auf ΔN_{soll} nach einer e-Funktion. Zum Zeitpunkt der Zeitkonstante T_1^* sind 63 % dieses Anstiegs erreicht. Leicht ersichtlich ist diese Zeitkonstante T_1^* eine Funktion sowohl des polaren Massenträgheitsmoments θ als auch des Parameters $(\partial M / \partial N)_{W_F}$. Letzterer ist das Maß dafür, welches Moment notwendig ist, um die Drehzahl des stationär laufenden Triebwerks mit $W_F = const.$ um einen bestimmten Betrag zu ändern. Beide Werte θ und $(\partial M / \partial N)_{W_F}$ steigen mit der Größe des Triebwerks, i.a. aber nicht synchron. Während θ für ein gegebenes Triebwerk eine Konstante ist, ändert sich $(\partial M / \partial N)_{W_F}$ sehr stark mit der Drehzahl. Während die Zeitkonstante T_1^* bei Bodenstand und Vollast bei kleineren Triebwerken meist in der Größenordnung von 0,1 s liegt, beträgt ihr Wert bei Leerlauf rund das 4- bis 8-fache davon, je nachdem wie tief die Leerlaufdrehzahl liegt.

Eine Analyse einer Anzahl von Einwellentriebwerken ergab, daß der Verlauf der Zeitkonstante als Funktion der Drehzahl approximiert werden kann durch die Beziehung

$$\frac{T_1^*}{T_{1\,Vollast}^*} \approx \left(\frac{N_{Vollast}}{N}\right)^3 . \tag{3-38}$$

Weiterhin ist zu berücksichtigen, daß sich der Wert der Zeitkonstante sehr stark mit dem Flugzustand ändert. Davon kann man sich leicht überzeugen, wenn die Gleichung für die Zeitkonstante auf reduzierte, d.h. flugzustandsunabhängige Parameter erweitert wird:

$$T_1^* = -\frac{2\pi\,\theta}{(\partial M/\partial N)_{W_F}} \quad \text{ergibt:} \quad \frac{T_1^*\,P_2}{\sqrt{T_2}} = -2\pi\,\theta\,\frac{\partial N/\sqrt{T_2}}{\partial M/P_2} . \tag{3-39}$$

Somit ist $\dfrac{T_1^*\,P_2}{\sqrt{T_2}}$ der reduzierte Parameter der Zeitkonstante T_1^*.

Diese ist damit über dem gesamten Flugbereich in bzw. um jeden Arbeitspunkt proportional zur Wurzel aus der Ansaugtemperatur T_2 und umgekehrt proportional zum Ansaugdruck P_2. Im Einsatz eines Kampfflugzeugs, das einen großen Flugbereich abzudecken hat, kann damit die Zeitkonstante nochmals um einen Faktor 10 oder mehr variieren.

Diese Variationen mit Drehzahl und Flugzustand sind wichtig, z. B. hinsichtlich der dynamischen Anforderungen an die Steuer- und Regelgeräte, die dann immerhin für ein stabiles Betriebsverhalten Variationsbreiten der Haupt-Zeitkonkonstanten von bis zu etwa 50 : 1 abzudecken haben.

Durch die modernen leistungsfähigen Rechner ist die Bedeutung von Simulationen auf Analogrechnern, wie sie bis etwa Mitte/Ende der 60er Jahre fast ausschließlich üblich waren, stark zurückgegangen.

Ausnahmen hiervon beschränken sich auf gewisse Sonderaufgaben. Ein Beispiel sind Komponentenprüfstände für Regler und Stellglieder, Pumpen und Startermotoren etc., bei denen eine einfache Analog-Simulation der Regelstrecke Triebwerk in Echtzeit – meist über dem gesamten Flugbereich – sinnvoll sein kann. Dabei sind häufig Drücke, Durchflüsse und Drehzahlen in elektrische Signale umzusetzen und umgekehrt, um den/die Regelkreis(e) für die Erprobung schließen zu können.

In den 60er Jahren wurde vom Verfasser ein relativ einfaches Triebwerk-Simulationsverfahren entwickelt, mit dem über dem gesamten Flugbereich das instationäre Triebwerkverhalten entweder auf einem Analogrechner oder in diskreten Zeitschritten auf der EDV mit guter Näherung darzustellen ist. Das Verfahren wurde seinerzeit bei den drei deutschen Herstellern von VTOL-Flugzeugen (Dornier, EWR und VFW) eingeführt und hat sich seitdem gut bewährt. Es wird bis heute angewendet für Echtzeitsimulatoren bei der Entwicklung von DECU's (*Digital Electronic Control Units*) im geschlossenen Kreis, für Flugsimulatoren und für Computer-Decks z. B. für den Zellenhersteller. Die dafür benötigten Kurvenscharen für die Triebwerkparameter können mit dem normalen stationären Syntheseprogramm berechnet werden, ohne daß dieses mit all seinen Kennfeldern und anderen sensiblen Daten vom Triebwerkhersteller aus der Hand gegeben werden muß. Das Verfahren basiert auf der Tatsache, daß Arbeitspunktauslenkungen

3.5 Instationäres Betriebsverhalten und Simulationsmodelle

quer zur Arbeitslinie weitgehend linear, längs zur Arbeitslinie, also über dem $N/\sqrt{T}$ -Bereich, dagegen i.a. deutlich nichtlinear verlaufen.

Als Beispiel soll hier das Einwellen-Einstrom-Triebwerk ohne Nachbrenner und mit fester Schubdüse dienen. Jeder instationäre Parameter $\emptyset_{inst}$ wird folgendermaßen berechnet:

$$\emptyset_{inst} = \emptyset_{stat} + \frac{\partial \emptyset}{\partial W_F / \sqrt{T_2} \, P_2} \cdot \frac{\Delta W_F}{\sqrt{T_2} \, P_2} \qquad (3\text{-}40)$$

Dabei sind:

$\emptyset_{stat}$ beliebiger reduzierter stationärer Leistungsparameter, aufgetragen über $N/\sqrt{T}$ mit dem Einlaufdruckverhältnis P_2/P_{s0} als Parameter

$\dfrac{\partial \emptyset}{\partial W_F / \sqrt{T_2} \, P_2}$ Parameteränderung für Über-/Unterschußbrennstoff bei konstantem $N/\sqrt{T}$

ΔW_F effektiv für den instationären Vorgang zur Verfügung stehender Über-/Unterschußbrennstoff, also:

$$\Delta W_F = W_{F\,Regler} - W_{F\,stationär} - \Delta W_F^* \qquad (3\text{-}41)$$

mit

$$\Delta W_F^* \approx \frac{KD}{1+T_A^* D} \cdot T_{ch} \qquad (3\text{-}42)$$

Der durch den Wärmeaustausch verlorengehende äquivalente Brennstoffanteil ΔW_F^* wird simuliert mittels einer zwischen Verdichteraustritts- und Turbinenaustrittstemperatur gemittelten charakteristischen Triebwerktemperatur T_{ch} und einer (variablen) Aufheizzeitkonstante T_A^* (vgl. Abschnitt 3.5.3). Der Faktor K ist dabei das Verhältnis des benötigten Brennstoffs pro Grad Temperaturerhöhung der als Platte idealisierten Triebwerkmasse.

In das Brennstoffzumeßsystem gehen neben der Leistungshebelstellung α i.a. auch noch weitere Triebwerkparameter ein, die deshalb zu simulieren sind. Selbstverständlich können auch noch andere, auf den Brennstoff wirkende Begrenzer angekoppelt werden. Eine blockschaltbildmäßige Darstellung dieses Simulationsverfahrens zeigt Bild 3-22.

Folgende reduzierte Triebwerkparameter $\emptyset_V$ sind deshalb mindestens abzuspeichern:

$\Delta P / \Delta W_F = f(N/\sqrt{T_2}; P_2/P_{s0})$ Überschußleistung für Beschleunigung/Verzögerung für Über-/Unterschußbrennstoff

$W_F / \sqrt{T_2} \, P_2 = f(N/\sqrt{T_2}; P_2/P_{s0})$ stationärer Brennstofffluß

Parameter $\emptyset_V$ und $\dfrac{\partial \emptyset_V}{\partial W_F / \sqrt{T_2} \, P_2}$ als Eingangsparameter für Regler und Begrenzer

T_{ch}/T_2 charakteristische Gastemperatur für Wärmeaustausch $T_{ch} \approx \dfrac{T_3 + T_6}{2}$

Der Drehzahlverlauf während des instationären Vorgangs wird gewonnen aus der Integration von

$$\frac{\dot{N}}{P_2} = \frac{\Delta P / \sqrt{T_2} \, P_2}{N / \sqrt{T_2} \, \theta (2\pi)^2} \tag{3-43}$$

und damit das jeweils aktuelle $N / \sqrt{T_2} = f(t)$ gebildet.

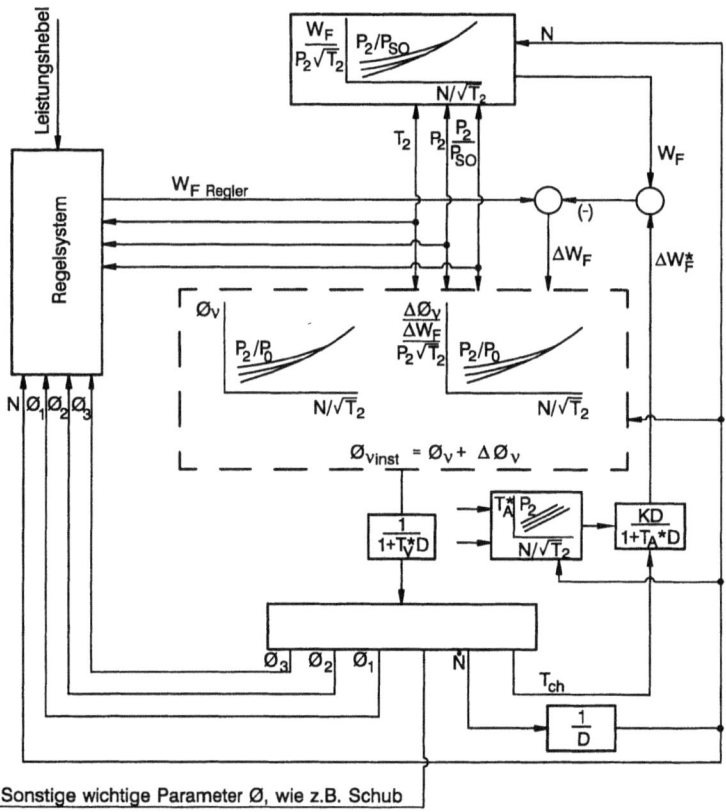

Bild 3-22 Blockschaltbild für Simulationsverfahren des stationären und instationären Betriebsverhaltens (Beispiel: Einwellentriebwerk ohne Nachverbrennung)

3.6 Windmilling und Startverhalten

3.6.1 Grundsätzliche Aspekte und Aufgabenstellungen

Mit Windmilling bezeichnet man mangels eines entsprechenden deutschen Fachbegriffs den Betrieb eines Turboflugtriebwerks ausschließlich durch den Luftaufstau aufgrund der Fluggeschwindigkeit bei ungezündeter Brennkammer. Dabei kann Leistung zum Antrieb von Hydraulikpumpen und Generatoren abgegeben werden, wobei anstatt Schub ein mit steigender Flug-Machzahl beträchtlich ansteigender Flugwiderstand erzeugt wird.

Auch nach über 50 Jahren Erfahrung mit Turboflugtriebwerken und gewaltigen Entwicklungsanstrengungen gibt es heute noch immer keine Standardverfahren bzw. Rechenprogramme, um den Windmillingbetrieb eines Turboflugtriebwerks routinemäßig zuverlässig vorausberechnen zu können.

Trotz einer Reihe von Untersuchungen und Veröffentlichungen seit Ende der fünfziger Jahre bis heute ist offensichtlich auch noch kein umfassender Versuch unternommen worden, die bisher veröffentlichten Erkenntnisse und Ergebnisse einmal geschlossen darzustellen und das zu identifizieren, was auf diesem Gebiet noch zu erarbeiten ist, um dem Idealzustand einer möglichst genauen Modellierung der physikalisch relevanten Prozesse näherzukommen.

Natürlich ist es keineswegs so, daß die Triebwerkhersteller auf diesem Gebiet völlig im Dunkeln tappen. Jedes Unternehmen kann auf Versuchsergebnisse früherer, im Höhenprüfstand getesteter Triebwerke zurückgreifen und mittels halbempirischer Korrelationen Vorhersagen für ein neu zu entwickelndes Triebwerk ableiten. Kritischer wird die Situation dann, wenn grundsätzliche Änderungen am Triebwerktyp eingeführt werden. Zu denken ist dabei z. B. an den Fall, bei dem das Nebenstromverhältnis gravierend erhöht wird oder an den Schritt vom ungemischten zum gemischten Nebenstromtriebwerk. Mit einer noch größeren Konfigurationsänderung war der Verfasser im Jahre 1970/71 konfrontiert, als für das neue Dreiwellentriebwerk RB199 Windmilling-Daten bereits für den Vertragsabschluß vorherzusagen waren. Diese konnten erst nach einer „mutigen" Extrapolation und einer anderen Darstellung der Kennfelder sowie Änderungen am Leistungssyntheseprogramm berechnet werden und stimmten mit den später im Höhenprüfstand gemessenen Daten einigermaßen gut überein.

Das grundsätzliche Problem beim Windmilling liegt darin, daß die aerodynamischen Triebwerkkomponenten, wie Verdichter und Turbinen, im untersten Kennfeldbereich arbeiten. Dieser Kennfeldbereich wird aber am Komponentenprüfstand normalerweise nicht vermessen, da die Instrumentierung allenfalls für den Bereich deutlich über 50 % Drehzahl ausgelegt ist. Selbst im Leerlaufbereich, also bei etwa 50 bis 60 % reduzierter Drehzahl läßt die Genauigkeit besonders der Temperatur- bzw. Drehmomentmessung mit der Standardinstrumentierung i.a. bereits sehr zu wünschen übrig, insbesondere bei Verdichtern mit kleinen bzw. mäßigen Druckverhältnissen. Da die vom Triebwerkhersteller abzugebenden Leistungsgarantien in der Regel auch nur den oberen reduzierten Drehzahlbereich betreffen und diesem somit die ganze Aufmerksamkeit in der Entwurfs- und Entwicklungsphase gilt, interessiert für den unteren Bereich zunächst i.a. nur die Lage der Verdichterabreißgrenze, um das Triebwerk ohne gravierendes Verdichterpumpen starten und auf Leerlauf hochfahren zu können. Völlig entfällt auch das Testen des Arbeitsbereichs, bei dem ein Verdichter mit einem Druckverhältnis < 1 beaufschlagt und seine Welle abgebremst wird, er also als Turbine arbeitet. Das gleiche gilt für jenen Arbeitsbereich der Turbine, in dem diese angetrieben wird und aerodynamische Verlustleistung liefert, evtl. sogar verdichtet. Die normalen Prüfstände sind für Messungen dieser Art in der Regel nicht eingerichtet.

Auch die Verdichter- und Turbinen-Spezialisten interessieren sich allenfalls ganz am Rande für diese Arbeitsgebiete, für die ihre Verdichter und Turbinen nicht ausgelegt sind und bei denen das „aerodynamische Chaos" herrscht. Wenn man berücksichtigt, welche Diskrepanzen zwischen dem vorausberechneten oberen Kennfeldbereich und der ersten Messung am Komponentenprüfstand in der Praxis auch heute noch insbesondere bei kompletten Neuauslegungen auftreten können, kann man die Problematik einer vernünftigen Kennfeld-Vorausberechnung des unteren Kennfeldbereichs in etwa abschätzen. Was hier gefragt ist, sind neue Denkansätze, wie sie z. B. in [21] z. T. bereits verfolgt wurden.

Damit stellt dieser unterste Arbeitsbereich der Verdichter und Turbinen ein lohnendes Betätigungsfeld für entsprechend eingerichtete Hochschul- und Forschungsinstitute dar, sowohl hinsichtlich der Entwicklung von Rechenverfahren als auch der Messung an vorhandenen Komponenten, gegebenenfalls an deren stark verkleinerten Modellen.

Wozu wird nun die Kenntnis des Windmilling-Verhaltens in der Praxis benötigt? Es gibt drei klassische Felder, nämlich:

a) Aerodynamische Verhältnisse in der Brennkammer nach einem Verlöschen des Feuers mit der Frage nach der Wiederzündfähigkeit im Flug, d.h. welche Flug-Machzahl in welcher Flughöhe bei welcher Leistungsentnahme dafür mindestens nötig ist (Wiederzündbereich); häufig interessiert auch der Einfluß der Zuschaltung eines Startermotors und dessen Auswirkung auf die Wiederzündgrenze im Flugbereich,

b) Wellendrehzahlen der Rotoren, die die Generatoren und Hydraulikpumpen zur Betätigung der Flugzeug-Steuerflächen antreiben in Abhängigkeit des Flugzustandes und der Entnahmeleistung,

c) Luftwiderstand des Triebwerks im Windmilling-Betrieb zur Bestimmung des benötigten Mindestschubs des/der verbleibenden Triebwerke(s), insbesondere bei Ausfall außenliegender Triebwerke; in diesem Fall entsteht ein großer zusätzlicher induzierter Widerstand durch das die Schubasymetrie ausgleichende Seitenleitwerk, der mit abzudecken ist.

In [21] wird darauf hingewiesen, daß obige Problemfelder und ihre rechnerische Erfassung bei Kombinationstriebwerken für hohen Überschallflug (z. B. Sänger-Überschall-Programm) künftig einen noch höheren Stellenwert erlangen könnten. Dies deshalb, weil hier bei der normalen Mission die Brennstoffzufuhr zum Turbotriebwerk abgeschaltet wird, das Turbotriebwerk dann über einige Zeit, zumindest aber während des Umschaltvorgangs, im Windmilling-Betrieb läuft und später bei der Rückkehrmission wieder aus dem Windmilling-Betrieb heraus gestartet werden muß.

Es sei noch ein weiteres Feld erwähnt. Dabei handelt es sich um Windmilling in die andere Richtung. Während beim normalen Windmilling das Triebwerk durch den im Flug entstehenden Luftaufstau angetrieben wird, kann bei einem am Boden abgestellten Flugzeug der Wind das Triebwerk auch einmal von hinten anströmen.

3.6 Windmilling und Startverhalten

Betrachtet werden soll im folgenden ausschließlich der stationäre Windmilling-Betrieb, bei dem alle Betriebsparameter über eine ausreichend lange Zeit konstant sind und das Triebwerk demzufolge in einem Beharrungszustand läuft. Eine Erweiterung des recht schwierig zu erfassenden stationären Windmilling-Betriebs auf instationäre Übergangsvorgänge, wie z. B. das Abschalten aus normalem Flugbetrieb oder das Wiederzünden von stabilisiertem Windmilling aus, kann mit den bekannten Rechenverfahren für den instationären Triebwerkbetrieb erfolgen.

Während sich die Rotoren beim normalen Windmilling stets in der gleichen Richtung drehen, in der sie auch im gezündeten Betrieb drehen, ist die Drehrichtung bei einer Anströmung von hinten entgegengesetzt.

Da die Ölpumpe in der falschen Drehrichtung in der Regel kein Öl liefert, können die Lager nach kurzer Zeit u. U. trocken laufen. Zu vermeiden ist eine falsche Drehrichtung auch für Bürstendichtungen, wenn diese dabei beschädigt werden können.

Die Verhältnisse beim Starten des Turboflugtriebwerks können als Sonderfälle des Windmillings betrachtet werden. Im Flug erfolgen sie aus einem Windmillingzustand heraus, evtl. mit zusätzlich eingespeister Starterleistung. Der normale Start am Boden erfolgt bei $Ma = 0$ bzw. einem Aufstaudruckverhältnis $P_2 / P_{s0} = 1.0$. Er erfordert in jedem Fall Fremdenergie, um das ungezündete Triebwerk zunächst bis zur Zünddrehzahl hochzuschleppen und danach beim Hochfahrvorgang weiter zu unterstützen. Die zum Starten benötigte Energie hat neben der Überwindung des Losbrechmoments, der Reibung, des Leistungsbedarfs der mitlaufenden Geräte etc. insbesondere die aerodynamischen Verluste abzudecken, die in etwa mit dritter Potenz mit der Drehzahl ansteigen. Darüber hinaus wird Leistung für die Beschleunigung der Triebwerkrotoren benötigt, da es sich um einen instationären Vorgang handelt.

3.6.2 Grundlagen des Windmilling-Betriebs

3.6.2.1 Physikalische Grundlagen

Betrachtet man ein Triebwerk (zunächst mit einer Schubdüse) beim Windmilling als „black box" (Bild 3-23), so ergeben sich bezüglich der Ein- und Ausgangsparameter folgende Gesamtbilanzen:

$$W_8 = W_2 - \sum \Delta W_{Abblasung} \quad \text{(Massenbilanz)}, \tag{3-44}$$

$$W_2 H_2 = W_8 H_8 + \sum \Delta W_{Abblasung} H_{Abbl.} + \sum \Delta P_{Entnahme} \quad \text{(Leistungsbilanz)}. \tag{3-45}$$

Sind die Entnahmen klein, so gilt näherungsweise $T_8 \approx T_2$.
Im Triebwerk selbst gilt für jeden Rotor:

$$N_{Verd} = N_{Turb}$$

und für den Brennkammerein- bzw. -austritt im ungezündeten Betrieb:

$$T_4 = T_3 \, .$$

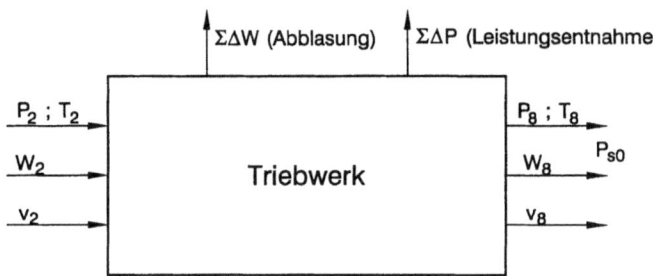

Bild 3-23 Ein- und Ausgangsparameter beim Windmilling

Relativ wichtig ist beim Windmilling-Betrieb wegen der sehr niedrigen umgesetzten Leistungen pro Welle die Höhe der Verluste, wie z. B. Reibungsverluste, auch durch kaltes Öl, Entnahmen, Strömungsverluste etc.

Grundsätzlich läßt sich das gesamte Triebwerkverhalten bei Windmilling auch mit Hilfe reduzierter Triebwerkparameter darstellen wie beim normalen „gezündeten" Betrieb. Lediglich bei der Auftragung der interessierenden reduzierten Leistungsparameter $\emptyset_{red}$ bietet sich die Darstellung $\emptyset_{red} = f(P_2/P_{s0}; \Delta P_{red})$ an. Manchmal wird für das treibende Druckverhältnis P_2/P_{s0} über dem Triebwerk auch die Flug-Machzahl verwendet. Diese bewirkt das treibende Druckverhältnis und den Einlaufdruckverlust. Dabei kann $\emptyset_{red}$ z. B. für ein Druckverhältnis, ein Temperaturverhältnis, eine reduzierte Drehzahl, einen reduzierten Luftdurchsatz oder den reduzierten Schubparameter stehen (Bild 3-24).

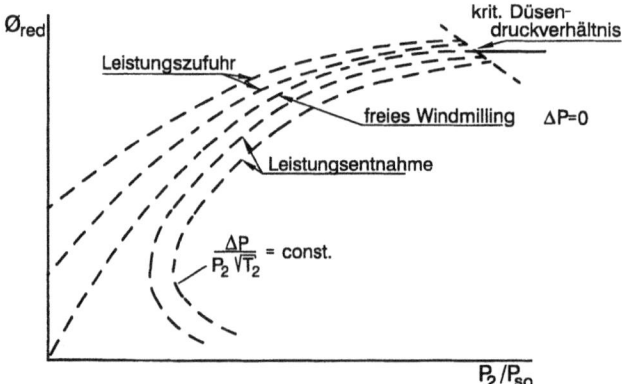

Bild 3-24 Reduzierte Triebwerkparameter über dem Aufstaudruckverhältnis bei Windmilling

Zu beachten ist, daß es für jedes Triebwerk einen Grenzwert $(P_2/P_{s0})_{Grenz}$ gibt, bei dessen Überschreiten sich die reduzierten Parameter nicht mehr ändern. Dieser Grenzwert wird z. B. erreicht, sobald die Schubdüse kritisch durchströmt wird und sich auch der Einschnürungskoeffizient $c_D = A_{eff}/A_{geom}$ nicht mehr wesentlich ändert. Dieser

3.6 Windmilling und Startverhalten

Punkt kann aus leicht ersichtlichen Gründen erst im Überschall-Flugbereich erreicht werden und tritt damit bei den meisten typischen Unterschalltriebwerken nicht auf, falls in keiner Triebwerkebene vorher ein Druckverhältnis > 2 auftritt.

3.6.2.2 Arbeitsweisen von Verdichtern und Turbinen im Windmilling-Betrieb

Verdichter

Im normalen Betrieb mit gezündeter Brennkammer wird der Verdichter angetrieben und liefert am Austritt einen höheren Druck als am Eintritt. Seine isentrope Verdichtungsleistung H_{Vis} im Verhältnis zur aufgenommenen Wellenleistung ist der isentrope Wirkungsgrad.

Dagegen sind im Windmilling-Betrieb grundsätzlich die folgenden Arbeitsweisen möglich, die aber nicht bei jedem Verdichter einer bestimmten Triebwerkkonfiguration vollzählig auftreten müssen zwischen

$$0 < P_2 / P_{s0} < (P_2 / P_{s0})_{Grenz} \; .$$

Fall	Druckverhältnis $\Pi = P_{aus} / P_{ein}$	Wellenleistung	Bemerkung
a)	$\Pi < 1$	aufgenommen	Π ist noch nicht klein genug, um als Turbine zu arbeiten
b)	$\Pi < 1$	Null (Grenzfall)	Π deckt gerade die inneren Verluste für betrachtete Drehzahl
c)	$\Pi < 1$	abgegeben	Verdichter arbeitet als Turbine, in der Regel mit hohen Verlusten
d)	$\Pi = 1$ (Grenzfall)	aufgenommen	Leistung wird in Verwirbelung umgesetzt
e)	$\Pi > 1$	aufgenommen	normaler Verdichterbetrieb, im untersten Drehzahlbereich mit schlechtem Wirkungsgrad
f)	($\Pi > 1$)	(Null oder abgegeben)	Rotor dreht in entgegengesetzte Richtung

Wichtig sind in diesem Zusammenhang das Verdichterkennfeld in diesem Bereich und die Lage der Arbeitsbereiche a) bis e).

Leicht ersichtlich muß die Drehzahllinie $N/\sqrt{T} = 0$ durch den Punkt $\Pi = 1$; $W\sqrt{T}/P = 0$ gehen. Eine Pumpgrenze ist in diesem allerunterstem Bereich nicht genau definierbar. Da im untersten Arbeitsbereich von $N/\sqrt{T} = 0$ aufwärts die Strömung näherungsweise als inkompressibel angesehen werden kann, ist auch die Beziehung zwischen dem reduzieren Massendurchsatz $W\sqrt{T}/P$ und der reduzierten Drehzahl $N/\sqrt{T}$ in etwa linear und zueinander proportional.

Für die Kennlinie $N/\sqrt{T} = 0$ lassen sich für den einstufigen Fan und den vielstufigen HD-Verdichter rein qualitativ die folgenden Aussagen machen. Für beide Verdichter gibt es jeweils ein kritisches Druckverhältnis, bei dem ein Querschnitt kritisch durchströmt wird und der Eintrittsdurchsatz $W\sqrt{T}/P$ dann nicht mehr weiter ansteigt. Die Kennlinie $N/\sqrt{T} = 0$ läuft hier in eine vertikale Tangente. Dabei liegt für den Fan aber der Eintrittsdurchsatz, bezogen auf seinen Auslegungswert, beim kritischen Druckverhältnis wesentlich höher als beim HD-Verdichter, was aus der unterschiedlichen Geometrie abzuleiten ist (Bild 3-25).

Für den aerodynamische Auslegungspunkt hängt das Verhältnis

$$K = \left(\frac{W\sqrt{T}}{AP}\right)_1 \bigg/ \left(\frac{W\sqrt{T}}{AP}\right)_2 \tag{3-46}$$

vom jeweiligen Verhältnis der axialen Ein- und Austritts-Machzahlen ab. Da die Eintritts-Machzahl (Ebene Index 1) in der Regel höher ist als die Austritts-Machzahl (Ebene Index 2), ist $K > 1$.

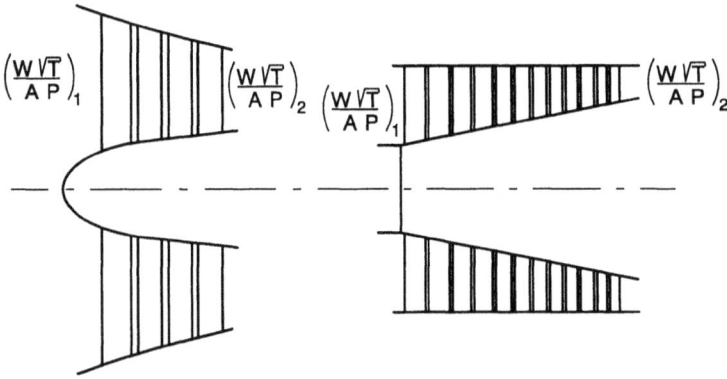

Bild 3-25 Unterschiedliche Geometrie von Fan und HD-Verdichter

Geht man davon aus, daß bei einer Anblasung mit festgehaltenem Rotor die kritische Strömung im Austrittsbereich stattfindet, so folgt, daß der kritische Eintrittsdurchsatz beim einstufigen Fan in der Größenordnung des Auslegungsdurchsatzes, evtl. sogar darüber, beim vielstufigen HD-Verdichter jedoch deutlich darunter liegt, wie Bild 3-26 qualitativ zeigt.

Bereits erwähnt wurde der Bereich $\Pi > 1$; $W\sqrt{T}/P < 0$; $N/\sqrt{T} < 0$. In diesem Bereich wird der Verdichter von hinten angeströmt, sein Durchsatz strömt von hinten nach vorn mit der Drehzahl $N/\sqrt{T} < 0$, d.h. der Verdichter dreht entgegengesetzt zur normalen Drehrichtung.

Die grundsätzlichen Mechanismen sind unabhängig davon, ob es sich um einen einstufigen Fan oder einen vielstufigen HD-Verdichter hohen Druckverhältnisses handelt. Die Arbeitsweisen entsprechend a) bis e) gelten natürlich auch für die Verhältnisse im Verdichterkennfeld in diesem untersten Arbeitsbereich (Bild 3-27).

3.6 Windmilling und Startverhalten

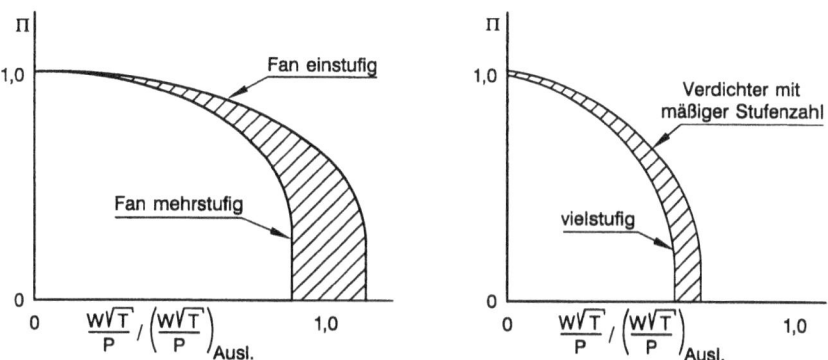

Bild 3-26 Durchsatzcharakteristik des Fans und des HD-Verdichters bei Windmilling und blockiertem Rotor ($N/\sqrt{T} = 0$)

Diese Kennfelddarstellung stellt einen Zusammenhang zwischen $\Pi, N/\sqrt{T}$ und $W\sqrt{T}/P$ her. Sie beinhaltet jedoch noch keine Aussage über die zugehörigen Wellenleistungen. Diese können nicht ohne weiteres über einen einzutragenden Wirkungsgrad ermittelt werden, wie im oberen Kennfeldbereich üblich, da sich z. B. entlang der Linie d $\eta = 0$, entlang der Linie b $\eta = \pm\infty$ ergibt.

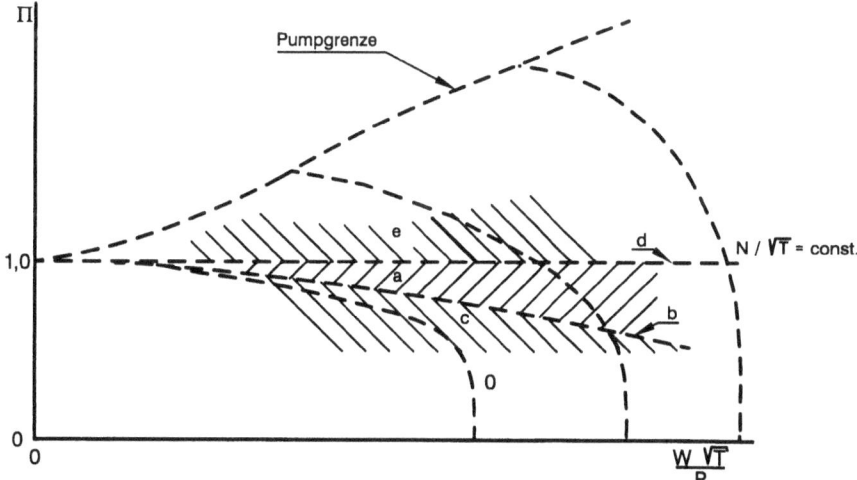

Bild 3-27 Arbeitsbereiche a) bis e) in der Verdichtercharakteristik bei Windmilling (unterster Drehzahlbereich)

Es hat sich deshalb als sinnvoll erwiesen, anstatt des isentropen Wirkungsgrades die tatsächliche reduzierte Arbeit H_{eff}/T_{ein} aufzutragen. Diese ist entlang der Linie b gleich Null und hat für a, d und e positive und für c negative Werte. Anstatt Π kann dann auch die reduzierte isentrope Arbeit H_{vis}/T_{ein} aufgetragen werden.

Entlang der Linie $N/\sqrt{T}=0$ ist der Rotor blockiert, so daß der Verdichter ein Gebilde mit in Serie angeordneten Drosselstellen darstellt, deren Durchströmfläche nach hinten abnimmt. Wird das Druckverhältnis weit genug abgesenkt, so wird das Machzahl-Niveau immer weiter ansteigen, bis die letzte Stufe sperrt. Nach diesem Punkt läuft die Linie $N/\sqrt{T}=0$ in eine vertikale Tangente. Ein Arbeitspunkt links dieser Linie $N/\sqrt{T}=0$ ist nicht möglich. Das benötigte Moment zum Blockieren des Rotors ist im Punkt $\Pi=1$ gleich Null und steigt mit sinkendem Druckverhältnis, wobei es seinen höchsten Wert am Übergangspunkt in die vertikale Tangente erreicht und von dort an mit weiter sinkendem Gegendruck und damit sinkendem Π konstant bleibt.

Anstatt des Wirkungsgrades oder H_{eff}/T_{ein} können deshalb in das Π-$W\sqrt{T}/P$-Verdichterkennfeld auch Linien des reduzierten Wellenmomentes $M^*/P = const.$ eingetragen werden (Bild 3-28).

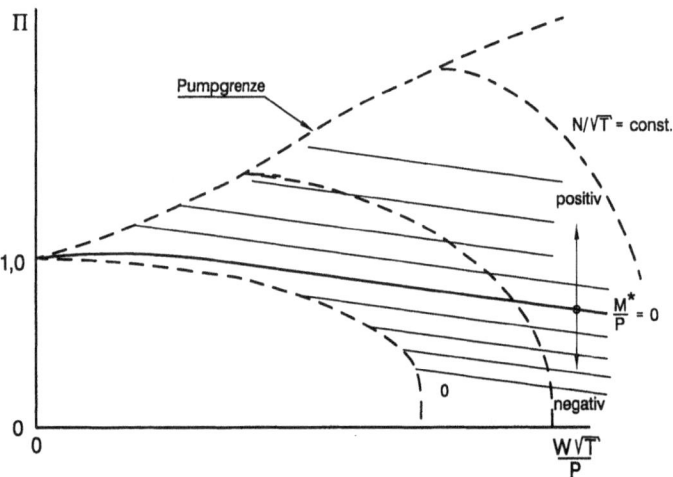

Bild 3-28 Linien konstanten Wellenmoments im Verdichterkennfeld bei Windmilling (unterster Drehzahlbereich)

Dieses Kennfeld enthält somit alle Informationen über Druckverhältnis, Drehzahl, Durchsatz und Leistungsaufnahme (positiv) bzw. -abgabe (negativ). Nicht berücksichtigt in dieser rein qualitativen Darstellung ist der Fall der Luftabblasung, wie sie häufig bei HD-Verdichtern hohen Druckverhältnisses angewandt wird. Diese ist im untersten Drehzahlbereich regelmäßig geöffnet und schließt erst in der Nähe der Leerlaufdrehzahl. In diesem Punkt entsteht dann ein Sprung in den Linien $M^*/P = const.$

Auf eine Besonderheit der Luftströmung durch einen mehrstufigen Verdichter unter Windmilling-Bedingungen sei noch hingewiesen. Aus Messungen ist bekannt, daß die

3.6 Windmilling und Startverhalten

Druckverhältnisse (wie auch beim normalen Betrieb) radial über der Kanalhöhe variieren, und zwar umso stärker, je höher die Flug-Machzahl bzw. das Aufstaudruckverhältnis ist.

Turbine

Im normalen Betrieb mit gezündeter Brennkammer liefert die Turbine Leistung zum Antrieb des Verdichters. Das Verhältnis dieser Leistung zur isentropen Leistung der expandierenden Gasströmung ist ihr isentroper Wirkungsgrad. Bei Windmilling-Betrieb sind dagegen folgende Arbeitsweisen möglich, die aber in der Regel ebenfalls nicht alle bei jeder Turbine einer bestimmten Triebwerkkonfiguration im Bereich $0 < \Pi < \Pi_{Grenz}$ auftreten müssen:

Fall	Druckverhältnis $\Pi = P_{ein} / P_{aus}$	Wellenleistung	Bemerkung
a)	$\Pi > 1$	aufgenommen	Π ist noch nicht ausreichend zur Abdeckung der inneren Verluste und um Leistung abzugeben bei betrachteter Drehzahl
b)	$\Pi > 1$	Null (Grenzfall)	Π deckt gerade die inneren Verluste für betrachtete Drehzahl
c)	$\Pi > 1$	abgegeben	Turbine erzeugt Leistung, da Π groß genug
d)	$\Pi = 1$	aufgenommen	Leistung wird in Verwirbelung umgesetzt
e)	$\Pi < 1$	aufgenommen	Turbine arbeitet als Verdichter (mit sehr niedrigem Wirkungsgrad)

Analog zum Verdichter kann auch hier ein Turbinenkennfeld mit Linien $M^*/P = const.$ dargestellt werden.

Übersichtlicher läßt sich der reduzierte Momentenverlauf in der in Bild 3-29 gewählten Auftragung darstellen.

Für die Wege b) und c) ist es vorteilhaft, die Kennfelder in eine $\varnothing$-Ψ-Darstellung zu überführen und bei der Extrapolation in den untersten, d. h. näherungsweise inkompressiblen Arbeitsbereich die physikalisch eindeutig definierten Endpunkte zu berücksichtigen. Problematischer als die Turbine ist in der Regel der Verdichter.

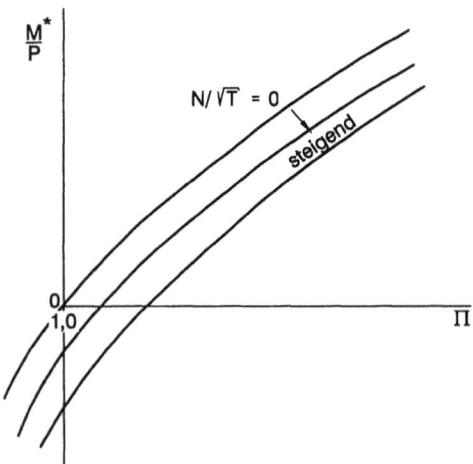

Bild 3-29 Reduziertes Turbinen-Wellenmoment

Bisherige Erfahrung und Ausblick
Grundsätzlich sind die aerodynamischen Verhältnisse bei einem einstufigen Fan leichter rechnerisch zu erfassen als die bei einem vielstufigen HD-Verdichter hohen Auslegungsdruckverhältnisses. Bei letzterem werden die hinteren Stufen mit abnehmender Drehzahl zunehmend falsch angeströmt und können eine relativ hohe Leistung aufnehmen, nur um die Verwirbelungsverluste zu decken, während die erste(n) Stufe(n) als Turbine oder auch Verdichter arbeitet(n).

Besondere Beachtung verdient aber auch ein mehrstufiger ND-Verdichter, dessen Austrittsdurchsatz sich in einen Außen- und einen Innenstrom aufteilt mit dort u.U. ganz unterschiedlicher Drossel- bzw. Sperrcharakteristik.

Grundlegende diesbezügliche Untersuchungen wurden z. B. in [21] durchgeführt. Dort wurden in Kombination von b und d die Kennfelder im Windmilling-Bereich für den ND-Verdichter und die ND-Turbine des Triebwerks RB 199 sowie für die ND-Turbine des zivilen Triebwerks IAE V2500 erstellt. Die dabei gewonnenen Erkenntnisse stellen eine gute Basis dar, um zu möglichst allgemeingültigen Verfahren der Extrapolation zu kommen.

Bei einer Vorausberechung mit einem Mehrschnitt-Rechenprogramm scheint eine notwendige Voraussetzung die Abstimmung zwischen Versuchs- und Programmergebnissen im oberen gemessenen Arbeitsbereich zu sein. Ob dies aber in jedem Fall hinreichend ist, um dann im unteren Bereich einigermaßen realistische Ergebnisse zu erhalten, muß sich erst noch zeigen.

Möglicherweise bieten sich für den untersten Bereich gewisse halbempirische Rechenverfahren an, basierend auf möglichst vielen Versuchsergebnissen unterschiedlicher Strömungsmaschinen. Auch hier dürfte der Verdichter in der Regel mehr Schwierigkeiten machen als die Turbine.

3.6.2.3 Syntheserechnung mit Kennfeldern

Grundsätzlich läuft die Syntheserechnung für Windmilling genauso ab wie für den normalen Betrieb mit gezündeter Brennkammer. Allerdings ist bei der Einspeicherung der Verdichter- und Turbinenkennfelder auf eine Darstellung des Wirkungsgrades zu verzichten, da dieser in dem hier interessierenden unteren Bereich einen Pol hat und damit nicht als stetige Kurvenschar darzustellen ist. Stattdessen eignet sich z. B. eine Abspeicherung der reduzierten tatsächlichen und isentropen Gefälle oder der reduzierten Wellenmomente. Noch wichtiger als im normalen Betrieb ist die möglichst realistische Modellierung der Verluste, wie z. B.

– aerodynamische Verluste in Nebenstrom- und Zwischenkanälen mit Sperrcharakteristik, sowie in Brennkammer und Nachbrenner (falls vorhanden),
– Reibungsverluste in Lagern und Getriebekasten unter Berücksichtigung der Ölzähigkeit,
– Antriebsmomente für Pumpen und Generatoren,
– Abblaseluft nach außen und innen.

3.6.2.4 Diskussion des Windmilling-Betriebs beispielhaft für das Einwellen-Einstromtriebwerk

Obwohl das Einwellen-Einstromtriebwerk heute in der Luftfahrt kaum noch Anwendung findet, soll sein Windmilling-Betrieb hier etwas ausführlicher behandelt werden. Dies deshalb, weil z. B. auch beim Mehrwellen-Nebenstromtriebwerk das Kerntriebwerk den gleichen Gesetzmäßigkeiten bezüglich Brennkammer-Wiederzündbedingungen und Leistungsentnahmefähigkeit folgt. Lediglich für den Luftwiderstand ist dort in erster Linie der ND-Teil im Zusammenspiel mit dem HD-Teil verantwortlich.

Die sich einstellenden Triebwerkparameter im Windmilling-Betrieb sind eine Funktion des Aufstaudruckverhältnisses P_2 / P_{s0} sowie der reduzierten Leistungsentnahme $\Delta P / P_2 \sqrt{T_2}$. Dabei wird unterstellt, daß Entnahmeluft aus dem Verdichter über der Drehzahl fest vorgegeben und damit keine Variable ist. Betrachtet man als Triebwerkparameter z. B. die reduzierte Drehzahl $N / \sqrt{T}$, so ergeben sich im Verdichterkennfeld qualitativ die in Bild 3-30 dargestellten Verläufe.

Sobald das Düsendruckverhältnis kritisch ist, bleiben alle reduzierten Parameter für noch höhere Aufstaudruckverhältnisse P_2 / P_{s0} konstant. Bei welchem Aufstaudruckverhältnis dieser Punkt erreicht wird, hängt vom Triebwerkdruckverhältnis P_2 / P_8 ab, d.h. von den Strömungsverlusten des ungezündeten Triebwerks.

Im Verdichterkennfeld liegt die Arbeitslinie bei Windmilling im Vergleich zur normalen Arbeitslinie mit gezündeter Brennkammer unter dieser.

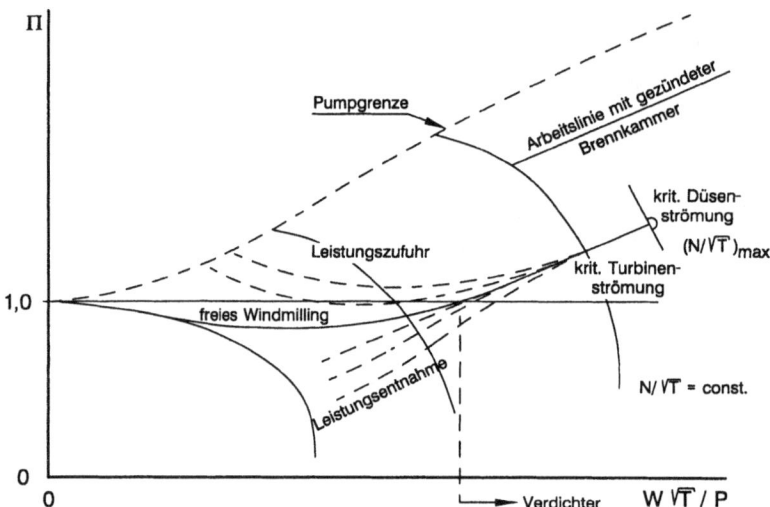

Bild 3-30 Arbeitslinien im Verdichterkennfeld bei Windmilling als Funktion von Leistungsentnahme/-zufuhr

Im Bereich $\Pi < 1,0$, in dem der Verdichter als Turbine arbeitet, fällt die Windmilling-Arbeitslinie zunächst ab, da die Drosselung nach dem Verdichter gering ist. Erst mit steigendem $W_3\sqrt{T_3}/P_3$ steigt die Drosselwirkung des Turbinenleitrads, bis es schließlich kritisch durchströmt wird. Ab diesem Punkt ist $W_3\sqrt{T_3}/P_3 = const.$ Dann muß gelten:

$$\frac{W_2\sqrt{T_2}}{P_2} \cdot \sqrt{\frac{T_3}{T_2}} \cdot \frac{P_2}{P_3} = \frac{W_3\sqrt{T_3}}{P_3} = const. \tag{3-47}$$

Da in diesem Bereich der Term

$$\sqrt{\frac{T_3}{T_2}} \approx 1$$

ist, gilt auch

$$\frac{W_2\sqrt{T_2}}{P_2} \approx const. \cdot \frac{P_3}{P_2},$$

d.h. die Windmilling-Arbeitslinie für kritische Turbinenströmung ist im Verdichterkennfeld eine Gerade durch den Ursprung 0/0. Dies gilt auch, falls aus dem Verdichter ein konstanter Prozentsatz des Eintrittsdurchsatzes zur Entlastung der hinteren Stufen abgeblasen wird.

Im T-s-Diagramm ergeben sich bei Windmilling unter der Annahme von keinen Entnahmen entsprechende Verläufe, abhängig davon, ob der Verdichter mit $\Pi < 1$ arbeitet (*), oder aber bereits verdichtet. Der erste Fall ist typisch für kleinere Aufstaudruckverhältnisse, der zweite für die größeren Werte. In Bild 3-31 wird der Einfachheit halber allerdings das gleiche Verhältnis P_2/P_{s0} zugrundegelegt.

3.6 Windmilling und Startverhalten

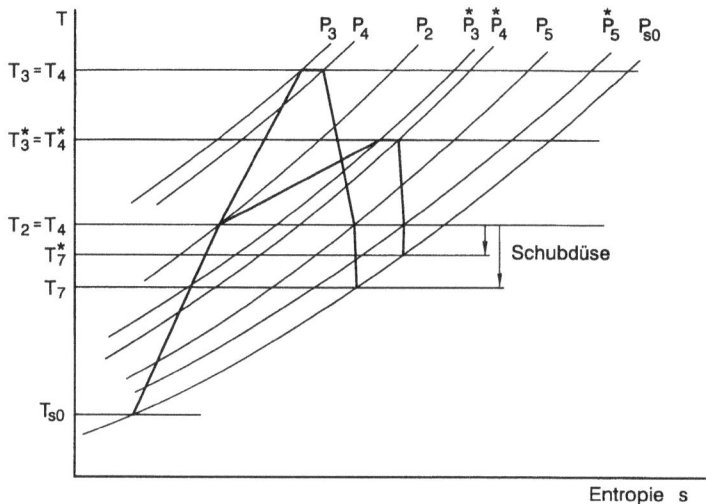

Bild 3-31 Windmilling-Betrieb des Einstromtriebwerks im T-s-Diagramm

3.6.3 Grundlagen des Startverhaltens

Zum Starten des Triebwerks muß diesem in jedem Fall von außen Energie zugeführt werden, um den (die) Rotor(en) auf Drehzahl zu bringen. Während im Flug beim Windmilling-Wiederstart die über dem Triebwerk anliegende Druckdifferenz zwischen Eintritts- und Austrittsebene im dafür vorgesehenen Flugbereich ausreicht, muß am Boden eine Fremdquelle eingesetzt werden (vgl. Abschnitt 4.2).

Grundsätzlich können die thermodynamischen Verhältnisse beim Starten genauso beschrieben werden wie im normalen Betrieb. Gegenüber diesem gibt es jedoch z. B. beim Triebwerkstart bei Bodenstand folgende Besonderheiten:

Wird die Brennkammer z. B. bei etwa 10 % reduzierter HD-Drehzahl gezündet, so wäre ein stationärer Betrieb ohne eingespeiste Fremdleistung selbst bei maximaler Turbineneintrittstemperatur nicht möglich. Dies liegt zum einen an den zu niedrigen Druckverhältnissen des Arbeitsprozesses und zum anderen an den sehr hohen aerodynamischen Verlusten der Triebwerkkomponenten. Ganz besonders betroffen ist dabei der Verdichter vor der Brennkammer. Bei diesem leisten in diesem Drehzahlbereich nur die ersten Stufen vernünftige aerodynamische Arbeit, während die folgenden Stufen bei den geringen Durchsätzen zunehmend falsch angeströmt werden und die Luft nur mehr oder weniger verwirbeln, also als in Serie liegende Drosselstellen wirken.

Die wichtigsten Maßnahmen zur Verbesserung des Startvorgangs müssen sich deshalb regelmäßig zunächst auf eine Verbesserung der Strömungsverhältnisse des Verdichters im HD-Teil, also vor der Brennkammer konzentrieren. Hier gilt es, eine aerodynamische Überlastung der ersten Stufen zu vermeiden, um einen Strömungsabriß zu verhindern, der sich häufig auch als rotierende Zellen ausbildet (*rotating stall*). Je nach Konzeption des betreffenden Verdichters wird dazu in einer mittleren Stufe Luft abgeblasen, ein evtl. vorhandenes Eintrittsleitrad in die „geschlossene" Stellung gefahren oder evtl. vorhandene Leitschaufeln in den hinteren Stufen so verdreht, daß die Verwirbelung dort reduziert wird. Obwohl Abblaseluft aus dem Verdichter die Arbeit der Turbine um den gleichen Prozentsatz reduziert, ist die dadurch erzielte Reduzierung der absorbierten Verdichterarbeit größer.

Während die Abreiß- oder Pumpgrenze eines Verdichters im oberen Arbeitsbereich die wichtigste Betriebsgrenze des Triebwerks darstellt, ist sie im untersten Drehzahlbereich in der Regel überhaupt nicht sauber zu definieren. Viele Triebwerke durchfahren deshalb beim Startvorgang einen Bereich pulsierender Strömung oder auch *rotating stalls*. Wichtig ist nur, daß sich danach in Richtung höherer Drehzahl eine gesunde Strömung aufbaut. Eine Gefährdung der Schaufeln ist in diesem Bereich nicht gegeben, da diese pulsierenden Drücke im Niveau sehr niedrig liegen und damit auch keine größeren Kräfte auf die Schaufeln wirken – im Gegensatz zum Pumpvorgang und Schaufelflattern im oberen Drehzahlbereich.

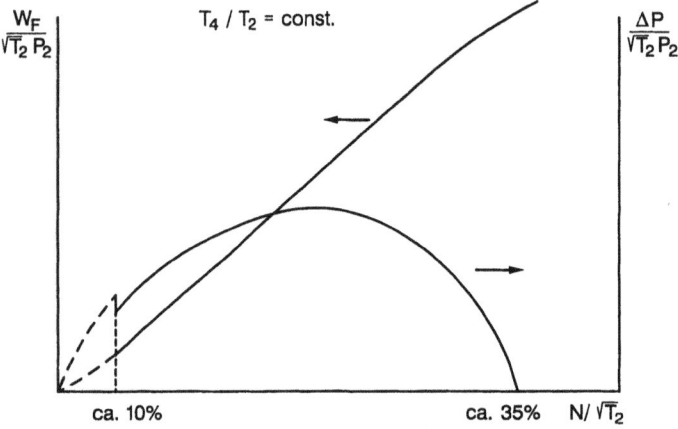

Bild 3-32 Qualitativer Verlauf des reduzierten Brennstoffs und der einzuspeisenden reduzierten Leistung bei stationärem Betrieb im untersten Drehzahlbereich

Bild 3-32 zeigt qualitativ den Verlauf des reduzierten Brennstoffparameters $W_F / \sqrt{T_2} \, P_2$ sowie den reduzierten Leistungsparameter $\Delta P / \sqrt{T_2} \, P_2$ für die für stationären Betrieb einzuspeisende Leistung über der reduzierten Drehzahl $N / \sqrt{T_2}$ für eine konstante reduzierte Turbineneintrittstemperatur $T_4 / T_2 = const.$. Dabei wurde die Zünddrehzahl mit etwa 10 % und die unterste Drehzahl für stationären Betrieb ohne Leistungseinspeisung mit etwa 35 % angenommen. Diese Werte differieren natürlich etwas von Triebwerk zu Triebwerk.

Nun ist zu beachten, daß für die Steuerung eines Startvorgangs zunächst die maximal zulässige Turbineneintrittstemperatur T_4 entweder absolut oder etwas variabel mit der Drehzahl wegen der unterschiedlichen Kühlungseffektivität vorgegeben wird, nicht aber der konstante reduzierte Parameter T_4 / T_2. Deshalb kann der benötigte Brennstoffparameter z. B. dargestellt werden als

$$\frac{W_F}{\sqrt{T_2}\, P_2} = f(N/\sqrt{T_2}; T_2).$$

Dies wird in der Praxis auch häufig vereinfacht zu

$$\frac{W_F}{P_3} = f(N; T_2).$$

Es wird also mit dieser Zumeßfunktion die funtionale Abhängigkeit der reduzierten Parameter bewußt verlassen, um die absolute Turbineneintrittstemperatur begrenzen zu können.

Da der thermodynamische Startvorgang am Kalttag nach der Darstellung in Bild 3-32 aber eigentlich eine geringere Turbinentemperatur T_4 und eine geringere absolute einzuspeisende Leistung ΔP benötigt, wird bei höheren Werten dieser zwei Parameter der Einfluß des steiferen Öls weitgehend kompensiert. Dadurch variieren dann die Hochfahrzeiten zwischen Warm- und Kalttag in der Regel auch nicht allzu stark.

3.7 Stell-, Stör- und Regelgrößen (Triebwerkparameter)

Eine Kenntnis der zunächst qualitativen Zusammenhänge zwischen Stell-, Stör- und Regelgrößen für die verschiedenen Triebwerktypen ist eine der Grundvoraussetzungen für eine Betätigung auf diesem Fachgebiet. Etwas flapsig ausgedrückt: Ein Betreiber muß wissen, wie und wo sein Esel ausschlägt und reagiert, wenn er an den verschiedenen Stellen gezwickt wird.

Stellgrößen

Dazu gehören alle jene Triebwerkparameter, die von den Stell-, Steuer- oder Regelsystemen aktiv verändert werden, um bestimmte Reaktionen auszulösen. Darunter fallen z. B. die Brennstoffflüsse zur Brennkammer und zum Nachbrenner, variable Geometrie in den Strömungsmaschinen (z. B. variable Leiträder) und in den Strömungskanälen (z. B. Schubdüsenfläche), Verdichter-Luftabblasung zur Verbesserung der Pumpgrenze bzw. des Pumpgrenzenabstands, aber auch die gezielte Anblasung von Gehäusen mit Luft, um den Durchmesser und damit die Schaufelspiele zu beeinflussen.

Störgrößen

Die Störgrößen umfassen alle jene variablen Parameter, die sich aus betrieblichen Gründen laufend verändern können und die thermodynamischen Abläufe im Triebwerk beeinflussen, ohne gezielt für eine Leistungsverbesserung eingesetzt werden zu können. Die Steuer-/Regelungsalgorithmen müssen im Gegenteil so konzipiert werden, daß der negative Einfluß der variablen Störgrößen minimiert wird.

Typische Störgrößen sind z. B. Temperatur, Druck und Druckprofil unmittelbar vor dem Triebwerk sowie Luft- und Leistungsentnahmen für zellenseitige Zwecke, aber auch die Triebwerkverschlechterung durch mechanische Abnutzung, plötzliche oder sich langsam entwickelnde Beschädigungen sowie die langsame Verschmutzung der Triebwerke.

Triebwerkparameter als Regel- oder Steuergrößen

Die Regelgröße ist normalerweise der Parameter, der mittels eines Regelkreises auf einen bestimmten Wert gebracht werden soll, dessen Sollwert entweder fest oder variabel als Funktion anderer Parameter vorzugeben ist. Die schematische Anordnung eines solchen einfachen Regelkreises zeigt Bild 3-33.

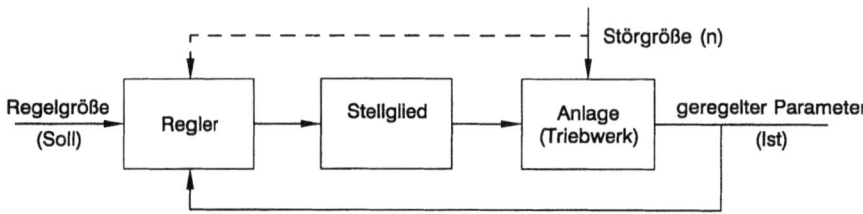

Bild 3-33 Prinzipielle Anordnung eines einfachen Regelkreises

Hier interessiert jedoch nur, wie sich Veränderungen der wichtigsten Stellglieder und Störgrößen auf gewisse Triebwerkparameter auswirken, wobei es sich auch um eine Steuerung z. B. gemäß Bild 3-34 handeln kann.

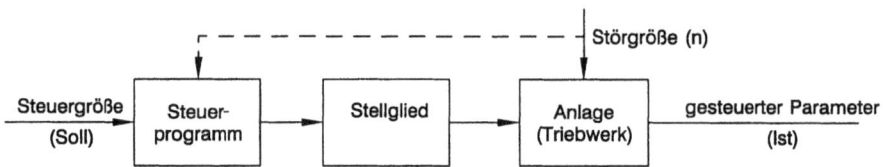

Bild 3-34 Prinzipielle Anordnung einer einfachen Steuerkette

Wird eine Stell- oder Störgröße sprunghaft, also in der Zeit Null um einen kleinen Betrag verändert, so interessieren erstens der Betrag, um den sich der interessierende Parameter letztendlich verändert, der Weg, auf dem er seinen Endwert erreicht und schließlich die Zeit, die vergeht, bis er seinen stabilen Endwert erreicht hat.

Für die folgenden qualitativen Betrachtungen sollen nur die ersten beiden Kriterien dargestellt werden, da die Ansprechzeiten u.a. umgekehrt proportional vom Druckniveau abhängig sind, sich also mit dem Flugzustand stark ändern.

Betrachtet werden sollen beispielhaft die Druckverhältnisse in den beiden Verdichterkennfeldern eines Zweiwellen-Nebenstromtriebwerks mit Nachverbrennung und variabler Schubdüsenfläche als die am meisten interessierenden Parameter. Werden die hier beispielhaft betrachteten Stell- und Störgrößen in ihren Werten einzeln sprunghaft um einige Prozent vergrößert unter Konstanthaltung der jeweils anderen hier betrachteten Variablen, so ergeben sich qualitativ die in den Bildern 3-35 bis 3-39 gezeigten Verläufe in den Kennfeldern der beiden Verdichter.

3.7 Stell-, Stör- und Regelgrößen (Triebwerkparameter)

I ist dabei jeweils der stationäre Ausgangspunkt auf der Arbeitslinie zur Zeit $t = 0$, während II den stationären Endpunkt darstellt, nachdem das Gleichgewicht wieder hergestellt ist. Auf dem Weg von I nach II beschreiben die Arbeitspunkte (Verdichterdruckverhältnisse) mit fortschreitender Zeit die gestrichelt eingezeichneten Pfade.

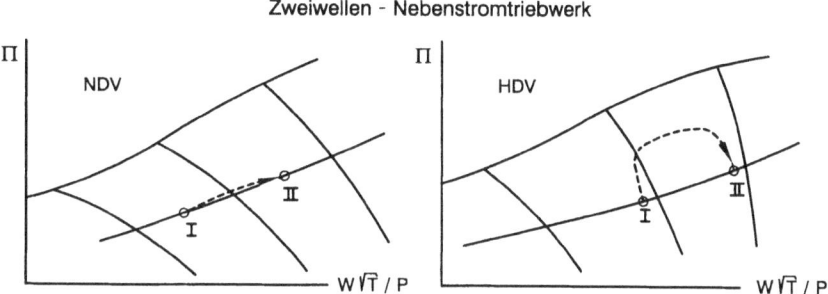

Bild 3-35 Verlauf der Verdichterdruckverhältnisse nach plötzlicher Erhöhung des Brennstoffflusses in die Brennkammer

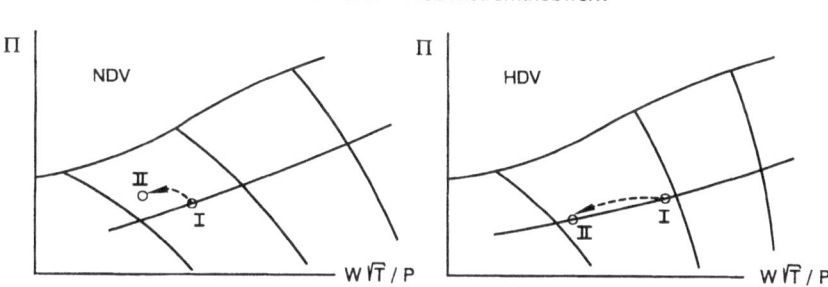

Bild 3-36 Verlauf der Verdichterdruckverhältnisse nach plötzlicher Erhöhung des Nachbrenner-Brennstoffflusses

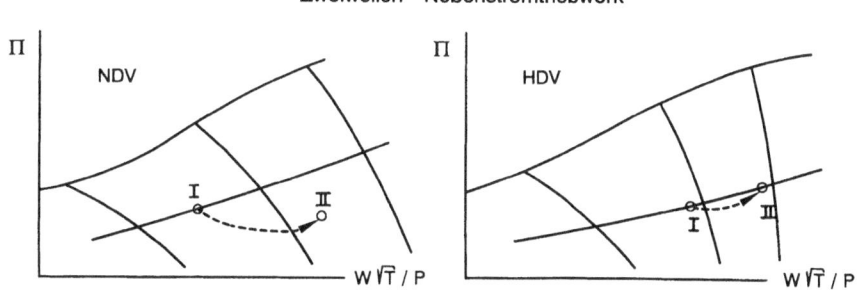

Bild 3-37 Verlauf der Verdichterdruckverhältnisse nach plötzlicher Vergrößerung der Schubdüsenfläche

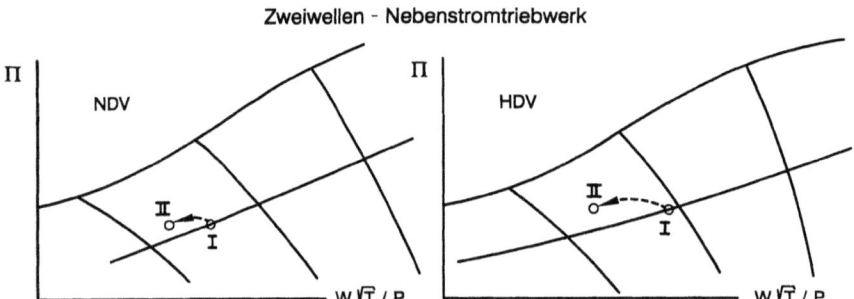

Bild 3-38 Verlauf der Verdichterdruckverhältnisse nach plötzlicher Leistungsentnahme von der HD-Welle

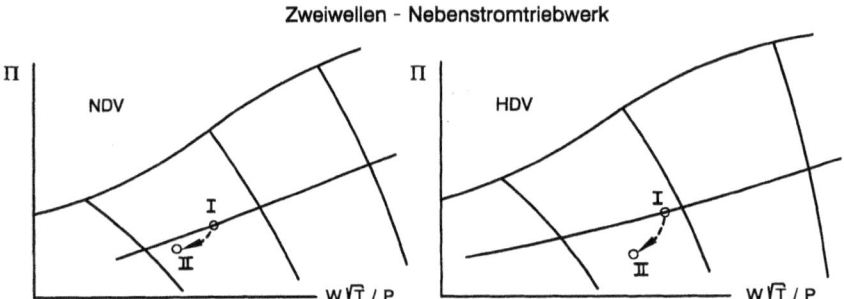

Bild 3-39 Verlauf der Verdichterdruckverhältnisse nach plötzlicher Luftentnahme aus dem HD-Verdichter

4 Steuer- und Regelungskonzepte der Turboflugtriebwerke

4.1 Schubsteuerung durch den Leistungshebel

4.1.1 Anforderungen

Die in diesem Abschnitt zu behandelnden und darzustellenden Anforderungen und Zusammenhänge sind etwas komplexer als vielleicht zunächst zu vermuten wäre. Die diesbezüglichen Anforderungen der Betreiber und ihrer Piloten divergierten noch bis in die 70er Jahre relativ stark, sowohl innerhalb der militärischen als auch der zivilen Anwendungen. In den 80er und 90er Jahren hat sich dann international eine gewisse Vereinheitlichung durchgesetzt.

Zunächst ist anzumerken, daß es einen Piloten in der Regel nicht interessiert, wieviel kN Schub sein Triebwerk bei einer bestimmten Leistungshebelstellung erzeugt. Wenn er den Leistungshebel in eine Position stellt, erwartet er vielmehr von seinem Luftfahrzeug ein ganz bestimmtes Verhalten.

Schiebt er den Leistungshebel bis an den Vollast-Anschlag, so verlangt er für eine gewisse, meist begrenzte Zeit die maximal mögliche Triebwerkleistung z. B. für den Flugzeug-Startvorgang, in einer Notsituation (Durchstarten) oder im Luftkampf bei einem Kampfflugzeug. Zumindest für den wichtigen Flugzeugstartvorgang sollte dabei der Schub über einen größeren Bereich der Ansaugtemperatur von dieser möglichst unabhängig sein. Steht der Leistungshebel am Leerlaufanschlag, so wird damit der minimal mögliche Schub gefordert für z. B. Rollbewegungen am Boden zur Schonung der Bremsen, beim Verzögern des Luftfahrzeugs in der Luft und beim Landevorgang. Unterschiedliche Leerlaufschubniveaus über dem Flugbereich und am Boden in der Leerlaufstellung müssen automatisch gesteuert werden. Wichtig sind die Zwischenstellungen des Leistungshebels. Damit wählt der Pilot (bzw. Autopilot) z. B. eine bestimmte Flug-Machzahl im stationären Flug in einer Flughöhe. Da unter diesen Umständen mit steigender Fluggeschwindigkeit der Flugzeugwiderstand stark, der Schub aber i.a. nur mäßig ansteigt, ergibt sich ein eindeutiger Schnittpunkt beider Kurven mit einer daraus resultierenden stabilen Fluggeschwindigkeit. Nicht ganz so einfach liegen die Verhältnisse beim Steigflug nach dem Startvorgang oder im Sinkflug.

Hier wird von den Betreibern von Verkehrsflugzeugen meist gefordert, daß bei Anwahl der Stellung „Steigflug" das Luftfahrzeug auf einem bestimmten Höhen-Machzahl-Trajektor geführt wird, ohne daß am Leistungshebel nachgestellt werden muß. Dafür muß der Hersteller des Luftfahrzeugs seinen Schubbedarf in Abhängigkeit der auftretenden Flugzustände dem Triebwerkhersteller vorgeben, damit dieser sein Steuerkonzept entsprechend auswählen und optimieren kann. Analoges gilt für den Sinkflug.

Gefordert wird heute zusätzlich, daß sich die durch den Leistungshebel gesteuerte Schubcharakteristik nicht wesentlich verändert bei zellenseitiger Luft- und Leistungsentnahme sowie bei Triebwerkverschlechterung durch Abnutzung und leichte Beschädigungen im üblichen Rahmen. Auch soll der Flugzeugführer im normalen Betrieb nicht mehr damit belästigt werden, das eventuelle Überschreiten irgendwelcher Triebwerkgrenzwerte beobachten und verhindern zu müssen. Dies ist eine ganz wichtige Abkehr von früherer Praxis, sowohl bei zivilen als auch militärischen Triebwerken. Noch bis in die 80er Jahre mußten Piloten entweder die Zeit im Auge behalten, die der Leistungshebel in oder bei Vollast stand. Bei den zivilen Triebwerken der amerikanischen Firma Pratt & Whitney mußte vor dem Start in Abhängigkeit der Außentemperatur ein maximal zulässiger einzustellender Schubparameter aus einer Tabelle bestimmt werden, um die garantierte Lebensdauer des Triebwerks durch unzulässige Überlastung nicht zu reduzieren. Während die Schubsteuerung durch den Leistungshebel also früher vorwiegend triebwerkorientiert war, ist sie heute vorwiegend flugmissionsorientiert. Dies setzte nicht nur aufwendigere Steuerungskonzepte voraus, sondern auch bessere „on condition" Inspektionen der kritischen Triebwerkkomponenten sowie eine Definition der triebwerkkritischen Flugmissionen. Eine weitere Forderung wurde inzwischen ebenfalls weitgehend erfüllt, nämlich eine möglichst lineare Beziehung zwischen der Stellung des Leistungshebels und dem Schubverlauf. Dabei sollen im oberen Schub/Leistungsbereich möglichst keine Totbänder durch den Eingriff von Triebwerkbegrenzern auftreten. Insbesondere der Pilot eines Kampfflugzeugs möchte aus der Stellung des Leistungshebels wenigstens grob abschätzen können, wieviel Schubreserve ihm noch zur Verfügung steht.

4.1.2 Steuerkonzepte

Bei den ausgeführten Triebwerken bis etwa in die 60er Jahre gab es zwei bzw. drei klassische Steuerkonzepte. Diese wurden anschließend durch drei andere Steuerkonzepte abgelöst. Bis auf den Fall der direkten Einwirkungen des Leistungshebels auf die Brennstoffzumessung bei den zu Bild 4-2 beschriebenen Konzepten wird bei allen anderen Konzepten durch den Leistungshebel der Sollwert eines geeigneten Triebwerkparameters gesteuert und über einen Regelkreis die Brennstoffzumessung automatisch so beeinflußt, daß Soll- und Ist-Werte dieses Triebwerkparameters übereinstimmen.

Ansteuerung der (HD)-Drehzahl

Bei dieser Ansteuerungsart wird über den Leistungshebel die Drehzahl des entweder einwelligen Triebwerks oder die HD-Drehzahl eines mehrwelligen Triebwerks am Drehzahlregler vorgewählt. Die Anordnung ist aus Bild 4-1 ersichtlich. Bei den einfachen Einstromtriebwerken fester Geometrie ergibt eine angewählte Maximal-Drehzahl in grober Näherung auch eine konstante maximale Turbineneintrittstemperatur über einen größeren Eintrittstemperaturbereich. Zusammen mit einer Turbinenabgastemperaturanzeige im Cockpit ist damit den Sicherheitsforderungen Rechnung getragen. Der Pilot muß im Steig-/Sinkflug am Leistungshebel nachstellen, will er z. B. mit konstanter Flug-Machzahl fliegen. Die Drehzahlsteuerung wurde z. B. bereits bei den deutschen Triebwerken des 2. Weltkriegs angewandt, später dann z. B. auch bei den mit sogenannten CASC-Reglern (CASC = *Combined Acceleration and Speed Control*) ausgestatteten Rolls-Royce Triebwerken ab den 60er Jahren.

4.1 Schubsteuerung durch den Leistungshebel

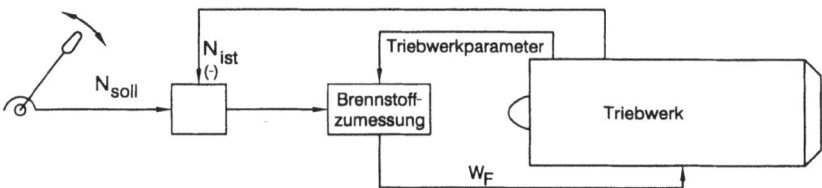

Bild 4-1 Schubsteuerung mittels HD-Drehzahlansteuerung

Ansteuerung des Brennstoffdrucks oder der Brennstoffzumessung

Diese Ansteuerungsart wurde bei den meisten britischen Triebwerken mit Lucas-Reglern nach dem 2. Weltkrieg bis in die 60er Jahre angewandt. Dabei wird über den Leistungshebel zusammen mit einem Triebwerkdruck im ersten Fall der Brennstoffdruck vor den Brennern, im zweiten Fall der Brennstofffluß zu den Brennern gesteuert (Bild 4-2). Beide Systeme benötigten aus Sicherheitsgründen noch eine zusätzliche Begrenzungseinrichtung für die maximal zulässige Drehzahl. Dies ist ein mit Pumpendrehzahl rotierender Exzenter, der ab einer fest einstellbaren Drehzahl ein federbelastetes Ventil in einer Servoleitung öffnet und damit die Fördermenge der Taumelscheibenpumpe über eine Reduzierung ihres Anstellwinkels zurücknimmt. Zusätzlich muß auch hier der Pilot die Turbinentemperatur überwachen, wofür an seinem Anzeigeinstrument meist ein roter Balken am zulässigen Grenzwert angebracht war.

Bild 4-2 Schubsteuerung mittels Ansteuerung des Brennstoffdrucks oder der Brennstoffmenge

Ansteuerung der Fan-Drehzahl bei Nebenstromtriebwerken

Die ab den sechziger Jahren in Dienst gestellten Nebenstromtriebwerke mit ihren bis heute in der zivilen Luftfahrt ständig steigenden Nebenstromverhältnissen besitzen eine etwas andere Drehzahl-Turbinentemperatur-Schub-Charakteristik. Es wurde deshalb etwa seit den siebziger Jahren auch die Fan-Drehzahl über den Leistungshebel angesteuert (Bild 4-3). Die amerikanische Firma General Electric wendet dieses Konzept heute noch an. Ihm liegt die Tatsache zugrunde, daß die (reduzierte) Fan-Drehzahl den (reduzierten) Massendurchsatz des Triebwerks und damit seinen Schub weitgehend direkt bestimmt, z. B. auch relativ unabhängig von zellenseitiger Luft- und Leistungsentnahme und Triebwerkverschlechterung. Für einen konstanten Triebwerkschub über einen größeren Ansaugtemperaturbereich ist allerdings auch hier eine Trimmung nötig. Eine Anpassung an den optimalen Schubverlauf im Steig-/Sinkflug kann dabei durch eine weitere Trimmung mittels geeigneter Triebwerkparameter erzielt werden.

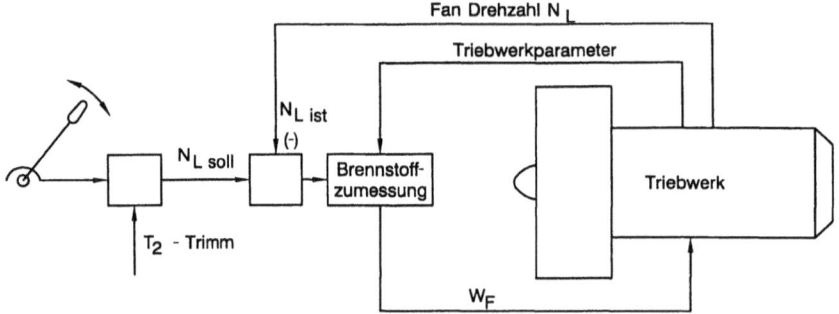

Bild 4-3 Schubsteuerung mittels Fan-Drehzahlansteuerung

Ansteuerung der Turbinentemperatur

Erstmals serienmäßig beim Turbo-Union Triebwerk RB 199 der Firmen Rolls-Royce, MTU und Fiat für den Tornado wurde im oberen Schubbereich vom Leistungshebel die Metalltemperatur einer Turbinenschaufelreihe gesteuert, in weiterer Abhängigkeit von der Triebwerkansaugtemperatur T_2 (Bild 4-4). Die Metalltemperatur wird durch ein sehr schnell ansprechendes Pyrometer gemessen, das über eine Spektralanalyse die Oberflächentemperatur der luftgekühlten Turbinenschaufeln berechnet. Diese Lösung dient dem direkten Schutz vor thermischer Überlastung bei gleichzeitigem Ausreizen des Leistungspotentials und ist außerdem ein exzellenter Schutz gegen Verdichterpumpen, wie sich später im Betrieb herausstellte. Bei einem niedrigeren Schubniveau erfolgt dann der Übergang auf eine Steuerung der HD-Drehzahl. Dieses Gesamtkonzept stellte einen vertretbaren Kompromiß zwischen den früheren triebwerkbezogenen und den heutigen flugmissionsbezogenen Steuerungskonzepten dar. Durch den erstmaligen umfänglichen Einsatz von Elektronik war es möglich, missionsspezifische Schubverlaufsforderungen durch geeignete Trimmung der angesteuerten Turbinentemperatur weitgehend zu erfüllen.

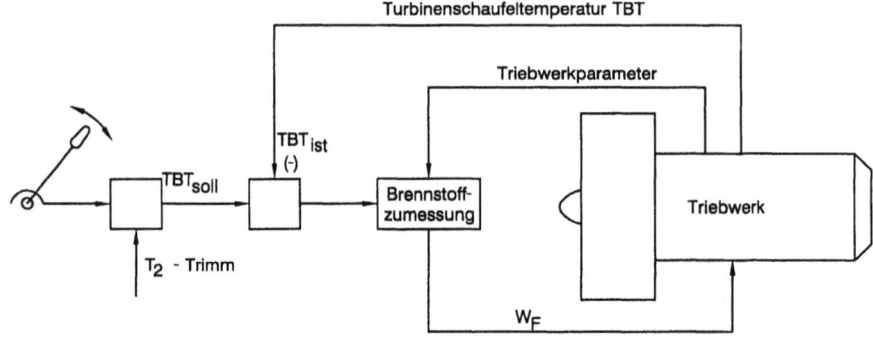

Bild 4-4 Schubsteuerung mittels Turbinentemperaturansteuerung

4.1 Schubsteuerung durch den Leistungshebel

Ansteuerung eines Triebwerkdruckverhältnisses

Dieses Konzept der Ansteuerung eines Turbinendruckverhältnisses wurde bereits vor vielen Jahren von der amerikanischen Firma Pratt & Whitney bei ihren zivilen Nebenstromtriebwerken eingeführt und wird heute z. B. auch von der Firma Rolls-Royce bei allen zivilen Triebwerken eingesetzt (Bild 4-5). Es basiert auf der Erkenntnis, daß ein vom Leistungshebel und einer oder mehreren Trimmfunktionen eingestelltes Triebwerkdruckverhältnis die vom Flugzeughersteller geforderten Schubprofile im Flugbereich am besten zu erfüllen vermag, bzw. relativ flexibel an diese angepaßt werden kann. Das gewählte Triebwerkdruckverhältnis ist meist der Turbinenaustrittsdruck dividiert durch den Fan-Eintrittsdruck, also P_5 / P_2 – oder auch das Druckverhältnis über den gesamten Verdichtungsprozeß, also P_3 / P_2. Während anfangs das zulässige Triebwerkdruckverhältnis vor dem Start von den Piloten in Abhängigkeit der Umgebungstemperatur zunächst aus einer Tabelle abgelesen und auf dieses dann eingestellt werden mußte, erfolgt diese Trimmung nunmehr selbstverständlich automatisch.

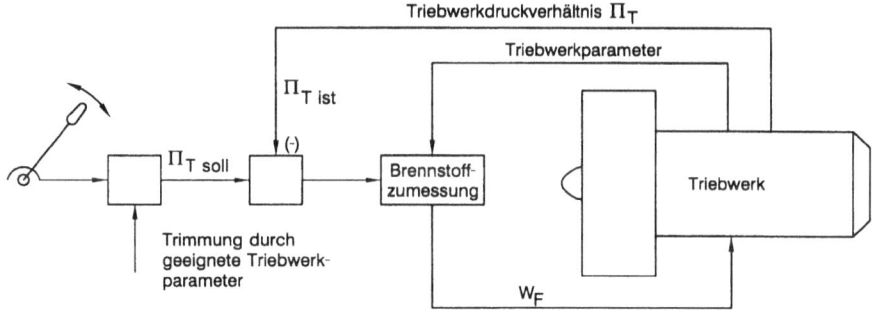

Bild 4-5 Schubsteuerung mittels Druckverhältnisansteuerung

Mögliche Entwicklungstendenzen bei den Steuerkonzepten

Die aufgezeigte chronologische Entwicklung bis hin zur Steuerung eines Triebwerkdruckverhältnisses war vor allem dadurch bedingt, daß der gesteuerte Parameter bei konstanter Leistungshebelstellung einen möglichst optimalen, an die Flugzeug-Schubbedarfscharakteristik angepaßten Schubverlauf im Steig-/Sinkflug ergeben sollte – zur Entlastung des Piloten. Geht man bei künftigen Flugzeugprojekten von einer noch engeren Verbindung zwischen Flug- und Triebwerkregler aus, so kann in einem einfachen geschlossenen Regelkreis über den Leistungshebel z. B. die Konstanthaltung der Flug-Machzahl im Steig-/Sinkflug auch automatisch eingeregelt werden. Damit entfiele die Notwendigkeit eines optimalen, u.U. aufwendigen Schubsteuerungsparameters, sofern für die Begrenzung wichtiger Triebwerkparameter auf sichere Maximalwerte Sorge getragen wird.

4.1.3 Vollast-Leistungsstufen bei militärischen Triebwerken

Moderne Triebwerke für Kampfflugzeuge besitzen meist mehrere Leistungsstufen bei Vollast. Hinzu kommt bei Nachbrennertriebwerken der gesamte schubverstärkende Bereich von minimaler bis maximaler Nachverbrennung. Aus ökonomischen Gründen läuft das Grundtriebwerk bei Nutzung der Nachbrennerschubverstärkung in einem Leistungspunkt, der möglichst hoch liegt, auf der anderen Seite aber mindestens solange beibehalten werden kann, wie ein Nachbrennereinsatz mit seinem stark erhöhten Brennstoffverbrauch maximal dauern kann (z. B. 30 min), ohne die lebensdauerkritischen Triebwerkkomponenten über Gebühr zu beanspruchen. Zusätzlich wird dann bei voller Nachverbrennung, evtl. auch ohne Nachverbrennung, meist eine weitere höhere Leistungsstufe zur Verfügung gestellt, bei der die Turbinentemperatur nochmals um etwa 30 bis 50 K gesteigert wird. Diese Leistungshebelstellung steht nur für eine eng begrenzte Zeit (z. B. 5 min) für Notsiutationen bzw. Kampfmanöver zur Verfügung. Unterhalb der beiden Vollastleistungspunkte des Grundtriebwerks liegt dann noch das Leistungsniveau, das zeitlich unbegrenzt geflogen werden kann. Bild 4-6 zeigt schematisch und beispielhaft diese wichtigsten Leistungshebelstellungen bei einem militärischen Nachbrennertriebwerk.

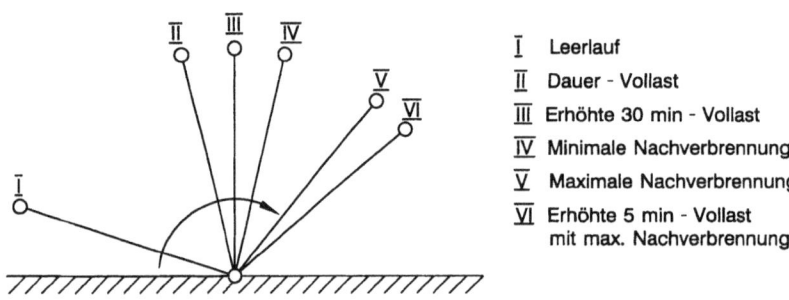

Bild 4-6 Leistungshebelstellungen eines militärischen Nachbrennertriebwerks

Bei mehrmotorigen Hubschraubern steht für einen Triebwerkausfall häufig eine noch höhere Notleistung z. B. für eine sichere Landung kurzfristig zur Verfügung, nach deren Inanspruchnahme das Triebwerk u. U. ausgebaut und überholt werden muß.

4.2 Starten und Abschalten

4.2.1 Startvorgang

Im Normalfall wird das Triebwerk bei Bodenstand-Bedingungen gestartet, in Ausnahmefällen aber auch im Flug. Zumindest bei Bodenstart ist eine externe Energiequelle nötig, um den Rotor zunächst auf eine Drehzahl zu bringen, bei der die vom Verdichter durch die Brennkammer geförderte Luft ausreicht, um den eingespritzten Brennstoff sicher zu zünden. Nach der Zündung wird diese Energiequelle weiter benötigt, um den Rotor über eine Drehzahl zu schleppen, ab der das Triebwerk erst in der Lage ist, in seiner Turbine ein Überschußmoment gegenüber dem vom Verdichter benötigten Antriebsmoment für die weitere Beschleunigung zur Verfügung zu stellen. Dies erklärt sich daraus, daß die Wirkungsgrade der Strömungsmaschinen im untersten Drehzahlbereich in Richtung Stillstand sehr stark abfallen und auch alle anderen Verluste relativ stark ansteigen sowie der gesamte Arbeitsprozeß durch die niedrigen Druckverhältnisse sehr ineffizient ist. Dies zeigt sich z. B. am Anstieg der Turbineneintrittstemperatur für stationären Betrieb unterhalb der Leerlaufdrehzahl, wie Bild 4-7 zu entnehmen ist.

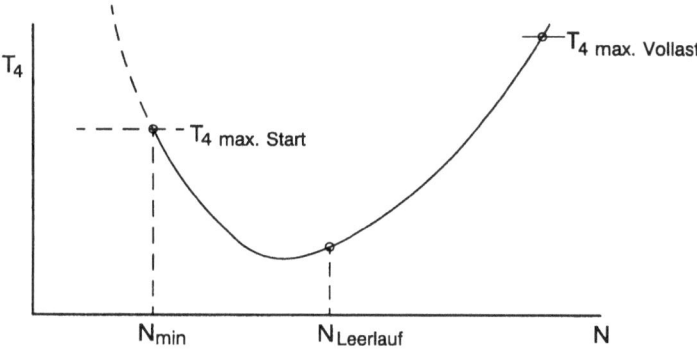

Bild 4-7 Turbineneintrittstemperatur T_4 bei stationärem Betrieb

Wegen der schlechteren Kühlbedingungen luftgekühlter Turbinenschaufeln bei niedrigen Drehzahlen liegt die maximal zulässige Turbineneintrittstemperatur $T_{4\,max}$ dort beträchtlich unter dem maximal zulässigen Wert bei Vollast. Bei Zwei- oder Mehrwellentriebwerken wird für den Startvorgang am Boden stets der HD-Rotor angetrieben. Beim Windmillingstart im Flug treibt der Luftaufstau in der Regel beide bzw. alle Rotoren an.

Zum Starten des Triebwerks gehören drei aufeinander abgestimmte Systeme, nämlich der Startermotor, die Zündeinrichtung und eine für den Startvorgang optimierte Brennstoffzumessung.

4.2.1.1 Startermotor

Der Startermotor hat ein ausreichend großes Moment zu liefern zum
- Losbrechen des Rotors (insbesondere bei kaltem Öl),
- Überwinden der mechanischen Reibung,
- Mitschleppen von Geräten (Pumpen, Generator etc.),
- Abdecken der aerodynamischen Verluste im Triebwerk,
- Beschleunigen des Rotors.

Je nach den operationellen und konstruktiven Anforderungen gibt es die unterschiedlichsten Starterantriebe. Die am häufigsten anzutreffenden sind:

a) Luftturbine, die ihre Abtriebsleistung über ein Untersetzungsgetriebe mit Kupplung auf den Triebwerkrotor überträgt. Sie wird gewöhnlich bei allen größeren zivilen, aber auch bei militärischen Triebwerken eingesetzt. Ihre Luft erhält sie entweder von
   - einer externen Luftversorgungsanlage am Boden,
   - einer im Flugzeug installierten Hilfsturbine,
   - einem bereits laufenden Triebwerk.

b) Gasturbine, beschickt entweder mit Gas aus einer abbrennenden Patrone oder durch Verbrennen von elektrisch gezündetem Isopropyl-Nitrat in einer kleinen Brennkammer. Dieses System ist unabhängig von Bodenanlagen und kann bei militärischen Triebwerken eingesetzt werden. Der Antrieb des Rotors erfolgt wie bei der Luftturbine.

c) Gasturbine, bestehend aus kleinem elektrischen Startermotor, Radialverdichter, Brennkammer und Turbine nebst Brennstoff- und Regelsystem, Untersetzungsgetriebe und Kupplung. Die ersten deutschen Triebwerke während des 2. Weltkrieges wurden so gestartet, allerdings war dort anstatt der Gasturbine ein kleiner Zweitaktmotor mit Handstarter vorhanden.

d) Elektromotor, meist in Gleichstromausführung, der über ein Untersetzungsgetriebe mit Kupplung den Rotor antreibt. Die Spannung wird meist mit der Drehzahl gesteuert und der Strom bei der Abschaltdrehzahl dann unterbrochen. Sein Momentenverlauf über der Drehzahl entspricht in etwa dem der Luftturbine.

e) Hydraulikmotor, entweder als zusätzlicher Motor oder aber einer als Motor betriebenen Pumpe, die bereits für andere Zwecke am Getriebekasten angeflanscht ist. Diese Starteranlage, meist für kleinere Triebwerke, erhält ihr unter Druck stehendes Fluid von einem Bodengerät.

f) Ohne extra Startermotor kommen jene Triebwerke aus, die eine Vorrichtung besitzen, mit der extern gelieferte HD-Luft durch Düsen auf die Turbinenschaufeln aufprallt. Damit dient die Triebwerkturbine selbst als Antrieb.

Bild 4-8 zeigt die typischen Momentenverläufe über der Drehzahl, relativ zum Momentenbedarf des zu startenden Triebwerks.

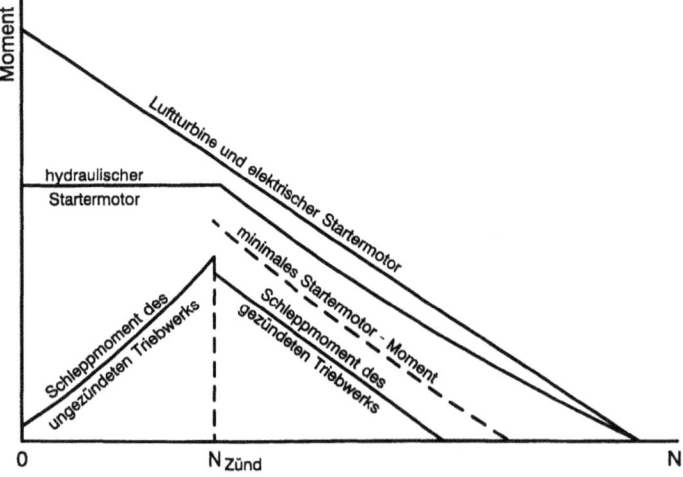

Bild 4-8 Typische Momentenverläufe während des Startvorgangs

4.2.1.2 Brennkammer-Zündvorrichtung

Die elektrische Zündeinrichtung wird regelmäßig doppelt ausgeführt, d.h. mit je einer Hochenergie-Stromversorgung, die ihre eigene Zündkerze speist. Die Zündung muß aus Sicherheitsgründen stets vor der Brennstoffeinspritzung eingeschaltet werden. Die Stromversorgung kann sowohl mit Wechselstrom oder auch aus dem üblichen 28 V Gleichstrom-Bordnetz gespeist werden. In beiden Fällen wird die benötigte Entladungsenergie für die Zündkerze in der Größenordnung von etwa 6 bis 12 Joule durch das Auf- und Entladen eines Kondensators bereitgestellt. Je nach Bauart der Zündkerze, bei der die Entladung entweder zwischen einer Elektrode und dem Gehäuse über einen relativ großen Luftspalt erfolgt oder aber zwischen zwei Flächen unter Einsatz eines Halbleiters zum Ionisieren des Zwischenraums stattfindet, werden im ersten Fall etwa 25 000 V und im zweiten rund 2 000 V für die Entladung benötigt. Gewöhnlich werden etwa 60 bis 100 Entladungen pro Minute im Grenzschichtbereich der Brennkammer erzeugt. Unter ungünstigen meteorologischen Bedingungen (Regen, Eisbildung etc.) und der Gefahr des Verlöschens bleibt die Zündung bei reduzierter Leistung gewöhnlich eingeschaltet.

4.2.1.3 Brennstoffzumessung

Wichtig ist die Brennstoffzumessung für den Startvorgang durch eigene Brennerdüsen, um den hier relativ niedrigen Brennstofffluß gut zu zerstäuben und die Zündung und Verbrennung zu gewährleisten. Eine typische Brennstoffzumessung über der Drehzahl ist Bild 4-9 zu entnehmen. Bis auf den konstanten ersten Teil der Zumeßkurve mit der vollen Pumpenkapazität, zunächst auch zum Auffüllen des leeren Brennstoffsystems und seiner Leitungen, variieren die Brennstoff-Drehzahlkurven im Niveau vor allem mit Ansaugdruck P_2 und -temperatur T_2. Wichtig ist insbesondere die Zumeßteilkurve von N_{III} bis N_V. Diese soll einerseits genügend Brennstoff für einen möglichst kurzen Startvorgang liefern, andererseits aber eine zu große thermische Schockbelastung für das kalte Triebwerk vermeiden. Außerdem ist eine aerodynamische Überlastung des Verdichters mit zu starker rotierender Ablösung (rotating stall) zu vermeiden, um spätestens bei Annäherung an den Leerlaufpunkt stabile Strömungsverhältnisse zu haben.

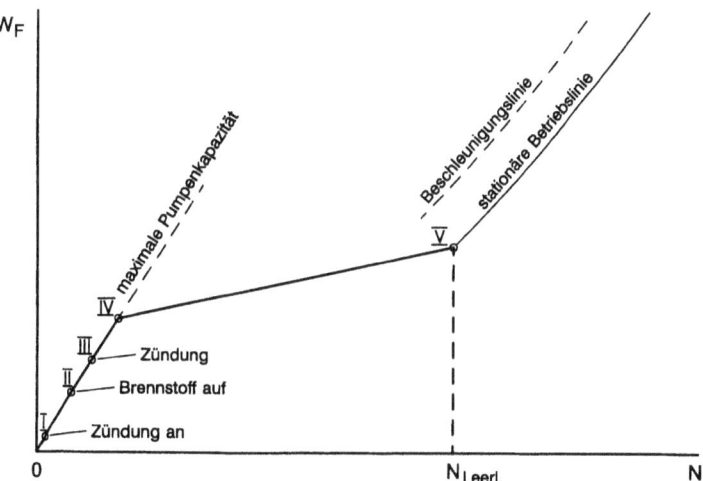

Bild 4-9 Typische Brennstoffzumessung während des Startvorgangs (ISA 0/0)

Bei den meisten früheren Triebwerkprojekten wurde in der Regel wenig Steuerungsaufwand betrieben, um die Brennstoffzumeßkurve an die tatsächliche Verbrauchskurve, variabel mit den Ansaugbedingungen des Triebwerks, anzupassen.

Als wichtig erachtet wurde eine Vermeidung von Heißstarts, ansonsten wurde der Startermotor eben entsprechend dimensioniert, um das Triebwerk auch unter den kritischsten Betriebsbedingungen sicher starten zu können. Daß dies zu größeren Startermotoren als eigentlich nötig führte, leuchtet ein. Heute wird i.a. mehr Sorgfalt aufgewendet, um den zugemessenen Brennstoff dem tatsächlichen Bedarf anzupassen und damit eine Überdimensionierung des Startermotors zu vermeiden.

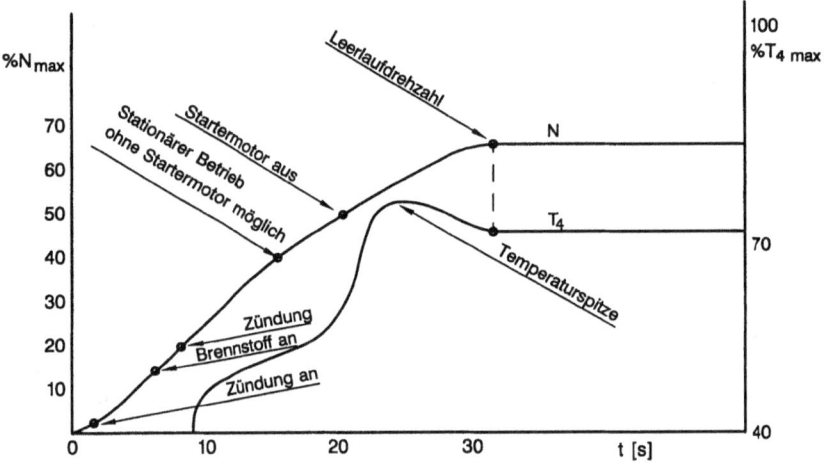

Bild 4-10 Typischer Verlauf von Drehzahl und Turbinentemperatur während des Startvorgangs über der Zeit (ISA 0/0)

Einen typischen Verlauf der Rotordrehzahl und der Turbinentemperatur über der Zeit zeigt Bild 4-10 für ISA 0/0. Bei anderen Ansaugbedingungen ergeben sich in dieser Darstellung etwas andere Kurven, resultierend aus der heute meist verwendeten Brennstoffzumeßgleichung $W_F / P_3 = f(N; T_2)$ – vgl. Abschnitt 3.6.3.

4.2.2 Abschaltvorgang

Normalerweise findet die Abschaltung des Triebwerks in Stufen statt. Bereits während des Landeanflugs läuft das Triebwerk über längere Zeit stark gedrosselt und wird allenfalls beim Schubumkehrbetrieb noch einmal für kurze Zeit hochgefahren. Zum üblichen Rollen des Flugzeugs in die Parkposition genügt in der Regel ein Schubniveau bei oder knapp über Leerlauf. Wird das Triebwerk nach Erreichen der Parkposition durch Schließen der Brennstoffzufuhr abgeschaltet, ist es deshalb bereits weitgehend abgekühlt.

Anders liegen die Dinge bei einer Abschaltung von Vollast in einem Notfall. Hier tritt die größte thermische Schockbelastung im Betrieb auf. Bei Mehrwellentriebwerken kann bei ungünstigen Verhältnissen sogar Verdichterpumpen oder gefährliches Schaufelflattern auftreten. In solchen Fällen ist deshalb besondere Sorge dafür zu tragen, daß der Brennstoff nicht schlagartig, sondern mit einem bestimmten Gradienten zurückgenommen wird. Dies wird in den modernen Triebwerken automatisch durch das Brennstoffzumeßsystem berücksichtigt.

4.3 Rotorbeschleunigung/-verzögerung

4.3.1 Grundsätzliches

Betrachtet werden sollen hier ausschließlich jene Rotorbeschleunigungs- und Verzögerungsvorgänge, die durch eine Veränderung des der Triebwerkbrennkammer zugemessenen Brennstoffs ausgelöst werden. Gestört wird dabei das stationäre Gleichgewicht zwischen dem von der Turbine gelieferten Drehmoment und dem absorbierten Moment des auf gleicher Welle rotierenden Verdichters. Dieses instationäre Überschußmoment M beschleunigt oder verzögert den Rotor mit dem polaren Massenträgheitsmoment θ nach der Beziehung:

$$\dot{\omega} = \frac{M}{\theta} \quad \text{bzw.} \quad \dot{N} = \frac{M}{2\pi\theta} \ . \tag{4-1}$$

Dies gilt grundsätzlich für jeden Rotor eines Einwellen- oder Mehrwellentriebwerks. Die wichtige Beziehung zwischen einer Brennstoffänderung ΔW_F und dem dadurch ausgelösten Beschleunigungsmoment M ist durch eine thermodynamische Arbeitsprozeßrechnung, vorzugsweise mit einem Leistungssyntheseprogramm zu erhalten.

Für ein Einwellentriebwerk kann diese Beziehung, die für eine Drehzahl i. a. einigermaßen linear verläuft, näherungsweise quasistationär gerechnet werden, wenn der Wärmeaustausch zwischen Gas und Material pauschal mit berücksichtigt wird. Es wird dabei eine Leistungsentnahme von der Welle simuliert und daraus der Quotient $M / \Delta W_F$ gebildet mit einer zusätzlichen Korrektur von ΔW_F für den Wärmeaustausch, falls keine genaue Wärmerechnung im Syntheseprogramm vorgesehen ist (vgl. Abschnitt 3.5.4).

Komplizierter liegen die Verhältnisse beim Mehrwellentriebwerk. Hier tritt die Zeit als weiterer Parameter auf, da zusätzliche Wellen während des instationären Vorgangs ein gewisses Eigenleben führen. Je nach Verteilung der polaren Massenträgheitsmomente und den thermodynamischen Verhältnissen können die Rotoren gegenüber ihrer stationären Drehzahlbeziehung vor- oder nacheilen.

Auch beim Mehrwellentriebwerk spielen sich die wichtigen, den Beschleunigungsvorgang prägenden Mechanismen zunächst in den HD-Komponenten ab und die Auslenkungen des Arbeitspunktes werden am sinnvollsten in der Charakteristik des unmittelbar vor der Brennkammer arbeitenden HD-Verdichters gemäß Bild 4-11 dargestellt. Den dazugehörenden Brennstoffverlauf in reduzierten Parametern zeigt Bild 4-12.

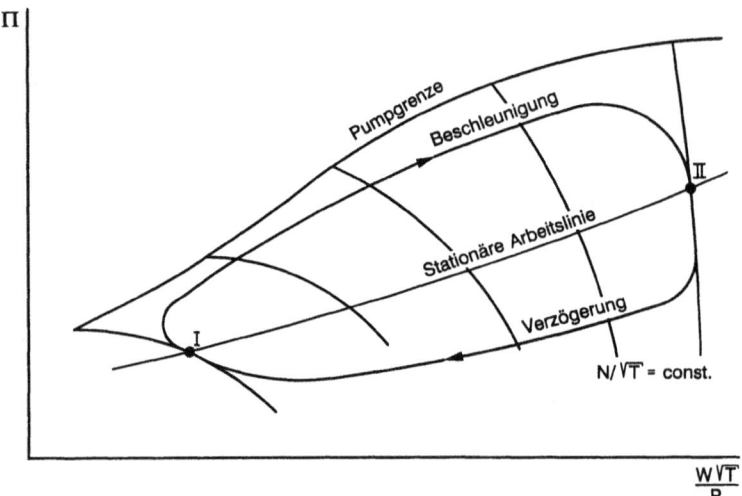

Bild 4-11 Beschleunigung und Verzögerung im HD-Verdichterkennfeld

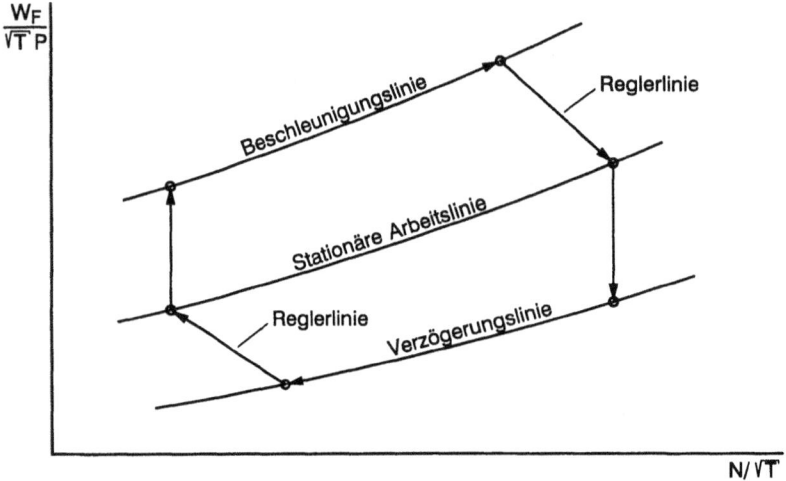

Bild 4-12 Reduzierter Brennstoffverlauf bei Beschleunigung und Verzögerung

Die beim instationären Vorgang einzuhaltenden physikalischen Grenzen sind bei der Beschleunigung die HD-Verdichterpumpgrenze, seltener die zulässige Turbineneintrittstemperatur im oberen Drehzahlbereich. Bei der Verzögerung sind es das Brennkammerverlöschen, evtl. auch ein Verdichterschaufelflattern bei hohen Drehzahlen und sehr niedriger Arbeitslinie, sowie u.U. ein Thermoschock bei sehr großer plötzlicher Temperaturreduzierung. Angestrebt werden in der Regel möglichst kurze Zeiten für die Beschleunigung/Verzögerung, so daß die vorhandenen physikalischen Grenzen bis auf einen Sicherheitsabstand angefahren werden. Da sich zum einen die Lage der Verdichterpumpgrenze unter ungünstigen Betriebsbedingungen sowie durch mechanische Abnutzung im Verdichter verschlechtern kann und zum anderen die im folgenden beschriebenen Steuer- und Regelkonzepte alle nicht perfekt sind, ist ein relativ reichlich zu bemessender Sicherheitsabstand nötig. Je kleiner der benötigte Sicherheitsabstand gehalten werden kann, umso günstiger ist dies i.a. für die Triebwerkökonomie hinsichtlich Triebwerkmasse und Brennstoffverbrauch.

Wichtig ist noch die Frage, wie sich das Beschleunigungs- und Verzögerungsverhalten in Abhängigkeit des Ansaugzustands über dem Flugbereich ändert, wenn dabei der relative Überschuß-/Unterschuß-Brennstoff gegenüber dem stationären Betrieb konstant bleibt. Ausgangspunkt ist wieder die Gleichung

$$\dot{\omega} = \frac{M}{\theta} = \frac{\Delta P}{\omega \theta} \tag{4-2}$$

mit ΔP als instationärem Leistungsunterschied zwischen Turbine und Verdichter.
In allgemeiner Form mit reduzierten Parametern gilt:

$$\frac{\dot{N}}{P_2} = f\left(\theta; \frac{N}{\sqrt{T_2}}; \frac{\Delta P}{\sqrt{T_2} \, P_2}\right). \tag{4-3}$$

Wird im Verdichterkennfeld der stationäre Arbeitspunkt um einen bestimmten Betrag, z. B. ausgedrückt als Druckverhältnisänderung, nach oben/unten ausgelenkt, so ist die daraus resultierende Beschleunigungs-/Verzögerungsrate $\dot{N}$ direkt proportional zum Triebwerkansaugdruck P_2. Das bedeutet, daß sich die Rotorbeschleunigung $\dot{N}_{max}$ zwischen zwei extremen Flugpunkten z. B. eines Kampfflugzeugs um mehr als 10:1 ändern kann. Im gleichen Verhältnis würden sich dann die Zeiten für Beschleunigung/Verzögerung ändern. In der Praxis wird dies jedoch dadurch abgemildert, daß in der Regel mit abfallendem Ansaugdruck die Leerlaufdrehzahl angehoben wird, somit in großen Flughöhen und Langsamflug eine Drehzahlbeschleunigung nur noch zwischen z. B. 80 oder gar über 90 % und 100 % N_H möglich ist gegenüber einem Drehzahlband von etwa 60 % auf 100 % N_H bei Bodenstandbedingungen.

4.3.2 Bewährte und mögliche Konzepte für die Steuerung und Regelung der Rotorbeschleunigung/-verzögerung

Zunächst ist festzustellen, daß schon aus praktischen Erwägungen bei einem Triebwerk für Beschleunigung und Verzögerung in der Regel das gleiche Konzept angewendet wird.

In der Praxis haben sich die im folgenden beschriebenen ersten drei Konzepte durchgesetzt und bewährt. Die zwei weiteren angegebenen Konzepte stellen mögliche Kandidaten für die Zukunft dar, ohne in Serientriebwerken bisher eingesetzt worden zu sein. Während die ersten beiden Konzepte Steuerungsvorgänge beinhalten, liegen den restlichen drei Konzepten geschlossene Regelkreise zugrunde. In jedem Fall darf der Leistungshebel beliebig schnell in die neue Stellung geschoben und damit für den neuen stationären Endpunkt ein viel höherer bzw. niedrigerer Brennstoff angewählt werden. Der Beschleunigungs-/Verzögerungsregler, wie immer auch konzipiert, hat die Aufgabe, zu große kommandierte Brennstoffmengenänderungen während der instationären Phase auf aerodynamisch und verbrennungstechnisch verträgliche Werte zu begrenzen.

a) Steuerung der zulässigen Brennstoffzumessung

Bei der Steuerung der zulässigen Brennstoffzumessung gibt es zwei unterschiedliche Lösungen. Bei den älteren Regelsystemen, bei denen entweder Brennstoffdruck oder Brennstoffzumessung vom Leistungshebel gesteuert werden, wurde der den Beschleunigungsvorgang bestimmende Brennstoff in der Regel durch den statischen Verdichteraustrittsdruck begrenzt, wobei die Steilheit der Zumeßfunktion ab einem mittleren Verdichterdruckverhältnis verändert wurde, um sich dem tatsächlichen Verlauf der Verdichterpumpgrenze besser anpassen zu können. Der sog. Beschleunigungsregler besteht dabei aus einer gesonderten Einheit, die auf einen die Brennstoffzumessung steuernden Servodruck wirkt.

Die nächste Generation von Brennstoffzumeßsystemen war in der Regel folgendermaßen konzipiert. Ein Druckdosensystem lenkt eine Zumeßfläche so aus, daß der mittels eines meist proportional zu N^2 durch Fliehkraftgewichte gesteuerte Druckabfall über diese Zumeßfläche bei konstanter (mittlerer) Stellung einer Steuerkante möglichst genau den Brennstoff zumißt, der bei einem beliebigen Flugzustand und einer beliebigen Drehzahl stationär gerade benötigt wird. Damit sich nun kein labiler Zustand ergibt, bei dem das Triebwerk beim kleinsten Anstoß nach oben oder unten wegdriftet, wird die zusätzliche Steuerkante als Stellglied in einen Regelkreis integriert, mit dessen Hilfe über den Leistungshebel eine bestimmte Drehzahl oder ein bestimmtes Druckverhältnis angewählt wird. Bei einer plötzlichen Verstellung des Leistungshebels um einen großen Betrag würde die Zumeßkante aufgrund des momentanen großen Fehlers im Regelkreis so weit auswandern, daß die Triebwerk-Betriebsgrenzen überschritten würden. Um dies zu verhindern, sind einstellbare mechanische Anschläge für die Steuerkante vorgesehen, von denen der eine den maximal zulässigen Überschußbrennstoff für die Beschleunigung und der andere den minimal zulässigen Unterschußbrennstoff für die Verzögerung bestimmt. Diese Maximal- bzw. Minimalzumessungen während des instationären Vorgangs stellen damit zunächst prozentuale Erhöhungen bzw. Verringerungen gegenüber den Werten für den stationären Betrieb dar. Durch gewisse Profilierungen kann dieser Prozentsatz zwischen Leerlauf und Vollast sowohl für die Beschleunigung als auch die Verzögerung variabel gestaltet werden, um die physikalischen Grenzen genauer anzufahren.

b) Begrenzung der Öffnungs- und Schließrate des Brennstoffzumeßventils

Bei dieser Begrenzungsart wird die tatsächliche Verstellgeschwindigkeit des Leistungshebels durch einen hydraulischen Dämpfer auf solche Werte verlangsamt, die hinsichtlich der Betriebsgrenzen verträglich sind. Durch eine durch den Leistungshebel erzeugte Federkraft wird ein hydraulischer Kolben in einem Zylinder bewegt. Dessen Kolbengeschwindigkeit ist abhängig vom Druckniveau in der Pumpenförderleitung, das wiederum gesteuert wird vom Verdichtereinlaßdruck abhängig vom Flugzustand. Somit wird hier

$$(\partial W_F / \partial t)_{\max, \min}$$

auf sichere Werte begrenzt und nicht

$\left(\Delta W_F / W_{F\,stationär} \right)_{max,\,min}$ wie im Fall a.

c) *Regelung auf* $\dot{N}_{max,\,min}$

Bei der Regelung auf $\dot{N}_{max,\,min}$ wird die Rotordrehzahl N – bei Mehrwellentriebwerken stets die HD-Drehzahl – differenziert, mit einem zulässigen, abgespeicherten Wert $\dot{N}_{max,\,min}$ verglichen und der zugemessene Brennstoff im Regelkreis so variiert, daß beide Werte während eines instationären Vorgangs möglichst genau übereinstimmen. Dabei wird $\dot{N}_{max,\,min}$ in der Regel proportional zum Verdichteransaugdruck P_2 gesteuert und u.U. auch noch etwas über dem Drehzahlbereich variiert, um das instationäre Potential möglichst optimal auszuschöpfen. Bei der Regelung des Verzögerungsvorgangs ist im allgemeinen noch eine Begrenzung der maximal möglichen Brennstoff-Reduzierung im ersten Moment einer großen plötzlichen Leistungshebelverstellung vorzusehen, um ein Brennkammerverlöschen vor Ansprechen des $\dot{N}$-Regelkreises zu verhindern.

Die meisten modernen Triebwerk-Regelsysteme beinhalten eine solche $\dot{N}$-Regelung. Sie hat u. a. den großen Vorteil, daß im praktischen Betrieb bei einem bestimmten Umgebungs-/Flugzustand alle Triebwerke stets mit der gleichen maximalen Beschleunigung/Verzögerung hoch- und zurückgefahren werden, unabhängig vom mechanischen Zustand des Triebwerks und möglichen Luft- und Leistungsentnahmen. Gerade darin liegt aber auch eine große potentielle Gefahr, zu deren Vermeidung Vorsorge zu treffen ist. Kommt es nämlich während des Hochfahrvorgangs einmal zum Verdichterpumpen (Strömungsabriß), so reduziert sich dadurch $\dot{N}_{ist}$. Das Regelsystem wird nunmehr durch Aufdrehen des Brennstoffs versuchen, den vorgegebenen Wert $\dot{N}_{soll}$ einzuhalten und dabei das Triebwerk noch tiefer ins Verdichterpumpen und „Feuerspucken" aus Einlauf und Schubdüse treiben und damit zur möglichen Zerstörung führen.

Es gilt also, die Anomalie eines Strömungsabrisses aufgrund seiner Auswirkungen zu erkennen, um daraufhin den Beschleunigungsvorgang abbrechen zu können. Es werden dabei insbesondere zwei Kriterien, häufig auch in Kombination, eingesetzt. Das erste ist im Fall einer Turbinentemperaturmessung durch ein sehr schnell ansprechendes Pyrometer für die Temperaturregelung gegeben, da im Fall des Strömungsabrisses der Massendurchsatz durch Verdichter und Brennkammer zusammenbricht und damit die Temperatur hochschießt. Dies wird dann sofort durch den Temperaturregelkreis mittels Brennstoffreduzierung abgefangen. Die zweite Möglichkeit besteht in einem Vergleich von $\dot{N}_{ist}$ und der Öffnungsrate des Zumeßventils. Ist letztere positiv, während $\dot{N}_{ist}$ sehr klein oder sogar negativ ist, indiziert dies einen Strömungsabriß zur automatischen Unterbrechung des Beschleunigungsvorgangs.

Im übrigen haben die unter a) beschriebenen Konzepte eine gewisse inherente Sicherheitscharakteristik, da hier beim Strömungsabriß der in der Regel für die Brennstoffzumessung verwendete Verdichteraustrittsdruck zusammenbricht und damit den Brennstoff auf der Beschleunigungslinie reduziert. Meist reicht dies aber allein auch nicht aus, so daß der Pilot seinen Leistungshebel in einem solchen außergewöhnlichen Fall rasch zurücknehmen muß. Dies gilt noch mehr für das unter b) vorgestellte Konzept.

d) Regelung auf eine maximal zulässige Hochfahrlinie in der Verdichtercharakteristik
Bei diesem Konzept wird knapp unterhalb der Verdichterpumpgrenze eine maximal zulässige Beschleunigungslinie als

$$\Pi_{max} = f\left(N/\sqrt{T}\right) \tag{4-4}$$

vorgegeben und abgespeichert. Der Brennstoff während des Beschleunigungsvorgangs wird in einem Regelkreis so angepaßt, daß diese Hochfahrlinie nicht überschritten wird. Analog dazu erfolgt der Verzögerungsvorgang. Wichtig ist eine genaue Messung des Verdichterdruckverhältnisses, wobei auf mögliche Druckprofile, insbesondere am Einlauf, Rücksicht zu nehmen ist. Dieses vom Verfasser unter dem Begriff PRAC (*pressure ratio acceleration control*) vorgeschlagene System wurde in den siebziger Jahren patentiert und an einem Orpheus-Triebwerk im Höhenprüfstand der TU Stuttgart erfolgreich über einen großen Flugbereich erprobt. Eine serienmäßige Einführung scheiterte seinerzeit zunächst an Druckgebern, die über einen hinreichend großen Druckbereich im harten Dauerbetrieb genau und zuverlässig genug waren [27].

e) Regelung auf die Pumpgrenze selbst
Dieses seit Jahrzehnten und auch heute noch lediglich als Forschungsvorhaben zu wertende Konzept würde das Nonplusultra bezüglich Ausschöpfung des vorhandenen Beschleunigungspotentials bieten. Es setzt voraus, daß eine Annäherung an die Pumpgrenze durch geeignete Parameter meßbar ist und daß dann nahezu ohne Zeitverzögerung der Brennstoff zurückgenommen und eingeregelt werden kann. Beide Anforderungen müssen heute als nicht gelöst angesehen werden, obwohl immer wieder interessante Vorschläge dazu gemacht wurden und werden.

4.4 Grenzwertparameter-Begrenzer

In der Regel sind die folgenden Triebwerkparameter auf ihre zulässigen Grenzwerte aus den nebenstehenden Gründen zu begrenzen:

Parameter	Grund für Begrenzung
Drehzahl(en) max	Rotor-/Schaufelfestigkeit
Drehzahl(en) min	Leerlauf/Verlöschen/Beschleunigungszeit/Schubbegrenzung am Boden/Generatordrehzahl/Kühlungsaufgaben durch Brennstoff/Lärm/Kabinenluft/Brennstoffverbrauch
Reduzierte Drehzahl	aerodynamische Grenze des Verdichters im oberen Arbeitsbereich
Turbinentemperatur	thermische Schaufelbelastbarkeit
Verdichterenddruck	Gehäusefestigkeit

4.4 Grenzwertparameter-Begrenzer

Ob, wie und auf welche Werte Triebwerkparameter zu begrenzen sind, hängt allerdings von einer Reihe von Faktoren ab, wie z. B. die Konzeption oder Auslegung des Triebwerks selbst, die Belastungen in der Zelle, in die es eingebaut wird sowie den wichtigsten Flugmissionen und ihren Betriebszeitenverteilungen. Dies ist alles zu beurteilen vor dem Hintergrund einer projektierten und in der Regel zu garantierenden Lebensdauer. Noch komplexer wird die Angelegenheit, wenn Lebensdauerzähler eingebaut sind, die den jeweiligen Lebensdauerverbrauch der kalten und heißen Komponenten anzeigen.

Wichtig ist für die Bestimmung bestimmter Grenzwerte in der Regel die Zeitdauer, die das Triebwerk auf diesem Wert betrieben wird. So ist es z. B. bei militärischen Triebwerken üblich, gewisse Überlastleistungen auf z. B. 5 Minuten pro Flugmission zu begrenzen. Dem Piloten wird damit ein erhöhter Schub für Sonder- und Notfälle zur Verfügung gestellt. Dafür gelten dann auch erhöhte Grenzwerte z. B. gegenüber einem 30 Minuten-Betrieb oder gar dem Dauerbetrieb. Die erhöhten Grenzwerte werden automatisch mit dem Leistungshebel in der Stellung „Notleistung" hochgesetzt. Dem Piloten ist bewußt, daß er mit einer exzessiven Nutzung der „Notleistung" auch seine Triebwerklebensdauer der wichtigen Heißteile im Turbinenbereich sehr viel rascher verbraucht. So kann z. B. eine um 20 – 30 K höhere Turbineneintrittstemperatur die Vollast-Lebensdauer der Turbinenbeschaufelung je nach Kühlkonzept um ca. 50 % reduzieren.

Liegen dagegen bei zivilen Passagierflugzeugen die Zeiten für den Startvorgang und den anschließenden Steigflug einigermaßen fest, so braucht der Pilot mit einer zeitlichen Überwachung nicht belästigt zu werden, sondern er stellt seine Leistungshebel einfach in die dafür vorgesehene Stellung.

Da die Flugzeugbetreiber heute in der Regel einen konstanten Startschub zumindest über einem bestimmten Bereich von Ansaugtemperaturen fordern, hat das automatische Betriebssystem insbesondere die Turbineneintrittstemperatur mit steigender Außentemperatur hochzusetzen. Von festen, absolut einzuhaltenden Grenzen kann deshalb zumindest bei der Turbineneintrittstemperatur und den Drehzahlen nicht mehr die Rede sein.

Etwas anderes gilt in der Regel für die Parameter „reduzierte Drehzahl" und „Verdichterenddruck". Beide werden wohl nur bei militärischen Triebwerken regelmäßig angefahren, und zwar ersterer in der linken oberen Ecke und zweiterer in der rechten unteren Ecke des Höhen-Machzahl-Diagramms des Flugbereichs. Sie stellen Schwingungs- bzw. Festigkeitsgrenzen dar, die einzuhalten sind.

Erwähnt werden soll in diesem Zusammenhang, daß anstatt den Verdichterenddruck $P_{s3\,max}$ zu begrenzen, früher auch häufig ein dazu weitgehend äquivalenter Parameter $(W_F / N)_{max}$ herangezogen wurde. Die Begrenzung geschah dann einfach durch einen mechanischen Anschlag am vom Druckdosensystem ausgelenkten Zumeßschieber, dessen freie Durchflußfläche damit auf A_{max} begrenzt wurde, bei einem Druckabfall $\Delta P_z \sim N^2$. Damit ist $W_{F\,max} \sim A_{max} \sqrt{\Delta P_z}$ oder $(W_F / N)_{max} = const$.

Eine Sonderstellung nimmt die Leerlaufdrehzahl ein, bei der auf einen mit dem Flugzustand variablen Minimalwert zu begrenzen ist. Häufig wird dabei noch ein Sprung in der Leerlaufkurve eingeführt, ausgelöst durch einen Schalter am Fahrwerk, der nach der Landung bzw. vor dem Abheben die Leerlaufdrehzahl gegenüber dem Flugbetrieb herabsetzt. Dies ergibt am Boden niedrigere Leerlaufschübe zur Reduzierung des Bremsenverschleißes, Brennstoffverbrauchs und Lärmniveaus. Dagegen dient die höhere Leerlaufdrehzahl im Flug zum einen der Aufrechterhaltung der Kabinenluftversorgung sowie kürzeren Hochfahrzeiten im Notfall, wie beim Durchstarten.

Bei Überschallflugzeugen darf im hohen Überschallflug die Leerlaufdrehzahl nicht wesentlich unter der Maximaldrehzahl liegen, um den reduzierten Luftdurchsatz durch den Überschalleinlauf nicht abzusenken und damit aerodynamische Probleme zu verursachen. Eine Schubreduzierung zur Verlangsamung des Flugzeuges aus dem hohen Überschallbereich geschieht regelmäßig zunächst durch Reduzierung bzw. Abschalten der Nachverbrennung.

Bei den modernen elektronischen Regelsystemen werden die Begrenzer über eine „highest/lowest wins" Entscheidung der Brennstoffansteuerungsregelschleife aufgeschaltet. Bei den älteren Systemen wirkten sie meist hydromechanisch auf einen Servodruck im Zumeßsystem.

4.5 Wasser-Methanol-Einspritzung zur Startschuberhöhung

Obwohl bei der heutigen Generation von Turboflugtriebwerken nicht mehr angewandt, spielte früher die Wasser- bzw. Wasser-Methanol-Einspritzung insbesondere bei den Triebwerken der zivilen Luftfahrt eine bedeutende Rolle. Der Vollständigkeit halber wird sie kurz behandelt.

Eingesetzt wurde diese Zusatzeinspritzung ausschließlich beim Flugzeugstart und zwar sowohl bei hohen Ansaugtemperaturen als auch hoch gelegenen Flugplätzen. In beiden Fällen kann der Startschub bei einer maximal zulässigen Turbineneintrittstemperatur gegenüber den ISA 0/0 Normalbedingungen ganz beträchtlich abfallen, so daß ohne zusätzliche Maßnahmen die Startmasse des Flugzeugs zu reduzieren wäre. Mit der Wasser- bzw. Wasser-Methanol-Einspritzung kann der abgefallene Startschub wieder um 10 bis 30 % erhöht werden. Dies gilt sowohl für Triebwerke mit kleinem Nebenstromverhältnis als auch für PTL-Triebwerke.

Zwei grundsätzliche Methoden sind bekannt:

a) Einspritzung am Verdichtereintritt

Bei diesem Verfahren entsteht ein Kühlungseffekt im Verdichter. Dies erhöht zum einen den Verdichterwirkungsgrad und zum anderen den absoluten Luftdurchsatz. Hinzu kommt die Masse des eingespritzten Wassers für die zusätzliche Schuberzeugung. Wird ein Wasser-Methanol-Gemisch eingespritzt, so kann eine sonst notwendige Erhöhung der Brennstoffzumessung vermieden werden, da das Methanol als Energieträger für die Verbrennung in der Brennkammer zur Verfügung steht und den Energiebedarf zur Verdampfung und Aufheizung des Wassers deckt. Dieses Verfahren wurde bei älteren Einstromtriebwerken und hier vorzugsweise bei PTL-Triebwerken eingesetzt.

b) Einspritzung in die Brennkammer

Dieses am häufigsten angewendete Verfahren, bei dem vorwiegend Wasser-Methanol durch zusätzliche Kanäle in den Brennerdüsen direkt in die Brennkammer eingespritzt wird, beruht auf einem unterschiedlichen Prinzip, bei dem mehrere Effekte zusammenwirken. Zunächst wird durch die eingespritzte Flüssigkeit nur der Massendurch-

4.5 Wasser-Methanol-Einspritzung zur Startschuberhöhung

satz durch die Turbine erhöht. Dadurch sinkt die Turbineneintrittstemperatur und steigt der Druck vor der Schubdüse beim gleichen Verdichtereintrittsdurchsatz. Damit ergibt sich aber die Möglichkeit, das Triebwerk auf Kosten einer gewissen Überdrehzahl wieder bis auf die maximal zulässige Turbineneintrittstemperatur hochzufahren. Da wegen der hohen Ansaugtemperatur die reduzierte Drehzahl $N/\sqrt{T_2}$ selbst bei Vollast relativ niedrig ist, bringt hier auch eine verhältnismäßig kleine Drehzahlerhöhung bereits eine deutliche Durchsatzerhöhung – im Gegensatz zum Gebiet höchster $N/\sqrt{T_2}$-Werte.

Der resultierende Schubgewinn ergibt sich somit aus
- Massendurchsatzsteigerung durch das eingespritzte Wasser-Methanol beim Austrittsimpuls,
- Luftdurchsatzsteigerung durch die mögliche Drehzahlerhöhung,
- höherem Düsendruck.

Welche der beiden Methoden auch Anwendung findet, stets ist ein zusätzlicher Tank mit Leitungen und eine meist durch eine Luftturbine angetriebene HD-Förderpumpe mit Ventilen etc. vorzusehen – ein nicht unbeträchtlicher technischer Aufwand. Auch sind zusätzliche potentielle Sicherheitsprobleme genau im Auge zu behalten. Der spektakulärste Unfall mit einer Wasser-Methanol-Anlage dürfte wohl der Absturz einer BAC-111 mit Spey-Triebwerken gewesen sein. Beim Auftanken in Hannover war von der Bodenmannschaft versehentlich normales Flug-Kerosin in die Wasser-Methanol-Tanks gefüllt worden. Dadurch sind beide Turbinen während des Starts und Steigflugs stark überhitzt worden und schließlich ausgefallen, so daß die Piloten ohne Schub schließlich auf einer Autobahn bei Hannover notlandeten, wobei das Flugzeug zu Bruch ging.

Es sind aber andere Gründe, die schließlich zur Abkehr von der Wasser-Methanol-Einspritzung geführt haben. Zum einen ist der bei den modernen Triebwerken mit ihren hohen Nebenstromverhältnissen zu erzielende Nutzeffekt wesentlich kleiner, da der zu beeinflussende Massendurchsatz durch das Kerntriebwerk eben nur noch 15 bis 20 % des Gesamtdurchsatzes beträgt, gegenüber 50 bis 100 % bei den älteren Triebwerken. Zum anderen ist man heute flexibler hinsichtlich der maximal zulässigen Turbineneintrittstemperatur und akzeptiert zum Starten aus hochgelegenen, heißen Flugplätzen (z. B. Mexiko City, Nairobi u.a.) Turbinenübertemperaturen. Voraussetzung dafür ist allerdings eine möglichst genaue Definition des Nutzungsspektrums mit dem prozentualen Anteil des Übertemperatur-Betriebs und die Auswirkung auf die Lebensdauer der Heißteile. Bild 4-13 zeigt beispielhaft die Schubcharakteristik eines modernen Triebwerks dafür, welche Turbinenübertemperaturen nötig sind, um den Schub auch am Warmtag konstant zu halten, wenn auf eine Wasser-Methanol-Einspritzung verzichtet wird.

Hinzu käme außerdem noch der Einfluß der geodätischen Höhe des Flugplatzes. So bewirkt z. B. ein um 10 % niedriger Ansaugdruck beim gleichen Triebwerk einen Startschubabfall von 10 %, der ebenfalls durch Turbinentemperaturerhöhung und Überdrehzahl auszugleichen ist. Bekannt hinsichtlich einer äußerst ungünstigen Kombination relativ hoher Umgebungstemperatur und niedrigem Ansaugdruck wegen ihrer Höhenlage sind z. B. die erwähnten Flughäfen von Mexico City und Nairobi.

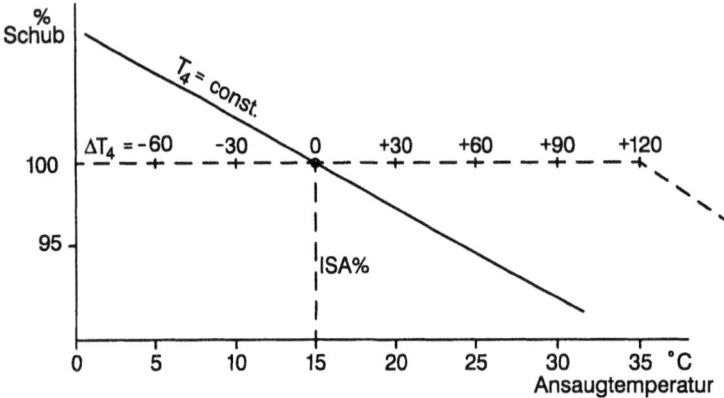

Bild 4-13 Beispiel einer Turbinentemperaturänderung ΔT_4 für konstanten Schub bei variabler Ansaugtemperatur

4.6 Nachbrennerbetrieb

4.6.1 Grundsätzliches

Nicht betrachtet werden hier die Nachbrennersysteme aus den Anfangsjahren, bei denen für den Nachbrennerbetrieb die Schubdüsenfläche um einen festen Betrag vergrößert wurde und die relativ geringe Nachverbrennung nur ein- oder ausgeschaltet werden konnte.

Behandelt werden vielmehr die wichtigsten Konzepte für einen zwischen minimaler und maximaler Nachverbrennung voll modulierbaren Nachbrennerbetrieb, sowohl für Einstrom- als auch Nebenstromtriebwerke.

Abgesehen vom zivilen Überschallflugzeug Concorde wurden Nachbrennertriebwerke bisher ausschließlich in militärischen Überschall-Kampf-/Jagdflugzeugen eingesetzt. Dabei wird der Nachbrenner in der Regel eingeschaltet beim Flugzeugstart und Abheben, beim engen Kurvenflug, bei der Beschleunigung auf Überschall und im Überschallflugbereich. Da der Brennstoffverbrauch bei vollem Nachbrennerbetrieb, insbesondere bei hohen Ansaugdrücken sehr hoch ist – so könnten z. B. bei voller Nachverbrennung im Schnellflug in Bodennähe die Flugzeugtanks in etwa 5 Minuten leergeflogen werden – kommt nur ein zeitlich begrenzter Einsatz des Nachbrenners in Frage. Dabei arbeitet das Triebwerk in der Regel bei Vollast, da es stets ökonomischer ist, Schub mit dem Grundtriebwerk zu erzeugen, bevor der Nachbrenner zugeschaltet wird. Neben der angestrebten Schuberhöhung bei möglichst niedrigem Brennstoffverbrauch sind die wesentlichen Forderungen an ein Nachbrenner-Betriebssystem:

– Verhinderung von Verdichterpumpstößen durch unerwünschte Rückwirkungen auf das Grundtriebwerk, d.h. Einhalten einer sicheren Betriebslinie im Verdichter,
– sicheres Zünden bei Nachbrenneranwahl und stabiles Brennen im Betrieb,

- möglichst kurze Ansprechzeiten für Nachbrennerschubänderungen, z. B. für rasches Durchstarten bei einer verfehlten Landung, in kritischen Flugmanövern, bei Ausfall eines Triebwerks etc.,
- Verhinderung von niederfrequenten longitudinalen und hochfrequenten transversalen zerstörenden Verbrennungsschwingungen im Nachbrennerrohr.

Für ein Nachbrenner-Betriebssystem besteht die primäre Aufgabe in einer geeigneten Koordinierung von Brennstoffzumessung und -verteilung auf der einen und der Größe des effektiv engsten Querschnitts der Schubdüsenfläche auf der anderen Seite. Dabei sollte das Grundtriebwerk möglichst wenig Rückwirkung durch den Nachverbrennungsprozeß spüren. Ein Problem liegt in den grundsätzlich ungünstigeren physikalischen Voraussetzungen für eine eindeutige und stabile Verbrennung im Nachbrenner im Vergleich zur Triebwerkbrennkammer. Die Gründe dafür sind das niedrigere Druckniveau, bei Nebenstromtriebwerken die kalte Luft im Außenstrom sowie die unterschiedliche Art der Brennstoffeinbringung. Wird ein Nachbrenner voll ausgefahren und über einem großen Flugbereich bis zu sehr niedrigen Triebwerk-Eintrittsdrücken betrieben, so nimmt die maximal mögliche Temperatursteigerung mit sinkendem Druck in der linken oberen Ecke des Flugdiagramms deutlich ab. Analog dazu ist die minimal mögliche Nachverbrennung anzuheben, was hinsichtlich des maximal möglichen Modulationsbereichs des Nachbrenners in Form geeigneter Begrenzer zu berücksichtigen ist.

Der instationäre Nachbrennerbetrieb bei kommandierten Laständerungen stellt mit großem Abstand die kritischste Betriebsphase mit der größten Gefahr von Betriebsproblemen dar.

Es stehen also zwei Parameter als Stellgrößen zur Verfügung, die Nachbrenner-Brennstoffzumessung und die effektive Drosselfläche der variablen Schubdüse. Davon dient einer der Parameter zum Einstellen der Intensität der Nachverbrennung durch den Leistungshebel, während der andere dazu dient, die Rückwirkung auf das Grundtriebwerk zu minimieren.

4.6.2 Konzepte für eine geregelte Nachbrenner-Rückwirkungsfreiheit

Die zahlreichen, z. B. in der Patentliteratur vorgeschlagenen und teilweise auch ausgeführten Konzepte lassen sich auf die folgenden zwei Grundkonzepte zurückführen.

Bei der ersten Lösung steuert der Leistungshebel zusammen mit anderen Triebwerkparametern den Brennstoff und ein Regelkreis besorgt mit der variablen Schubdüsenfläche als Stellglied die Rückwirkungsfreiheit (Bild 4-14).

Bei der zweiten Lösung steuert der Leistungshebel die Größe der Schubdüsenfläche und ein Regelkreis besorgt mit dem Brennstoff als Stellglied die Rückwirkungsfreiheit (Bild 4-15). Dieses Konzept ist allerdings nur dann anwendbar, wenn der Nachbrenner nicht bis an seine stöchiometrische Sättigung ausgefahren wird, weil dort eine weitere Brennstofferhöhung zunächst keine und dann eine entgegengesetzte Wirkung erzeugen würde, womit kein Regelkreis zurechtkommen kann.

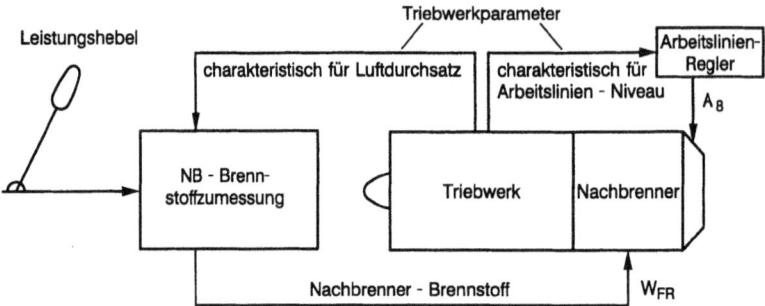

Bild 4-14 Gesteuerter Nachbrenner-Brennstoff mit Schubdüsenfläche als Stellglied für Arbeitslinienregelung

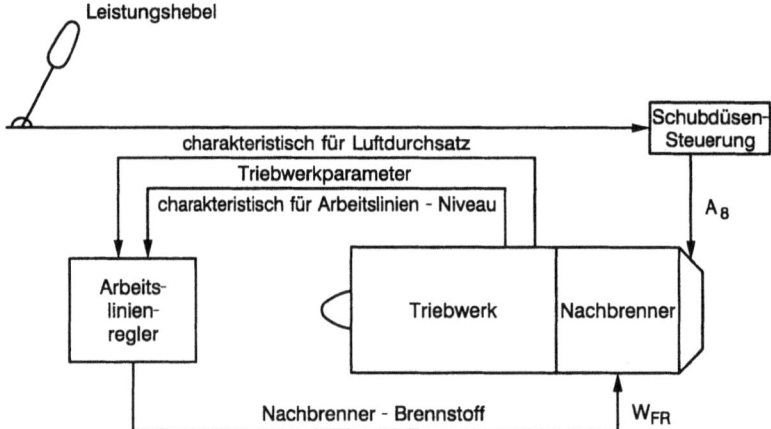

Bild 4-15 Gesteuerte Schubdüsenfläche mit Nachbrenner-Brennstoff als Stellglied für Arbeitslinienregelung

Beide Anordnungen besitzen häufig eine Vorsteuerung in Verbindung mit ihrem Regelkreis, dessen Autorität, d. h. maximal möglicher Eingriff, etwa 25 bis 50 % beträgt. Die Vorsteuerung kann dabei so angeordnet sein, daß der Leistungshebel im ersten Fall parallel einen Teilbetrag der Düsenfläche und im zweiten Fall parallel einen Teilbetrag des Brennstoffs mit vorsteuert. Möglich ist auch eine Vorsteuerung des jeweils zweiten Parameters durch den ersten, vom Leistungshebel angesteuerten. Dabei handelt es sich dann um eine Folgesteuerung.

Wichtig ist in jedem Fall die Art des Regelkreises zur Erzielung der angestrebten Rückwirkungsfreiheit und hier wiederum die Wahl eines geeigneten Triebwerkparameters, der ein Maß für die (unerwünschte) Rückwirkung liefert.

Der Mechanismus der Rückwirkung ist der gleiche, wie wenn beim gleichen Triebwerk ohne Nachbrenner die Schubdüsenfläche variiert wird. Beim Öffnen, d.h. Entdrosseln, sinkt die Verdichterarbeitslinie ab, beim Schließen, d.h. Androsseln, steigt sie in Richtung Pumpgrenze an. Bei einem Zweiwellen-Nebenstromtriebwerk ist immer der

4.6 Nachbrennerbetrieb

erste Verdichter, der Fan, betroffen. Bild 4-16 zeigt die grundsätzlichen Arbeitspunktauslenkungen im Fan bei konstanter HD-Drehzahl.

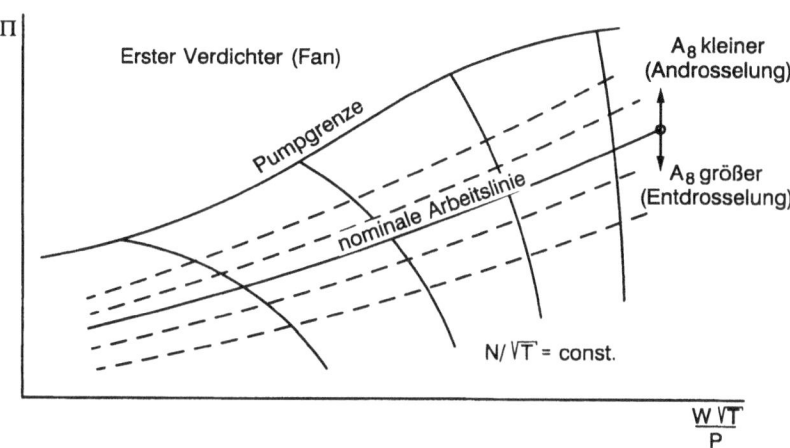

Bild 4-16 Arbeitslinien im Kennfeld des ersten Verdichters (Fans) bei Androsselung und Entdrosselung

Da gerade bei einer Veränderung der Drosselung am Fan-Austritt starke Druckprofile entstehen können, die zusammen mit den vom Einlauf erzeugten Druckprofilen eine zuverlässige Messung eines wahren mittleren Verdichterdruckverhältnisses schwierig machen, wird in der Regel auf andere, mittelbare Parameter ausgewichen.

Insbesondere für Einstromtriebwerke macht man sich dafür die in Abschnitt 3.4 unter c) hergeleitete thermodynamische Beziehung zunutze.

Für einen Betrieb entlang der normalen Arbeitslinie mit konstanter Drosselung ($A_8 = const.$) gilt:

$$\frac{P_4}{P_5} = const. \quad \text{und} \quad \frac{T_4}{T_5} = const. \tag{4-5}$$

Jede Abweichung dieser beiden Parameter von ihren konstanten Werten beim Nachbrennerbetrieb signalisiert somit eine unterschiedliche Drosselung und damit Rückwirkung des Nachbrenners, die im geschlossenen Regelkreis über eine Änderung der Drosselung zu eliminieren ist.

Beim Zweiwellen-Nebenstromtriebwerk ist das Expansionsverhältnis über beide Turbinen wegen der variablen Gefälleaufteilung außerdem noch eine Funktion von $N/\sqrt{T_2}$, so daß obige Beziehungen zu erweitern sind auf

$$\frac{P_4}{P_5} = f_1\left(A_8; N/\sqrt{T_2}\right) \quad \text{und} \quad \frac{T_4}{T_5} = f_2\left(A_8; N/\sqrt{T_2}\right) \tag{4-6}$$

bzw. für die konstante Drosselung auf

$$\frac{P_4}{P_5} = f_3\left(N/\sqrt{T_2}\right) \quad \text{und} \quad \frac{T_4}{T_5} = f_4\left(N/\sqrt{T_2}\right). \tag{4-7}$$

Alternativ wird auch von der Tatsache Gebrauch gemacht, daß bei Einstromtriebwerken für $N_{max} = const.$ in der Regel auch mit guter Näherung $T_4 \approx const.$ gilt. Wird im Nachbrennerbetrieb das Grundtriebwerk auf $N_{max} = const.$ geregelt, so genügt deshalb für den rückwirkungsfreien Nachbrennerbetrieb eine Regelung auf $T_5 = const.$

Bei Nebenstromtriebwerken kann als Maß für die Lage der Arbeitslinie (Drosselung) u.U. auch die Machzahl im Nebenstromkanal herangezogen werden. Da diese eine Funktion des Quotienten aus Gesamtdruck zu statischem Druck ist, kann dieses Druckverhältnis als Funktion von $N/\sqrt{T_2}$ verwendet werden.

Diese einfachen Regelkreise ohne weitere Einrichtungen funktionieren völlig zufriedenstellend bei Einstromtriebwerken, die verbrennungstechnisch relativ problemlos sind. Kritischer wurden die physikalischen Randbedingungen, als in den sechziger Jahren erstmals Nebenstromtriebwerke mit Nachbrennern ausgestattet wurden. Bild 4-17 und 4-18 zeigen, wie mit steigendem Nebenstromverhältnis sowohl Druck als auch mittlere Eintrittstemperatur absinken und die Verstellwege für Schubdüse und Brennstoff zwischen minimaler und maximaler Nachverbrennung mit dem Nebenstromverhältnis μ stark ansteigen.

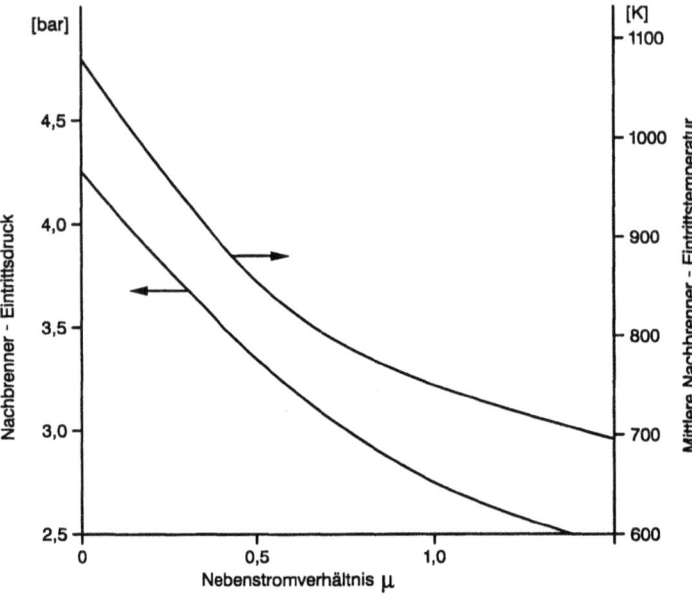

Bild 4-17 Beispiel für Einfluß des Nebenstromverhältnisses auf Nachbrenner-Eintrittsdruck und -Temperatur (ISA 0/0)

4.6 Nachbrennerbetrieb

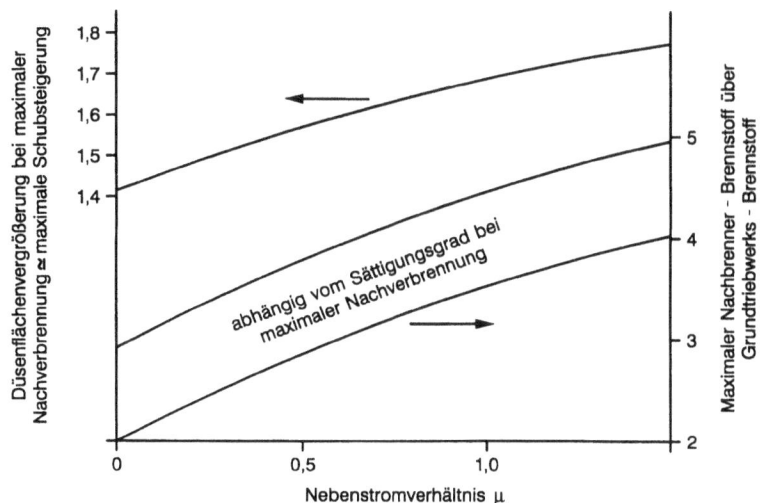

Bild 4-18 Beispiel für Einfluß des Nebenstromverhältnisses auf max. Nachbrennerschub, max. Düsenfläche und max. Brennstoff (ISA 0/0)

Verschärft wurde die Situation noch, als ab den siebziger Jahren zur Reduzierung der Triebwerkbaulänge auf eine intensive Mischung der Kalt- und Heißströme nach der Turbine verzichtet wurde, woraus sich eine weiter verschlechterte Zündwilligkeit im dadurch kalten Außenstrombereich des Nachbrenners ergibt. Trotz relativ langer Nachbrennerverfahrzeiten ist es deshalb bei solchen Triebwerken vermehrt zu ganz gravierenden Problemen beim Hochfahren des Nachbrenners mit resultierenden Triebwerkausfällen und zahlreichen Flugzeugabstürzen gekommen. Ab Ende der siebziger Jahre wurde häufig über diese Probleme berichtet [29], [30], [31].

Die Ursache für diese Unfälle lag im nicht sicheren Zünden eines Teils des eingespritzten Brennstoffs im kalten Außenstrom beim raschen Hochfahren des Nachbrenners. Das Regelsystem fühlt den resultierenden Abfall der Verdichterarbeitslinie und erhöht daraufhin den Brennstoff oder verkleinert den Schubdüsenquerschnitt, je nach Konzeption des Regelkreises. Erfolgt nun die verspätete Zündung in meist weniger als 10 bis 50 Millisekunden, so ist kein Stellsystem schnell genug, den resultierenden spontanen Anstieg des Verdichterarbeitspunktes über die Pumpgrenze hinaus abzufangen. In [29] wird z. B. berichtet, daß es dadurch beim Pratt & Whitney-Triebwerk F100 nach Indienststellung zu explosionsartig verlaufenden Zyklen von Pumpstößen, Verlöschen, Wiederzünden, Pumpstoß etc. mit Triebwerkausfall und Flugzeugabstürzen kam. Auch das ältere Pratt & Whitney-Nebenstromtriebwerk TF 30 zeigte noch viele Jahre nach Indienststellung ähnliche Probleme mit resultierenden Flugzeugabstürzen [31].

Die zwei großen US-Hersteller führten daraufhin aufwendige Modifikationsprogramme durch, insbesondere beim Triebwerk F100. Die hauptsächlichen Maßnahmen bestanden in der Entwicklung eines neuen Nachbrenners mit verbesserter Zündwilligkeit im kalten Außenstrom sowie Maßnahmen zur Erkennung des erfolgreichen Durchzündens und im Negativfall Anhalten des Hochfahrvorgangs. Zur Erkennung wurden entweder logische Parameterverknüpfungen oder aber ein auf die kritischen Brennerzonen gerichteter optischer Zündsignalgeber eingesetzt.

4.6.3 Konzept des gesteuerten, weitgehend rückwirkungsfreien Nachbrennerbetriebs

Einen völlig anderen Weg zur Vermeidung dieser potentiellen Probleme und zur Erzielung extrem kurzer Nachbrennerhochfahrzeiten ging die Firma MTU. Bereits in den sechziger Jahren schlug der Verfasser für die kritischen instationären Betriebsphasen einen rein gesteuerten Betrieb ohne Regelkreis vor. Dieses Konzept, bei dem der Leistungshebel die Größe der Schubdüsenfläche $A_{8\,soll}$ anwählt und die sich tatsächlich einstellende Schubdüsenfläche $A_{8\,ist}$ (zusammen mit Triebwerkparametern) den Grad der Nachverbrennung $\Delta T / \Delta T_{max}$ bestimmt, wurde 1968/69 an einem Nebenstromtriebwerk vom Typ Rolls-Royce/MAN RB 153-61 äußerst erfolgreich demonstriert und anschließend für MTU patentiert.

Da die in der Fachpresse erst gegen Ende der siebziger, Anfang der achtziger Jahre berichteten Flugunfälle mit Nebenstromtriebwerken und konventionellen Regelsystemen in den USA zu diesem frühen Zeitpunkt noch nicht bekannt waren, wurde von den meisten Regelungsexperten zwar das große Potential des rein gesteuerten Nachbrennerbetriebs für das neu zu entwickelnde Tornado-Triebwerk RB 199 auch gesehen, seiner Einführung zunächst aber mit großen Vorbehalten begegnet.

Das Hauptargument gegen eine reine Steuerung war die Sorge, daß die zahlreichen Variablen über einen großen Flugbereich, die Unterschiede zwischen Kalt- und Warmtag, Toleranzen, mechanische Abnutzung etc., die bei konventionellen Regelsystemen der Regelkreis automatisch kompensiert, bei einer reinen Steuerung wohl nicht ausreichend berücksichtigt würden und damit die Verdichterarbeitslinie in unzulässigem Maße wandern könnte.

Theoretische Grundlagen

Im folgenden wird gezeigt, daß der Arbeitspunkt im maßgeblichen ersten Verdichter eines Nachbrennertriebwerks stets dann auf einem gewünschten Niveau gehalten werden kann, wenn die Schubdüsenfläche A_8 einen entsprechenden Grad der Nachverbrennung β steuert. Der Grad der Nachverbrennung β als Quotient aus der Temperaturerhöhung im Nachbrenner dividiert durch die überhaupt maximal mögliche ist dann auch gleichzeitig der Parameter, aus dem sich über die Verbrennungsgleichung sowohl die Struktur als auch die quantitative Dimensionierung der Brennstoffzumessung ableiten läßt.

Gleiche Verdichterarbeitspunkte bei ein- und ausgeschaltetem Nachbrenner ergeben sich dann, wenn die Machzahlen am Nachbrennereintritt durch die Aufheizung unverändert bleiben.

Für die kritisch durchströmte Schubdüse gilt sowohl für ein- als ausgeschalteten (*) Nachbrenner näherungsweise:

$$\frac{W_8\sqrt{T_8}}{A_8\, c_{D8}\, P_8} = \frac{W_8^*\sqrt{T_6}}{A_8^*\, c_{D8}^*\, P_8^*} = const. \quad (\text{mit } \kappa \approx const.) \qquad (4\text{-}8)$$

4.6 Nachbrennerbetrieb

$$A_8 = A_8^* \frac{c_{D8}^*}{c_{D8}} \frac{W_8}{W_8^*} \frac{P_8^*}{P_8} \sqrt{\frac{T_8}{T_6}} \ . \tag{4-9}$$

Die Massenbilanz im Nachbrenner lautet:

$$W_8 = W_8^* + W_{FRH} \ . \tag{4-10}$$

Mit

$$W_{FRH} = \frac{\overline{c}_p}{\eta_{RH}} \cdot \frac{W_8^*}{H_F} (T_8 - T_6) \quad \text{und} \quad \beta = \frac{T_8 - T_6}{(T_8 - T_6)_{\max}} \tag{4-11}$$

ergibt sich

$$W_8 = W_8^* \left[1 + \frac{\overline{c}_p}{\eta_{RH} H_F} \Delta T_{\max} \beta \right] \approx W_8^* \left[1 + K_1 \beta \right] \tag{4-12}$$

mit: $K_1 \approx \overline{c}_p \Delta T_{\max} / \eta_{RH} H_F$.

Der zusätzliche Druckverlust durch die Aufheizung ist:

$$P_8^* - P_8 \approx K_2 \frac{T_8 - T_6}{T_6} P_8^* \tag{4-13}$$

und damit

$$P_8 \approx \left[1 - K_2 \frac{\Delta T_{\max}}{T_6} \beta \right] P_8^* \ .$$

Die (mittlere) Nachverbrennungstemperatur ist:

$$T_8 = T_6 + \Delta T_{\max} \beta \ . \tag{4-14}$$

Das Verhältnis der Düsen-Einschnürkoeffizienten kann approximiert werden zu:

$$\frac{c_{D8}^*}{c_{D8}} = K_3 + K_4 \frac{A_8}{A_8^*} \ . \tag{4-15}$$

(4-10) bis (4-15) in (4-9) eingesetzt, gibt:

$$A_8 = A_8^* \frac{K_3 \sqrt{1 + \frac{\Delta T_{\max}}{T_6} \beta}}{\frac{1 - K_2 \frac{\Delta T_{\max}}{T_6} \beta}{1 + K_1 \beta} - K_4 \sqrt{1 + \frac{\Delta T_{\max}}{T_6} \beta}} \ . \tag{4-16}$$

Dies ist die Bestimmungsgleichung zur Konstanthaltung des Verdichterarbeitspunktes. Variable sind die Schubdüsenflächen A_8 und A_8^* mit und ohne Nachverbrennung, der Grad der Nachverbrennung β und die mittlere Nachbrenner-Eintrittstemperatur T_6.

Weitere Vereinfachungen
- In der Regel ist im Vollastpunkt ohne Nachverbrennung $A_8^* = const. = c_1$.
- Da ein Nachbrennerbetrieb erst dann ökonomisch sinnvoll ist, wenn das Grundtriebwerk bei Vollast betrieben wird, folgt daraus näherungsweise $T_6 = const.$ über dem Flugbereich.
- Angestrebt wird der gleiche Verdichterarbeitspunkt wie ohne Nachverbrennung.

Damit ergibt sich:

$$A_8 = \frac{K_3 \sqrt{1+K_5 \beta}}{\frac{1-K_6 \beta}{1+K_1 \beta} - K_4 \sqrt{1+K_5 \beta}} \quad \text{mit} \quad K_5 = \Delta T_{max}/T_6; \quad K_6 = K_2 K_5. \tag{4-17}$$

Damit ist also $A_8 = f(\beta)$ bzw. $\beta = f(A_8)$.

Bestimmung der Brennstoff-Zumeßgleichung aus dem Grad der Nachverbrennung

Zur Erzeugung eines bestimmten Grades der Nachverbrennung β als Funktion der Schubdüsenfläche A_8 ist für jeden Flug- und Betriebszustand die korrekte Brennstoffmenge zuzumessen und zu verbrennen.

Ausgangspunkt ist die allgemeine Verbrennungsgleichung

$$H_F \, \eta_{RH} \, W_{FRH} = \bar{c}_p \, W_8^* \, \Delta T$$

oder

$$W_{FRH} = \frac{\Delta T_{max}}{H_F} \cdot \frac{\bar{c}_p}{\eta_{RH}} W_8^* \beta \ . \tag{4-18}$$

Setzt man

$$\frac{\Delta T_{max}}{H_F} = c_1 \quad \text{und} \quad W_8^* \approx c_2 W_2$$

so erhält man:

$$W_{FRH} = \beta \frac{\bar{c}_p}{\eta_{RH}} c_1 c_2 W_2 \ . \tag{4-19}$$

Bei Flugzuständen mit niedrigen Einlaufdrücken kann $\beta_{max} < 1$ sein, da das bei hohem Druckniveau erzielbare ΔT_{max} des Nachbrenners hier nicht mehr erreicht werden kann.

Die nicht direkt meßbaren Größen im Ausdruck

$$\frac{\bar{c}_p}{\eta_{RH}} W_2$$

sind durch geeignete meßbare Triebwerkparameter $\emptyset$ zu approximieren.

4.6 Nachbrennerbetrieb

Dafür hat sich der folgende Ansatz als sinnvoll erwiesen:

$$W_{FRH} = \beta \left[f(\emptyset_1) \cdot f(\emptyset_2) \cdot f(\emptyset_3) \cdot \ldots \cdot f(\emptyset_{v-1}; \emptyset_v) \right] \qquad (4\text{-}20)$$

wobei die einzelnen Funktionen Polynome höheren Grades sein können.

a) Approximation des Triebwerkdurchsatzes W_2

Auf einer festen Verdichter (Fan)-Arbeitslinie als auch bei steilen Kennlinien $N / \sqrt{T_2} = const.$ gilt:

$$W_2 \sqrt{T_2} / P_2 = f\left(N / \sqrt{T_2}\right) \quad \text{oder} \quad W_2 = f\left(N / \sqrt{T_2}\right) \frac{P_2}{\sqrt{T_2}} \ . \qquad (4\text{-}21)$$

b) Approximation des Nachbrenner-Ausbrenngrades η_{RH}

Abgesehen von einfachen Sonderfällen, ist der Ausbrenngrad eine Funktion des Brennstoff-/Luftverhältnisses und des Druckniveaus. Da ersteres wiederum eine Funktion von β oder A_8 ist, gilt:

$$\eta_{RH} = f(A_8; P_8).$$

Demnach kann (4-19) z. B. lauten:

$$W_{FRH} = f(A_8) \cdot f(A_8; P_8) \cdot f(N) f(T_2) f(P_2) \ . \qquad (4\text{-}22)$$

Für N kann bei einem Mehrwellentriebwerk jede der Drehzahlen herangezogen werden. Beim Druck ist ein solcher im Triebwerk (z. B. P_{s3}) in der Regel dem Eintrittsdruck mit seinen Einlaufdruckprofilen vorzuziehen. Außerdem fällt P_{s3} bei Triebwerkverschlechterung und Überbord-Luftabblasung näherungsweise parallel zum Durchsatz W_8 ab, wodurch der Nachbrenner-Brennstoff dann ebenfalls kompensierend reduziert wird.

Ein Nachbrenner-Steuersystem nach diesem Konzept wurde erstmals beim Tornado-Triebwerk RB 199 eingesetzt und hat sich dort sehr gut bewährt. Es zeichnet sich aus durch eine sehr hohe Sicherheit und sehr kurze Nachbrennerschub-Reaktionszeiten auf Änderungen der Leistungshebelstellung. Auch beim Triebwerk EJ 200 für den Eurofighter findet dieses Steuersystem wieder Anwendung. Eine blockschaltbildmäßige Darstellung zeigt Bild 4-19 für das Triebwerk RB199.

Der Vorhalt vor der $\beta - A_{8ist}$ -Funktion kompensiert beim schnellen Verfahren Verzögerungen in der Steuerkette, die zwei nachgeschalteten Blöcke beinhalten Korrekturen für den variablen Teillastausbrenngrad und ein variables T_6, wenn das Grundtriebwerk mit unterschiedlicher Turbinentemperatur gefahren wird.

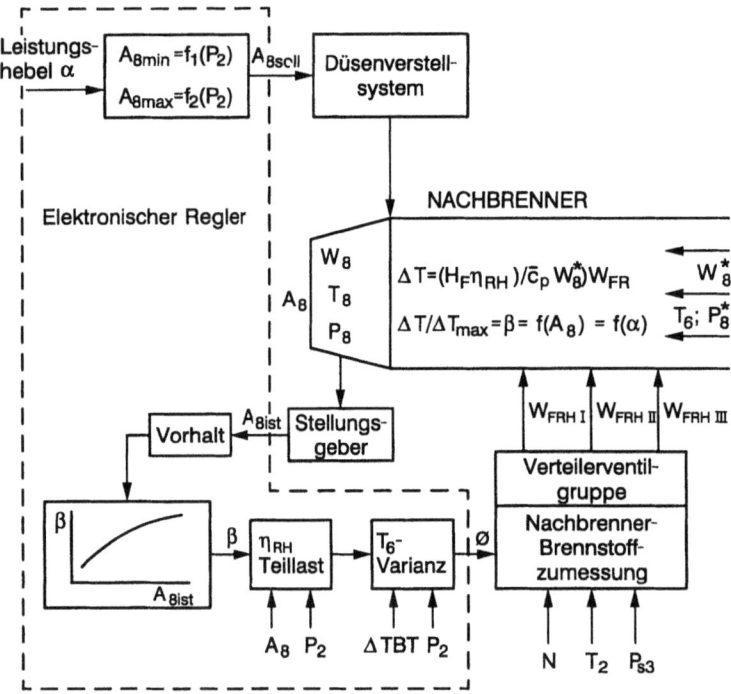

Bild 4-19 Blockschaltbildmäßige Darstellung einer Nachbrennersteuerung (Beispiel Triebwerk RB199)

4.6.4 Nachbrenner-Zündvorrichtungen

Sobald nach der Anwahl des Nachbrenners und dem Auffüllen der Leitungen der Brennstoff aus den Brennerdüsen im Nachbrenner austritt, muß dieser gezündet werden. Dazu gibt es grundsätzlich drei verschiedene Möglichkeiten:

a) Katalytische Zündung

Diese erzeugt eine Flamme durch eine chemische Reaktion, sobald das Brennstoff-Luftgemisch auf einen platinhaltigen Katalysator trifft. Von dort breitet sich die Flamme aus und erfaßt den Brennstoff aus allen Düsen (Bild 4-20a).

b) Elektrische Zündung

Diese funktioniert wie die in der Triebwerkbrennkammer übliche Zündung durch eine elektrische Entladung in der unmittelbaren Nähe einer Brennstoffdüse (Bild 4-20b).

4.6 Nachbrennerbetrieb

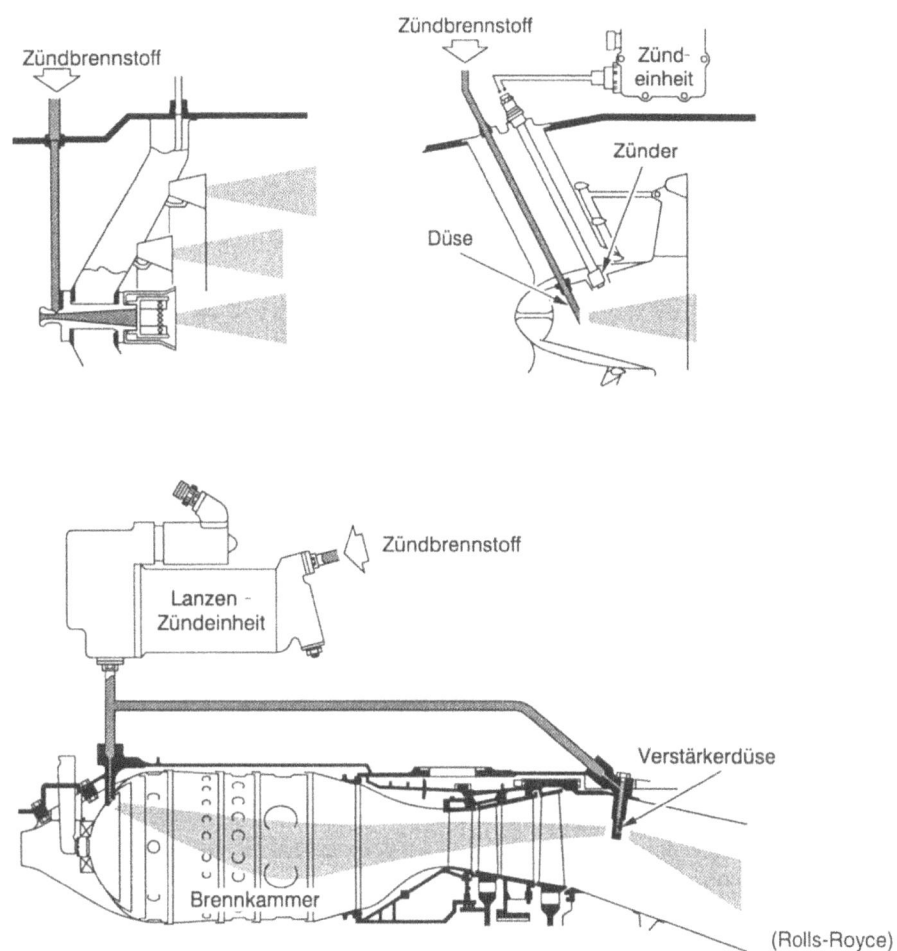

Bild 4-20 a) Katalytische Nachbrennerzündung (oben links), b) Elektrische Nachbrennerzündung (oben rechts), c) Flammenlanzen-Nachbrennerzündung (unten)

c) Flammenlanzen-Zündung (hot shot)

Bei dieser sehr häufig angewandten Zündungsart wird ein sehr kurzer Brennstoffstrahl in die Triebwerkbrennkammer eingespritzt, der dort sofort zündet und als Flammenlanze durch die Turbinen dringt. Hinter den Turbinen wird eine weitere Brennstoffdüse parallel zur ersten kurzzeitig mit Brennstoff beschickt, der durch die Flammenlanze entzündet wird und diese damit verstärkt, so daß diese nunmehr großvolumige Flammenlanze den Nachbrenner zünden kann (Bild 4-20c).

4.7 Optimierte Betriebsartensteuerung (*Mode Control*)

Dieses vom Verfasser konzipierte Steuerkonzept der optimierten Betriebsartensteuerung hat die Aufgabe, die Wirtschaftlichkeit einer komplexen Triebwerkanlage mit deutlich mehr als einem Stellglied und sehr unterschiedlichen Operationsbedingungen, wie sie z. B. für Abfang-Jagdflugzeuge typisch sind, zu optimieren [35]. Die darauf aufbauende Steuereinrichtung wurde für MTU patentiert.

Folgendes grundsätzliche Problem hat zur Entwicklung dieses Steuerkonzeptes geführt. Wie in den Abschnitten 4.1 bis 4.5 dargelegt, gibt es zahlreiche spezifische Betriebsaufgaben, die jeweils durch individuell dafür konzipierte Steuerungen oder Regelkreise gelöst werden. Auszugehen ist dabei jeweils vom kritischsten Betriebsfall, bei dem Verdichter-/Fan-Pumpen, Übertemperatur und Überdrehzahl durch Vorhalten ausreichender Sicherheitsabstände insbesondere für den instationären Betrieb vermieden werden. Der sich daraus ergebende stationäre Arbeitspunkt kann dann aber u.U. so tief liegen, daß weder Schub noch Brennstoffverbrauch ihre möglichen Maximal- bzw. Minimalwerte erreichen.

Ein Beispiel dafür: Eines der härtesten Flug- und Betriebsmanöver für das Triebwerk eines Jagdflugzeugs ist in der Regel eine Kombination von hohem Anstellwinkel, Triebwerkbeschleunigung mit Nachbrenneranwahl und Abfeuern von Raketen in der linken oberen Ecke des Flugbereichs, also einem Gebiet niedriger absoluter Drücke. Zum einen fällt dabei die Pumpgrenze wegen des Reynolds-Zahl-Einflusses in der Regel ab und zum anderen steigt der Arbeitspunkt in Richtung Pumpgrenze an. Obwohl dieser Fall, gemessen am gesamten Flugbetrieb, nur äußerst selten vorkommt und dann im Sekundenbereich abläuft, müssen dafür die Pumpgrenzenabstände zwischen stationärer Arbeitslinie und Pumpgrenze dimensioniert werden. Das bedeutet, daß für vielleicht 99 % der Flugzustände das Triebwerk entweder mit einem nicht optimalen Verdichter oder einer zu niedrigen stationären Arbeitslinie fliegt, mit negativen Auswirkungen auf Verbrauch, Schub und/oder Triebwerkmasse.

Eine Lösung dieses grundsätzlichen Problems kann nun z. B. darin liegen, für diese wenigen Sekunden den Triebwerkarbeitspunkt durch Öffnen einer Verdichterluftabblasung und/oder des Schubdüsenquerschnitts so stark zu entlasten, daß dieser ungünstige Kompromiß zu Lasten des normalen Flugbetriebs weitgehend entfällt. Für die wenigen Sekunden ist ein solcher relativ „brutaler" Eingriff durchaus zulässig, da ein gewisser Schubabfall und Verbrauchsanstieg für diese sehr kurze Zeit akzeptabel ist.

Da der sowieso schon sehr stark belastete Pilot keinesfalls mit solchen zusätzlichen Steueraufgaben behelligt werden sollte, war ein vollautomatisches System zu entwerfen, das sich die nötigen Informationen selbst besorgt und geeignete Trimmaßnahmen an den individuellen Steuerungen und Regelkreisen vornimmt. Die benötigten Steuerungsinformationen stammen aus zwei Quellen:

a) Stellung und Verstellgeschwindigkeit des Leistungshebels α
b) Flugzustandsbestimmung, insbesondere Eintrittsdruck und -temperatur, Flug-Machzahl und Schiebe-/Anstellwinkel.

Aus a) läßt sich ableiten, was der Pilot momentan von seinem Triebwerk verlangt. Folgende Fälle sind typisch:

4.7 Optimierte Betriebsartensteuerung (Mode Control)

No.	vom Piloten gewählt	Signal vom Leistungshebel	Forderung an Triebwerk
1	Leerlauf	$\alpha = \alpha_{Leerlauf}$	niedrigster Schub
2	Reiseflug	$\alpha_{Leerlauf} < \alpha < \alpha_{Volllast}$	niedrigster Brennstoffverbrauch
3	Vollast ohne Nachverbrennung	$\alpha = \alpha_{Volllast\ ohne\ NB}$	höchster Schub ohne Nachbrenner
4	Maximale Nachverbrennung	$\alpha = \alpha_{Volllast\ mit\ NB}$	höchster Schub
5	Beschleunigung ohne Nachverbrennung	$\dot{\alpha} > K_1$ $\alpha_{Leerlauf} < \alpha < \alpha_{Volllast}$ oder $\delta N / \delta t > K_2$	schnelles, sicheres Hochfahren ohne Verdichterpumpen
6	Verzögerung ohne Nachverbrennung	$\dot{\alpha} < K_3$ $\alpha_{Leerlauf} < \alpha < \alpha_{Volllast}$ oder $\delta N / \delta t < K_4$	schnelles, sicheres Zurückfahren ohne Verlöschen, Schaufelflattern oder Temperaturschock
7	Hochfahren des Nachbrenners	$\dot{\alpha} > K_5$ $\alpha_{min\ NB} < \alpha < \alpha_{max\ NB}$ oder $\delta A_8 / \delta t > K_6$	schnelles, sicheres Hochfahren ohne Verdichterpumpen oder Verlöschen
8	Zurückfahren des Nachbrenners	$\dot{\alpha} < K_7$ $\alpha_{min\ NB} < \alpha < \alpha_{max\ NB}$ oder $\delta A_8 / \delta t < K_8$	schnelles, sicheres Zurückfahren ohne Verdichterpumpen oder Verlöschen

Für die Flugzustandsbestimmung b) werden in einem Datenerfassungssystem die momentanen Werte des Gesamtdrucks und der Gesamttemperatur vor dem Triebwerk, Flug-Machzahl und Schiebe-/Anstellwinkel des Flugzeugs sowie die Stellung der variablen Luft-Einlaufgeometrie registriert. Hinzu kommt evtl. noch ein Signal für den Waffenabschuß.

Im Kasten 5 (Abb. 4-21) können nun nach triebwerkspezifischen Gesichtspunkten aus den momentan anliegenden Informationen von a) und b) jeweils konkrete Trimmbefehle gebildet werden. Diese werden den individuellen Steuerungen bzw. Regelkreisen aufgeschaltet. Damit werden die betroffenen Stellgrößen solange vertrimmt, wie die Informationskombination aus a) und b) anliegt. Ändert sich diese, werden sofort andere Trimmbefehle gebildet, um das Triebwerk auf die neue Situation einzustellen.

Kasten 6 zusammen mit Triebwerk 7 und seinen n Stellgliedern stellt das normale Steuer- und Regelsystem dar, in das durch die Befehle aus Kasten 5 eingegriffen wird. Anstelle der auf die existierenden Steuer- und Regelkreise aufzuschaltenden Trimmfunktionen gibt es noch andere Möglichkeiten mit anderen Algorithmen zur Erreichung des gleichen Ziels. Hier sollen nur Zielsetzung und prinzipielle Ausführungsmöglichkeit dargestellt werden. Bild 4-21 zeigt den Datenfluß aus den zwei Quellen a) und b).

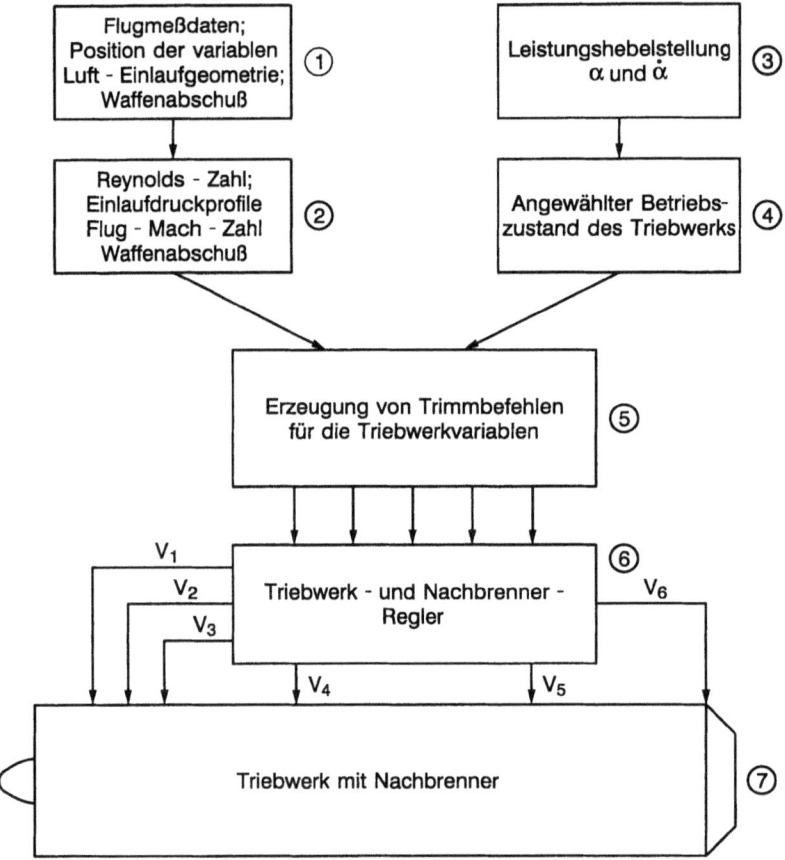

Bild 4-21 Blockschaltbild für optimierte Betriebsartensteuerung (*Mode Control*)

Hinsichtlich des potentiellen Nutzeffektes war das eingangs angeführte Beispiel nur eins von vielen. So kann z. B. mittels einer entgegengesetzten Trimmaktion auch der Brennstoffverbrauch im Reiseflug verbessert werden. Ergibt sich z. B. aus der Information aus Kasten 2 ein unkritischer Flugzustand und aus Kasten 4 Reiseflug aufgrund einer konstanten Leistungshebelstellung, so kann auf größere Pumpgrenzensicherheitsabstände verzichtet und die Schubdüsenfläche verkleinert werden. Damit steigen Druckverhältnis und i.a. Wirkungsgrad bei gleichem reduzierten Massendurchsatz für den gleichen Schub.

Die zu erzielenden Verbrauchsverbesserungen hängen von den Triebwerkkomponenten sowie der Gesamtauslegung der Anlage ab. In günstigen Fällen können sie bis zu 3 bis 4 % betragen. Analoges gilt für den Nachbrennerbetrieb. Hier können beim Flug mit Nachbrennerteillast die Verbrauchsverbesserungen noch beträchtlich höher sein, da eine höhere Fan-Arbeitslinie außerdem das Machzahl-Niveau im Nachbrenner absenkt und damit den Teillastwirkungsgrad erhöht.

4.8 Luftschraubensteuerung bei Turboprop (PTL)-Triebwerken

4.8.1 Grundsätzliches

Entgegen den optimistischen Prognosen bis in die sechziger Jahre haben sich Turboprop-Triebwerke in den höheren Leistungsklassen nicht durchsetzen können. Während größere Verkehrsflugzeuge mit diesem Antrieb längst ausgemustert wurden, ohne daß es entsprechende Nachfolgemodelle gegeben hätte, werden die bekannten militärischen Transportflugzeuge (z. B. Herkules, Transall) und Fernaufklärer (z. B. Orion, Breguet Atlantic) mit ihren Turboprop-Triebwerken aus den sechziger Jahren wohl noch für etliche Jahre fliegen. Auch für Nachfolgemuster dieser militärischen Transportflugzeuge werden z. T. wieder Turboprop-Antriebe vorgesehen. Das hauptsächliche Anwendungsgebiet der PTL-Triebwerke liegt heute aber bei den unteren Leistungseinheiten für kleinere, nicht zu schnelle Flugzeuge, z. B. auch als Zubringerflugzeuge von Fluglinien.

Betrachtet werden sollen hier ausschließlich PTL-Triebwerke, die aus einem normalen Einstrom-Triebwerk (Gaserzeuger) bestehen und dessen Abgasstrahl in einer nachgeschalteten Frei- oder Arbeitsturbine entspannt wird, wobei der aus der Freiturbine austretende Gasstrahl noch einen kleinen Restschub beisteuert. Die in der Freiturbine erzeugte Arbeit wird über eine eigene Welle und ein Untersetzungsgetriebe an die Luftschraube abgegeben. Deren Blätter sind in der Nabe drehbar gelagert und können je nach ihrem Anstellwinkel mehr oder weniger Vortrieb (Schub und sogar Umkehrschub beim Landen) erzeugen.

Bei einem Flugzustand hängt der erzeugte Schub oder Vortrieb von der Drehzahl des Propellers N_p und dem Anstellwinkel β seiner Blätter ab. Die dafür notwendige Wellenleistung muß aus dem Gasstrom des Gaserzeugers durch die Arbeitsturbine zu entnehmen sein. Insofern müssen im stationären Betrieb die drei Parameter N_p; β und Gaserzeugerleistung P_G in Einklang sein. Während die Steuerung bzw. Regelung aller wichtigen Vorgänge im Gaserzeuger der des Turboflugtriebwerks entspricht, kommen hier mit N_p und β zwei zusätzliche Parameter hinzu.

4.8.2 Steuerungskonzepte

Grundsätzlich können die Leistung des Gaserzeugers und einer der beiden Propeller-Parameter β oder N_p frei gewählt werden. Der Wert des zweiten Propeller-Parameters ergibt sich dann aufgrund des Leistungsgleichgewichts zwischen Propeller und Gaserzeuger. In der Praxis wird davon folgendermaßen Gebrauch gemacht. Im unteren Leistungsbereich, dem sog. β-Bereich, werden über den Leistungshebel der Gaserzeuger und der Propeller-Anstellwinkel β parallel angesteuert. Dieser Leistungsbereich reicht vom Leerlauf bis etwa zu dem Leistungsniveau, das zum Landeanflug benötigt wird. Im Leistungsbereich darüber bis Vollast steuert der Pilot über den Leistungshebel allein den Gaserzeuger an. Hier sorgt ein zusätzlicher Regelkreis für die Einhaltung der optimalen Propellerdrehzahl durch automatische Verstellung des Blattanstellwinkels β als Stellgröße.

Üblich sind im oberen Leistungsbereich leicht unterschiedlich vorzugebende Soll-Propeller-Drehzahlen für Start, Steigflug und Reiseflug. Diese werden vom Piloten meist über einen gesonderten Schalter eingestellt und dienen der Wirkungsgradoptimierung. Über den Leistunghebel wird direkt oder indirekt die Brennstoffzufuhr zur Brennkammer und damit die Gasgeneratorleistung beeinflußt. Dabei ist Sorge zu tragen, daß keine Sicherheitsgrenzen überschritten werden. Diese Begrenzung geschieht heute üblicherweise automatisch zur Entlastung des Piloten. Aber auch bei den Turboprop-Triebwerken gibt es unterschiedliche Konzepte der Leistungsanwahl. Neben der direkten Ansteuerung des Bruchteils des für einen Flugzustand jeweils maximal zulässigen Brennstoffs wird häufig auch der Sollwert eines ausgewählten Leistungsparameters angewählt. Über einen geschlossenen Regelkreis wird dann der Brennstoff so variiert, daß Ist- und Sollwert des Leistungsparameters übereinstimmen. Dieser Leistungsparameter kann die Gaserzeugerdrehzahl N_G, die Turbinentemperatur T_4 oder T_6, oder auch das Drehmoment im Wellenstrang des Propellerantriebs sein. Bei konstanter oder näherungsweise konstanter Drehzahl entspricht dies der übertragenen Wellenleistung. Dieses Drehmoment wird als Axialkraft an einer Welle gemessen und entsteht durch schrägverzahnte Getrieberäder als Funktion des übertragenen Momentes. Während das den Gaserzeuger schützende maximal zulässige Drehmoment eine Funktion des Flugzustandes ist (P_2 und T_2), gibt es meist auch einen maximal zulässigen absoluten Wert als mechanische Festigkeitsgrenze des Leistungsübertragungsstrangs. Bild 4-22 zeigt die grundsätzliche Anordnung für beide Regime.

Zu beachten sind beträchtliche potentielle Probleme hinsichtlich der Dynamik und Stabilität der Regelkreise. Bereits im ersten Fall der direkten Ansteuerung des Brennstoffs kann es bei schnellen Änderungen der Gaserzeugerleistung zu unerwünschten Schwingungen im Propeller-Drehzahl-Regelkreis kommen. Noch wesentlich größer ist diese Gefahr, wenn der Brennstoff nicht direkt, sondern indirekt über einen der beschriebenen Regelkreise verfahren wird. Beide Regelkreise beeinflussen sich gegenseitig, was ohne besondere Gegenmaßnahmen zu einer völlig unakzeptablen Systemdynamik führen kann. Dieses potentielle Problem ist am gravierendsten bei Einwellentriebwerken ohne Freiturbine wegen des hohen polaren Massenträgheitsmoments auf einer Welle.

Zwei zusätzliche Forderungen an die Steuerung des Blattanstellwinkels β für die beiden folgenden Sonderbetriebsfälle sollen nicht unerwähnt bleiben.

Zunächst kann beim Landevorgang über den Leistungshebel der Blattwinkel β in den negativen Bereich gebracht werden, wodurch der Propeller dann Negativ-Schub zum Abbremsen des Flugzeugs erzeugt. Ausgangspunkt ist ein niedriges Leistungsniveau bei Leerlauf im Moment des Aufsetzens. Wird der Leistungshebel anschließend in den Umkehrschub-Bereich geschoben, so werden gleichzeitig der Blattwinkel β durch die Nullstellung in den Negativ-Bereich verstellt und der Gaserzeuger wieder hochgefahren. Es handelt sich also wiederum um die oben beschriebene Parallelsteuerung, diesmal jedoch im negativen β-Bereich.

4.8 Luftschraubensteuerung bei Turboprop (PTL)-Triebwerken

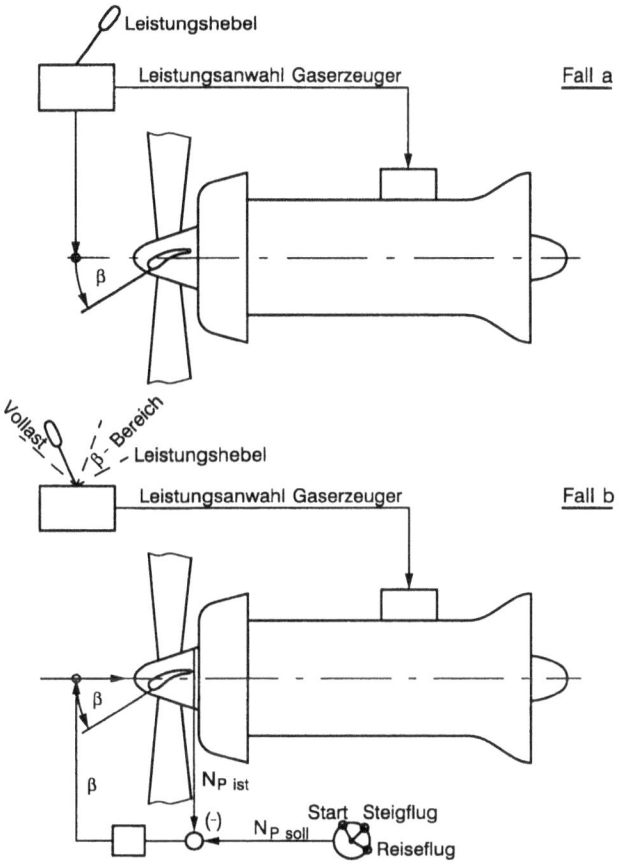

Bild 4-22 Turboprop-Propeller-Steuerung
a) im unteren Leistungsbereich, b) im oberen Leistungsbereich

Der andere Sonderfall ist ein Triebwerkausfall. Hier sind die Propellerblätter schnellstmöglich in die Segelstellung ($\beta = 90°$) zu bringen, um den Propellerwiderstand zu minimieren. Dies ist insbesondere wichtig bei den außenliegenden Triebwerken mehrmotoriger Flugzeuge, um einen gefährlichen asymmetrischen Schub zu vermeiden. Diese potentielle Gefahr ist noch wesentlich größer bei Triebwerken ohne Freiturbine, weil hier eine ungünstige Blattstellung bei Triebwerkausfall unter hoher Leistungsaufnahme aus dem Luftstrom den gesamten Triebwerkrotor durchdreht. Als Signal für einen Triebwerkausfall dient gewöhnlich die Momentenmessung, u. U. korrigiert mit dem Ansaugdruck und im Vergleich mit der Stellung des Leistungshebels.

Bei mehrmotorigen Flugzeugen wird häufig zur Vermeidung einer zusätzlichen Geräuschentwicklung, verursacht durch leicht unterschiedliche Propellerdrehzahlen, über eine automatische Trimmung der Solldrehzahlen eine Drehzahlsynchronisierung herbeigeführt.

4.9 Rotorsteuerung bei Hubschraubertriebwerken

4.9.1 Grundsätzliches

Gegenüber den Turboprop-Antrieben liegt das typische Luftdurchsatzverhältnis zwischen Luftschraube und Triebwerk beim Hubschrauberantrieb nochmals beträchtlich höher. Dies rührt daher, daß der ökonomische Auftrieb des Drehflüglers einen möglichst hohen Luftdurchsatz bei möglichst geringer Zusatzgeschwindigkeit verlangt. Während beim mehrmotorigen Turboprop-Antrieb stets ein Triebwerk auch eine Luftschraube antreibt (wohl nur mit einer, lediglich noch historisch interessanten Ausnahme), arbeiten bei mehrmotorigen Hubschrauberantrieben oft zwei und mehr Triebwerke über ein gemeinsames Getriebe auf die Rotorwelle. Gerade bei mehrmotorigen Antrieben kommen meist Triebwerke mit gesonderter Arbeitsturbine zur Anwendung. Diese können zum einen ohne zusätzliche Kupplung bei stehendem Rotor gestartet werden und sind außerdem auch leichter zu regeln im Parallelbetrieb und bei Ausfall eines Triebwerks. Auch bei schweren Hubschraubern mit zwei Rotoren sind diese über Wellen und Getriebe antriebsmäßig fest verbunden. Diese relativ langen, schlanken Wellen im Hubschrauber-Antriebssystem sind deshalb i.a. recht flexibel. Sie erschweren durch ihre Drehschwingungen insbesondere bei plötzlichen kommandierten Laständerungen durch Rotorblattverstellung einen stabilen Betrieb und verlangen bei der Auslegung des Regelsystems besondere Beachtung. Bild 4-23 zeigt ein typisches Rotor- und Transmissionssystem eines zweimotorigen Hubschraubers.

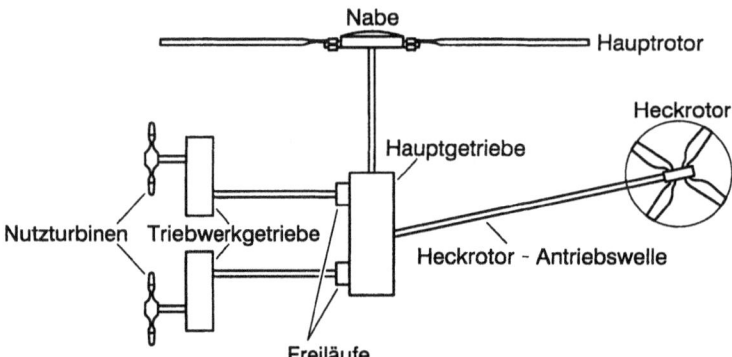

Bild 4-23 Typisches Rotor- und Transmissionssystem eines zweimotorigen Hubschraubers

Es liegt in der Natur des Drehflüglers, daß ein Leistungsabfall, z. B. durch Ausfall eines Triebwerks bei einer mehrmotorigen Anordnung, über weit größere Bereiche des Einsatzspektrums ernstere Konsequenzen hat als beim Starrflügler. Aus diesem Grund wird bei modernen Hubschraubertriebwerken meist eine Notleistung vorgesehen, die zeitlich begrenzt angewählt werden kann, um z. B. einen Absturz zu verhindern. Diese Notleistung liegt in der Regel wesentlich höher über der normalen Maximalleistung als z. B. beim Turbopropantrieb oder normalen Turbostrahltriebwerk. In einigen Fällen liegt sie so hoch, daß wegen der thermischen Überbelastung ein Betrieb nur für z. B. 30 s zulässig ist und das Triebwerk anschließend zerlegt werden muß.

4.9.2 Steuerungskonzepte

Gegenüber dem Turboprop-Antrieb ergeben sich für den Hubschrauber-Gasturbinen-Antrieb einige Besonderheiten. In der Regel wird der Rotor zunächst durch eine Bremse festgehalten. Mit dem (den) beschleunigenden Triebwerk(en) soll der Rotor dann möglichst rasch auf seine volle Drehzahl hochgefahren werden und von dieser im gesamten Flugbereich, bei allen Flugmanövern und allen instationären Laständerungen möglichst wenig abweichen. Allerdings kann diese Drehzahl meist vom Piloten etwas getrimmt werden, je nachdem ob Leistung oder Verbrauch zu optimieren sind. Der Pilot steuert mit seinem Leistungshebel den Anstellwinkel der Blätter des Rotors. Dessen Leistung ist bei fester Drehzahl dann eine Funktion des Anstellwinkels sowie des Umgebungs- und Flugzustandes.

Diese Leistung ist wiederum vom Triebwerkgaserzeuger über die Nutzturbine zu liefern. Da diese mit dem Rotor über die Getriebe verbunden ist und mit konstanter Drehzahl laufen soll, muß der Drehzahlregler auf das Stellglied „Gaserzeugerleistung" wirken. Dazu können Gaserzeuger-Parameter wie Drehzahl, Turbinentemperatur etc. dienen. Um nun bei einer raschen Verstellung des Rotorblatt-Anstellwinkels mit einer möglichen Änderung von z. B. Null-Last auf Vollast im Sekundenbereich keinen gravierenden Rotordrehzahleinbruch (bzw. Überdrehzahl bei Lastabwurf) durch die zwei in Serie liegenden Regelkreise zu erhalten, sind besondere Maßnahmen nötig. Üblich ist, daß die Leistungshebelstellung auf den Drehzahlregler-Eingang der Nutzturbine aufgeschaltet wird, damit bei einer kommandierten Laständerung in z. B. weniger als 2 Sekunden nicht erst eine größere Rotordrehzahlabweichung anliegen muß, bevor der Gaserzeuger ein entsprechendes Kommando zur Leistungsanpassung erhält. Allerdings ist die Stellung des Leistungshebels nur ein grobes Maß für die tatsächlich benötigte Leistung, da diese außerdem noch von den Flugbedingungen abhängt.

Neben seinem Flugleistungshebel kann jedes Triebwerk vom Cockpit aus individuell bezüglich folgender Operationen gesteuert werden:

- Abschalten,
- Starten, } bei blockierter Rotorbremse
- Boden - Leerlauf,
- Flug,

In der Stellung „Flug" erfolgt keine begrenzende Steuerung des Gaserzeugers vom Cockpit durch den Piloten. Diese Ansteuerung erfolgt vielmehr automatisch durch den oben beschriebenen Nutzturbinen-Drehzahlregler.

Neben den typischen Begrenzern des Gaserzeugers für Drehzahl und Turbinentemperatur muß der Rotor-Antriebsstrang vor Überlast geschützt werden. Dazu werden die Antriebsmomente der Triebwerke gemessen und auf zulässige Höchstwerte begrenzt. Gegenüber dem Normaltag würden diese Abtriebsmomente am extremen Kalttag z. B. um bis zu 40 % ansteigen. Hinzu kämen weitere Überhöhungen bei instationären Zuständen. Aus wirtschaftlichen Gründen ist jedoch das Hubschrauber-Transmissionssystem nicht für diese selten vorkommenden Spitzenlasten ausgelegt, so daß die Gaserzeugerleistung dann automatisch entsprechend zu begrenzen ist. Dies geschieht gewöhnlich mittels einer einfachen Auswahlschaltung, bei der nur der niedrigste Wert zur Ansteuerung des Gaserzeugers durchgelassen wird.

Die Momentenmessung an den Triebwerkwellen wird häufig zur Erzielung einer gleichmäßigen Lastverteilung zwischen den Triebwerken bei mehrmotorigen Antrieben eingesetzt. Bild 4-24 zeigt beispielhaft die schematische Anordnung des Regelsystems eines zweimotorigen Hubschraubers.

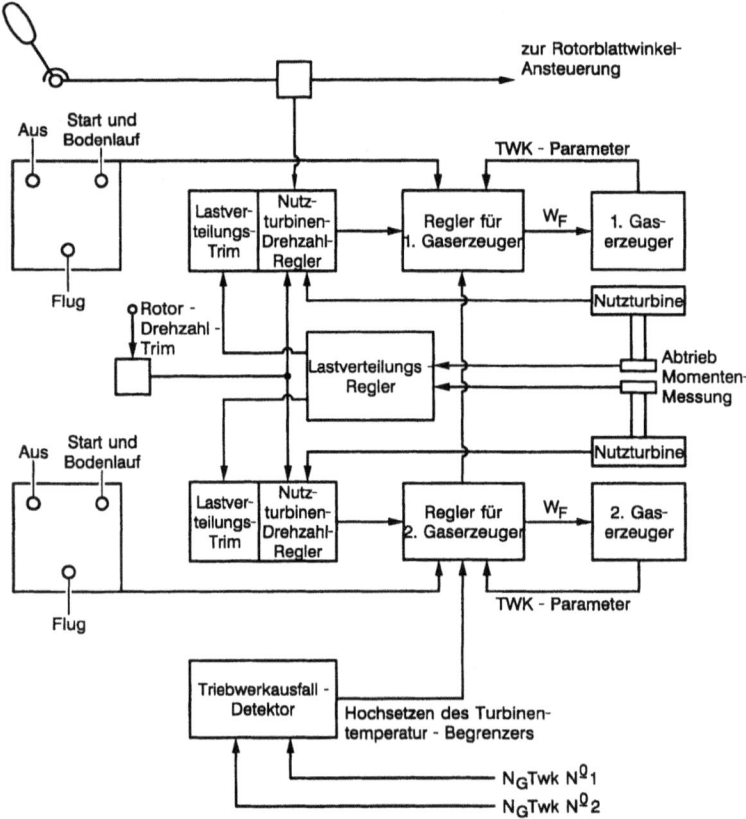

Bild 4-24 Regelschema für einen zweimotorigen Hubschrauber

Wie bereits erwähnt, besteht bei allen Hubschrauberantrieben ein mehr oder weniger großes potentielles dynamisches Stabilitätsproblem. Auf der einen Seite verlangen die Forderungen nach möglichst konstanter Rotordrehzahl auch bei extremen Laständerungen einen sehr schnell ansprechenden Drehzahl-Regelkreis mit hoher Verstärkung. Andererseits besteht das rotierende Antriebssystem eines Drehflüglers aus einer Anzahl von Elementen hoher polarer Massenträgheitsmomente, verbunden durch relativ lange und schlanke Wellen. Solche Transmissionssysteme besitzen meist Eigenfrequenzen zwischen 2 und 10 Hz. Ein schnell ansprechender Drehzahlregler kann auf solche Frequenzen hin den zuzumessenden Brennstoff in ebensolche Schwingungen versetzen. Die daraus resultierenden Schwingungen in der Leistungsabgabe können über Haupt- und Heckrotor den gesamten Hubschrauber in nichtakzeptable Vibrationen versetzen. Da jedes Hubschraubermodell konstruktionsbedingt andere Eigenfrequenzen besitzt, müssen in den Regelkreisen genügend einstellbare Parameter zur Dämpfung vorgesehen werden.

Bild 4-25 zeigt eine übliche Anordnung zur geregelten Lastverteilung nach dem leistungsstärksten Triebwerk in einem dreimotorigen Hubschrauber-Antriebssystem.

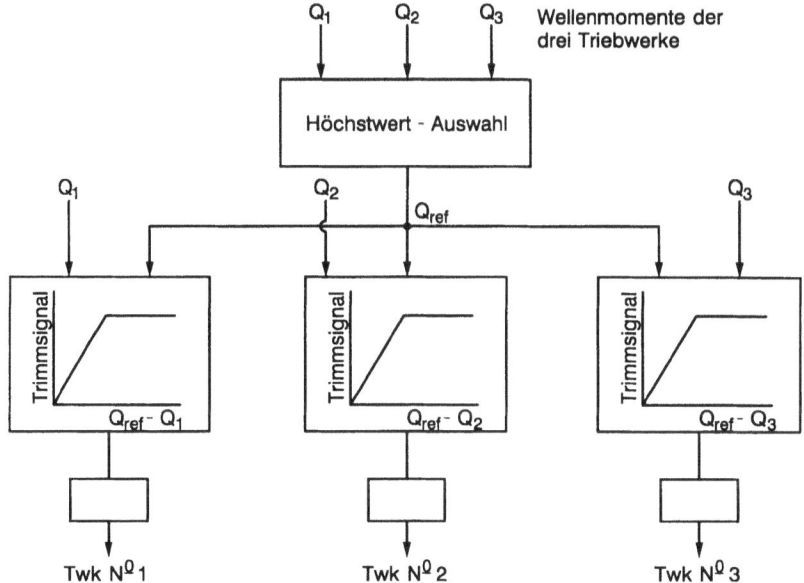

Bild 4-25 Geregelte Lastverteilung in einem dreimotorigen Hubschrauber

Die Trimmung der leistungsschwächeren Triebwerke auf den Wert des stärksten Triebwerks (anstatt z. B. auf einen Durchschnittswert) ist notwendig, um bei einem Triebwerkausfall die verbleibenden Triebwerke nicht auf die dann wesentlich niedrigere Durchschnittsleistung, sondern auf den höchsten Leistungswert zu trimmen.

4.10 Spezielle Steuerungsanforderungen anderer Luftfahrt-Gasturbinentriebwerke (Sonderbauarten)

Neben den bisher behandelten Turboflugtriebwerken gibt es in der Luftfahrt noch eine Reihe weiterer Triebwerktypen für spezielle Anwendungen, auf deren Steuerungsanforderungen im folgenden kurz hingewiesen werden soll. Da deren Einsatzspektren und Bauformen sehr unterschiedlich sind, können jedoch lediglich einige typische Besonderheiten erörtert werden.

4.10.1 Besondere Steuerungsanforderungen für Triebwerke mit variabler Geometrie

Je größer der Flugbereich und je unterschiedlicher die Betriebsanforderungen an ein Triebwerk sind, umso größer ist in der Regel der einzugehende Kompromiß bei der Auslegung und Dimensionierung des Triebwerks. Soll nichts verschenkt werden, so gehörte zu jedem Flugzustand und jedem Lastpunkt ein anderes Triebwerk. Das sich optimal anpassende „Gummitriebwerk" war deshalb von jeher eine Wunschvorstellung. Ein Schritt in Richtung „Gummitriebwerk" ist das Triebwerk mit variabler Geometrie. Der Begriff „variable Geometrie" bezieht sich dabei auf zusätzliche interne Verstellmöglichkeiten zur Beeinflussung der Arbeitsprozesse bezüglich variabler Nebenstromverhältnisse und Gefälleaufteilungen. In der Vergangenheit wurden dazu zahlreiche Vorschläge gemacht. Am aktivsten auf diesem Gebiet war bisher wohl die amerikanische Triebwerkfirma General Electric. In [41] werden die bisher untersuchten und teilweise auch erprobten Konzepte vorgestellt. Das Ziel war dabei stets, den hohen spezifischen Schub und guten Vollastverbrauch des Einstromtriebwerks mit dem niedrigen Teillastverbrauch des Nebenstromtriebwerks zu verbinden.

Bild 4-26 zeigt als Beispiel eine Prinzipskizze des YF120 VCE-Triebwerks von General Electric, wie es in den YF22- und YF23-Prototypen-Flugzeugen geflogen ist. Dies war übrigens der erste Flug eines solchen Triebwerktyps.

Bei diesem Konzept für einen Einsatz bis in den hohen Überschallbereich kann der gesamte Durchsatz einmal vollständig durch das Kerntriebwerk geleitet, zum anderen aber auch aufgeteilt werden. Im letzteren Fall wird der Nebenstrom zusätzlich verstärkt durch einen Teil der von der ersten Stufe des HD-Verdichters geförderten Luftstroms.

Neben den drei Hauptvariablen eines konventionellen Überschalltriebwerks, nämlich Brennstoff in die Triebwerkbrennkammer, Brennstoff in den Nachbrenner und Schubdüsenfläche kommen in diesem Beispiel noch zwei zu steuernde Ventile hinzu. In anderen Vorschlägen erfolgt außerdem noch eine Verstellung der ND-Turbinenleiträder, um deren Drosselquerschnitt zu verändern. Die Realisierung ist allerdings sehr schwierig wegen der sehr hohen Temperaturen in diesem Bereich.

Ein weiterer typischer potentieller Einsatz von variabler Geometrie besteht beim VSTOL-Triebwerk, bei dem die einzugehenden Kompromisse bisher wohl von allen Triebwerken am größten sind.

Künftige Triebwerke mit variabler Geometrie können in drei Kategorien eingeteilt werden:
– flugkritische variable Geometrie – z. B. VSTOL,
– missionskritische variable Geometrie – militärische und zivile Überschalltriebwerke,
– zivile Triebwerke mit variabler Geometrie – Verringerung des Brennstoffverbrauchs und der Emissionen.

4.10 Spezielle Steuerungsanforderungen anderer Luftfahrt-Gasturbinentriebwerke

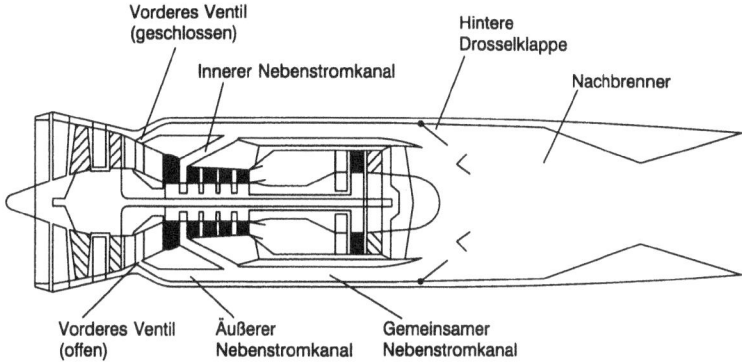

Bild 4-26 Beispiel eines Überschalltriebwerks mit variabler Geometrie zur aktiven Beeinflussung des Arbeitsprozesses

Wie auch immer künftige Triebwerke mit variabler Geometrie für die verschiedenen Einsatzzwecke letztlich aussehen mögen, es ergeben sich jedenfalls zahlreiche Konsequenzen für die Steuerung und Regelung. Diese Konsequenzen betreffen vor allem die
- Art der Betätigungssysteme,
- gegenseitige Beeinflussung der Auswirkungen von Verstellgeometrie auf den thermodynamischen Arbeitsprozeß,
- Konsequenzen von Fehlern in der variablen Geometrie, den Stellsystemen und der Elektronik,
- Struktur und Strategien für die Steuerung und Regelung,
- Zuverlässigkeit und Kosten.

Hinsichtlich der Steuerung und Regelung gehen etliche Vorträge und Veröffentlichungen davon aus, daß diese „variable Geometrie" wohl ein typischer Fall für die multivariablen Regelungen darstellt, ohne allerdings die Probleme hinsichtlich Nichtlinearitäten und Fehler- bzw. Ausfallkonsequenzen bisher überzeugend gelöst zu haben.

Auch hier kann es sicher nicht falsch sein, soviel wie möglich zu steuern, anstatt mit sich gegenseitig beeinflussenden geschlossenen Regelkreisen zu regeln. Dafür ist allerdings eine genaue Kenntnis der Regelstrecke „Triebwerk" nötig. Dann können meist auch Steuerfunktionen gefunden werden, die z. B. das Altern des Triebwerks mit berücksichtigen. Ohne diese genaue Kenntnis der Regelstrecke tendiert der Regelungsingenieur erfahrungsgemäß zum geschlossenen Regelkreis, wobei er sich dann möglicherweise und unnötigerweise eine Menge zusätzlicher Probleme einhandelt.

Sollten sich Triebwerke mit variabler Geometrie durchsetzen, werden sie jedenfalls dem gesamten Gebiet der Triebwerksteuerung und -regelung zusätzliche Impulse geben. Dies betrifft, neben für diesen Zweck weiterentwickelten Regelungsstrategien, vor allem auch neuartige, hochgenaue Stellsysteme mit integrierter Stellungsanzeige sowie eigener Elektronik. Voraussetzung dafür ist, daß der Durchbruch bei der Hochtemperatur-Elektronik gelingt. Außerdem wird die Packungsdichte durch MCM (*multi chip modules*) weiter zu steigern sein. Durch neue Materialien und weitere Miniaturisierung ist die Masse aller Komponenten des hier noch wesentlich aufwendigeren Betriebssystems zu reduzieren.

4.10.2 Besondere Steuerungsanforderungen für Hyperschalltriebwerke

Nur der Vollständigkeit halber sollen besondere Steuerungsanforderungen für Hyperschalltriebwerk kurz besprochen werden. Luftatmende Triebwerke für hyperschallschnellen Flug bis etwa Mach 7 sind in jedem Fall Kombinationstriebwerke, wobei es aber eine sehr große Zahl von möglichen Triebwerkkonzepten gibt. Diese Triebwerke sind Teil von wiederverwendbaren Raumtransportern und versprechen ökonomische Vorteile gegenüber raketenangetriebenen Systemen.

Um der Industrie und verschiedenen Instituten in der Bundesrepublik Deutschland eine Einarbeitung auf diesem Gebiet zu ermöglichen, hat das Ministerium für Forschung und Technologie ein Hyperschall-Technologie-Programm initiiert und finanziert, dessen Basis das Sänger-Antriebskonzept ist. Dieses soll deshalb auch hier als Beispiel dienen [42]. Bild 4-27 zeigt das Funktionsprinzip dieses Triebwerks mit den zu messenden und zu steuernden Triebwerkparametern.

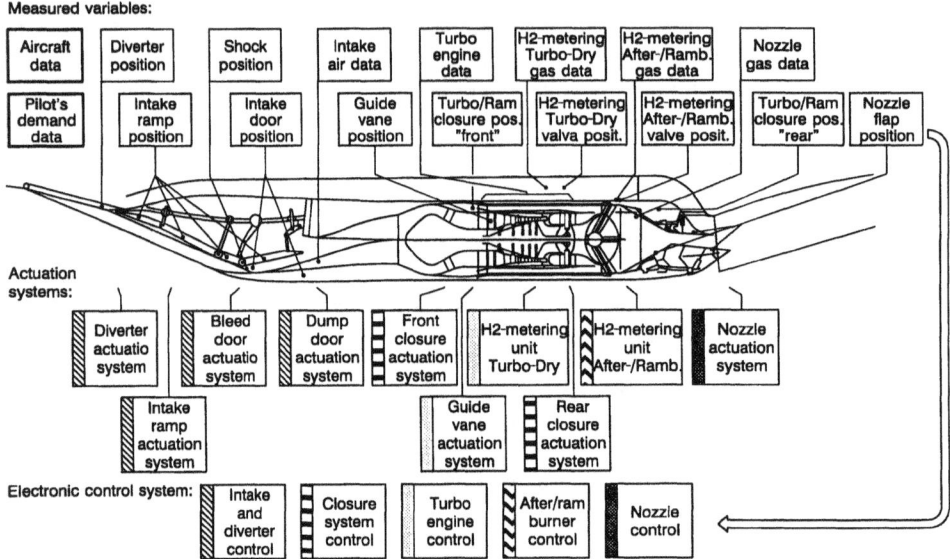

Bild 4-27 Beispiel eines Hyperschalltriebwerks nach Sänger mit den zu messenden und zu steuernden Parametern

Gegenüber dem unter 4.10 besprochenen Triebwerk mit variabler Geometrie potenzieren sich hier die Steuer- und Regelungsaufgaben nochmals, so daß die dort kurz erläuterte Problematik hier in noch höherem Maße gilt. Zu steuern bzw. zu regeln sind der variable Einlauf als integraler Bestandteil der Antriebsanlage, das Turbinentriebwerk mit der Absperrvorrichtung, die Staubrennkammer und die Schubdüse, das sekundäre Leistungssystem, das die Energie für alle Pumpen, Verdichter, Betätigungsorgane etc. zu liefern hat und das Kühlsystem.

Die Steuerfunktionen wurden in einem projektmäßigen Entwurf im elektronischen Regler in zwei Blöcken zusammengefaßt (Bild 4-28). Dabei enthält der erste Block alle Funktionen für das Antriebssystem, während der zweite Block das sekundäre Leistungssystem sowie das Kühlsystem steuert.

4.10 Spezielle Steuerungsanforderungen anderer Luftfahrt-Gasturbinentriebwerke

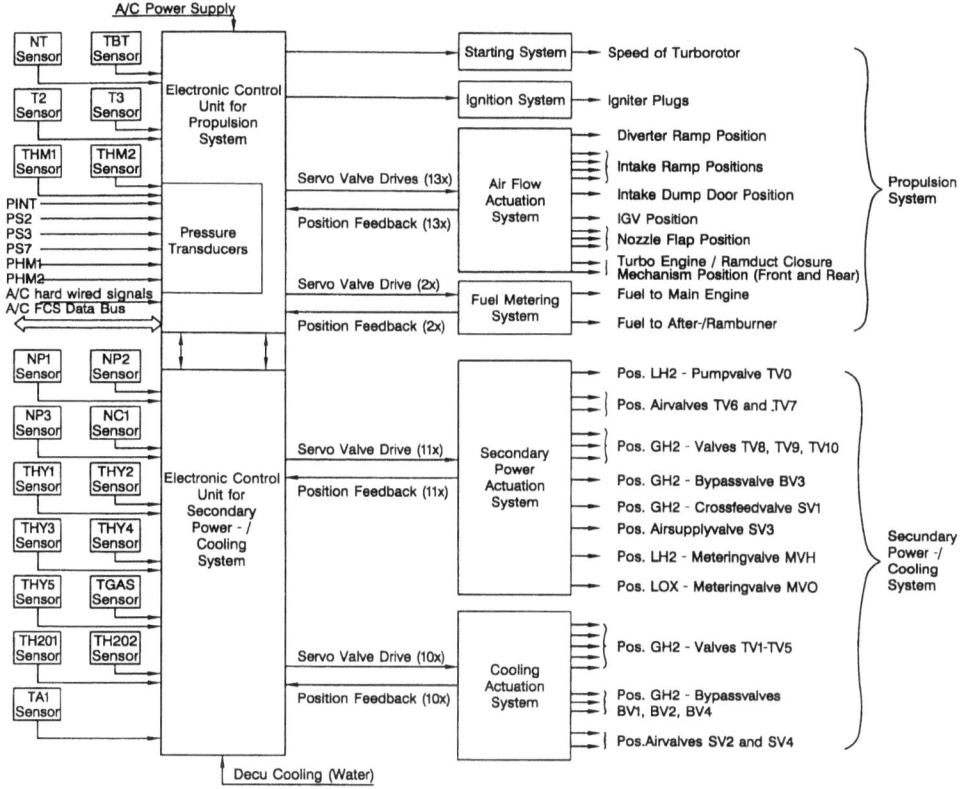

Bild 4-28 Struktur eines Betriebssystems für das Hyperschalltriebwerk nach Sänger

4.10.3 Steuersysteme für Verlusttriebwerke

Turbo-Flugtriebwerke als sog. Verlusttriebwerke werden z. B. in militärischen Marschflugkörpern eingesetzt und beim Aufschlag im Ziel zerstört. Die Forderung nach hoher Zuverlässigkeit auf der einen und niedrigen Kosten auf der anderen Seite gilt zwar für alle Komponenten dieses Triebwerktyps, ganz besonders jedoch für sein Betriebssystem. Dieses verursacht bis zu 25 % der gesamten Herstellkosten. Es war deshalb stets das Ziel, die Komplexität der Steuersysteme so gering wie möglich zu halten, wobei eher gewisse Zugeständnisse hinsichtlich Leistungsoptimierung gemacht wurden als bei der Zuverlässigkeit, die üblicherweise besser als 0,995 sein sollte.

Benötigt wird zunächst Energie für die Steuerung des Flugkörpers und evtl. für das Absetzen von Sprengsätzen. Bei Flugkörpern mit längerer Flugdauer reicht dann i. a. eine mitgeführte Batterie nicht mehr aus, vielmehr ist von der Triebwerkwelle ein Generator anzutreiben. Der benötigte Leistungsbedarf liegt je nach Größe des Flugkörpers und der Missionen bei etwa 2 bis 10 kW.

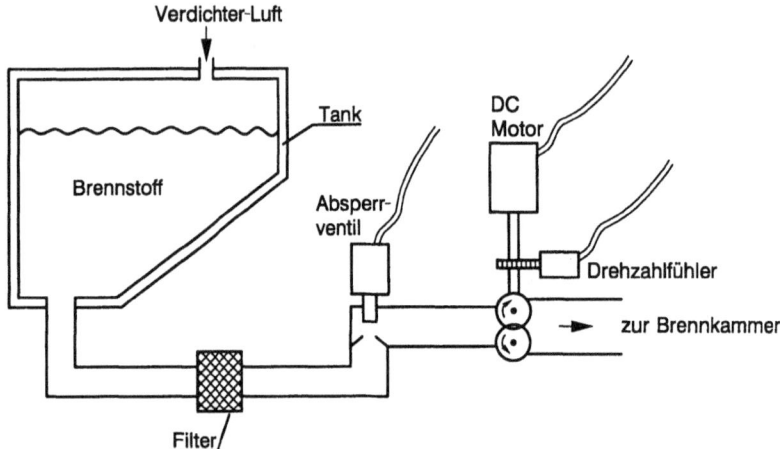

Bild 4-29 Typisches einfaches Brennstoffzumeßsystem für Verlusttriebwerk

Bild 4-29 zeigt beispielhaft ein typisches einfaches Brennstoffzumeßsystem für ein solches Verlustriebwerk. Es besteht aus einem Brennstofftank, der durch Verdichterluft unter Druck steht. Der Brennstoff fließt durch einen Filter und ein elektrisch betätigtes Absperrventil zu einer durch einen drehzahlgeregelten Elektromotor angetriebenen Zahnradpumpe und von dort direkt in die Brennkammer. Verwendung finden aber auch von der Triebwerkwelle angetriebene Zahnradpumpen mit durch ein elektrisch angesteuertes Zumeßventil beeinflußten Rücklauf.

Das elektronische Brennstoffzumeßsystem steuert das Starten, Beschleunigen, Verzögern und die Leistung für den Reiseflug. Zur Kosteneinsparung werden gewöhnlich nur die Eingangsparameter T_2, P_3 und N verwendet. Mit diesen Parametern werden über eine für eine bestimmte Flugmission abgespeicherte Beschleunigungs-/Verzögerungscharakteristik alle instationären Vorgänge in sicheren Grenzen gehalten (Bild 4-30).

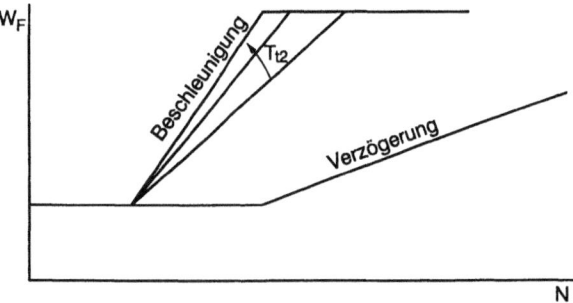

Bild 4-30 Einfache Brennstoffzumessung für Beschleunigung und Verzögerung eines Verlusttriebwerks für eine Flugmission

Sehr wichtig für die Gesamtzuverlässigkeit ist das Startsystem. In einigen wenigen Fällen erfolgt das Starten durch Windmilling. Dies ist jedoch nicht möglich in all jenen Fällen, bei denen der Startvorgang in Bodennähe in kürzester Zeit eine Beschleunigung auf volle Reisegeschwindigkeit verlangt. Meist wird hier eine pyrotechnische Energiequelle gezündet, deren Abgase entweder auf die Verdichter- oder Turbinenschaufeln trifft und den Rotor in kürzester Zeit auf etwa 30 % der maximalen Betriebsdrehzahl beschleunigt. Nun wird das Brennstoffventil geöffnet und die Brennkammer mittels einer Zündlanze gezündet. Bild 4-31 zeigt eine typische Startsequenz über der Zeit.

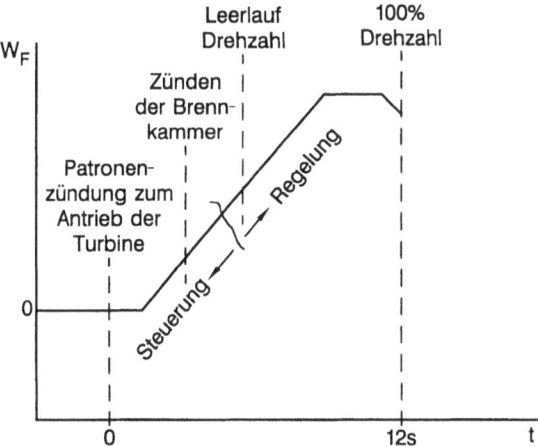

Bild 4-31 Typische Startsequenz eines Verlusttriebwerks

Auch die Startsequenz wird elektronisch gesteuert. Von Startbeginn bis zu einer Drehzahl unterhalb Leerlauf wird der Brennstofffluß zusammen mit dem Lanzenzünder als Funktion der Zeit gesteuert. Ab dieser Drehzahl erfolgt eine Drehzahlregelung im geschlossenen Kreis.

Ein Entwicklungsschwerpunkt für Verlusttriebwerke liegt bei der Optimierung all dieser Steuerfunktionen und der benötigten Intensität des Starters und Zünders [43].

4.10.4 Steuersysteme für Hilfsgasturbinen (APU's)

Die Hilfsgasturbinen liefern Energie in Form von Strom und Druckluft, solange diese nicht von einem laufenden Haupttriebwerk bereitgestellt werden kann.

Bis Ende der fünfziger Jahre waren solche Hilfsgasturbinen ausschließlich auf Lkw's montiert, die sich zusammen mit anderen Versorgungsfahrzeugen vor dem Abflug um das abzufertigende Flugzeug gruppierten. Mit dem rasch zunehmenden Flugverkehr in den sechziger Jahren, vor allem auch in immer neue Urlaubsregionen mit weniger gut ausgestatteten Flughäfen, ergab sich die Notwendigkeit, die Hilfsgasturbinen an Bord der Verkehrsflugzeuge unterzubringen. Die Boeing 727 war das erste Verkehrsflugzeug mit einer fest eingebauten APU. Mit dem Erscheinen der Boeing 737, DC9 und Bac 111 wurde der Einsatz der APU über die Funktionen am Boden hinaus erweitert. Heute besitzen alle Verkehrsflugzeuge, militärische Transport- und Kampfflugzeuge, die größeren

Hubschrauber sowie die meisten Geschäftsflugzeuge eine APU. Die wichtigsten Aufgaben einer modernen APU sind:

– Starten der Haupttriebwerke am Boden, wobei die Leistungsübertragung entweder pneumatisch, elektrisch oder mechanisch erfolgen kann,
– Wiederstarten des Triebwerks nach Brennkammerverlöschen im Flug, insbesondere in dem Teil des Flugbereichs, in dem ein Wiederstart durch Windmilling wegen des zu geringen Druckaufstaus nicht möglich ist; neuerdings wird aber auch häufig ein Windmilling-Start durch die APU unterstützt, um den Startvorgang zu beschleunigen,
– Durchdrehen des (ungezündeten) Triebwerks am Boden z. B. für Inspektionen oder nach einem „heißen Fehlstart" zum gleichmäßigen Abkühlen,
– Liefern von Druckluft am Boden für die Kabinenbelüftung, Heizung oder Kühlung sowie andere zellenseitige Systeme,
– Liefern von elektrischer Energie am Boden für die Kabine und zahlreiche zellenseitige Systeme,
– Liefern von Druckluft und elektrischem Strom während des Flugzeugstarts und Steigflugs bis zur Dienstgipfelhöhe, um die auf einer hohen Laststufe laufenden Haupttriebwerke zu entlasten,
– Liefern der benötigten Energie bei Totalausfall aller Haupttriebwerke, um das Flugzeug steuerbar zu halten, bis die Triebwerke wieder gestartet werden können.

Es gibt die unterschiedlichsten Bauformen von APU's. Bekannt sind Einwellen- und Zweiwellentriebwerke, wobei bei letzteren eine Nutzturbine einen zusätzlichen Verdichter, meist Radialverdichter, antreibt, der die Luft in der geforderten Menge und dem geforderten Druck liefert. Der elektrische Generator wird gewöhnlich am Getriebekasten des Gasgenerators angeflanscht und von diesem angetrieben. Bei einwelligen Ausführungen kann der Verdichter die Luft sowohl für den Gasgenerator als auch für das zellenseitige Luftsystem einschließlich der Starteranlage für die Haupttriebwerke liefern. Bei einer weiteren Bauform sitzt ein zusätzlicher Verdichter auf der Gasgeneratorwelle, der ausschließlich die Luft für die Verbraucher zu liefern hat.

Beim Gasgenerator gibt es die Bauformen mit Radialverdichter und Radialturbine als auch Radialverdichter und Axialturbine sowie Axialverdichter und Axialturbine, insbesondere bei den größeren APU's. Bei den Radialmaschinen dominiert die Umkehrbrennkammer, bei den Axialmaschinen findet man auch die axial durchströmte Brennkammer.

Je nach Flugzeuggröße beträgt die von der APU geforderte Luftmenge am Boden zwischen etwa 0,5 kg/s für Geschäftsflugzeuge bis deutlich über 10 kg/s für z. B. die Boeing 747. Der Lieferdruck liegt meist bei etwa 4 bar am Boden. Entsprechend variieren die geforderten elektrischen Leistungen, wobei etwa 40 kVA einen repräsentativen Wert für ein 150 bis 250-sitziges Verkehrsflugzeug darstellen.

Die Betriebsanforderungen hinsichtlich Starten, Hochfahren, Einhalten kritischer Grenzwerte, Verzögern und Abschalten entsprechen beim Gasgenerator der APU grundsätzlich denen beim Haupttriebwerk. Die in der Regel einen Wechselstromgenerator antreibende Gasgeneratorwelle wird in ihrer Drehzahl meist in engen Grenzen konstant gehalten. Mit steigender Generatorlast steigt die Verdichterarbeitslinie an, desgleichen auch die Turbineneintrittstemperatur bei festgehaltener Drehzahl. Besitzt die APU keine Nutzturbine mit zusätzlichem Verdichter, so ist die Luftentnahme vom Verdichter in

4.10 Spezielle Steuerungsanforderungen anderer Luftfahrt-Gasturbinentriebwerke

engen Grenzen zu regeln, um den Verdichter bei weniger Luftentnahme nicht zu überlasten und ins Pumpen zu treiben. Dazu dient ein zusätzliches Abblaseventil, das sicherstellt, daß auch bei einer zeitweise geringeren Luftabnahme durch das zellenseitige Luftsystem kein unzulässiger Anstieg der Verdichterarbeitslinie entsteht.

Analoges gilt für den Fall einer Nutzturbine, die einen zusätzlichen Verdichter antreibt. Läuft der Gasgenerator mit einer bestimmten elektrischen Generatorlast bei seiner Nominaldrehzahl, so ist seine Austrittsgasleistung in die Nutzturbine vorgegeben. Die gesamte Luftabnahme am Austritt dieses Verdichters, bestehend aus dem Verbrauch des zellenseitigen Systems plus der Luft durch das Abblaseventil bestimmen nun die Drehzahl dieses zweiten Rotors, sowie die Lage seiner Verdichterarbeitslinie und damit den Lieferdruck. Das Abblaseventil ist somit das Stellglied, um bei variabler zellenseitiger Entnahme Drehzahl und Lieferdruck im vorgesehenen Bereich zu halten. Da die Abblaseluft einen glatten Verlust darstellt und damit bei einem geringeren zellenseitigen Luftbedarf als dem nominalen Auslegungswert der Brennstoffverbrauch unnötig hoch liegt, werden bei neueren Einwellenmaschinen mit Zusatzverdichter auch schon variable Verdichter-Eintrittsleiträder vorgesehen. Diese drosseln den Luftdurchsatz, wenn im schließenden Sinn verdreht, wodurch der Leistungsbedarf sinkt. Damit erhält man ein weiteres Stellglied.

Angesichts dieser Anforderungen, die bei zahlreichen militärischen und auch zivilen Installationen noch wesentlich komplexer sein können, begann bereits seit etwa zweiter Hälfte der achtziger Jahre der Einsatz kompletter FADEC-Systeme (*full authority digital engine control* – vgl. Abschnitt 9) zur Steuerung von APU's. Dies auch deshalb, weil die APU irgendwann am Boden eingeschaltet wird und dann völlig unbeaufsichtigt stundenlang läuft, weshalb eine Selbstüberwachung mit ggf. automatischer Abschaltung im Fall eines ernsten Fehlers wichtig ist (BITE – *built in test equipment*).

Ein weiterer Grund ist aber auch das Kommunizieren mit den elektronischen Steuersystemen der Zelle und des Triebwerks, da sich eine Integration dieser Einzelsysteme zu einem Gesamtsystem immer mehr durchsetzt [45], [46].

Seit etwa 1984 ist die Firma BGT (Bodenseewerk Gerätetechnik GmbH) der führende europäische Hersteller von elektronischen Reglern für APU's und ist z. B. zuständig für Entwicklung und Herstellung der Regler für die APU's in den Airbustypen A319/320/321 und A330/340. Die als ECB (*electronic control box*) bezeichneten Geräte sind einkanalig aufgebaut mit einem integrierten redundanten Überdrehzahl- und Übertemperaturschutz. Ein beträchtlicher Teil des technischen Aufwands für die ECB resultiert aus der Forderung des autonomen Betriebs. Sie bedingt eine umfangreiche Fehlererkennungslogik zur Lokalisierung von Fehlern innerhalb und außerhalb des Reglers im APU-System. Somit erfüllt die ECB neben den reinen Steuer-/Regelungsaufgaben auch eine ganze Reihe von Überwachungsfunktionen. Diese reichen von Anzeigen im Cockpit über Fehler nebst ihrer Kritikalität bis hin zu Wartungshinweisen für den Flugzeug-, Triebwerk- und ECB-Wartungsdienst. Die nachfolgende Generation von ECB's basiert auf einem Familienkonzept, bei der versatile (leicht anpaßbare) Regler durch Änderung des Verbindungsmoduls und dem Laden einer anwendungsspezifischen Software für die oben erwähnte Airbusfamilie eingesetzt werden (vgl. Bild 9-18).

4.10.5 Steuerungsanforderungen für VTOL-Triebwerke

In den sechziger Jahren war man insbesondere in der Bundesrepublik Deutschland der Meinung, daß senkrecht startende und landende Kampf- und Transportflugzeuge die militärischen Forderungen am besten erfüllen würden. Drei Projekte wurden bis zur Flugerprobung vorangetrieben, nämlich

a) Überschallschnelles Jagdflugzeug (VJ101C) mit vier schwenkbaren Nachbrennertriebwerken in Triebwerkgondeln an den Flügelenden und zwei im Rumpf festeingebauten Hubtriebwerken, die nur für Start und Landung in Betrieb waren,

b) Transportflugzeug (Do31) mit zwei Marsch-/Hubtriebwerken mit je vier schwenkbaren Düsen sowie zweimal je vier fest eingebauten Hubtriebwerken, ebenfalls nur für den senkrechten Start und die Landung,

c) Kampfflugzeug (VAK191B) mit einem Marsch-/Hubtriebwerk mit zwei schwenkbaren Düsen für den kalten Nebenstrom und zwei für den Heißstrom aus der Turbine sowie ebenfalls zwei Hubtriebwerken, die um ± 30 Grad im Rumpf geschwenkt werden konnten, um das Flugzeug in Flugrichtung während der Transitionsphase außerdem noch mit zu beschleunigen bzw. zu verzögern.

Trotz Erreichens der wesentlichen Zielwerte in der Flugerprobung war keinem der drei Projekte eine Serienfertigung und Indienststellung beschieden. Die wesentlichen Gründe dafür waren

– technisch zu kompliziert und teuer in Anschaffung und Unterhalt,
– zu großer Aufwand am Boden zur Versorgung einzelner VTOL-Flugzeuge in der „einsamen, getarnten Waldlichtung" – und damit doch wieder leichte Erkennbarkeit durch einen potentiellen Feind,
– zu geringe Nutzlast bzw. Reichweite, da die Antriebsanlagen für den Senkrechtstart mit voller Beladung gegenüber dem Schubbedarf für den normalen Flug überdimensioniert waren und viel Platz benötigen,
– geänderte strategische Vorgaben des BMVg.

Erfolgreicher war das britische Kampfflugzeug Harrier mit nur einem Triebwerk mit vier Schwenkdüsen, das insbesondere auch von kleinen Flugzeugträgern eingesetzt werden kann. Dort erfolgt meist ein horizontaler Start, wobei das Flugzeug im letzten Moment vor Verlassen des Trägers über eine Art Sprungschanze rollt und dadurch eine hohe vertikale Beschleunigung erfährt. Die Landung des leergeflogenen Flugzeugs kann dann senkrecht erfolgen, weshalb diese Operation die Bezeichnung STOVL (*short take off and vertical landing*) erhalten hat. Auch die US-Marine benutzt Flugzeuge dieser Art in verschiedenen Weiterentwicklungsstufen.

Seit vielen Jahren in der Diskussion ist für diesen Triebwerktyp eine Nachverbrennungsmöglichkeit in den vorderen „kalten" Schwenkdüsen, um die Einsatzerweiterung in den höheren Überschallbereich zu erreichen.

Im Luftkampf werden die Schwenkdüsen auch dazu benutzt, Differentialschub zu erzeugen, um das Flugzeug mit engeren Radien manövrieren zu können.

Außerdem gibt es Konzepte, diesen Triebwerktyp mit zusätzlicher variabler Geometrie auszustatten, um für die widersprüchlichen Forderungen bezüglich VTOL, Reiseflug und Überschallflug ein möglichst optimales Triebwerk zu bekommen.

4.10 Spezielle Steuerungsanforderungen anderer Luftfahrt-Gasturbinentriebwerke

Neben dem Harrier ist die russische Yak38 Forger das einzige weitere in Dienst gestellte VTOL-Kampfflugzeug. Es entspricht mit seinen zwei leicht schwenkbaren Hubtriebwerken in etwa der VAK191B, allerdings wird beim Haupttriebwerk der gesamte gemischte Abgasstrahl nach unten abgelenkt.

Neben den hier beschriebenen und geflogenen Triebwerkkonfigurationen gibt es noch unzählige weitere Vorschläge zur Lösung dieser Antriebsaufgabe. Grundlage sind dabei häufig mehrere in die Flugzeugzelle horizontal eingebaute Fans großen Durchmessers, die von eigenen Gaserzeugern oder aber auch den Marschtriebwerken entweder mechanisch oder per Abgasstrahl angetrieben werden und den senkrechten Schub (Hub) mittels hohen Luftdurchsatzes und geringer Austrittsgeschwindigkeit erzeugen.

Im Rahmen des amerikanischen JAST-Programms werden Flugzeugkonfigurationen entwickelt, die primär für konventionelle Starts und Landungen vorgesehen sind, durch möglichst geringe Modifikationen unter Beibehaltung der meisten Komponenten, aber auch für ASTOVL-Operationen für die Marine, angepaßt werden können. Damit dürfte diesem Antriebssektor auch in Zukunft eine gewisse Bedeutung zukommen.

Die kritischste Phase bei allen VTOL-Flugzeugen ist regelmäßig die Transition, da hier das Flugzeug nicht aerodynamisch, sondern strahlunterstützt in einer geeigneten Fluglage stabilisiert werden muß. Zur Erzeugung der Stabilisierungskräfte, die umso kleiner sein können, je weiter entfernt sie von der Roll- bzw. Nickachse des Flugzeugs angreifen, gibt es folgende Möglichkeiten:
- HD-Verdichterluft,
- Nebenstromluft, die durch Düsen nach unten ausgeblasen wird,
- Differentialschub,
- Schubvariation bei mehreren Triebwerken.

HD-Verdichter-Entnahmeluft, die die kleinsten Leitungsquerschnitte ermöglicht, muß i. a. auf etwa 10 % begrenzt werden. Bereits diese Menge führt zu einer starken Absenkung der Arbeitslinie mit der potentiellen Gefahr von Schaufelflattern sowie einer sehr deutlichen Turbineneintrittstemperaturerhöhung, soll der (abgelenkte) Vertikalschub des Marschtriebwerks nicht abnehmen. Beim Nebenstromtriebwerk drehen dann für einen konstanten Schub beide Rotoren schneller, so daß deren Ansprechverhalten bei einer plötzlichen HDV-Entnahme wichtig ist. In [48] hatte der Verfasser die Verhältnisse bei Luftentnahme für verschiedene Triebwerktypen in VTOL-Flugzeugen untersucht und systematisch zusammengestellt.

Sowohl beim Differentialschub, bei dem ein vertikaler Schubimpuls verringert und der gegenüberliegende entsprechend erhöht wird, als auch bei der Schubvariation bei mehreren Triebwerken ist das rasche Ansprechverhalten der Triebwerke wichtig. Wie der Typ der Triebwerkregelung dieses Schubansprechverhalten beeinflußt, hat der Verfasser in [24] untersucht. Bei den deutschen VTOL-Projekten a) und c) wurde das Schubansprechverhalten der jeweils von Rolls-Royce und MTU gemeinsam entwickelten Triebwerke MAN-RB145 und MAN-RB193 vorausberechnet und später mittels Frequenzgangmessungen am Prüfstand analysiert. Diese Daten waren dann die Basis für die Auslegung und Optimierung der Fluglageregler, die in der Verantwortung des Zellenherstellers lag. Wichtig war dabei auch, daß das Ansprechverhalten möglichst linear war, zumindest aber im normalen Regelbereich noch keine Triebwerkbegrenzer eingreifen.

Ein weiteres Problem liegt beim VTOL-Flugzeug darin, daß mit steigenden Umgebungstemperaturen die Flugzeugmasse, die durch den Vertikalschub abzuheben ist, gleich bleibt, der Schub aber stark abfällt. Es ist deshalb mit steigender Ansaugtemperatur auch die Turbineneintrittstemperatur kräftig anzuheben, um den Schub konstant zu halten. Die Möglichkeit einer weiteren T_4-Erhöhung war z. B. beim Triebwerk MAN-RB193 für einen Notfall vorgesehen, um das Flugzeug wenigstens solange horizontal zu halten, bis dem Pilot der Ausstieg mit dem Schleudersitz gelingt.

Das gravierendste Betriebsproblem bei VTOL-Flugzeugen und Triebwerken ist wohl das der Heißgasrezirkulation. Dabei kann in Bodennähe je nach den Verhältnissen, wie z. B. Windstärke und -richtung, mehr oder weniger heißes Abgas der Triebwerke wieder angesaugt werden. Ist die Temperatur einigermaßen gleichmäßig am Einlauf verteilt, ergibt sich u. U. ein Schubverlust, je nachdem was der Temperaturfühler mißt und ob noch Reserven in der T_4-Erhöhung existieren.

Schlimmer sind Heißgassträhnen, die z. B. nur ein kleines Segment des Einlaufs beaufschlagen. Dann kann beim Triebwerk Verdichterpumpen ausgelöst werden, wodurch der Schub zusammenbricht und das Flugzeug im günstigsten Fall mit einer Bauchlandung auf den Boden knallt, im ungünstigsten Fall aber auch in einer anderen Lage unten ankommt.

Die Auslösung des Pumpvorgangs kann man sich nach der (vereinfachenden) Theorie der „Parallelen Verdichter" folgendermaßen vorstellen: Bekommt ein Segment des Verdichters Luft höherer Temperatur, so arbeiten die davon betroffenen Segmente der ersten und folgenden Stufen bei einem niedrigeren $N\sqrt{T}$. Da aber in einer Ebene in etwa gleicher (statischer) Druck herrscht, und dieser von dem großen, nicht betroffenen Segment bestimmt wird, ist dieses Druckverhältnis für das kleine Segment mit der höheren Temperatur und niedrigem $N/\sqrt{T}$ zu hoch, so daß die Strömung abreißt und das Triebwerk ins Pumpen gerät (Bild 4-32).

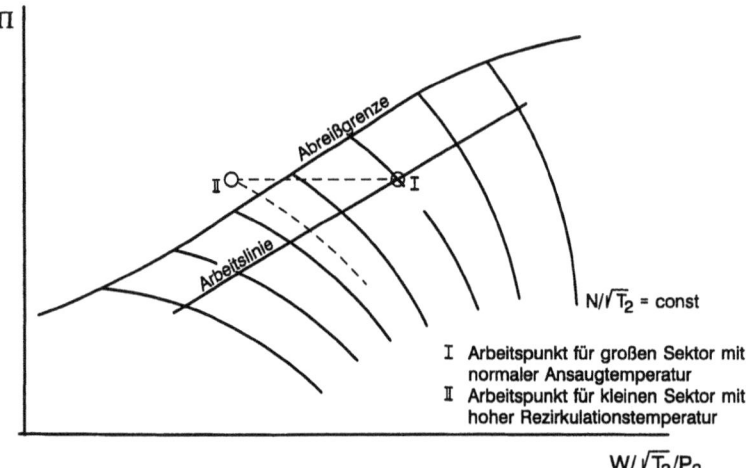

Bild 4-32 Pumpvorgang bei Heißgaszirkulation nach der Theorie der „Parallelen Verdichter"

Um diese potentiell tödliche Gefahr zu minimieren, wurden bereits frühzeitig die Starts und Landungen solcher Flugzeuge gegen die Windrichtung rollend ausgeführt.

Weitere Probleme können beim bevorzugten Windmilling-Start der entweder fest eingebauten oder leicht schwenkbaren Hubtriebwerke entstehen, da die Zuströmung trotz aufgestellter Umlenkklappen am Einlauf alles andere als ideal ist.

Werden dagegen die Hubtriebwerke vor der Landung durch die Marschtriebwerke gestartet und auch mit Brennstoff versorgt, so ergeben sich beim Betrieb u. U. zusätzliche Interaktionen, die für die verschiedenen Operations- und Fehlermöglichkeiten genau zu untersuchen sind.

Überhaupt zeigen Fehleranalysen, daß bei jeder Erweiterung der Komplexität der Antriebsanlage über das einfache Konzept des Harrier's hinaus bei gleicher Ausfallwahrscheinlichkeit der Komponenten und Triebwerke die Wahrscheinlichkeit eines Totalverlustes beträchtlich ansteigt.

4.11 Einige allgemeine Entwicklungsschwerpunkte

Im Juli 1993 veröffentlichte die NASA drei Studienergebnisse der Firmen Pratt & Whitney, General Electric und Allison mit den identischen Titeln „Advanced Control for Airbreathing Engines" [39]. Die Studien waren im Auftrag der NASA entstanden. Die beiden erstgenannten Firmen orientierten ihre Studien an je einem Triebwerk für ein Hochleistungs-Kampfflugzeug sowie für ein ziviles Überschallflugzeug, alternativ für Ma_{max} = 2.4 und 3.2. Die dritte Firma konzentrierte sich auf Wellenleistungstriebwerke für ein kleines Passagierflugzeug mit „Tiltrotor".

Alle drei Triebwerkfirmen stellen zunächst eine Reihe von Konzepten vor, die dann etwas ausführlicher untersucht werden hinsichtlich Nutzen/Kosten. Anschließend wird eine Empfehlung ausgesprochen, welche Konzepte mit hoher Bewertung in der Zukunft verstärkt verfolgt und formuliert werden sollen. Die untersuchten Konzepte umfassen:

a) *Steuerung der Brennstoffverteilung zwischen den Brennstoffdüsen einer Brennkammer (active burner pattern factor control)*
Bei diesem Konzept werden Temperaturen am Brennkammeraustritt gemessen, um durch eine Beeinflussung der Brennstoffverteilung zwischen den einzelnen Brennstoffdüsen ein in Umfangrichtung gleichmäßiges und in radialer Richtung optimales Temperaturprofil zu erhalten. Dies erlaubt dann höhere mittlere Turbineneintrittstemperaturen bei gleicher Lebensdauer der heißen Bauteile.

b) *Steuerung/Regelung der Schaufelspiele (active tip clearance control)*
Bei diesem zunächst vorwiegend auf HD- und ND-Turbinen beschränkten Konzept werden entweder ein Modell für eine Steuerung oder aber Sensoren für die tatsächliche Spaltgröße mit einem Regelkreis eingesetzt. In beiden Fällen wird als Stellglied Heiß-/ oder Kaltluft auf das Gehäuse geblasen, um optimale minimale Turbinenspalte zu erzeugen.

c) *Steuerung/Regelung der Verdichter-Einlauf-Druckprofil-Akzeptanz*
Bei diesem Konzept werden mit Hilfe eines Modells und von Meßdaten Einlaufdruckprofile berechnet und Sektoren der variablen Verdichterleitschaufeln so verstellt, daß der Effekt dieser Druckprofile auf die Pumpgrenze minimiert wird. Damit

könnten dann Verdichter mit geringerem Pumpgrenzenabstand realisiert werden, was der Leistungsqualität entweder durch einen höheren Wirkungsgrad oder ein höheres Druckverhältnis zugute käme.

d) Regelung zur Lärmunterdrückung (Active Jet Noise Suppression)

Bei diesem Konzept werden im Nahbereich die Druckverläufe gemessen, der Fehler gegenüber einem vorgegebenen Schwellwertniveau verstärkt und mittels eines akustischen Generators ein hochfrequenter Schall mit entgegengesetzter Phase in den turbulenten Gasstrom im Schubrohr injiziert, um so den Lärm des aus der Schubdüse austretenden Massenstroms zu reduzieren.

e) Automatische Pumpverhinderung (active surge/stall control)

Bei diesem Konzept wird ein einen Verdichterpumpvorgang anzeigender Parameter gemessen und mit diesem Signal geeignete Stellglieder betätigt. Letztere können z. B. Sektoren von verstellbaren Leitschaufeln, Abblaseventile oder der Brennstoff zur Brennkammer sein.

f) Leistungsoptimierende Regelung (performance seeking control)

Bei diesem Konzept handelt es sich um eine Fein-Trimmung der normalen stationären Steuerkonzepte, um z. B. unterschiedliche Leistungen der Triebwerke durch Fertigungstoleranzen oder auch Abnutzung im Betrieb, Ungenauigkeiten der Steuerungen etc. zu erkennen und auszugleichen. Dies kann zu einer Verbrauchs- und Temperaturreduzierung genutzt werden.

g) Intelligentes Diagnose/Regelsystem (intelligent diagnostic/control system)

Bei diesem Konzept wird neben einer Optimierung analog zu f) außerdem noch das korrekte Funktionieren der Triebwerk- und Regelsysteme überwacht, Fehler entdeckt und angezeigt, sowie, falls nötig, kompensierende Maßnahmen im Steuer- und Regelsystem eingeleitet. Das Ziel ist eine Leistungsoptimierung, Reduzierung der Zahl der notwendigen Abschaltungen im Flug, sowie eine erfolgreiche Beendung der Flugmission.

h) Steuerung der sekundären Kühlluftströme (secondary cooling airflow control)

Bei diesem Konzept werden die Turbinenschaufeltemperaturen gemessen und die Kühlluft so zugemessen, daß bestimmte Temperaturen eingehalten werden. Geringere Kühlluftmengen führen zu einer direkten Reduzierung des spezifischen Brennstoffverbrauchs.

i) Regelung zur Unterdrückung zerstörenden Verbrennungslärms (active combustor hawl/growl suppression)

Bei diesem Konzept werden Druckschwingungen in der Brennkammer gemessen und die Brennstoffzumessung so beeinflußt, daß Verbrennungsinstabilitäten unterdrückt werden. Dies führt zu reduziertem Lärm und längerer Lebensdauer der Brennkammer.

k) Regelung zur Unterdrückung niederfrequenter Nachbrenner-Verbrennungsschwingungen (active afterburner rumble suppression)

Bei diesem Konzept werden Druckschwingungen im Nachbrenner gemessen und die Brennstoffzumessung zum Nachbrenner so beeinflußt, daß diese Verbrennungsinstabilitäten vermieden werden. Lärm und Masse des Nachbrenners werden reduziert, während sich seine Lebensdauer erhöht.

4.11 Einige allgemeine Entwicklungsschwerpunkte

Die vorgestellten Konzepte werden für die drei Triebwerke ausgearbeitet und blockschaltbildmäßig dargestellt. Ihre Bewertung erfolgte dann nach folgenden fünf Kriterien:
- Leistungsaspekte,
- Betriebsaspekte,
- Komplexität der zu implementierenden Steuerungen/Regelungen,
- Lebenslaufkosten,
- allgemeine Aspekte.

Die höchsten Wertungen erzielten die Konzepte f) und g), wobei g) das Konzept f) weitgehend enthält. Bei den Rangfolgen für die anderen Konzepte scheiden sich dann die Geister. Wie zu erwarten, hängen solche Bewertungen doch recht deutlich davon ab, welche Problemschwerpunkte die eigenen Firmenprodukte aufweisen und welche technischen Mittel, evtl. auch patentrechtlich geschützte Lösungen, zur Verfügung stehen. Leicht ersichtlich beinhalten die vorgeschlagenen Konzepte sowohl Verbesserungen im Leistungsverhalten einzelner Triebwerkkomponenten als auch im koordinierten Betriebsverhalten des Gesamttriebwerks.

Kein Vorschlag wurde gemacht hinsichtlich der anzuwendenden regelungstechnischen Verfahren, sei es in Bezug auf Regelgenauigkeit, Ansprechverhalten oder Stabilität. Offensichtlich sah man hier in den USA kein wesentliches Verbesserungspotential. Dies gilt wohlgemerkt für die gegenwärtig eingesetzten Triebwerktypen sowohl auf militärischem als auch zivilem Gebiet. Diese Einschätzung wird in [40] aus dem Jahr 1995 bestätigt. In diesem Aufsatz *„Multivariable Control of Military Engines"* werden zahlreiche, über 19 Jahre laufende Programme der Industrie in Zusammenarbeit mit Forschungsstellen und Hochschulen vorgestellt und über vorliegende Ergebnisse auch von Triebwerkversuchen (Spey und RB199) berichtet. Dabei kommen die Autoren zu dem Schluß, daß z. B. für das RB199 (im Tornado-Kampfflugzeug) keine Verbesserung angeboten werden kann. Im Gegenteil, es werden mit der multivariablen Regelung zahlreiche sicherheitsrelevante Fragen aufgeworfen, für die es noch keine Antwort gibt.

Zuzustimmen ist den Autoren, wenn sie behaupten, daß sich die Situation ändern könnte, wenn Triebwerktypen mit zusätzlichen Regelkreisen zum Einsatz kämen, wie z. B. für Triebwerke mit variabler Geometrie zur aktiven Beeinflussung des Arbeitsprozesses oder spezielle VTOL-Triebwerke, z. B. auch für Überschall.

Erwähnung finden muß aber noch eine technologische Entwicklung, die von verschiedenen Stellen, vor allem auch in den USA, vorangetrieben wird. Dabei handelt es sich um die Umstellung der Sensoren, Stellgliedereingänge und Übertragungsleitungen auf optische Signale. Wie seinerzeit die Umstellung auf *„fly by wire"*, kündigt sich nunmehr im Flugzeugbau eine starke Tendenz zu *„fly by light"* an. Dies dürfte sowohl die Flugzeugzelle als auch das Triebwerk betreffen. Da in modernen zivilen als auch militärischen Flugzeugprojekten die Signalkorrespondenz zwischen den zellenseitigen elektronischen Systemen und dem FADEC-Regler am Triebwerk immer intensiver wird, ist schon aus Kompatibilitätsgründen im Fall einer Umstellung die gleiche Technik anzustreben.

Als Vorteile dieser Technologie gelten neben Gewichtseinsparung und Leistungsverbesserungen vor allem ihre Unempfindlichkeit gegen elektromagnetische Störungen (EMI). Es können dann im Flugzeug und am Triebwerk die schweren abgeschirmten

Kupferleitungen entfallen, die trotz der Abschirmung immer noch als kritische Komponenten anzusehen sind hinsichtlich Blitzschlag, Radar und vor allem auch elektronischer Geräte der Passagiere in zivilen Flugzeugen.

Bei einer Umstellung auf ein optoelektronisches FADEC-System am Triebwerk könnte die Elektronik im Gehäuse des FADEC-Reglers nebst Stromversorgung, internem Datenbus, Speichern etc. unverändert bleiben. Die Umstellung betrifft die Ein- und Ausgänge am Regler, die Übertragungssysteme zu den Sensoren und Stellgliedern sowie deren Arbeitsweise mit Lichtsignalen.

Optische Sensoren zum Messen von Drehzahl, Temperatur, Druck, Durchfluß sowie linearer und drehender Auslenkung befinden sich in der Entwicklung. Ein besonderer Entwicklungsschwerpunkt liegt bei den optoelektronischen Wandlern im FADEC-Regler, die insbesondere weiter verkleinert werden müssen.

Bereits im Jahr 1994 begann ein Erprobungsprogramm zur Überprüfung der Zuverlässigkeit optischer Systeme und Systemkomponenten unter realistischen Betriebsbedingungen. Zu diesem Zweck wurde in eine normale Boeing 757 zusätzlich ein solches opto-elektronisches System installiert, das allerdings in die eigentlichen Steuer- und Regelvorgänge nicht aktiv eingreift, sondern seine Daten zur Auswertung abspeichert. In analoger Weise ist man in den siebziger Jahren zur Erprobung digitaler Regelsysteme vor deren Einführung vorgegangen [52]. Zu erwartende Vorteile durch eine weitgehende Integration der Steuerung der Antriebsanlage bei fortschrittlichen militärischen Flugzeugen wird in [50] diskutiert.

5 Autarke Steuerungskonzepte wichtiger Triebwerkkomponenten

5.1 Grundsätzliches

Neben den in Abschnitt 4 beschriebenen Steuer- und Regelkonzepten für einen möglichst optimalen und sicheren Triebwerkbetrieb gibt es noch eine ganze Reihe weiterer Steuervorgänge in den verschiedenen Triebwerkkomponenten. Ihre Aufgabe besteht darin, die Variablen bzw. Stellglieder dieser Triebwerkkomponenten so zu steuern, daß die Komponenten jeweils in einem möglichst optimalen Leistungsbereich arbeiten. Dabei handelt es sich meist um einfache Steuerungen, selten um geschlossene Regelkreise. Diese sind üblicherweise unabhängig von der Steuerung und Regelung des Gesamttriebwerks konzipiert, also weitgehend autark. Dies ist schon deshalb sinnvoll, um keine unnötigen dynamischen Probleme durch eine große Zahl zusätzlicher, sich überschneidender Regelkreise zu bekommen. Bis zu einem gewissen Grad durchbrochen wird dieses Konzept der autarken Steuerungen z. B. durch das in Abschnitt 4.7 beschriebene Betriebsarten-Steuerungskonzept, bei dem von außen zumindest in einige dieser ansonsten autarken Komponentensteuerungen eingegriffen wird, wenn operationelle Forderungen und Bedingungen anliegen, die vom üblichen Normfall abweichen. Hier ist besonders darauf zu achten, daß dadurch keine Stabilitätsprobleme entstehen. Diese autarken Steuerkonzepte hängen weitgehend von der Auslegung der jeweiligen Triebwerkkomponente ab und diese wiederum von ihrem Einsatzprofil und dem Stand der Technik. Die folgenden Beschreibungen enthalten einige typische Beispiele.

5.2 Lufteinlauf

Obwohl der Lufteinlauf eine wichtige Komponente bei der Schuberzeugung darstellt, gehört er in der Regel nicht zum Verantwortungsbereich des Triebwerkherstellers, sondern liegt in der Verantwortung des Zellenherstellers. Trotzdem soll er kurz mitbehandelt werden. Der Lufteinlauf hat zwei Hauptaufgaben. Zum einen soll er bei der Anpassung der Strömungsgeschwindigkeit der Luft von der Fluggeschwindigkeit an die Verdichtereintrittsgeschwindigkeit einen möglichst geringen Gesamtdruckverlust verursachen. Zum anderen soll der Verdichtereintrittsluftstrom weitestgehend frei von Turbulenzen, Ablösungen, Drall und Druckprofilen sein. Je nach operativem Einsatzgebiet unterscheidet man grundsätzlich Einläufe für den Unterschall- und den höheren Überschallflug. Während erstere relativ einfach aufgebaut sind, verfügen letztere häufig über eine umfangreiche Verstellgeometrie, die entsprechend gesteuert werden muß.

Unterschall-Lufteinläufe

Lufteinläufe für Unterschallflugzeuge werden in ihrer Geometrie des Diffusorteils dahingehend optimiert, daß die Luft beim Reiseflug auf die dort benötigte Verdichtereintrittsgeschwindigkeit mit minimalen Druckverlusten verzögert wird. Diese Einlaufgeometrie ist dann aber meist nicht mehr optimal z. B. für den Startfall bei Triebwerkvollast, weshalb früher am Umfang des Einlaufs Luftklappen vorgesehen wurden. Diese Luftklappen sind federbelastet im schließenden Sinn. Entsteht z. B. während des Startvorgangs ein Unterdruck im Einlauf gegenüber Umgebung, öffnen diese Klappen und ermöglichen damit zusätzliche Luft ins Triebwerk unter Verbesserung der Strömungsbedingungen im Diffusorteil. Im Flug liegt der Druck im Einlauf stets über dem statischen Außendruck, so daß die Klappen geschlossen sind. Heute wird in der Regel auf solche Klappen insbesondere aus Lärmgründen verzichtet und dafür die Eintrittslippe stärker ausgerundet.

Überschall-Lufteinläufe

Beim Überschall-Lufteinlauf ist zunächst die Überschallströmung auf Schallgeschwindigkeit zu bringen, um anschließend in einem Unterschalldiffusor auf die Geschwindigkeit des Verdichtereintritts reduziert zu werden. Der Unterschalldiffusor kann sowohl zusätzliche Klappen für Zusatzluft oder Abblaseventile zur Durchsatzreduzierung aufweisen. Die größten Druckverluste entstehen im Überschallteil. Es gibt dafür zwei klassische Bauarten, sowie eine Kombination beider Systeme. Diese sind zum einen die Bauart mit der inneren und zum anderen mit der äußeren Überschallverdichtung. Bei der ersteren wird in einem sich in Strömungsrichtung verjüngenden Überschalldiffusor die Überschallströmung auf Schallgeschwindigkeit verzögert.

Eine typische Einlaufkonfiguration mit gemischter Verdichtung für hohen Überschallflug zeigt Bild 5-1. Die variablen Stellgrößen sind in diesem Beispiel drei Rampen im Überschallteil, eine Rampe im Diffusorteil und Klappen zur Luftabblasung.

Die Aufgabenstellung besteht darin, diese Stellgrößen so zu steuern, daß der Druckverlust minimiert und aerodynamische Instabilität vermieden wird. Das bedeutet zum einen, daß möglichst wenig Luft der auftreffenden Stromröhre vor dem oder im Einlauf abgeblasen werden muß und zum anderen, daß der letzte senkrechte Stoß möglichst wenig gegenüber seiner optimalen Lage nahe dem engsten Querschnitt auswandert. Zu erfüllen ist dabei in jedem Fall die Kontinuitätsbedingung, wonach sowohl die absoluten als auch die reduzierten Luftdurchsätze am Austritt des Einlaufs und am Triebwerkeintritt identisch sein müssen. Druckprofile und Austrittsdrall haben innerhalb der vom Triebwerk zu tolerierenden Grenzen zu liegen. Erhöht sich der Triebwerkdurchsatz bei festgehaltener Geometrie des Einlaufs und einer vorgegebenen Flug-Machzahl, so wandert der abschließende senkrechte Verdichtungsstoß stromabwärts und erhöht den Druckverlust. Bei verringertem Triebwerkdurchsatz wandert dieser Verdichtungsstoß stromaufwärts in den sich verengenden Teil des Einlaufs, wo er sich nicht stabilisieren kann, zyklisch hin- und herwandert und aerodynamische Instabilität auslöst. Dieser Arbeitsbereich ist deshalb unzulässig.

5.2 Lufteinlauf 117

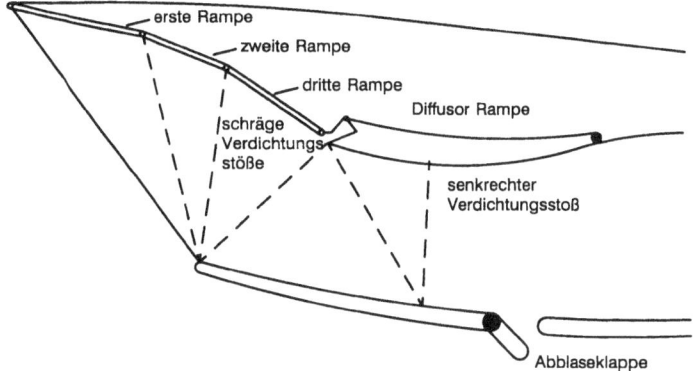

Bild 5-1 Beispiel für Überschalleinlauf mit gemischter Verdichtung

Die wichtigsten Betriebsvariablen bzw. Störgrößen für den Überschalleinlauf sind somit:
- Flug-Machzahl Ma,
- Anstellwinkel des Flugzeugs ab einem bestimmten kritischen Wert,
- Luftdurchsatz des Triebwerks im stationären und instationären Betrieb.

Hinzukommen können noch weitere Störgrößen wie z. B. durch den Abschuß von Bordwaffen, falls deren Rückstoßgase Druck- und evtl. sogar Temperaturprofile am Eintritt des Einlaufs erzeugen.

Anstatt des tatsächlichen Flugzeuganstellwinkels wird manchmal auch die Stellung des Höhenleitwerkruders verwendet. Allerdings ist dabei eine Signalverzögerung unter grober Berücksichtigung des Flugzeugansprechverhaltens um die Querachse vorzusehen. Hinsichtlich der Varianz des Triebwerkluftdurchsatzes ist folgendes zu berücksichtigen.

In der Praxis wird im hohen Überschallflug meist die absolute Drehzahl des Triebwerks in etwa konstant gehalten, indem Leerlaufdrehzahl und Vollastdrehzahl identisch oder nahezu identisch sind. Die Schubmodulation erfolgt dann ausschließlich über den Grad der Nachverbrennung. Damit wäre der reduzierte Luftdurchsatz des Triebwerks nur noch eine Funktion der Eintrittstemperatur und damit der Flug-Machzahl Ma. Tatsächlich zu berücksichtigen sind allerdings die Möglichkeit einer Triebwerknotabschaltung im Überschallflug sowie des Verdichterpumpens über einen gewissen Zeitraum. Neben diesen auf Schäden zurückzuführenden Ereignissen kann eine instationäre Änderung des Luftdurchsatzes aber auch beim Ein- und Abschalten der Nachverbrennung sowie deren Laständerung auftreten. Verursacht wird dieser Effekt durch eine momentane An- oder Entdrosselung, wenn der Nachbrennerbetrieb instationär die ideale Beziehung zwischen der effektiven Schubdüsenfläche und dem Grad der Nachverbrennung verläßt. Es treten dabei zwei sich addierende Effekte auf. Zum einen arbeitet der erste Verdichter (Fan) im hohen Überschallflug bei sehr niedrigen $N/\sqrt{T}$-Werten. In diesem Teil der Charakteristik liegen diese $N/\sqrt{T}$ = const.-Linien bereits sehr flach, so daß selbst geringfügige Druckverhältniserhöhungen beim Androsseln den Durchsatz deutlich reduzieren. Hinzu kommt dann aber zweitens noch ein Abfall der Fan-Drehzahl bei konstanter HD-Drehzahl, da beim Androsseln das Druckverhältnis über die ND-Turbine sinkt und mit der geringeren Turbinenarbeit sich ein neuer Gleichgewichtszustand zwischen Verdichter und Turbine bei einer niedrigeren Drehzahl einstellt. Bild 5-2 zeigt die typische Auswanderung des Arbeitspunktes bei An- und Entdrosselung des Nachbrenners mit der Auswirkung auf den Luftdurchsatz.

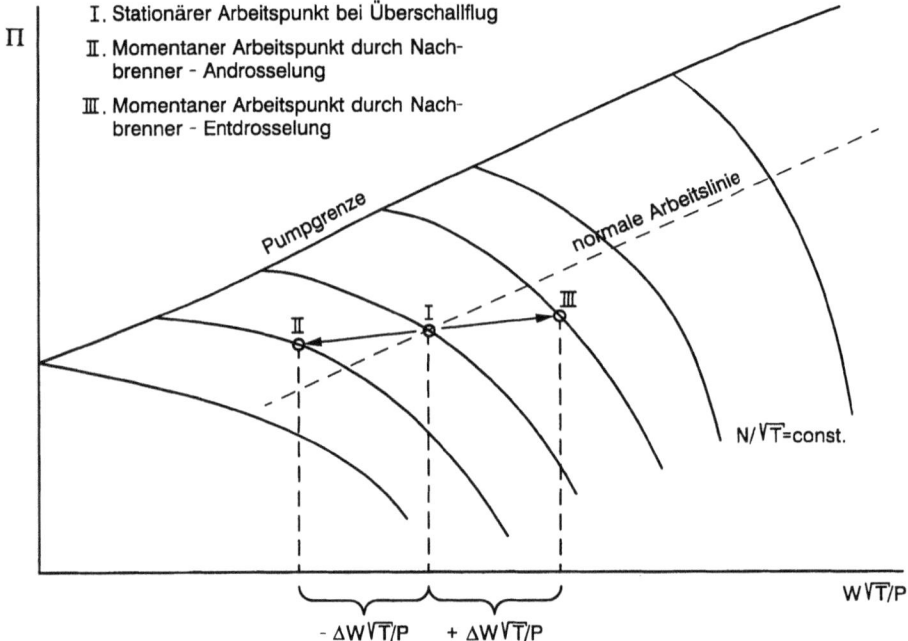

Bild 5-2 Luftdurchsatzänderung im ersten Verdichter bei instationärem Nachbrennerbetrieb

Daraus folgt, daß ein $N/\sqrt{T}$ -Signal nur grob repräsentativ für den Luftdurchsatz ist und das System Einlauf/Verdichter so auszulegen ist, daß solche Abweichungen toleriert werden können, ohne den Verdichter in einen Strömungsabriß oder den Einlauf in einen gefährlichen aerodynamischen Schwingungszustand zu treiben.

Für die Betätigung der Steuerorgane werden zum einen reine Steuerprogramme eingesetzt, bei denen die Eingangsgrößen gewöhnlich die Flug-Machzahl, der Anstellwinkel und die reduzierte Drehzahl des ersten Verdichters sind.

Ferner gibt es Systeme, bei denen neben der Steuerung der Überschallrampen zumindest die Lage des letzten (senkrechten) Verdichtungsstoßes durch Verstellen des kritischen Querschnittes oder/und der Abblaseklappen auf einen optimalen Wert eingeregelt wird. Dieser optimale Wert ist meist eine Funktion der Flug-Machzahl Ma, so daß dieser Sollwert mit dem Parameter Ma vorzusteuern ist.

Wegen der großen Bedeutung einer Druckverlustminimierung im Einlauf bei hohem Überschallflug gibt es immer wieder Bestrebungen, die bisher weitgehend autarke Steuerung der Einlaufgeometrie künftig mit dem Triebwerkbetriebssystem enger zu verknüpfen. Damit könnten dann die z. Z. noch relativ großen notwendigen Sicherheitsreserven z. B. hinsichtlich der Lage des letzten Verdichtungsstoßes relativ zu seinem Optimalwert weiter verringert werden. In der Literatur gibt es dafür zahlreiche Vorschläge, von denen in den neuesten Flugzeugprojekten bereits einiges realisiert ist.

5.3 Verdichter

Beim Verdichter können eine ganze Reihe von autarken Steuerungen notwendig sein. Sie dienen sowohl zur Vermeidung einer aerodynamischen Überlastung als auch zur Optimierung seiner Leistungsdaten und außerdem zur Lieferung von Druckluft für die Kühlung anderer Triebwerkkomponenten, zur Enteisung, zum Antrieb von Hilfsaggregaten sowie zur Kabinenbelüftung. Insbesondere die vielstufigen Axialverdichter hohen Druckverhältnisses könnten mit fester Geometrie lediglich für einen relativ kleinen Arbeitsbereich aerodynamisch optimiert werden. Zu den zu optimierenden Parametern gehören Massendurchsatz, ausreichender Pumpgrenzenabstand zum stationären Arbeitsbereich und vor allem ein möglichst hoher Wirkungsgrad. Der optimale Wirkungsgrad liegt meist bei etwa 90 % ($N/\sqrt{T}$), wobei 100 % ($N/\sqrt{T}$) etwa dem Vollastpunkt bei ISA 0/0 entspricht und wird häufig beim Reiseflug oder auch beim Vollast-Startschub am Warm-Tag erreicht, die beide möglichst hohe Verdichterwirkungsgrade verlangen. Würde man einen solchen Verdichter ohne zusätzliche Maßnahmen im Bereich niedriger reduzierter Drehzahlen betreiben, wie z. B. bei Leerlauf, würden insbesondere die hinteren Verdichterstufen mit falschen Anströmwinkeln arbeiten und ohne eigene Druckerhöhung die Strömungsgitter weitgehend blockieren. Die Folge wäre, daß die ersten Stufen die gesamte Druckerhöhung leisten müßten und dadurch aerodynamisch überlastet wären. Diese Überlastung führte zum Strömungsabriß und damit zum gefürchteten Verdichterpumpen. Zur Vermeidung dieses Strömungsabrisses gibt es im wesentlichen drei Möglichkeiten:
– Aufteilung des Verdichtungsprozesses des HD-Verdichters auf zwei Wellen mit jeweils eigenen Turbinen, die sich dann in ihrer Drehzahlbeziehung über dem Arbeitsbereich automatisch, d. h. ohne zusätzliche Steuerung nahezu optimal einstellen, so daß eine aerodynamische Überlastung vermieden wird; dieses Prinzip wird z. B. von Rolls-Royce bei seinen großen zivilen Triebwerken seit den sechziger Jahren bis heute angewandt; ferner wurde es erfolgreich angewandt beim Tornado-Triebwerk RB199 der Turbo-Union,
– Verstellung, d. h. Verdrehung einer oder mehrerer Reihen von Leitschaufeln, um die Schaufelwinkel im Teillastbereich besser anzupassen,
– Luftabblasung aus einer mittleren Verdichterstufe im unteren Drehzahlbereich unterhalb von Leerlauf; dadurch ergibt sich eine Entlastung der hinteren Stufen durch eine reduzierte axiale Machzahl mit einer verbesserten Angleichung der Strömungsdreiecke an die für den oberen Drehzahlbereich ausgelegte Schaufelgeometrie.

Im folgenden werden die üblicherweise einfachen Steuerfunktionen beispielhaft kurz dargestellt.

a) Vorleitradverstellung

Die meisten Einstrom- sowie die erste Generation von Zweistromtriebwerken besaßen in der Regel Verdichter bzw. HD-Verdichter ausschließlich mit einem verstellbaren Vorleitrad. Dieses diente im unteren Drehzahlbereich zur Drosselung des Massendurchsatzes und damit der aerodynamischen Entlastung. Die Winkelstellung dieses Vorleitrads wird als Funktion der reduzierten Drehzahl $N/\sqrt{T}$ gesteuert, die einer repräsentativen Machzahl in Umfangsrichtung entspricht. Dabei sollte die Temperatur T, mit der die reduzierte Drehzahl $N/\sqrt{T}$ gebildet wird, möglichst vor dem HD-Verdichter und nicht vor dem Fan bei Mehrwellentriebwerken gemessen werden. Zwar ist das Temperaturverhältnis über dem Fan im stationären Betrieb auch eine Funktion von $N/\sqrt{T}$, so daß es demnach scheinbar gleichgültig ist, welche Temperatur man für den Steuerparameter heranzieht. Tatsächlich kann diese Beziehung aber gestört werden z. B. im instationären Betrieb, bei dem die Drehzahlbeziehung gegenüber dem stationären Betrieb nicht unbeträchtlich abweichen kann. Das gleiche gilt für Luft- und Leistungsentnahme. Dadurch könnte sich eine nicht akzeptable Beeinflussung der angestrebten Steuerfunktion ergeben. Dieser Gesichtspunkt gilt ebenfalls für die im folgenden beschriebenen weiteren Steuerungen als Funktion von $N/\sqrt{T}$. Eine typische Vorleitradsteuerung ist in Bild 5-3 qualitativ dargestellt. Das Verstellorgan wird meist elektrisch angesteuert und arbeitet in der Regel entweder mit Druckluft oder Hydrauliköl.

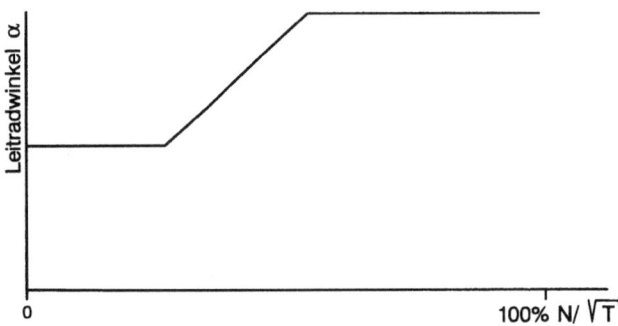

Bild 5-3 Typische Steuerfunktion für Verdichter-Vorleitradverstellung

5.3 Verdichter

b) Mehrstufige Leitradverstellung

Die mehrstufige Leitradverstellung wurde von der Firma General Electric bereits in den fünfziger Jahren bei ihren vielstufigen Verdichtern eingeführt. Dabei wird angestrebt, die Leitschaufeln mehrerer Stufen gemäß den Strömungsbedingungen über einen relativ weiten Betriebsbereich zu optimieren. Die Leitschaufeln können in Gruppen sowohl nur im hinteren Bereich als auch in Kombination mit einem vorderen Stufenbereich des Verdichters verstellt werden. Da meist nur ein Verstellgerät, manchmal auch je eines für die vordere und hintere Verstellgruppe vorgesehen wird, sind unterschiedliche Verstellungsanforderungen innerhalb einer Gruppe durch die übertragenden Hebelmechanismen zu realisieren. Damit kann dann für jede Stufe (annähernd) die optimale Verstellung realisiert werden. Bild 5-4 zeigt beispielhaft eine individuelle Verstellung der Leitschaufeln der letzten drei Stufen eines 6-stufigen Verdichters zusammen mit der gemeinsamen Verstellung einer vorderen Stufengruppe.

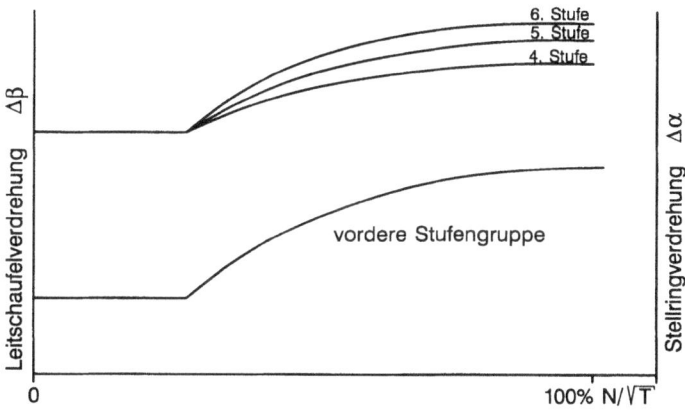

Bild 5-4 Beispiel für mehrstufige Verdichter-Leitradverstellung

Neben der früher üblichen Steuerung der variablen Verdichtergeometrie als Funktion ausschließlich der reduzierten Drehzahl $N/\sqrt{T}$, werden heute weitere Steuerparameter herangezogen. So wird nunmehr häufig der Reynolds-Zahl-Effekt auf die Verdichterleistungsdaten, angenähert durch einen mittleren absoluten Verdichterdruck, mit berücksichtigt, oder auch eine kurzzeitige Verstellung zur Entlastung bei einem Pumpvorgang durchgeführt. *Mode Control* (vgl. Abschnitt 4.7) kann weitere Steuersignale liefern.

c) Abblaseluft im untersten Drehzahlbereich zur Entlastung der hinteren Verdichterstufen

Diese Abblaseluft ist die einfachste Maßnahme zur Entlastung der hinteren Stufen im untersten Drehzahlbereich. In der Regel ist in einer mittleren Stufe ein Abblaseventil vorgesehen, das zwischen Stillstand und einer Drehzahl meist unterhalb der Leerlaufdrehzahl geöffnet ist. Oberhalb dieser Drehzahl bleibt es geschlossen, so daß im normalen Betrieb dadurch keine Verluste entstehen. Das Ventil besitzt nur die zwei Stellungen „zu" und „auf". In der offenen Stellung werden meist ca. 10% der Verdichterluft überbord abgeblasen. In der Regel wird die Abblaseluft möglichst gleichmäßig am Umfang einer mittleren Stufe entnommen, um gerade bei größeren Mengen keine unerwünschten Strömungsinhomogenitäten in Umfangsrichtung zu erzeugen. Diese Verdichterabblasung wird entweder alleine oder auch in Kombination mit einer der beschriebenen Leitradverstellungen angewendet. Bild 5-5 zeigt eine typische Steuerfunktion für eine solche Verstellung. Häufig wird eine Hysteresefunktion eingebaut, falls ein stationärer Betrieb bei der Schaltdrehzahl möglich ist, um ein zyklisches Öffnen/Schließen des Ventils zu vermeiden.

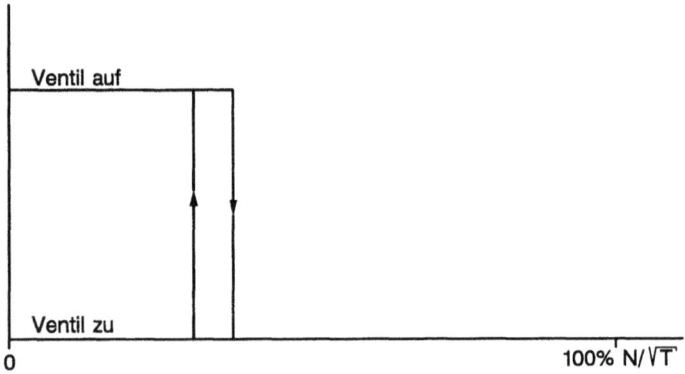

Bild 5-5 Typische Steuerfunktion für Verdichter-Luftabblasung zur aerodynamischen Entlastung im untersten Drehzahlbereich

d) Abblaseluft für andere Triebwerksysteme

Der Vollständigkeit halber sei erwähnt, daß häufig eine größere Zahl von Zapfstellen existiert, um die im folgenden beschriebenen Aufgaben zu erfüllen. Dabei handelt es sich teilweise um ungesteuerte Entnahmen, deren Luftmengen lediglich durch feste Drosselstellen in den Entnahmeleitungen definiert und vor allem begrenzt sind und zum anderen Teil um gesteuerte Entnahmen, bei denen ein Ventil in die Leitung eingebaut ist, das in der Regel nur in die zwei Stellungen „auf" und „zu", je nach Bedarf, gesteuert werden kann.

Typische Luftentnahmen sind:
– Kühlluft, meist nach dem Fan, zur Reduzierung der Schaufelspiele durch Kühlung des Gehäuses der Strömungsmaschine – gesteuert (vgl. Abschnitt 5.4),
– Kühlluft für die ND-Turbinenschaufeln aus vorderen Stufen des HD-Verdichters – gesteuert und ungesteuert,
– Kabinenluft aus meist mittlerer Stufe des HD-Verdichters – gesteuert vom zellenseitigen Kabinenluftsystem,
– Kühlluft für die HD-Turbinenschaufeln aus letzter HD-Verdichterstufe – gesteuert oder ungesteuert,

5.3 Verdichter

- Antriebsluft für pneumatische Verstellsysteme (Leiträder, Ventile, Düsenklappen etc.) meist aus mittlerer HD-Verdichterstufe – gesteuert,
- Antriebsluft für pneumatisch angetriebene Nachbrenner-Brennstoffpumpen, meist aus mittlerer oder hinterer HD-Verdichterstufe – gesteuert,
- Treibluft für Kühlsysteme durch Ejektorwirkung, meist aus mittlerer HD-Verdichterstufe – gesteuert,
- Enteisungsluft im Lufteintrittsbereich – meist aus mittlerer HD-Verdichterstufe – gesteuert,
- Sperrluft für Dichtungs- und Ölsystem je nach Erfordernis des anliegenden Druckniveaus – ungesteuert,
- Steuerluft für Regelgeräte, früher mit konstantem Durchfluß, heute durch Verwendung elektrischer Druckgeber meist kein Durchfluß mehr nötig, sondern nur kurze Druckleitung.

e) Aktive Maßnahmen zur Konstanthaltung des Schaufelspiels

Zunehmend setzten sich auch bei modernen HD-Verdichtern, insbesondere bei Triebwerken der zivilen Luftfahrt, Maßnahmen zur Konstanthaltung und damit Verringerung der Spiele zwischen Schaufeln und Gehäuse durch. Die Verringerung der Schaufelspiele ist ein wesentlicher Beitrag zur Leistungsverbesserung und damit Brennstoffverbrauchsreduzierung. Die Varianz von Rotorschaufelspielen ergibt sich im wesentlichen aus der

- Aufweitung des Rotors durch Fliehkraft mit zunehmender Drehzahl,
- Aufheizung und damit Aufweitung des Rotors (Schaufeln und Scheiben) und
- Aufheizung und damit Aufweitung der Gehäusestruktur.

Selbst wenn im stationären Betrieb durch geeignete konstruktive Maßnahmen die thermischen Gehäuseaufweitungen denen des Rotors einigermaßen angenähert werden, ergeben sich im bzw. nach einem instationären Betrieb zeitlich unterschiedliche Aufheizraten für das schwere Rotorsystem und die viel leichtere Gehäusekonstruktion der Triebwerke.

Ersichtlich entsteht ohne zusätzliche Maßnahmen eine Varianz der Schaufelspiele im Betrieb um ein relativ großes mittleres Spiel, das sich erstmals nach Durchlaufen des dafür kritischsten instationären Betriebszustandes ggf. durch Ausreiben der Anlaufbeläge einstellt.

Zur Reduzierung dieses Schaufelspiels im Steig- und Reiseflug, die für die Höhe des Brennstoffverbrauchs am wesentlichsten sind, wird bei diesen Betriebszuständen über eine Leitung mit Ventil relativ kalte Fan-Luft auf den mittleren und hinteren Teil des HD-Verdichtergehäuses geleitet.

Die Zuschaltung der Kühlluft erfolgt durch das elektronische Steuer- und Regelsystem (FADEC) nach Flughöhe und Rotordrehzahl. Vor der Landung, wenn vom Piloten rasche Triebwerkverzögerungen und -beschleunigungen durchzuführen sind, typisch z. B. beim Einsatz eines Schubumkehrers, ist die Kühlluft abzuschalten. Ohne Abschaltung ergäbe sich ein weiterer Einlauf der Schaufeln in den Dichtungsbelag und damit beim nächsten Flug größere Spiele mit erhöhtem Brennstoffverbrauch.

5.4 Turbinen

Obwohl verstellbare Turbinenleiträder durchaus einen gewissen Vorteil bei der Optimierung des Betriebsverhaltens bringen könnten, hat sich diese Art der variablen Geometrie bisher im Flugtriebwerkbau nicht durchsetzen könne. Der Grund liegt in den hohen Temperaturen, Schwierigkeiten der Abdichtung und der zusätzlichen Komplexität.

Dagegen setzen sich hier zunehmend Maßnahmen zur Konstanthaltung und damit Verringerung der Spiele zwischen Schaufeln und Gehäuse durch. Die Verringerung von Schaufelspielen im Betrieb ist ein ganz wesentlicher Beitrag zur Leistungsverbesserung auch der Turbinen. Analog zum Verdichter ergibt sich die Varianz von Rotorschaufelspielen im wesentlichen aus der

– Aufweitung des Rotors durch Fliehkraft mit zunehmender Drehzahl,
– Aufheizung des Rotors (Schaufeln und Scheiben) und
– Aufheizung der Gehäusestruktur.

Wegen der generell hohen Temperaturen im Turbinenbereich ergibt sich hier ein noch größeres Verbesserungspotential durch eine gezielte Kühlung der relativ leichten und damit schnell ansprechenden Turbinengehäuse mit möglichst kühler Verdichterluft. Diese kann z. B. im Reiseflug zugeschaltet werden, um den Gehäusedurchmesser zu verkleinern und den Wirkungsgrad und damit den Brennstoffverbrauch zu verbessern. Ein weiteres Konzept zur aktiven Turbinenschaufelspiel-Optimierung besteht in einer Reduzierung der Rotor-Kühlluft bei reduzierter Leistung, wie z. B. im Reiseflug und Landeanflug. Dadurch bleibt die Rotortemperatur hoch mit resultierenden geringen Spielen. Beide Konzepte können alternativ oder auch in Kombination angewendet werden. Häufig können die Ventile kontinuierlich auf- und zugefahren werden. Die Steuerung erfolgt wie beim Verdichter automatisch durch das elektronische Steuer- und Regelsystem in Abhängigkeit von Flughöhe und HD-Rotordrehzahl.

Die beschriebenen Systeme stellen reine Steuerungen dar, die durch einen oder mehrere Flugzustands- und/oder Triebwerkparameter geschaltet werden und bei denen die Kühlwirkung und damit Spaltveränderung stationär und instationär vorausberechnet wurde. Sei längerem in der Diskussion und z. T. in Erprobung sind jedoch bereits geschlossene Regelkreise, bei denen ein Sensor das tatsächliche mittlere Schaufelspiel mißt und dieses über das Stellglied „Kühlluftventil" auf ein Minimum einregelt. Allerdings muß auch hier eine Spielverringerung unterbleiben, sobald größere instationäre Betriebsabläufe anstehen.

5.5 Brennkammer und Nachbrenner

Bei den Verbrennungssystemen werden wegen der sehr großen Varianz der zuzumessenden Brennstoffmengen zur Verbesserung des Ausbrenngrades, der Zündwilligkeit und der Verlöschgrenze in der Regel unterschiedliche Brennerdüsen für kleine und für große Brennstoffmengen beschickt. Diese sehr großen Unterschiede in den Brennstoffflüssen ergeben sich aus zwei Gründen. Zum einen variiert bei einem gegebenen Flugzustand das Brennstoff-/Luftverhältnis zwischen Minimal- und Maximallast bereits sehr stark. Zum anderen variiert bei gleichem Brennstoff-/Luftverhältnis zwischen zwei extremen Flugzuständen der Brennstofffluß in etwa proportional zum Niveau des Ansaugdrucks vor dem ersten Verdichter. Damit können sich bereits im normalen stationären Triebwerkbetrieb Variationen im zuzumessenden Brennstoff von insgesamt mehr als 20:1 ergeben. Bedenkt man ferner, daß sich nach der Bernoulli-Gleichung die Druckdifferenz über eine feste Durchflußöffnung eines Brenners im Quadrat zur Durchflußmenge ändert, so ergäbe sich bei den minimalen Brennstoffflüssen keinerlei ausreichende Druckdifferenz mehr zur Zerstäubung des einzuspritzenden Brennstoffs. Eine gebräuchliche Maßnahme ist deshalb häufig die Reduzierung der Brennerdurchflußöffnungen für kleine Brennstoffflüsse. Dafür sind unterschiedliche Steuerkonzepte gebräuchlich:

a) Der Brennstoff wird bereits im Brennstoffzumeßsystem so aufgeteilt, daß bei minimalen Flüssen nur noch Brennerdüsen mit stark reduzierten Querschnitten beschickt werden.

b) Vor den Brennern ist ein Druckhalteventil angeordnet, das erst bei höheren Drücken (Durchflüssen) die Zuleitung zu den Brennern mit den größeren Zumeßöffnungen öffnet.

c) Das Verteilerventil wird alternativ von außen gesteuert. Bei Nachbrennersystemen kann dazu die Stellung der variablen Schubdüse evtl. auch in Kombination mit dem Ansaugdruck herangezogen werden.

d) Die unter b) beschriebenen Druckhalteventile oder äquivalente Maßnahmen sind in den Brennerdüsen integriert.

Bei d) kann es sich z. B. bei Nachbrennern um Konstruktionen handeln, bei denen koaxial angeordnete Brennstoffzumeßringe ovalen Querschnitts sich unter steigendem Brennstoffdruck in Richtung Kreisquerschnitt verändern und dabei konisch ausgebildete Drosselstifte aus den Zumeßöffnungen ziehen, wodurch die Düsen-Durchflußquerschnitte kontinuierlich vergrößert werden.

Ein weiteres Problem kann sich bei der Brennstoffzumessung zur Triebwerkbrennkammer in großer Flughöhe und Langsamflug ergeben. Hier sind die Brennstoffflüsse selbst bei Vollast sehr gering und die Druckdifferenz über die Brennerdüsen wegen der quadratischen Abhängigkeit extrem klein. Dadurch kann der Druckunterschied zwischen Brennerdüsen im oberen und unteren Brennkammerbereich aufgrund der unterschiedlichen geodätischen Höhe zu beträchtlichen Unterschieden in der Brennstoffzumessung führen. Das daraus resultierende Temperaturprofil ist aus mehreren Gründen unerwünscht, da u. U. die Temperaturbegrenzung sich an der heißesten Stelle orientiert und damit die Triebwerkleistung stark zurücknimmt. Wurde dagegen für die Temperaturbegrenzung nur ein Mittelwert gebildet und auf diesen begrenzt, so könnten die Turbinenleitschaufeln im unteren Brennkammerbereich überhitzt werden.

Zur Vermeidung bzw. Kompensierung dieser Problematik werden häufig autarke Steuersysteme eingesetzt, die aus automatischen Verteilerventilen bestehen. Diese können entweder in den Brennern integriert sein oder vor diesen in den Brennerzuleitungen sitzen, wie früher üblich. Das Prinzip dieser Verteilerventile ist in Bild 5-6 dargestellt. Ein federbelastetes Gewicht verschließt in der Ruhestellung eine Zumeßöffnung. Diese wird mit zunehmendem Brennstoffdruck geöffnet, wobei aber beim unteren Verteilerventil die effektive Zumeßöffnung etwas kleiner ausfällt als beim oberen Verteilerventil durch die entgegengesetzte Wirkung der Gewichte. Diese können zusammen mit den Zumeßöffnungen so dimensioniert werden, daß mit guter Näherung über einen größeren Arbeitsbereich der Einfluß der geodätischen Höhenunterschiede der einzelnen Brenner ausgeglichen wird.

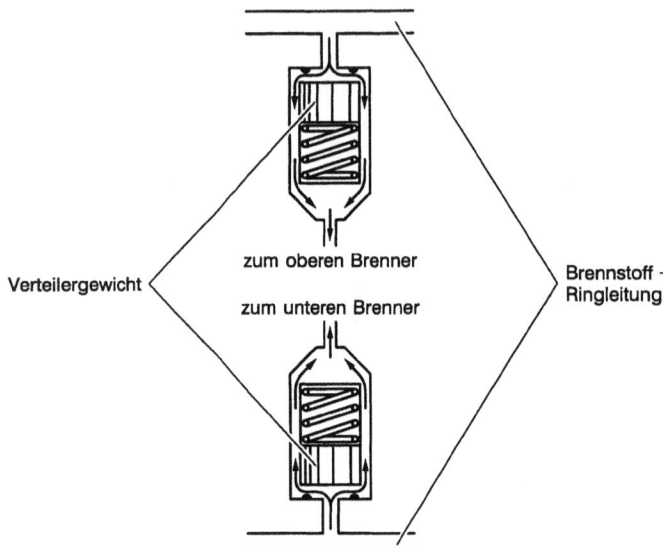

Bild 5-6 Brennstoffverteilerventile zum Ausgleich der Höhenlage der Einspritzdüsen bei niedrigen Durchflüssen

5.6 Schubdüse für Überschallflug

Der engste Querschnitt einer Schubdüse bestimmt die Drosselung des Triebwerks und damit vor allem das Arbeitslinienniveau im dafür maßgeblichen Verdichter. Bei Triebwerken ohne Nachverbrennung hat der engste Querschnitt der Schubdüse in der Regel einen festen Wert und stellt somit keine Steuerungsanforderungen. Dagegen ist bei Triebwerken mit Nachverbrennung für hohen Überschallflug der engste Schubdüsenquerschnitt stets variabel und stellt für die Steuerung bzw. Regelung des Nachbrenners einen äußerst wichtigen Parameter dar (vgl. z. B. Abschnitt 4.6).

Darüber hinaus besitzen Nachbrennertriebwerke für hohen Überschallflug häufig aber nach dem engsten Schubdüsenquerschnitt, in dem Schallgeschwindigkeit herrscht, noch einen anschließenden divergenten Schubdüsenteil, dessen Endquerschnitt ebenfalls variabel ist. Dieser divergente Teil dient dazu, den bei hohem Überschallflug sehr hohen Gasdruck im engsten Schubdüsenquerschnitt in eine höhere Geschwindigkeit des austretenden Gasstrahls umzusetzen und damit eine zusätzliche Schuberhöhung zu erzielen.

Da die Größe des Endquerschnitts A_9 keinen Einfluß auf das Triebwerkverhalten hat, sofern im davorliegenden engsten Querschnitt A_8 mindestens Schallgeschwindigkeit herrscht, kann A_9 losgelöst von der eigentlichen Triebwerksteuerung nach rein schubökonomischen Gesichtspunkten, also autark, gesteuert werden. Häufig reicht dafür die einfache Steuerfunktion $A_9 = f(A_8; P_{s7}/P_{s0})$ aus, mit P_{s7}/P_{s0} als dem Düsendruckverhältnis, das selbst im wesentlichen eine Funktion der Flug-Machzahl ist.

5.7 Schubumkehrer

Zur Reduzierung der Landestrecken wird neben den Radbremsen häufig Umkehrschub eingesetzt. Der Umkehrschub wurde bei den größeren Verkehrsflugzeugen schon frühzeitig eingeführt. Bei den Kampfflugzeugen stellt der Schubumkehrer die Ausnahme dar (vgl. Saab Viggen und Panavia Tornado). Relativ einfach zu bewerkstelligen ist der Umkehrschub bei den Turboprop-Triebwerken mit Verstellpropeller. Hier wird der Blattwinkel über die Neutralstellung hinaus verstellt, so daß sich der geförderte Luftstrom umkehrt.

Beim Turbostrahltriebwerk sind drei verschiedene Systeme im Einsatz. Dabei lenken die beiden ersten Systeme den gesamten Gasstrom vor dem Austritt um etwa 45° schräg nach vorne um. Sie werden eingesetzt bei Triebwerken mit relativ niedrigem Nebenstromverhältnis. Dagegen genügt bei den Triebwerken mit hohem Nebenstromverhältnis die Umlenkung des kalten Außenstroms, während der relativ kleine heiße Innenstrom unabgelenkt nach hinten austritt. Die drei üblichen Bauarten sind:

a) Kaskaden-Schubumkehrer mit Einfahren von Klappen in den Gasstrom vor der Schubdüse unter gleichzeitiger Öffnung von Strömungsgittern (Kaskaden) im Schubrohr, die den gesamten Abgasstrom unter etwa 45° schräg nach vorn umlenken,

b) Umlenkklappen-Schubumkehrer mit Ausfahren von Umlenkklappen nach der Schubdüse, die den gesamten Abgasstrom ebenfalls unter etwa 45° schräg nach vorn umlenken und

c) System wie unter a), jedoch nur im Nebenstromkanal.

Bei der sich ergebenden effektiven Bremswirkung ist zu berücksichtigen, daß der Eintrittsimplus bei der noch hohen Rollgeschwindigkeit nach dem Aufsetzen ebenfalls zum Bruttoumkehrschub zu addieren ist, während er beim Vorwärtsschub vom Bruttoschub abzuziehen ist.

Betriebstechnische Forderungen an den Schubumkehrerbetrieb resultieren zum einen aus einer Minimierung der Rückwirkung auf den Triebwerkbetrieb sowie sicherheitstechnischen Forderungen in der kritischen Landephase. Wichtig ist zunächst, daß der effektive Drosselquerschnitt des Abgasstrahls bei Schubumlenkung möglichst gleich ist dem bei normalem Vorwärtsschub. Bei einem kleineren Querschnitt besteht die Gefahr des Verdichterpumpens, bei einem größeren droht Leistungsverlust. Diese Forderung gilt insbesondere für die Bauarten a) und c) und im Prinzip auch für den Umschaltvorgang, bei dem innerhalb von 1 – 2 Sekunden der normale Strömungsquerschnitt abgesperrt und die Umlenkkaskade geöffnet wird. Tatsächlich ist dieser Umschaltvorgang dann aber in der Praxis nicht ganz so kritisch, da die Umschaltung aus Sicherheitsgründen regelmäßig bei oder nahe bei Leerlauf erfolgt und in diesem Betriebsbereich der Einfluß der Abgasdrosselung relativ gering ist. Eine weitere sicherheitstechnische Forderung ist, daß das Triebwerk mit der angewählten Schubumkehr erst hochgefahren werden kann, wenn der Schubumkehrer tatsächlich ausgefahren wurde. Die Schubumkehrer werden meist pneumatisch betätigt, wobei entweder Zylinder und Kolben oder Luftmotoren verwendet werden. Seltener gelangen auch hydraulische Antriebe zur Anwendung. Die Steuerbefehle erfolgen vom Cockpit aus elektrisch zunächst an die elektronische Steuereinheit. Dort wird bei Vorliegen der sicherheitstechnischen Voraussetzungen der Antriebsmotor angesteuert.

6 Sicherheits- und Zuverlässigkeitsanforderungen

Das Betriebssystem des Flugtriebwerks hat einen wesentlichen Einfluß auf Sicherheit und Zuverlässigkeit des Triebwerks und damit des Fluggeräts.

Für die Zulassungsbehörden, die Betreiber, die Piloten und die Flugpassagiere zählt letztlich die Gesamtsicherheit und Gesamtzuverlässigkeit des Fluggeräts. Dies gilt grundsätzlich sowohl für den zivilen als auch den militärischen Bereich.

Die Zulassungsbehörden haben Kategorien festgelegt, die die Schwere eines Unfalls charakterisieren, vom Totalverlust von Mensch und Fluggerät mit möglichen schweren Umweltschäden bis zu vernachlässigbaren kleineren Schäden und Zwischenfällen am Gerät.

Für die Wahrscheinlichkeit, mit der ein Zustand eintritt, der zu einem in diesen Kategorien beschriebenen Unfällen führt, wurden Wahrscheinlichkeitsniveaus festgelegt, von „häufig" bis „äußerst unwahrscheinlich".

Wahrscheinlichkeitsklasse		Wahrscheinlichkeit des Auftretens/h	Erklärung
wahrscheinlich	häufig	$> 10^{-3}$	ständig während Lebensdauer
	wahrscheinlich	$< 10^{-3}$ bis $> 10^{-5}$	häufig während Lebensdauer
unwahrscheinlich	selten	$< 10^{-5}$ bis $> 10^{-7}$	kann während Lebensdauer vorkommen
	äußerst selten	$< 10^{-7}$ bis $> 10^{-9}$	recht unwahrscheinlich während Lebensdauer
äußerst unwahrscheinlich		$< 10^{-9}$	nahezu auszuschließen

Die Sicherheit, mit der die Mission eines Fluggeräts durchgeführt werden kann, hängt im wesentlichen von zwei Faktoren ab. Der erste Faktor ist der Mensch mit möglichen Fehlbedienungen, falschen Entscheidungen oder verspätetem Reagieren auf ungewöhnliche Ereignisse. Der zweite Faktor ist das technische Versagen von Komponenten und Systemen des Fluggeräts.

Eine Analyse der tödlichen Flugunfälle von den 50er bis in die 90er Jahre zeigt, daß diese, auf die Passagierflugstunden bezogen, um etwa einen Faktor 20 zurückgegangen sind.

Überwog früher eindeutig das technische Versagen von Komponenten und Systemen, so ist heute menschliches Versagen die häufigere Unfallursache. Man kann davon ausgehen, daß heute bis zu 70 % aller schweren Unfälle auf menschliches Versagen und nur 15 % auf technische Fehler zurückgeführt werden können. Der Rest der Ursachen ist unter „Sonstiges" einzugliedern, wie z. B. Wetter, Flugplatzzustand, unzureichende, falsche oder falsch verstandene Anweisungen von Fluglotsen etc. Dies beweist, daß die Technik sehr viel sicherer und zuverlässiger geworden ist.

Tatsache ist aber auch, daß menschliche Fehler durch intelligente Technik teilweise vermieden oder in ihrer Auswirkung häufig abgemildert werden können. Ein negatives Beispiel auf dem militärischen Sektor waren die zahlreichen Starfighter-Abstürze in der Bundesrepublik in den sechziger Jahren, die in ihrer überwiegenden Zahl auf Pilotenfehler und nicht auf technisches Versagen zurückzuführen waren. Dies allerdings vorwiegend deshalb, weil dieses Flugzeug in seiner G-Version für Deutschland auch kaum einen Pilotenfehler tolerierte.

Gute Pilotenschulung, pilotenfehlertolerantes Fluggerät sowie sinnvolle Systemauslegungen mit Selbstüberwachung und klarer Anzeige für den Piloten können und werden auf diesem Gebiet weitere Verbesserungen bringen.

Doch zurück zur Sicherheit der technischen Komponenten und Systeme. Warum kann es auch in technischen Systemen keine absolute Sicherheit geben? Können nicht Überwachungssysteme die absolute technische Sicherheit garantieren? Abgesehen davon, daß es heute nicht möglich ist, sich z. B. anbahnende Ermüdungsbereiche an wichtigen Komponenten sicher zu erkennen oder gar zu verhindern, stellt sich sofort die Frage, wer überwacht die Überwachungssysteme auf ihre korrekte Funktion?

Superüberwachungssysteme würden eine endlose Kette ergeben, die allein durch die nur endliche Zuverlässigkeit der zusätzlich benötigten Systeme wieder einen hohen Faktor an Unsicherheit erzeugen würde. Außerdem ist da noch der Mensch als ein Glied in dieser Kette „eingeschaltet", der nicht immer nach logischen, vorausberechenbaren Algorithmen reagiert.

Es ist deshalb festzustellen, daß die Sicherheit mit zunehmendem technischen Aufwand, d.h. Kosten, dem Grenzwert der absoluten Sicherheit zustrebt, diesen aber nie erreicht. Dabei ist mit steigendem Sicherheitsniveau für den gleichen technischen Aufwand ein immer kleinerer Gewinn an Sicherheit zu erzielen, wie bei solchen Sättigungskurven etwa gemäß einer e-Funktion üblich. Wo liegt nun die Grenze, bis zu der man sinnvollerweise zu gehen hat? Anders ausgedrückt, mit welcher Wahrscheinlichkeit dürfen Tod und Totalverlust eintreten?

Diese Grenzwahrscheinlichkeit, mit der diese Katastrophe eintreten darf, wurde auf 10^{-6} Fälle pro Flugstunde festgelegt, d.h. 1 solcher Unfall pro 1 Millionen Flugstunden. Da bekannt ist, daß der geringere Teil dieser Unfälle auf Fehler in Systemen zurückzuführen sind und man unterstellt, daß es in einem modernen Flugzeug bis zu 100 Systeme geben kann, deren Ausfälle katastrophale Auswirkungen haben können, darf also der Ausfall eines solchen Systems die Grenzwahrscheinlichkeit von 10^{-9} pro Flugstunde nicht überschreiten.

Die folgende Überlegung möge diese Fehlerwahrscheinlichkeit verdeutlichen: Die Chance, 6 Richtige im Lotto zu tippen, beträgt etwa 10^{-7} pro Spiel. Sie ist damit bis hundertmal höher als ein Systemausfall mit katastrophalen Folgen.

Auf obigen Sicherheitsüberlegungen basiert § 25.1309 der Bauvorschriften *Federal Airworthiness Requirements* (FAR) der amerikanischen Luftfahrtbehörde. Sie wurden auch in die europäischen Bauvorschriften *Joint Aviation Requirements* (JAR) der europäischen Luftfahrtbehörden JAA unter der gleichen Nummer übernommen [53]. Weitere

Darstellungen der Zusammenhänge bei der Sicherheit technischer Systeme in Luftfahrzeugen enthalten z. B. [54] bis [59].

Obige Grenzwahrscheinlichkeit ist jedoch keinesfalls die generelle Sicherheitsforderung an alle Systeme. Schließlich führt die überwiegende Mehrzahl aller technischen Ausfälle keineswegs jeweils in die absolute Katastrophe. Hier beginnt nun die Abschätzung und Analyse des Ingenieurs.

Wenn auch letztlich die Sicherheit des Flugzeugs im Vordergrund steht, so ist das Sicherheitskriterium des Triebwerk-Ingenieurs zunächst die Sicherheit gegen Triebwerkausfall. Auch hier wird Triebwerkausfall in Kategorien eingeteilt. Diese reichen von geringem bis starkem Schubverlust, totalem Schubverlust über Feuer bis zum berstenden Triebwerk, bei dem Scheibenbrocken die Gehäuse durchschlagen.

Letzteres muß unter allen Umständen vermieden werden und alle Berechnungs- und Konstruktionskriterien sind daraufhin ausgerichtet. Trotzdem kann dieser Schadensfall auftreten, obwohl das Triebwerk z. Z. insgesamt nur mit 6 % an den katastrophalen Unfällen beteiligt ist, was den hohen Sicherheitsstandard moderner Triebwerke belegt.

Ein besonders spektakulärer und katastrophaler Unfall wurde in der Literatur ausführlich beschrieben. Im Sommer 1989 verursachte der Bruch der Verdichterscheibe im Triebwerk einer DC-10 durch herausfliegende Bruchstücke den Verlust des gesamten Hydrauliksystems des Flugzeugs. Zwar gelang es den Piloten, das Flugzeug über die beiden verbliebenen Triebwerke noch hinreichend zu steuern, doch 45 Minuten nach dem Triebwerkausfall zerbarst die DC-10 auf dem Flughafen von Sioux City beim Versuch der Notlandung. Dabei starben 112 Passagiere des Flugzeugs.

Die nachfolgende Unfalluntersuchung ergab, daß der Bruch der Trägerscheibe der Fanblätter auf einen herstellungsbedingten Werkstofflegierungsfehler zurückzuführen war und bis dahin nicht entdeckt worden war. Dieser Unfall war deshalb durch das Regelsystem nicht zu verhindern gewesen.

Anders liegen die Verhältnisse, wenn Schaufeln und Scheibenstücke durch unzulässige Überdrehzahl wegzubrechen drohen. Dies ist durch das Betriebssystem zu verhindern. Je nach Ergebnis der Sicherheitsanalyse muß dann z. B. der Drehzahlgeber unmittelbar an der ND-Turbinenscheibe in einer dafür wegen der hohen Temperaturen eigentlich nicht sehr günstigen Stelle untergebracht werden, um bei einem Wellenbruch das Durchgehen der Turbine zu verhindern. Diese versucht man so zu konzipieren, daß bei unzulässigen Überdrehzahlen zunächst die Schaufeln abgeworfen werden, die das Gehäuse noch nicht durchschlagen, bevor sich die schwere Scheibe zerlegen würde.

Eine weitere, meist katastrophale Situation kann dann entstehen, wenn der Schub während der Startphase unter einen kritischen Wert abfällt oder im Flug ganz ausfällt, ohne die Triebwerke wieder in Gang setzen zu können. So kann z. B. das Ansaugen entsprechender Mengen von Hagelkörnern zu einem Ausfall aller Triebwerke im Flug führen. Die Änderung des physikalischen Aggregatzustands des Hagelkorns von Eis über die flüssige bis zur gasförmigen Phase verschlingt dabei soviel zusätzliche Energie, die das Regelsystem über die Brennstoffzumessung nicht ohne weiteres liefern kann.

In fünf von insgesamt 24 untersuchten Fällen dieser Art der jüngeren Vergangenheit war ein Wiederanlassen der Triebwerke danach nicht mehr oder fast nicht mehr möglich. So mußte z. B. eine Boeing 737-300 nach dem Ansaugen erheblicher Wassermengen beim Durchfliegen eines subtropischen Unwetters in der Nähe von New Orleans eine

6 Sicherheits- und Zuverlässigkeitsanforderungen

– glimpflich verlaufene – Außenlandung durchführen, weil beide Triebwerke ausgefallen waren. Nach diesem Vorfall mußte die gesamte Triebwerkserie modifiziert werden.

Bei den angeführten Beispielen handelte es sich um Fälle, bei denen die Unfallursache außerhalb des Betriebssystems lag, das Betriebssystem aber möglicherweise einen gewissen Einfluß auf Entstehen oder Nichtentstehen eines katastrophalen Unfalls haben kann. Demgegenüber stehen alle jene Fälle, bei denen ein Risiko durch den Ausfall von Komponenten des Betriebssystems selbst entsteht. Während es bei den Fällen der ersten Kategorie also um entsprechend intelligente Auslegungskriterien bei der Konzeption des Betriebssystems geht, bei der häufig Erfahrung und Intuition des verantwortlichen Ingenieurs gefragt sind, läßt sich die zweite Kategorie rechnerisch besser erfassen mit Hilfe mathematischer Ansätze aus der Wahrscheinlichkeitsrechnung.

Die Sicherheitsforderungen zum Beispiel der CAA (*British Civil Aviation Authority*) für die Triebwerke ziviler Flugzeuge fordern minimale Zuverlässigkeitszielwerte:

a) Es dürfen keine gleichzeitigen Fehler auf Grund der gleichen Ursache auftreten können, die zur Katastrophe führen.

b) Für das Flugzeug katastrophale Fehler, die auf die Triebwerke zurückzuführen sind, müssen eine Wahrscheinlichkeit von weniger als 1 Vorkommnis in 10 Millionen Flugzeugbetriebsstunden haben, d.h. $< 0.1 \cdot 10^{-6}$.

c) Fall b) bezogen auf Triebwerkstunden muß $< 0.01 \cdot 10^{-6}$ sein.

d) Fall b) bezogen auf den totalen Schubverlust im Flug muß $< 0.01 \cdot 10^{-6}$ sein.

Dies gilt unter der Voraussetzung, daß es mehrere Fehlerursachen und -verläufe gibt und daß mehr als ein Triebwerk installiert ist. Dabei wird davon ausgegangen, daß nicht jeder das Triebwerk zerstörende Fehler, wie z. B. eine entsprechende Überdrehzahl, dann notwendigerweise auch katastrophale Folgen für das Flugzeug haben muß. Diese Sicherheitsforderungen wurden aufgestellt nach einer Beurteilung, was erreichbar erscheint, basierend auf dem, was in den letzten z. B. 20 Jahren erreicht wurde. Die Wahrscheinlichkeit, daß ein Passagier durch einen solchen Flugunfall ums Leben kommt, ist, bezogen auf die Transportzeit, etwa um den Faktor 20 geringer als bei der Fahrt mit dem Pkw. Bezogen auf die zurückgelegte Strecke vergrößert sich dieser Faktor auf über 100.

Die Zuordnung des katastrophalen Fehlers von 0.01 per einer Million Betriebsstunden gilt für das gesamte Triebwerk, also einschließlich seiner Geräte. Sind diese dabei selbst z.B. mit etwa 10% beteiligt, so ergibt sich für die Komponenten des Steuer- und Regelsystems für einen solchen Fehler mit katastrophalen Folgen die Forderung, daß er im Mittel erst nach jeweils 1000 Millionen Betriebsstunden einmal auftreten darf, also $< 10^{-9}$.

Diese harte Forderung hat u.a. dazu geführt, daß praktisch alle Triebwerke mit einem unabhängigen Überdrehzahlregler bzw. -Begrenzer ausgestattet sind, um das Durchgehen des Rotors bei einem entsprechenden Fehler im Steuer- und Regelsystem vorher abzufangen. Damit läßt sich die zulässige Wahrscheinlichkeit eines Ausfalls oder Versagens der Überdrehzahlabfangvorrichtung für den Moment, in dem sie benötigt wird, bestimmen aus:

$$\begin{bmatrix} \text{Zulässige Ausfallrate} \\ \text{des Begrenzers} \end{bmatrix} \times \begin{bmatrix} \text{Wahrscheinlichkeit einer} \\ \text{unkontrollierten Überdrehzahl} \end{bmatrix} \times \text{Zeit}^2 < 0.001 \cdot 10^{-6} \times \text{Zeit}$$

Nimmt man z. B. die Wahrscheinlichkeit einer (vom zusätzlichen Begrenzer abzufangenden) unkontrollierten Überdrehzahl mit 5 per 10^6 h an, so gilt für die zulässige Wahrscheinlichkeit eines unerkannten Fehlers des Begrenzers:

$$\begin{bmatrix} \text{Zulässige Ausfallrate} \\ \text{des Begrenzers} \end{bmatrix} \times \text{Zeit} < 0.0002$$

Dabei wird als „Zeit" die Betriebszeit zwischen zwei Funktionsüberprüfungen des Begrenzers eingesetzt. Wird der Begrenzer vor jedem Flug überprüft (z. B. mittels eines automatischen Verfahrens) und beträgt die Flugdauer z. B. 1 Stunde, so darf der Begrenzer einmal in 5000 Stunden ausfallen.

Es muß in diesem Zusammenhang aber auch noch auf folgendes hingewiesen werden. Die Forderungen, die z. B. eine Luftfahrtgesellschaft an die Zuverlässigkeit der Triebwerkgeräte stellt, orientiert sich nicht nur an obigen Sicherheitsaspekten. Da der Gewinn der Gesellschaft entscheidend auch von der Verfügbarkeit (Einsatzfähigkeit) des Fluggeräts abhängt, werden deshalb häufig noch höhere Forderungen an die Komponentenzuverlässigkeit gestellt. Daraus können sich Auswirkungen auf die Auslegung z. B. des elektronischen Regelsystems ergeben. In den meisten Fällen würde z. B. eine einkanalige Elektronik mit den dazugehörigen hydraulischen Geräten plus dem unabhängigen Überdrehzahlschutz bereits die Sicherheitsforderungen erfüllen bezüglich einer zerstörenden Überdrehzahl.

Wenn aber aus rein wirtschaftlichen Gründen die Rate des totalen Schubverlustes nicht 100 per 10^6 Stunden sondern nur noch 15 per 10^6 Stunden betragen soll, so liegt der Zielwert für das Steuer-/Regelsystem nunmehr bei weniger als 5 Ausfällen per 10^6 Stunden. Dies ist dann aber beim gegenwärtigen Stand der Technik nur zu erreichen durch eine zweikanalige Elektronik mit einer zuverlässigen, auf das Allernötigste abgespeckten Hydraulik für die Brennstoffzumessung und z. B. die Verstellung variabler Geometrie am Triebwerk.

Diese harten Zuverlässigkeitsforderungen kommen daher, daß zweimotorige Flugzeuge nach einem Triebwerkausfall innerhalb von 60/90 Minuten landen müssen, was u. U. enorme Kosten verursachen und den Ruf der Fluglinie schädigen kann.

Geht man davon aus, daß die Ausfallwahrscheinlichkeit für die Hydraulik erfahrungsgemäß bei etwa 4 per 10^6 Stunden liegt, so gilt hier die Forderung für eine zweikanalige Elektronik:

$$\begin{bmatrix} \text{Ausfallrate der} \\ \text{Hydraulik} \\ \text{von } 4 \text{ per } 10^6 \text{ h} \end{bmatrix} \times \text{Zeit} + \begin{bmatrix} \text{Ausfallrate der} \\ \text{einkanaligen} \\ \text{Elektronik} \end{bmatrix}^2 \times \text{Zeit}^2 < \begin{bmatrix} \text{Wahrscheinlichkeit} \\ \text{des totalen} \\ \text{Schubverlustes} \end{bmatrix} \times \text{Zeit}$$

Diese Forderung ist durch die heutige Elektronik mit ihren Standzeiten deutlich übererfüllt, die kritischen Komponenten sind nunmehr die Hydraulik und Mechanik. Weitere Verbesserungen sind damit im wesentlichen nur noch durch Verdoppelung von Pumpen, Ventilen etc. zu erzielen.

7 Brennstofftypen und ihre physikalischen Eigenschaften

7.1 Grundsätzliches

Turboflugtriebwerke verwenden ausschließlich flüssige Brennstoffe als Energieträger. Einzelne Versuche mit gasförmigen Brennstoffen z. B. Wasserstoff in entsprechend umgerüsteten Verkehrsflugzeugen als Versuchsträger bewiesen die ökonomische Unterlegenheit der z. Z. untersuchten alternativen Brennstoffe. Eine andere Beurteilung kann sich wohl erst dann ergeben, wenn die Ölvorräte unwiderruflich zu Ende gehen und z. B. Wasserstoff kostengünstig aus Sonnenenergie zu gewinnen ist. Nach dem heutigen Kenntnisstand wäre es dann aber möglicherweise immer noch wirtschaftlich sinnvoll, zunächst die bodengebundenen Energieumsetzungsanlagen auf alternative Energieträger umzustellen und die dadurch dann wesentlich länger verfügbaren Erdölprodukte für die Luftfahrt zu reservieren. Aus diesem Grund sollen hier alternative Energieträger nicht weiter behandelt werden. Der unschätzbare Wert der Erdölprodukte als Energieträger für die Turboflugtriebwerke ergibt sich insbesondere aus ihrer sehr großen Energie pro Masseneinheit und Volumeneinheit, ihren nahezu problemlosen Verbrennungsabläufen, ihrer relativ hohen Sicherheit gegen Explosionsunfälle, ihrem noch recht niedrigen Preis und der bisher hohen weltweiten Verfügbarkeit. Der dem Verbrennungsprozeß zuzumessende Brennstofffluß stellt für das Turboflugtriebwerk gleichzeitig auch seine wichtigste und häufig einzige Stellgröße für die bereits besprochenen Steuer- und Regelsysteme dar. Für die Konzipierung und Auslegung der Brennstoffzumeßsysteme sind einige der Brennstoffeigenschaften bzw. ihre möglichen Variationsbreiten wichtig. Dazu gehören insbesondere Heizwert, Dichte, Zündwilligkeit, Flüchtigkeit (Dampfdruck) und Schmierfähigkeit.

Bei reinen Steuerungen, wie z. B. der gesteuerten Rotordrehzahlbeschleunigung bzw. -verzögerung ohne Rückführung (vgl. z. B. Abschnitt 4.3.2 a. und b.) müssen u.U. Maßnahmen ergriffen werden, um den Einfluß variabler Werte von Heizwert und Dichte auf die zulässigen Betriebsgrenzen zu minimieren. Idealerweise ist dem Triebwerk ein effektiver Energiefluß, also Energieeinheiten pro Zeiteinheit für die Verbrennung zuzumessen. Einfache Brennstoffzumeßsysteme, bestehend aus einer gesteuerten Zumeßfläche A_{eff} und einem gesteuerten Druckabfall ΔP_Z können aber weder einen Volumen- noch einen Massenstrom genau zumessen, denn:

$$\dot{V} = \frac{c}{\sqrt{\rho}} A_{eff} \sqrt{\Delta P_Z} \; ; \quad [\dot{V}] = \ell / s \qquad W = \rho \dot{V} = c\sqrt{\rho}\, A_{eff} \sqrt{\Delta P_Z} \; ; \quad [W] = kg / s \; .$$

In beiden Gleichungen sind $\dot{V}$ bzw. W neben A_{eff} und ΔP_Z auch noch von $\sqrt{\rho}$ abhängig.

Zur Berücksichtigung der Dichte ρ kann z. B. ein externer Hebel dienen, der je nach dem zu betankenden Brennstofftyp einzustellen ist und die Brennstoffzumessung entsprechend korrigiert. Eine elegantere, weil automatische Korrektur kann mittels im Brennstoff rotierender Fliehkraftgewichte geschehen. Dabei hat die Brennstoffdichte einen direkten Einfluß auf die resultierende Auslenkung der Fliehkraftgewichte und somit auf die Zumessung. Bei richtiger Wahl der Geometrie und des Materials der Fliehkraftgewichte können damit Variationen in der Brennstoffdichte weitgehend kompensiert werden. Dadurch ist näherungsweise auch der Heizwert kompensiert, da dieser in etwa parallel zur Dichte variiert.

Große Probleme können u.U. Brennstofftypen mit hoher Flüchtigkeit, d.h. hohem Dampfdruck verursachen, wie sie z. B. für die Verschnittbrennstoffe (*wide cut fuels*) typisch sind. Ein solches Problem trat z. B. vorübergehend bei der Optimierung des Nachbrenner-Steuersystems des Tornado-Triebwerks RB 199 auf. Mangels spezieller Forderungen für einen minimalen Nachbrenner-Teillastverbrauch wurde bei der Brennstoffzumessung auf Maßnahmen verzichtet, den Brennstoffdruck auch bei sehr kleinen Brennstoffflüssen nicht unter ein bestimmtes Niveau absinken zu lassen. Die Flugerprobung zur Optimierung der Steuerkette erfolgte mit Kerosin, da dies der Standardbrennstoff in der britischen Royal Air Force war und die Bundesluftwaffe von ihrem JP4 ebenfalls auf Kerosin umstellen wollte. Bereits nach kurzer Optimierungs- und Erprobungszeit erfüllte das Nachbrennersteuersystem alle Forderungen der Spezifikation, auch die extrem kurzen Verfahrzeiten. In diese Zeit fiel die Entscheidung der Luftwaffe, auf die Umstellung von JP4 auf Kerosin zu verzichten. Daraufhin wurde im deutschen Flugerprobungszentrum Manching bei der W.T.61 ein weiterer Testflug mit JP4 durchgeführt. Dabei ergaben sich in der linken oberen Ecke des Flugbereichs (große Flughöhe/ Langsamflug) Probleme beim schnellen Hochfahren des Nachbrenners. Anstatt auf Volllast hochzulaufen, schaltete der Nachbrenner automatisch ab. Erst die zweite Anwahl war erfolgreich.

Der Grund für dieses unakzeptable Verhalten war rasch gefunden. Bei diesen Flugzuständen sehr niedrigen Ansaugdrucks des Triebwerks ist auch der Brennstofffluß zum Nachbrenner sehr gering, was wiederum extrem niedrige Leitungsdrücke zur Folge hat. Bei Anwahl des Nachbrenners schießt nun Brennstoff in die leeren, aber sehr heißen Ringleitungen hinter der ND-Turbine, so daß der neue Brennstoff aufgrund des sehr niedrigen Leitungsdrucks zu einem sehr hohen Prozentsatz sofort verdampft. Dadurch tritt aus den Brennerdüsen zunächst verdampfter Brennstoff aus und zwar früher, dafür aber eine zeitlang weniger bis zum Gleichgewichtspunkt, bei dem in die Leitung eintretender wieder gleich dem durch die Brennerdüsen austretenden Brennstoff ist. Damit war das synchrone Hochfahren von Schubdüsenfläche und Brennstoff für die Verbrennung gestört. Der verfrühte Ausstoß des Brennstoffdampfes führte wegen der noch zu kleinen Düsenfläche hin und wieder zu kurzem Strömungsabriß im Triebwerk und die anschließende Verzögerung im Ausstoß des Brennstoffdampfes bei einer dafür relativ zu großen Düsenfläche zu Durchzündproblemen. Zwar konnte das Problem durch mehrere Maßnahmen eliminiert werden, die sauberste Lösung wäre aber der zu diesem Zeitpunkt nicht mehr mögliche Einbau von Vorrichtungen gewesen, um den Leitungsdruck auch bei minimalen Brennstoffflüssen hoch zu halten.

Aber auch flugzeugseitig ist den inbesondere aus einem niedrigen Dampfdruck resultierenden Problemen große Aufmerksamkeit zu widmen. Die Brennstofftemperatur in den Tanks während eines Flugs hängt von mehreren Faktoren ab, wie z. B. der Ausgangstemperatur vor dem Start (z. B. bei starker Sonnenstrahlung auf die Flügeltanks), Flughöhe und Fluggeschwindigkeit (kinetische Aufheizung) und Rückfluß von durch Ölkühler und parasitäre Pumpenleistung aufgeheizten Brennstoffs in die Tanks. Um das Risiko des Brennstoffverdampfens und Verlusts der dampfförmigen Komponenten zu minimieren, werden in der Regel die Flugzeugtanks unter Druck gesetzt, um so das Druckniveau im Tank über dem Dampfdruck zu halten, der eine Funktion der Temperatur ist. Zur Minimierung der kinetischen Aufheizung von Überschallflugzeugen werden die Tanks an den kritischen Stellen häufig wärmeisoliert. Gerade bei den Überschallflugzeugen ist der Wärmehaushalt meist kritisch, da hier auch von den Systemen viel Wärme anfällt, die über etliche Kühler an den Brennstoff abgegeben wird.

Wichtig ist auch eine wenigstens minimale Schmierfähigkeit des Brennstoffs. Alle Pumpen und mechanischen Regler mit ihren Zumeßventilen, Servos etc. sind darauf angewiesen, da sie grundsätzlich keine zusätzlichen Schmiereinrichtungen besitzen. Dauerläufe dieser Komponenten zur Bestimmung ihrer Standzeiten, die für die Betriebssicherheit von großer Bedeutung sind, müssen deshalb mit den hinsichtlich Schmierwirkung kritischsten zugelassenen Brennstofftypen durchgeführt werden.

7.2 Einteilung der Brennstoffe für Turboflugtriebwerke

Die in Frage kommenden Brennstoffe sind Rohölprodukte. Wenn Rohöl in der Raffinerie erhitzt wird, kondensieren die entstehenden und aufsteigenden Gase und Dämpfe in einem Kühlturm in die verschiedenen Rohölprodukte. Kohlenwasserstoffe mit dem niedrigsten Molekulargewicht sind Gase wie Propan. Am anderen Ende der Skala entstehen Teer und Asphalt. Die Kohlenwasserstoffverbindungen dazwischen sind Öle, Kerosin und Benzin. Selbst die für Turboflugtriebwerke zunächst ausschließlich verwendeten Kerosine weisen eine große Bandbreite von Eigenschaften auf, die gewöhnlich charakterisiert ist durch den Flammpunkt, bei dem sich zündfähiges Gemisch zu bilden beginnt und einem Endpunkt, bei dem alle Flüssigkeit verdampft ist. Aus Gründen der Verfügbarkeit und des Preises wurden sehr früh neben dem Kerosin auch noch Verschnittbrennstoffe eingeführt, eine Mischung aus Kerosin und Benzin. Triebwerkhersteller und Betreiber auf der einen Seite, sowie die Brennstoffhersteller auf der anderen haben für den zivilen und den militärischen Bereich eine Reihe von Triebwerkbrennstoffen definiert. Dabei werden häufig auch für das gleiche Produkt unterschiedliche Bezeichnungen verwendet, wie aus der Tabelle ersichtlich.

Tabelle 7.1 Gegenüberstellung von NATO-, nationalen Bezeichnungen und Firmenbezeichnungen von Triebwerkbrennstoffen (*ASTM: American Society for Testing Materials)

Brennstoffbezeichnungen						Firmen-Bezeichnung		
NATO CODE	USA	GB	BRD	FR	ASTM*	Esso	Shell	BP
F-34	JP-8	AVTUR FS II	F-34	TR 0/AG	Jet A	Turbo Fuel A1 + FS II	Shell Jet A1 + FS II	AKT + FS II
F-35	–	AVTUR	F-35	TR 0/N	Jet A1	Turbo Fuel A1	Jet A1	ATK
F-40	JP-4	AVTAG FS II	F-40	TR 4/AG	–	–	–	–
–	–	AVTAG	–	TR 4/N	Jet B	Turbo Fuel B	Shell JP-4	BP Jet B
F-43	–	AVCAT	–	TR 5/N	–	–	–	–
F-44	JP-5	AVCAT FS II	F-44	TR 5/AG	–	JP-5	Shell JP-5	JP-5

7.3 Physikalische Eigenschaften und Kennwerte

Es werden kurz jene Eigenschaften und Kennwerte beschrieben, die eine direkte Relevanz zur Auslegung der Brennstoffzumeßgeräte haben.

a) Unterer Heizwert

Der untere Heizwert eines Brennstoffs in MJ/kg ändert sich zwischen den verschiedenen Brennstofftypen nur wenig. Sein in den Spezifikationen zu garantierender Minimalwert liegt für alle obigen Brennstoffe bei 42,8 mit Ausnahme von F-44, für das er 42,6 beträgt. Daraus folgt, daß die Brennstoffzumessung so zu konzipieren ist, daß ein Massenstrom und nicht ein Volumenstrom zugemessen wird.

b) Dichte

Die nach der Spezifikation zulässige Dichte bei 15 °C darf zwischen vorgegebenen Minimal- und Maximalwerten schwanken. Die Änderung der Dichte dieser Brennstoffe in Abhängigkeit ihrer Temperatur ist Bild 7-1 zu entnehmen.

c) Siedeverhalten

Bild 7-2 zeigt, wieviele Volumenprozente des jeweiligen Brennstoffs sich mit zunehmender Temperatur in den gasförmigen Aggregatzustand verwandeln. Auffallend ist dabei die schon bei relativ niedrigen Temperaturen von etwa 65 °C einsetzende Verdampfung von F-40 (JP-4) Brennstoff im Gegensatz zu etwa 180 °C bei den Kerosinen. Für die vollständige Verdampfung nähern sich die Kurven allerdings wieder bei etwa 250 °C. Die Kurven gelten für nomalen Atmosphärendruck. Mit zunehmendem Druck verschieben sie sich zu höheren Temperaturen.

7.3 Physikalische Eigenschaften und Kennwerte

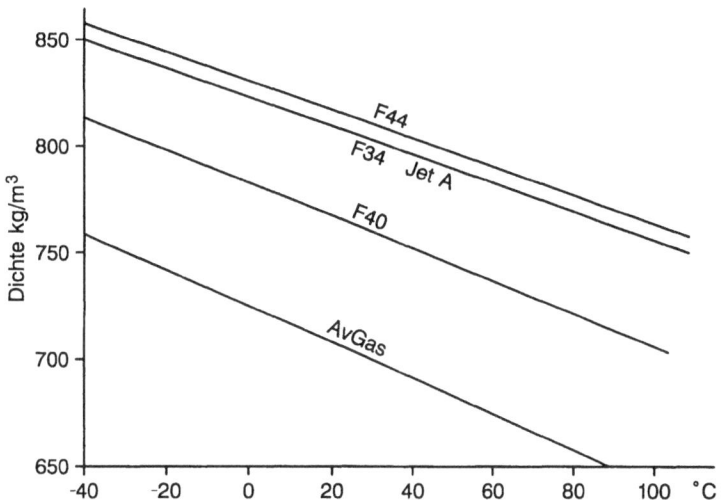

Bild 7-1 Brennstoffdichte in Abhängigkeit der Temperatur

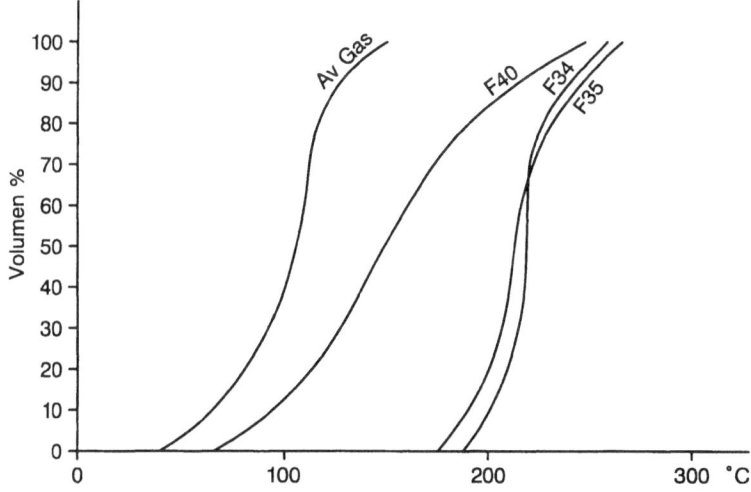

Bild 7-2 Siedeverlauf verschiedener Brennstoffe

d) Schmierfähigkeit

Diese Brennstoffe haben alle eine nur geringe Schmierfähigkeit. Darüber hinaus können Brennstoffe gleicher Viskosität, abhängig von der verwendeten Rohölcharge und dem Herstellungsverfahren unterschiedliche Schmierfähigkeit haben. Sie ist z. B. bei hydrierbehandelten Brennstoffen geringer. Die Schmierfähigkeit hängt von Spuren gesättigter heterozyklischer Schwefelverbindungen ab. Der Zusatz von Korrosionsinhibitoren (bei NATO-standardisierten Brennstoffen Pflicht) verbessert die Schmierfähigkeit erheblich.

e) Thermische Stabilität

Die Brennstoffe des Turboflugtriebwerks werden vor ihrer Verbrennung in den meisten Fällen zur Kühlung herangezogen (Öl, Bauteile) und dabei u.U. sehr stark belastet. Dies kann zur thermisch bedingten Zersetzung führen. Es bilden sich andere flüssige und gasförmige Bestandteile, die nachteilige Auswirkungen auf das gesamte Brennstoffzumeßsystem haben können durch Zusetzen von Filtern und Düsen sowie einer Verschlechterung des Wärmeübergangs. Der thermische Abbau verläuft unter Mitwirkung von Sauerstoff über Radikale und ist in erster Linie vom Temperaturniveau abhängig. Die Bildung der Radikale wird durch schwefel-, stickstoff- und sauerstoffhaltige Verbindungen, sowie durch Spuren von Metallen (katalytischer Effekt) begünstigt. Durch Zusatz von „Radikalfängern" wie alkylierte Phenole oder Metalldeaktivatoren kann die thermische Stabilität erhöht werden.

f) Verunreinigungen

Flugbrennstoffe müssen sehr rein sein. Als Verunreinigung wird angesehen, was über die in den Spezifikationen festgelegten zulässigen Werte hinausgeht. Die wichtigsten Verunreinigungen sind folgende:

– Verunreinigung durch Gase:

Die Löslichkeit von Gasen in Flugbrennstoffen ist abhängig von der Temperatur, dem Druck und der chemischen Zusammensetzung sowohl des Brennstoffs als auch der Gase. Luft ist mit etwa 0,2 Volumenprozente enthalten.

– Verunreinigung durch Wasser:

Wasser kann in folgenden Formen enthalten sein

– gelöst,
– Tröpfchen in Schwebe,
– freies Wasser.

Der gesamte Wassergehalt ist auf 0,003 Gewichtsprozente zu beschränken. Durch Zusatz von Eisbildungsinhibitoren kann das in Tröpfchen vorkommende Wasser in Schwebe gehalten werden. Freies Wasser wird durch Wasserabscheider in Betankungseinrichtungen und durch regelmäßiges Drainieren der Flugzeugtanks in Grenzen gehalten.

– Verunreinigung durch Surfactants:

Surfactants (*surface active agents*) sind in Spuren stets enthalten. Sie können bereits in kleinsten Mengen die Oberflächenspannung der Brennstoffe verändern, so daß Verunreinigungen mit dem Brennstoff ungehindert durch Filter hindurchgehen. Außerdem kommt es zu schleimigen Absonderungen im Filtersumpf.

– Verunreinigungen durch klebrige Verbindungen (Gum):

In den Flugbrennstoffen können durch Alterung (z. B. lange Lagerzeiten) klebrige Verbindungen, auch Gum genannt, entstehen und die Filter blockieren, Düsen in Servoventilen zusetzen oder auch die Brennerdüsen. Der zulässige Gum-Gehalt wird über die Spezifikationen geregelt.

7.3 Physikalische Eigenschaften und Kennwerte

- Mikroorganismen:

    Die in Flugbrennstoffen auftretenden Mikroorganismen sind Mikroben, Bakterien und Pilze. Das Blockieren von Filtern und Sieben oder das falsche Anzeigen von Brennstoffvorratsmessern können durch sie verursacht werden. Das Auskleiden der Tanks mit geeigneter Beschichtung und häufige Drainage schränken das Auftreten dieser Verunreinigung ein.

- Feste Fremdstoffe:

    In Flugbrennstoffen enthaltene Fremdstoffe sind hauptsächlich Rost, Ruß oder Sandpartikel. Sie gelangen entweder in der Versorgungskette oder durch Belüftungsöffnungen der Flugzeugtanks in den Brennstoff. Ihr Anteil darf spezifikationsgemäß nicht größer als 1 mg/l sein.

Zur Vermeidung obiger potentieller Probleme kommt der Lagerung der Brennstoffe am Boden große Bedeutung zu. Neben dem Einsatz geeigneter Filter und Wasserabscheider sind sowohl die Tanks am Boden als auch im Flugzeug regelmäßig auf Wasserabscheidung zu überprüfen und dieses ggf. abzulassen. Die Eliminierung freien Wassers im Brennstoff verhindert dann ernste Vereisungsprobleme sowie das Wachsen von Mikroorganismen und reduziert Korrosion. Die Reduzierung fester Fremdstoffe verringert die mechanische Abnutzung der Brennstoffpumpen sowie die Gefahr einer Blockierung im Brennstoffzumeßsystem.

8 Typische Komponenten der Steuer- und Regelsysteme

8.1 Allgemeines

Im folgenden wird ein Überblick über die Hardware gegeben, mit der die zuvor beschriebenen Steuer- und Regelungsaufgaben in der Praxis gelöst werden. Grundsätzlich sind bei jeder Steuer- oder Regelungsaufgabe die Steuer- und Regelgesetze (Algorithmen) in Befehle umzusetzen, die an die Stellglieder weitergegeben werden, um letztlich am Triebwerk die notwendigen Aktionen auszulösen. Bild 8-1 zeigt schematisch den Funktionsablauf.

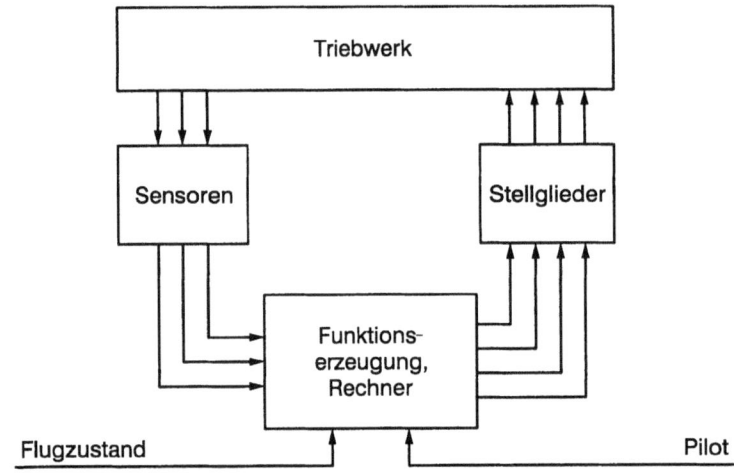

Bild 8-1 Grundsätzlicher Funktionsablauf einer Triebwerksteuerung/-regelung

Deshalb ergibt sich für die Behandlung eine natürliche Einteilung in Sensoren, Stellglieder und Funktionserzeuger (Rechner), der hier gefolgt wird.

Allerdings ist festzuhalten, daß in der Vergangenheit in vielen Fällen die Sensoren mit den Geräten der Funktionserzeugung und manchmal sogar mit den Stellgliedern in einem Gehäuse auf engstem Raum integriert waren, so daß eine klare Zuordnung auf den ersten Blick nicht ganz leicht ist. Diese Integration hing meist mit der Funktionsweise der Sensoren zusammen. Wenn z. B. Druckdosen den angeschlossenen Druck in eine mechanische Auslenkung umwandeln, so kann diese direkt in einen mechanischen oder pneumatischen Funktionserzeuger eingespeist werden und dessen Ausgangssignal(e) hydraulisch oder pneumatisch verstärkt, die Triebwerkstellgrößen betätigen. Dies führte dann zu hochkomplexen sog. „Triebwerkreglern", deren Funktionsweise selbst für einen (projektfremden) Fachmann meist nicht auf Anhieb zu interpretieren ist. Ein typisches Beispiel dafür ist z. B. der Nachbrennerregler des Tornado-Triebwerks RB199, den Bild 10-12 zeigt.

In den letzten fünf Jahrzehnten Entwicklung von Turboflugtriebwerken haben sich auch diese Geräte wesentlich verändert, allerdings ganz unterschiedlich. Während eine Reihe von Komponenten heute funktionsmäßig noch sehr ähnlich oder gar identisch zum Stand von vor 40 Jahren ist, sind andere in neuen Triebwerkmustern bereits nicht mehr anzutreffen. Da sie aber auch heute noch im Einsatz sind, sollen sie schon aus historischen Gründen hier mit behandelt werden.

Die große Zäsur kam mit der Entwicklung serienreifer Druckgeber mit ihren elektrischen Ausgangssignalen etwa Anfang der achtziger Jahre, die erst die massive Einführung elektronischer Funktionserzeugung möglich und sinnvoll machte. Damit entfiel zumindest für alle größeren und anspruchsvolleren Triebwerkprojekte die Notwendigkeit der oben erwähnten integrierten pneumatisch/mechanischen Sensor-Funktionserzeuger-Stellglied-Kombinationen in den unterschiedlichsten Ausführungen.

Ungebrochen sind die grundsätzlichen Bemühungen der Industrie, Gewicht und Kosten dieser Hardware zu verringern und die Zuverlässigkeit zu steigern. Dazu dienen zum einen der Einsatz geeigneter nicht-metallischer Werkstoffe, zum anderen aber auch konstruktive Verbesserungen an den Komponenten bis zu neuen Konzepten und Konstruktionen, insbesondere auch für die kleineren Triebwerke.

8.2 Sensoren

Unter Sensoren werden diejenigen Geräte verstanden, die am Triebwerk eine physikalische Größe messen und ihren Wert (meist analog) in eine andere Größe umsetzen. Diese Signalgröße kann im einfachsten Fall eine mechanische Auslenkung sein, für die modernen Systeme allerdings vorzugsweise ein elektrisches Signal. Letzteres ist dann häufig noch umzuwandeln, z. B. von einem Analogsignal in ein Digitalsignal für einen Digitalrechner. Meist werden die Sensoren mehrfach vorgesehen aus Gründen der Redundanz zur Anzeige im Cockpit bzw. zur Verwendung in Überwachungssystemen.

In der Regel vereint der moderne Mikrosensor das Sensorelement und eine Signalvorverarbeitung in einem Sensorgehäuse (Bild 8-2), das eine ausreichende Abschirmung gegen nicht verträgliche Umwelteinflüsse sicherzustellen hat.

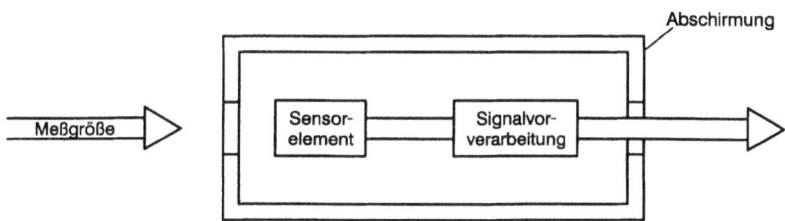

Bild 8-2 Mikrosensor mit Signalvorverarbeitung

Hauptvoraussetzung für die Entwicklung von Mikrosensoren ist die Notwendigkeit, daß die zu sensierende physikalische Größe gewissermaßen mikroelektronikfreundlich ist, d.h. daß die Meßgröße sich auf die Halbleiter-Sensorzone abbilden läßt.

Bei den Mikrosensoren ist zu unterscheiden zwischen:
- Elementarsensoren, als die der physikalischen Meßgröße unmittelbar ausgesetzten und zumeist in Halbleiter-Dünnschicht- oder Dickschichttechnologie aufgebauten Sensorelemente,
- Sensoren, versehen mit fühlendem Element, Wandler, Vorverstärker und ggf. Signalweiterverarbeitungselektronik, einschließlich Gehäuse und
- Sensorsystemen, als Sensoren mit Stromversorgung, weiterführender Signalaufbereitung und -verarbeitung, einschließlich Anzeige, Protokollierung und ggf. Rechnerfunktionen.

Neben dieser Klassifizierung wird noch differenziert zwischen aktiven und passiven Sensoren. Der aktive Sensor registriert und wandelt nicht nur die Meßgröße, sondern umfaßt auch noch eine Signalverstärkung und ggf. eine Signalverarbeitung. Er ist bevorzugt mit mikroelektronischen Bauelementen versehen bzw. in Mikroelektronik – oder Optoelektronik – Technologie aufgebaut. Er benötigt daher immer auch eine Energieversorgung. Dagegen generiert der passive Sensor zwar das Meßsignal selbst, ihm fehlen aber Signalweiterverarbeitungsmerkmale.

Diese Sensortechnologie befindet sich in einer kontinuierlichen Evolution. Sie führt weg von den klassischen, mechanischen und elektromechanischen, oftmals handgefertigten Sensoren hin zu miniaturisierten Sensoren, in denen stabile und reproduzierbare Festkörpereffekte und Halbleitereffekte ausgenutzt werden. Es dominiert die Siliziumtechnik von ihrem enormen Entwicklungspotential her, da hier auch die Möglichkeit der direkten Nutzung der Fertigungserfahrungen von elektronischen Bauelemente besteht. Daneben sind viele andere, verwandte Sensorfertigungstechniken in Entwicklung, etwa Dünnschichttechnik, Glasfasertechnik, Keramik-Oxydtechnik oder Dickschichttechnik. In Tabelle 8-1 sind die Sensorprinzipien, für die bereits mikroelektronikkompatible Sensoren entwickelt wurden oder noch in der Entwicklung sind, aufgeführt.

Die Signalverarbeitungselektronik kann ebenfalls in unterschiedlichen Techniken aufgebaut sein. Hier gibt es die klassische Form der Leiterplattentechnik meist zur Miniaturisierung in Form der SMT-Technik (SMT = oberflächenmontierte Bauelementetechnik bzw. SMD = *surface mounted device*), der Hybridelektronik auf Keramiksubstraten und der monolithischen Integration auf einem Mikrochip.

In den folgenden Abschnitten werden kurz die wichtigsten Sensoren vorgestellt, wie sie heute im Triebwerkbau anzutreffen sind.

Besonders genaue und aufwendige Messungen von Triebwerkparametern erfolgen während der Erprobungsphase mittels spezieller Instrumentierung an besonderen Entwicklungstriebwerken. Wegen der in der Regel sehr deutlich von der eindimensionalen Strömung abweichenden Verhältnisse im Triebwerk müssen in möglichst allen Ebenen Drücke und Temperaturen in radialer und Umfangsrichtung aufgenommen werden. Diese Messungen dienen dann auch dazu, die optimalen Einbauorte für die viel geringere Sondenzahl im Serientriebwerk zu ermitteln, um der Steuerung/Regelung möglichst repräsentative Mittelwerte zur Verfügung stellen zu können.

8.2 Sensoren

Tabelle 8-1 Sensortechniken

Meßgröße	Meßverfahren
Temperatur	Ausgenutzt wird die Temperaturabhängigkeit – des Widerstands von Metallen und keramischen Oxyden – der Elektronenbeweglichkeit in Halbleitern – der Durchlaßspannung des pn-Übergangs von Halbleiter-Bauelementen – der Frequenz bei Schwingquarzen – der Wellenlänge einer Photolumineszenzlinie von Halbleitern Zusätzlich kann die Temperatur mit pyroelektrischen und HL-Strahlungsdetektoren berührungslos gemessen werden
Kraft, Druck, Dehnung	– Ausgenutzt wird der piezoresistive Effekt – Kapazitive Drucksensoren
Position (Weg, Winkel, Drehzahl, Abstand und evtl. Drehmoment)	– Translationen und Rotationen mit Magnetfeldsensoren (magnetoresistiv, Hall-Effekt) – Optische Abstandsmessung – Ultraschallmethoden
Durchfluß	– Anemometerprinzip – Messung der Asymmetrie der Wärmekonvektion einer Wärmequelle – Korrelationsmessung – Ultraschallmethode nach dem Dopplerprinzip

8.2.1 Drehzahlmessungen

Fast jedes Triebwerksteuer- und -regelkonzept benutzt die Wellendrehzahl als wichtigen Triebwerkparameter, bei Mehrwellentriebwerken häufig auch eine weitere Drehzahl. Üblich sind zwei verschiedene Typen von Drehzahlgebern.

Elektrischer Generator

Ein kleiner, von der Triebwerkwelle angetriebener Generator erzeugt einen dreiphasigen Wechselstrom, dessen Frequenz eine direkte Funktion der Drehzahl ist. Je nach Bedarf kann diese Frequenz entweder in ein analoges oder auch digitales Signal umgewandelt werden.

Zahnscheibe

Der eigentliche Geber sitzt am Gehäuse einer Strömungsmaschine und wird beeinflußt durch eine auf der Triebwerkwelle sitzende Zahnscheibe. Die Zähne laufen mit jeder Umdrehung am Geber vorbei und induzieren dabei einen Strom, indem sie den Magnetfluß in einer Spule des Gebers verändern. Die Stromstärke ist eine direkte Funktion der zeitlichen, periodischen Änderung der magnetischen Feldstärke und korreliert damit direkt mit der Drehzahl. Es handelt sich dabei um ein analoges Meßverfahren. Häufig gibt es keine Alternative zur Zahnscheibe, wenn nämlich z. B. die Drehzahl direkt an der ND-Turbine zu messen ist, um nach einem evtl. Wellenbruch das Durchgehen der Turbine abzufangen. Dabei sind die hohen Temperaturen im Turbinenbereich meßtechnisch problematisch.

8.2.2 Temperaturmessung

Für die üblichen Steuer- und Regelkonzepte werden meist benötigt:

a) Gesamttemperatur vor dem ND-Verdichter,

b) Gesamttemperatur vor dem HD-Verdichter,

c) Turbinen-Schaufeltemperatur,

d) Gesamttemperatur im Turbinenaustritt.

In den Meßebenen a), b) und d) wird in der Regel mit Thermoelementen gemessen, meist radial und in Umfangsrichtung verteilt, um möglichst repräsentative Mittelwerte bilden zu können. Dies ist insbesondere im Fall d) notwendig.

Zur Vermeidung jedweder elektrischer Komponenten wurde früher auch häufig zur Messung der Verdichtereintrittstemperatur eine kleine Birne verwendet, die mit einer sich mit der Temperatur ausdehnenden Flüssigkeit gefüllt war und auf eine Druckdose im Regler arbeitete, deren Auslenkung ein Maß für die gefühlte Temperatur darstellte. Ein Problem stellte dabei die relativ lange Druckleitung zwischen Meßbirne und Regler dar, die am Triebwerk entlang führte und dabei wegen dessen Temperaturabstrahlung den Meßwert verfälschen konnte.

Ende der sechziger, Anfang der siebziger Jahre wurde erstmals bei den Triebwerken der Concorde und des Tornados zur direkten Messung der Turbinentemperatur ein Pyrometer eingesetzt. Diese Technik hat sich dann rasch durchgesetzt und wird heute weltweit angewandt, da gerade diese Temperatur äußerst wichtig für die Lebensdauer der Heißteile und das Einstellen des maximal möglichen Schubes ist. Diese wichtige Temperatur mußte früher aus der gemessenen Turbinenaustrittstemperatur (Fall d)) abgeleitet werden, da die Brennkammeraustrittstemperatur für die Thermoelemente zu hoch ist.

Das gleiche gilt für den Nachbrennerbereich, weshalb dort in der Regel auf jedwede Temperaturmessung verzichtet werden muß.

Thermoelemente

Das Arbeitsprinzip des Thermoelements basiert auf der Tatsache, daß ein Temperaturgradient in einem elektrischen Leiter eine Spannung erzeugt. Ein Thermoelement ist deshalb ein Differenztemperaturen messendes Thermometer, dessen eine Seite der zu messenden Temperatur ausgesetzt wird, während die andere Seite auf einer bekannten Referenztemperatur gehalten wird. Die erzeugte Spannung ist im wesentlichen eine Funktion der Temperaturdifferenz zwischen Meßpunkt und Referenzpunkt und des verwendeten Materials. Das Thermoelement besteht aus zwei Drähten unterschiedlicher Materials, die im Meßpunkt elektrisch leitend verbunden werden. Den Aufbau eines typischen Thermoelements zeigt Bild 8-3.

Die Thermoelemente werden nach den zu messenden Temperaturen und den verwendeten Materialien, die entweder Legierungen oder auch Edelmetalle sein können, in verschiedene Typen eingeteilt.

Wichtige zu fordernde Eigenschaften sind:

– hohe Genauigkeit der Kalibrierung bei Auslieferung,

– Stabilität im Betrieb im zulässigen Temperaturbereich,

– konsistente Meßergebnisse über die gesamte Lebensdauer,

8.2 Sensoren

- lange Lebensdauer im vorgesehenen Temperaturumfeld,
- ausreichend schnelles Ansprechverhalten auf rasch verlaufende Temperaturänderungen.

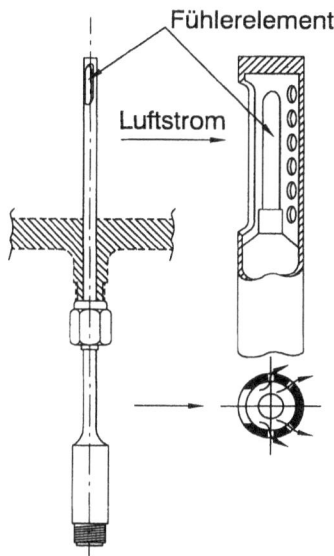

Bild 8-3 Typischer Aufbau eines Thermoelements

Die für die Erfüllung dieser unterschiedlichen Forderungen kritischsten Umgebungsbedingungen liegen regelmäßig im Bereich der Turbinenaustrittstemperaturmessung. Zum einen sind die Temperaturen sehr hoch (bis etwa 1500 K), zum anderen kann hier während des Startvorgangs reiner, unverbrannter Brennstoff auf die Thermoelemente gelangen, der dann bei höheren Temperaturen verkokt. Um dies zu vermeiden, müssen die eigentlichen Thermo-Perlen entsprechend abgeschirmt und isoliert werden, um nicht direkt dem aggressiven Abgasstrom ausgesetzt zu sein.

Das Problem, das man sich mit einer guten Abschirmung einhandelt, ist ein verzögertes Ansprechverhalten auf rasche Temperaturänderungen. Da ein solches verzögertes Ansprechverhalten aber für eine Reihe von Steuer- und Regelaufgaben nicht akzeptabel ist, werden in solchen Fällen häufig elektrische Kompensationsschaltungen angewendet. Bei diesen gleicht ein Vorhalt die durch Frequenzgangmessungen bestimmte Verzögerung des abgeschirmten Thermoelements näherungsweise aus.

Bei den für hohe Temperaturen verwendeten Platin/Rhodium-Thermoelementen, deren Meßperlen eigentlich für Temperaturen bis knapp 1900 K geeignet sind, stellt das Material für die notwendige Isolierung bzw. Abschirmung die eigentliche Temperaturbegrenzung dar. Neue keramische Materialien anstatt der bisher verwendeten Legierungen sind in der Erprobung.

Eine typische Installation des Thermoelement-Meßgeschirrs im Abgasstrom der Turbine zeigt Bild 8-4.

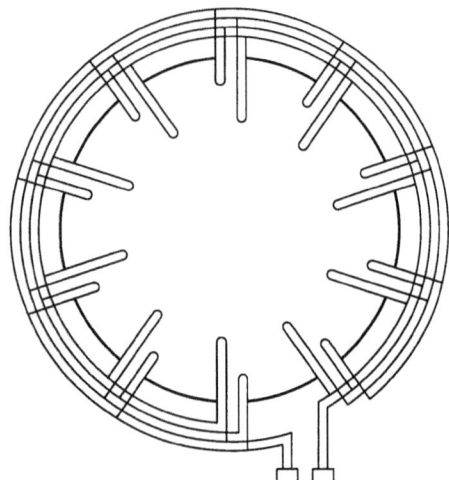

Bild 8-4
Typische Anordnung eines Thermoelemente-Meßgeschirrs nach der Turbine

Für die Regelung auf ein möglichst optimales Abgastemperaturprofil durch individuelle Zumessung in den einzelnen Brennkammerdüsen für eine längere Lebensdauer und Reduzierung der Schadstoffemissionen bei einer neuen Generation von Brennkammersystemen dürfte einer Weiterentwicklung der Thermoelemente-Meßstellen im heißen Abgasstrom auch künftig eine hohe Bedeutung zukommen.

Pyrometer

Der wichtigste Triebwerkparameter hinsichtlich Triebwerkleistung und Lebensdauer der kritischsten Heißbauteile, den Turbinenschaufeln, ist deren Metalltemperatur. Die Ableitung bzw. Berechnung dieser wichtigen Temperatur aus der Abgastemperaturmessung nach meist mehreren Turbinenstufen ist grundsätzlich nur näherungsweise möglich. Die hauptsächlichen Gründe dafür sind:
– Es existieren am Brennkammeraustritt deutliche Temperaturprofile im Gasstrom sowohl in radialer Richtung (gewollt) als auch in Umfangsrichtung (unerwünscht).
– Diese Profile können sich über dem Betriebsbereich ändern, aber auch mit der Betriebszeit z. B. durch Beschädigungen der Brennkammer oder Verkoken der Brennstoffdüsen.
– Wegen der Wirkung der Kühlluft besteht zwischen der Gastemperatur und der Schaufel-Metalltemperatur eine sehr komplexe Beziehung, die eine Korrelation schwierig macht.
– Außerdem ändert sich das Profil der Gastemperatur zwischen Turbineneintritt und Turbinenaustritt nochmals durch die von den Turbinenstufen zumindest in radialer Richtung unterschiedlich absorbierte Energie aus dem Gasstrom.

Je nach den örtlichen Gegebenheiten kann eine dem Steuer/Regelsystem z. B. um 20 bis 30 K zu niedrig angezeigte Turbinenschaufeltemperatur die Lebensdauer der Turbinenbeschaufelung halbieren für einen Betrieb im oder nahe dem Vollastpunkt. Wird diese Temperatur jedoch um den gleichen Betrag zu hoch angezeigt, kann Startschub fehlen, was kritisch werden kann, wenn noch andere ungünstige Umstände hinzukommen.

8.2 Sensoren

Es ist deshalb ein wichtiges Ziel, diese Temperatur möglichst direkt und möglichst genau an der Turbinenschaufel selbst zu messen. Dies gelang erstmals Ende der sechziger Jahre beim Rolls-Royce-/Snecma-Olympus 593-Triebwerk der Concorde und dann beim Tornado-Triebwerk RB199 mit Entwicklungsbeginn im Jahr 1970 und Serieneinführung ab der 80er Jahre.

Das Pyrometer hat sich dort nach anfänglichen kleineren Problemen in der Entwicklungsphase bestens bewährt. Es zeigt nicht nur die Laufschaufeltemperatur der zweiten Turbinenstufe, die mit der der ersten Stufe eng korreliert, sehr genau an, sondern es reagiert im Gegensatz zum Thermoelement enorm schnell, so daß sogar gefährliche instationäre Vorgänge, wie z. B. Verdichterpumpen, durch den gemessenen rasanten Temperaturanstieg rechtzeitig abgefangen werden können.

Ein solches Pyrometer eignet sich aber auch sehr gut dazu, den Lebensdauerverbrauch von heißen Komponenten in einem Lebensdauerrechner zu ermitteln und eine notwendige Auswechslung der betroffenen Heißteile „just in time" zu ermöglichen. Es besteht dabei auch die Möglichkeit, einzelne Schaufeln zu erkennen, die im Vergleich zum Mittelwert heißer laufen, z. B. aufgrund eines blockierten Kühlluftkanals, bevor ein Schaufelbruch mit seinen meist gravierenden Folgeschäden auftritt. Nur am Rande sei auf den enormen Wert spezieller Pyrometer in der Entwicklungsphase eines Triebwerks verwiesen, um das gesamte Temperaturfeld der Turbinen-Laufschaufeln zu vermessen. Hier soll jedoch nur das fest eingebaute Pyrometer als Sensor für Steuer- und Regelungsaufgaben kurz behandelt werden.

Das Pyrometer für diese Aufgaben ist fest eingebaut und besteht aus einer optischen Linse, die direkt auf einen bestimmten Radius der Laufschaufel, meist der zweiten Turbinenstufe, gerichtet ist. Das optische Signal wird über Fiberglasleiter einem Empfänger zugeführt und dessen Signal verstärkt. Dank der etwa seit 1970 zur Verfügung stehenden Lichtleiter kann diese Elektronik in der Regel ungekühlt außerhalb des Triebwerkgehäuses untergebracht werden. Unbedingt notwendig ist ein kontinuierlich arbeitendes Reinigungssystem für die optische Linse durch entsprechend zugeführte Verdichterluft, um Verunreinigungen von der Linse fernzuhalten. Ein Problem kann dann entstehen, wenn in der Reinigungsluft selbst Staub, Sand oder Öl enthalten ist. Diese Stoffe sind durch geeignete Abscheider weitestgehend zu eliminieren.

Ein weiteres potentielles Problem sind mögliche Fehlmessungen durch vorbeifliegende glühende Carbon-Partikel, die z. B. von Brennkammer-Ablagerungen abplatzen. Auch Reflexionen von anderen Metallteilen können ohne entsprechende Maßnahmen zu Schwierigkeiten führen.

Das Pyrometer erhält also Strahlung von einer definierten und damit begrenzten Oberfläche, die optisch an einen Empfänger geleitet wird, um dort ein elektrisches Signal proportional zur aufgenommenen Strahlungsenergie zu erzeugen. Dieses Signal ist unter Benutzung des Strahlungsgesetzes von Planck zusammen mit geeigneten Korrekturen für die Oberflächenabstrahlung eine Funktion der beobachteten Oberflächentemperatur.

Die Meßgenauigkeit hängt damit von den Strahlungseigenschaften der Oberfläche, dem Medium im optischen Übertragungsweg, dem Frequenzgang des Geräts und seiner Kalibrierung ab.

Bild 8-5 zeigt schematisch die Anordnung eines fest eingebauten Pyrometers für die Triebwerksteuerung/Regelung in einem Triebwerk.

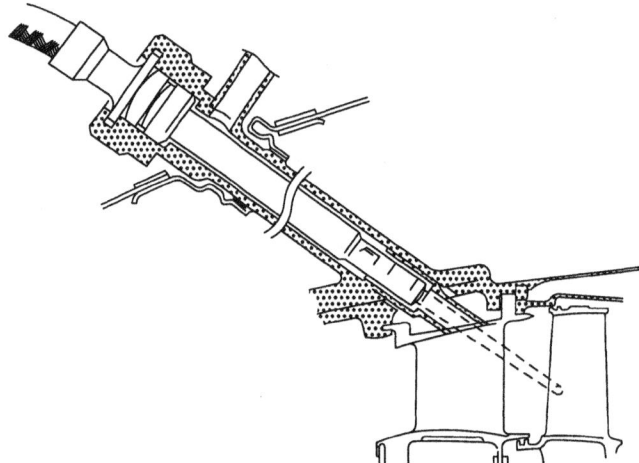

Bild 8-5 Typische Anordnung eines fest eingebauten Pyrometers

Um die von der Brennkammer selbst erzeugten Reflexionen in ihrer Auswirkung auf das Meßergebnis zu unterdrücken, wird in der Regel nach dem folgenden Prinzip korrigiert. Zwei mit einem Schwarzkörper kalibrierte Pyrometer, die auf unterschiedliche spektrale Wellenlängen ansprechen, reagieren unterschiedlich, wenn sie einer Strahlung ausgesetzt werden, die sowohl Strahlungsanteile einer heißen Oberfläche als auch reflektierte Strahlungsanteile einer beträchtlich heißeren Temperaturquelle beinhaltet. In der Praxis sind die Spektralbereiche so zu wählen, daß ausreichende Meßempfindlichkeit zwischen den beiden Strahlungsarten besteht. Die somit ermittelte Temperaturdifferenz ist ein Maß für die Größe des reflektierten Anteils in der Strahlung.

Zusätzliche Probleme ergeben sich bei der Verwendung von Turbinenschaufeln mit keramischen Überzügen, wie sie möglicherweise in Zukunft zum Einsatz kommen könnten. Diese Überzüge haben gegenüber Metallen völlig andere Strahlungseigenschaften. Außerdem interessiert primär die Temperatur des Metalls der luftgekühlten Turbinenschaufel und nicht die des Belages.

8.2.3 Druck- und Druckverhältnismessung

Für die Steuer- und Regelsysteme werden Triebwerkdrücke benötigt (vgl. Abschnitt 4). Die dafür wichtigsten Triebwerkebenen sind Ende der Verdichtung (meist statischer Wanddruck), Gesamtdruck vor dem Triebwerk und ein (meist statischer) Druck im Schubrohr, manchmal auch im Nebenstromkanal. Der Verdichterenddruck, der häufig recht genau benötigt wird, hat dabei den größten Meßbereich, der je nach Triebwerkart (Verdichterdruckverhältnis) und Flugprogramm z. B. zwischen etwa 2 und 40 bar liegen kann.

Für die Messung von Drücken und Druckverhältnissen wurden bis zur Serienreife der Druckgeber mit elektrischem Signalausgang ab etwa Mitte der achtziger Jahre ausschließlich pneumatische Druckdosen eingesetzt. Ein Versuch in den siebziger Jahren, Fluidikgebern zum Durchbruch zu verhelfen, die ebenfalls elektrische Ausgangssignale liefern, war bis auf wenige Ausnahmen kein Erfolg beschieden. Ein solcher Druckverhältnisgeber auf Fluidikbasis wird z. B. am Tornado-Triebwerk RB 199 für eine untergeordnete Aufgabe eingesetzt. Er schaltet dort den Nachbrenner im Fall eines unplanmäßigen Verlöschens oder einer nicht erfolgten Zündung bei der Anwahl ab, nachdem das dafür als Schaltsignal verwendete Turbinendruckverhältnis einen bestimmten Schwellenwert überschritten hat.

Druckdosen

Die Druckdosen stellten wohl den wichtigsten Sensor in allen Steuer- und Regelsystemen von den vierziger bis in die achtziger Jahre dar und sind heute noch im Einsatz. Ihr Funktionsprinzip ist einfach. In der Regel wird eine Seite der Dose festgehalten, so daß sich die andere axial auslenkt als Funktion ihrer Federkonstante, der Stirnfläche sowie der angelegten Druckdifferenz. Dabei kann im Inneren z. B. Vakuum herrschen und außen der zu messende Druck anliegen, oder es kann zum Messen eines Differenzdrucks innen der eine und außen der andere Druck anliegen. Bei einer Aneinanderfügung einer Vakuumdose und einer mit Differenzdruck beaufschlagten Dose läßt sich z. B. eine Auslenkung proportional zu einem Produkt aus einem Druck und einem Druckverhältnis erzeugen, wie häufig für die Brennstoffzumessung benötigt. Die Druckdose kann damit gleichzeitig als Sensor, Funktionsgenerator und Stellglied dienen. Zur Betätigung von Brennstoffventilen ist jedoch darauf zu achten, daß bei der Verstellung keine größeren Kräfte zu überwinden sind, da diese sonst die Auslenkung beeinflussen. In der Regel wird deshalb die Dosenauslenkung erst über einen hydraulischen Servo verstärkt auf das Zumeßventil geschaltet. Eine beim sog. CASC-Regler der Firmen Rolls-Royce und Lucas gewählte Alternativlösung bestand darin, daß die Brennstoffventile zur Verringerung der Reibung rotierend ausgeführt wurden und die Zumeßkanten so gestaltet wurden, daß möglichst keine oder nur sehr geringe hydraulische Kräfte auf den Schieber über dem gesamten Durchflußbereich entstanden.

Die Druckdosen sind sehr zuverlässige und genaue Sensoren mit der Möglichkeit der räumlichen Integration mit einer pneumatischen Funktionserzeugung und der Brennstoffzumessung, oft sogar mit der Brennstoffpumpe, in einem Gerät. Zu diesem sog. „Triebwerkregler" führten Druckleitungen entweder mit oder ohne Durchfluß. Wird die Leitung kurz und die Entnahmestelle am Triebwerk im Querschnitt nicht kleiner als der Leitungsquerschnitt gehalten, so ergibt sich auch ein ausreichend gutes Ansprechverhalten bei allen rasch ablaufenden Zustandsänderungen im Triebwerk.

Fluidik-Druckverhältnisgeber

Der Vollständigkeit halber soll als Beispiel für diese Fluidik-Technik, die sich im Triebwerkbau nicht durchsetzen konnte, die Arbeitsweise des Druckverhältnisgebers des Tornado-Triebwerks RB 199 erläutert werden (Bild 8-6).

Der P_3/P_6-Geber besteht aus einem Oszillator, einem Modulator und zwei Piezokristallen. P_3-Luft wird ständig dem Oszillator zugeführt. Beim Passieren der beiden Rückführungsdüsen, fällt dabei der statische Druckanteil der P_3-Luft ab. Anschließend teilt sich der Luftweg in zwei gleiche Kanäle. Der Punkt zwischen beiden Kanälen ist so ausgeführt, daß im Luftstrom ein instabiler Zustand entsteht. Diese Instabilität verursacht, daß die P_3-Luft zunächst in einen der beiden Kanäle strömt. Dabei strömt ein Teil der Luft durch die entsprechende Rückführung wieder zurück und steuert die einströmende P_3-Luft nunmehr in den anderen Kanal. Bei kontinuierlich ablaufendem Vorgang stellt sich im Oszillator ein Frequenz-Druckverlauf von annähernd 200 Hz ein, wobei die Frequenz etwas mit der Umgebungstemperatur T_0 variiert.

Eine weitere P_3-Luftzufuhr befindet sich am Modulatoreingang. Je nach Oszillatorausgang wird dieser Luftstrom in einen der beiden Modulatorkanäle geleitet. Das Zusammenspiel beider Kanäle bewirkt einen rechteckig oszillierenden Kurvenverlauf, mit der ständig die Piezokristalle beaufschlagt werden.

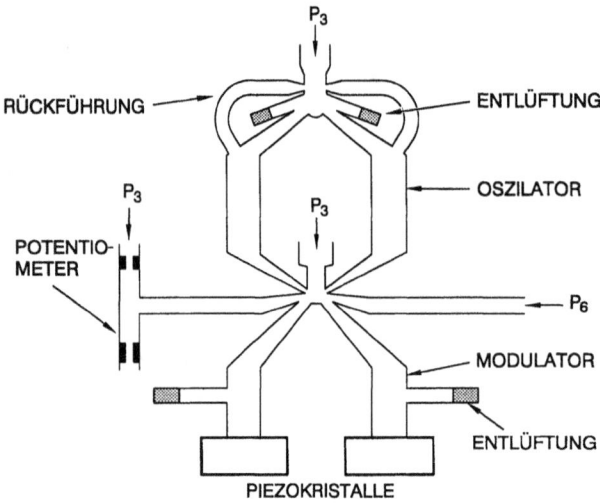

Bild 8-6 Fluidik Druckverhältnisgeber (Arbeitsprinzip)

Das Teilungsverhältnis dieser Oszillation, das dem Druckverlauf in den Modulatorkanälen entspricht, wird beeinflußt von zwei Steuerdrücken. Ein Steuerdruck wird durch die ständige P_6-Luftzufuhr (Austritt Niederdruckturbine) erzeugt, während sich der andere Steuerdruck aus einer durch ein Potentiometer geregelten P_3-Luftzufuhr ergibt. Das Potentiometer drosselt den Druck der P_3-Luftzufuhr auf einen niedrigeren Wert, so daß das Verhältnis zwischen P_3 und dem gedrosselten Druck immer konstant bleibt.

Je nach Zeitdauer, in der einer der beiden Modulatorkanäle mit dem durch die Steuerdrücke beeinflußten Luftstrom beaufschlagt wird, ergibt sich ein unterschiedliches Teilungsverhältnis der „rechteckigen Sinuskurve". Dieses Teilungsverhältnis entspricht jeweils dem vorhandenen Turbinendruckverhältnis P_3 / P_6 und wirkt auf die Piezokristalle ein. Um Störungen in Form von Schwingungen auszugleichen, sind die beiden Piezokristalle in Reihe geschaltet.

Die Piezokristalle laden sich zeitlich entsprechend dem Teilungsverhältnis durch den anliegenden Luftdruck elektrisch auf. Diese Aufladungen werden durch einen Verstärker, der in einem Druckverhältnisrechner (*pressure ratio processing unit*) sitzt, wahrgenommen. Der Rechner erzeugt zu den elektrischen Aufladungen proportionale Gleichstromsignale.

Elektrische Druckgeber

Der in Abschnitt 9 beschriebene Siegeszug elektronischer Steuer- und Regelsysteme konnte erst Mitte der achtziger Jahre beginnen, als einsatzfähige und serienreife elektrische Druckgeber zur Verfügung standen. Während schon vorher elektrische Signale aus Drehzahl- und Temperaturmessung verfügbar waren, fehlten diese für die so wichtige Druckmessung am Triebwerk. Bekannt sind mehrere Prinzipien und Ausführungen solcher Druckgeber. Diese betreffen insbesondere:
- Servo-Ausgleichskraftsensor,
- Membran mit Dehnungsmeßstreifensensor,
- Membran mit Kapazitätsveränderungssensor,
- Vibrierender Zylindersensor.

In allen diesen Fällen wird der zu messende Druck in eine Kraft umgewandelt und diese in einen Körper geleitet, der daraufhin ein elektrisches Signal erzeugt. Zur Erzeugung dieses störsicheren elektrischen Ausgangssignals ist im Sensor eine sog. Primärelektronik nötig, die von außen Hilfsenergie benötigt. Von einem solchen Druckgeber sind zu fordern:
- hohe Genauigkeit und Stabilität über einen meist großen Meßbereich,
- hohe Zuverlässigkeit,
- Unempfindlichkeit gegen Temperaturunterschiede, Vibrationen und elektromagnetische Streufelder bei Montage am Triebwerk und,
- niedriges Volumen und Gewicht.

Das größte Problem entsteht durch die Forderung nach einer Montage am Triebwerk wegen des Erfordernisses möglichst kurzer Druckleitungen für ein rasches Ansprechverhalten und zur Vermeidung zusätzlicher pneumatischer und elektrischer Trennstellen zwischen Triebwerk und Zelle, z. B. beim Triebwerkwechsel. Das Problem ist dabei die Primärelektronik im Sensor. Es wurde dadurch entschärft, daß dieser Sensor mit seiner Primärelektronik bei allen gegenwärtigen Triebwerkprojekten – militärisch wie zivil – zusammen mit der gesamten Triebwerkelektronik in einem gemeinsamen Gehäuse untergebracht wird. Damit kann diese Elektronik hinsichtlich Vibration, Temperaturschwankungen und elektromagnetischer Abschirmung im Bereich der zulässigen Bandbreiten arbeiten. So wird das Gehäuse in der Regel mittels Vibrationsdämpfern am (relativ) kühlen ND-Verdichtergehäuse angeflanscht und entweder mit Verdichterluft oder Brennstoff, insbesondere bei militärischen Überschalltriebwerken, gekühlt.

Das Arbeitsprinzip der heute verwendeten Druckgeber ist in der Regel das des vibrierenden Zylinders. Es scheint hinsichtlich Genauigkeit und Volumen die gestellten Forderungen am besten zu erfüllen. Das Prinzip des vibrierenden Quartzzylinders funktioniert folgendermaßen:

Das Ausgangssignal dieses Sensors ist die Frequenz eines Oszillators gemäß den Biegeschwingungen eines dünnen Quartzzylinders. Diese Schwingungsfrequenz ist eine lineare Funktion der am Zylinder herrschenden Längsspannung, die damit einen genauen Sensor für Kräfte ermöglicht.

Mit einem solchen Sensor können deshalb grundsätzlich gemessen werden:
- eine reine Kraft,
- eine Beschleunigung durch Anbringen einer bekannten Masse und
- ein Gasdruck durch Anbringen z. B. einer Membran, die den Druck in eine Kraft umwandelt.

Die schematische Anordnung des mechanischen Teils des Sensors zeigt Bild 8-7.

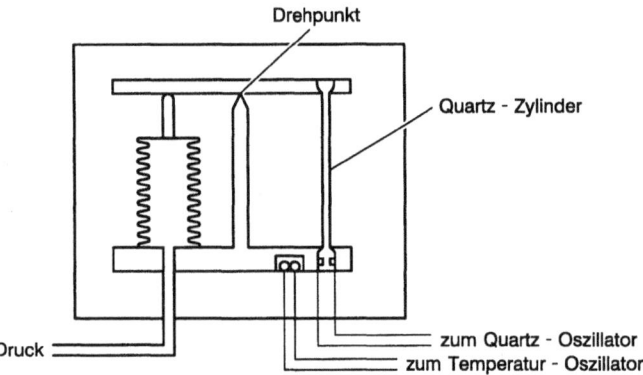

Bild 8-7 Schema eines Druckgebers mit vibrierendem Zylinder

Der mechanische Teil ist so zu dimensionieren, daß Schwingungen des Triebwerks und die maximal auftretenden g-Lasten möglichst keine Verfälschung des Signals bewirken.

Die schematische Anordnung des primär-elektronischen Teils und seine Zuordnung zum mechanischen Teil zeigt Bild 8-8.

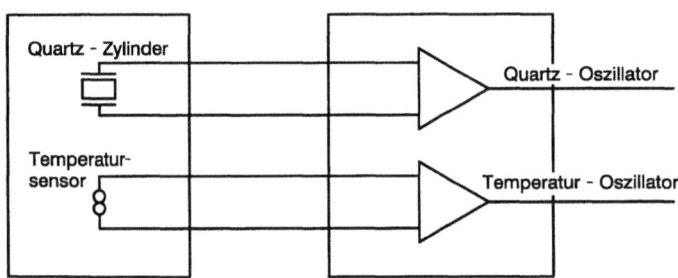

Bild 8-8 Anordnung des primär-elektronischen Teils des Druckgebers in Bild 8-7

Das Temperatursignal ist nötig, um den Temperatureinfluß auf den Quartz-Zylinder berücksichtigen zu können. Dieser elektronische Teil hat also zwei Funktionen:
- ein Quartz-Oszillator, angeordnet um den schwingenden Quartzzylinder, liefert das Frequenzausgangssignal f_1
- ein Temperatur-Oszillator, angeordnet um einen Temperatursensor, liefert das Frequenzausgangssignal f_2.

Der tatsächliche Druck berechnet sich dann aus beiden Frequenzen f_1 und f_2.

8.2.4 Brennstoff-Durchflußmessung

Die Brennstoff-Durchflußmessung diente bisher hauptsächlich zur Anzeige im Cockpit, wobei der über der Zeit integrierte Wert den Verbrauch während einer Flugmission darstellt. Daraus kann dann der noch verbleibende Brennstoffvorrat in den Tanks berechnet und im Cockpit angezeigt werden. Eine Durchflußmessung kann aber z. B. auch zur Vorsteuerung des Brennstoffs in einem Brennstoffzumeßsystem Verwendung finden.

Die Durchflußmessung kann nach unterschiedlichen physikalischen Prinzipien erfolgen. Sie kann zum einen unterteilt werden in Volumenstrommessung und Massenstrommessung und zum anderen in analoge und in digitale Meßsysteme.

Eine ganz andere Möglichkeit der Brennstoffflußbestimmung für Anzeigen z. B. im Cockpit ergibt sich, wenn im Betriebssystem des Triebwerks ein thermodynamisches Triebwerkmodell abgespeichert ist, mit dessen Hilfe über die Leistungsanwahl und den Flugzustand sich der Brennstofffluß bestimmen läßt.

Hier sollen jedoch kurz die drei gebräulichsten, von Brennstoff durchflossenen Geber behandelt werden.

a) Stauscheibe

Bei diesem Meßverfahren durchfließt der Brennstoff ein Gehäuse, wobei er eine exzentrisch angeordnete federbelastete Stauscheibe entsprechend seinem Volumenstrom auslenkt und diese Auslenkung anzeigt bzw. in ein elektrisches Signal umsetzt.

b) Meßturbine

Hier durchfließt der Brennstoff eine sich frei drehende Meßturbine, deren sich einstellende Drehzahl ein direktes Maß für den Volumenstrom ist. Die Drehzahl kann z. B. nach dem Prinzip des Impuls-Drehzahlgebers gemessen werden, wobei die Änderung des Magnetflusses durch die Bewegung der Turbinenschaufeln in elektrische Impulse umgesetzt wird. Idealerweise gilt somit ein linearer Zusammenhang zwischen Turbinendrehzahl und Volumenstrom. Während die Lagerreibung bei den heutigen kugelgelagerten Meßturbinen in einem sehr großen Durchflußbereich vernachlässigt werden kann, ist der Einfluß der Flüssigkeitsreibung nur bei hohen Reynolds-Zahlen vernachlässigbar. Mit sinkender Reynolds-Zahl, d. h. verringertem Durchfluß und/oder zunehmender Viskosität v geht die zunächst turbulente Grenzschicht zwischen Meßmedium und Turbinenschaufeln in den laminaren Zustand über. Dadurch nehmen die Widerstandskräfte an der Turbine so stark zu, daß sich bei gleichem Volumenstrom mit abnehmender Reynolds-Zahl eine immer niedrigere Turbinendrehzahl einstellt. Deshalb wird der Proportionalitätsfaktor zwischen Drehzahl und Volumenstrom als Funktion des Parameters N/v für ein bestimmtes Meßgerät angegeben.

Stauscheibengeber und Meßturbine erfassen nur die durchfließenden Volumeneinheiten ohne Berücksichtigung der Dichte. Da die Triebwerkleistung aber vom Brennstoff-Massenstrom abhängt, ist dieser aus dem Volumenstrom und der Dichte zu bilden. Letztere ist eine Funktion des Brennstofftyps und der tatsächlichen Brennstofftemperatur.

c) Drehimpulsgeber

Der Drehimpulsgeber ist unter den gebräuchlichen Durchflußgebern der einzige, der den Massenstrom mißt. Dazu wird dem fließenden Brennstoff eine genau definierte Winkelbeschleunigung aufgeprägt. Die Größe des aus Flußrichtung und Rotationsrichtung entstehenden Drehimpulses ist ein Maß für den Massenstrom. Im Geber fließt der Brennstoff zunächst durch ein Schaufelrad, das mit einer konstanten Drehzahl angetrieben wird. Am Austritt dieses Schaufelrads hat der Brennstoff einen genau definierten Drall und trifft auf ein weiteres Schaufelrad, die Turbine. Dieses wird durch eine Drehfeder am Rotieren gehindert und verdreht sich lediglich mit in Abhängigkeit des auf sie wirkenden Moments um einen bestimmten Winkel. Eine schematische Anordnung zeigt Bild 8-9. Der Drehwinkel ist somit ein Maß für den Massendurchsatz.

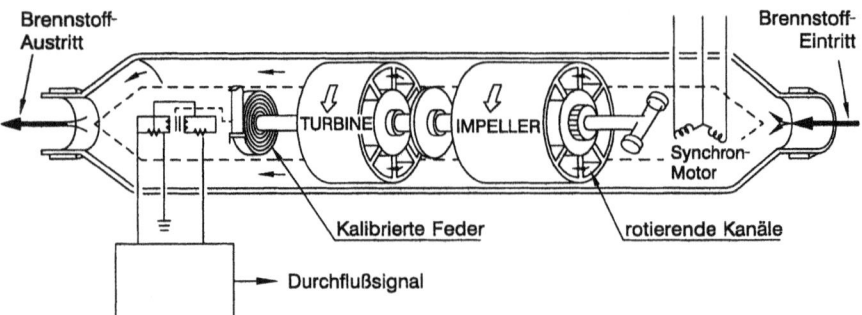

Bild 8-9 Drehimpulsgeber als Durchflußmeßgerät

8.2.5 Drehmomentmessung

Die Drehmomentmessung wird hauptsächlich beim Wellenleistungstriebwerk zur Leistungssteuerung bzw. -begrenzung eingesetzt. Das dabei angewandte Standardverfahren benutzt den durch schrägverzahnte Getriebezahnräder erzeugten Axialschub, der durch ein Axiallager aufgenommen und als Kraft gemessen wird. Abgesehen von einigen kleinen Sekundäreffekten ist diese Axialkraft dann proportial dem übertragenen Drehmoment.

Eine ganz andere Anwendungsmöglichkeit für eine Drehmomentmessung, bisher aber wohl noch nicht realisiert, ergäbe sich bei relativ hohen zeitweisen Entnahmen mechanischer Leistung von der HD-Welle von Turboflugtriebwerken. Ein solcher Fall liegt z. B. konkret beim Tornado-Triebwerk RB 199 vor, bei dem für den Hydraulikantrieb zum Schwenken der Flügel über den sonstigen Leistungsbedarf hinaus beträchtliche Leistungsspitzen benötigt werden. Diese haben insbesondere bei Langsamflug in großer Höhe eine beträchtliche Reduzierung des HDV-Pumpgrenzenabstands zur Folge. Stünde hier ein entsprechendes Signal zur Verfügung, könnten im Bedarfsfall geeignete Maßnahmen am Triebwerk eingeleitet werden (vgl. Abschnitt 4-7). Ein solches Signal könnte z. B. auch über einen mit Dehnungsmeßstreifen belegten Torsionsstab in der Leistungsübertragung gewonnen werden.

8.2.6 Positionsmessung

Häufig ist am Triebwerk eine Position zu messen, sei es eine lineare Auslenkung gegenüber einem Referenzpunkt oder eine Drehwinkelauslenkung. Zu denken ist dabei zunächst an die Verstellung variabler Geometrie, wie z. B. eine Schubdüsenfläche, verstellbare Verdichterleiträder, variable Luftventile oder auch Schubumkehrerklappen. Dabei ist es gleichgültig, ob diese variable Geometrie direkt gesteuert oder in einem Regelkreis als Stellglied verfahren wird. In jedem Fall ist ein eigener, z. T. dann unterlagerter Regelkreis notwendig, in dem für die Position ein Soll-Ist-Vergleich durchzuführen und die Differenz verstärkt einem Stellglied zuzuführen ist. Für den Ist-Wert wird eine Positionsmessung benötigt.

Darüber hinaus werden Positionsmessungen aber auch bei der Steuerung ganz anderer Parameter eingesetzt, wie z. B. der Brennstoffzumessung. Dort wird die Positionsregelung des Zumeßventils häufig als unterlagerter Regelkreis eingesetzt, der die Stabilität des gesamten Brennstoff-Regelkreises entscheidend verbessert.

Während bei früheren Systemen die Positionsrückführung mechanisch, oft auch über ein Gestänge erfolgte, werden heute von einem Positionsgeber elektrische Signale benötigt. Dieser ist in der Regel integraler Bestandteil des Stellglieds, wie z. B. auch eines Brennstoffzumeßventils. Da der Positionsregelkreis im elektronischen Regler geschlossen wird, werden zahlreiche zusätzliche Kabelverbindungen am Triebwerk notwendig, deren Masse auch wegen der benötigten Schirmung durchaus ins Gewicht fällt.

Die Geber müssen neben ihrer Robustheit angesichts der sehr ungünstigen Umgebungsbedingungen am Triebwerk vor allem auch sehr klein, kompakt und leicht bauen.

Vom physikalischen Prinzip her ist neben der Drossel eine Reihe weiterer induktiver Geber zur Wegmessung geeignet. Am bekanntesten ist das Tauchkernsystem in verschiedenen Spielarten, das zur Messung mittlerer und auch größerer Wege geeignet ist. Dabei besteht ein Tauchkerngeber aus einer in der Regel mehrlagigen Spule, deren Induktivität durch die Eintauchtiefe eines ferromagnetischen Tauchkerns gesteuert wird.

Die Anwendung des Differenzprinzips führt dabei entweder zu einem Doppelspulen-Tauchkernsystem oder zum Differentialtransformator-Tauchkernsystem (*linear variable differential transformer*, LVDT), wobei beide Differentialsysteme eine bessere Kennlinienlinearität aufweisen als das einfache Tauchkernsystem. Diese Technik ist heute üblicher Standard.

8.2.7 Mögliche zukünftige Sensoren

Weitere Verbesserungen der Triebwerkleistungen in der Zukunft erfordern neben den dazu notwendigen Steuer- und Regelungskonzepten, vor allem die dazu geeigneten Sensoren und Stellglieder. In der Diskussion seit längerem ist z. B. die Spaltregelung in den Strömungsmaschinen. Gegenüber den heute häufig angewendeten groben Steuerungen wird für diese Regelung zunächst ein geeigneter Sensor benötigt, mit dessen Hilfe der jeweilige Ist-Zustand gemessen wird.

Ein weiteres Feld könnte die Pumpverhütung im geschlossenen Regelkreis sein, falls es gelingt, dafür geeignete Sensoren, Stellglieder und Regelkonzepte zu entwickeln. Ein zusätzliches potentielles Feld liegt bei der Triebwerküberwachung und dort bei der rechtzeitigen Fehlererkennung.

8.3 Stellglieder und ihre Komponenten

Die Stellglieder haben die Aufgabe, die in den Steuer- und Regelorganen erzeugten Signale umzusetzen in die tatsächlichen Eingangsgrößen des Triebwerks, also insbesondere in Brennstoffflüsse und, soweit vorhanden, die Positionierung variabler Geometrie. Hinzu kommt in zunehmendem Maße die Steuerung sekundärer Kühl- und Aufheizluft für die verschiedenen Zwecke.

Vorhanden ist in jedem Triebwerk das Stellglied Brennstoffzumessung. Es besteht aus einer Kette von Elementen, von denen die wichtigsten die Pumpen, die Ventile und die Einspritzdüsen sind und in dieser Reihenfolge behandelt werden sollen. Der Vollständigkeit halber zu erwähnen sind noch die Filter und Wärmetauscher. Letztere können entweder mit Verdichterluft zum Anwärmen sehr kalten Brennstoffs dienen, oder sie haben die Aufgabe, heißes Triebwerköl zu kühlen unter Aufheizung des Brennstoffs.

8.3.1 Brennstoffpumpen

Tankpumpen

Die Tankpumpen sind zellenseitig in den Brennstofftanks untergebracht und gehören in der Regel nicht zum System „Triebwerk". Ihre Aufgabe ist es, den Brennstoff unter einem ausreichenden Druck bis zur Schnittstelle Zelle/Triebwerk zu fördern. Es handelt sich dabei um gekapselte, von einem Elektromotor angetriebene Zentrifugalpumpen. Aus Sicherheitsgründen werden meist mehr als eine solche Pumpe vorgesehen.

Niederdruck-Zentrifugalpumpen

Das Brennstoffzumeßsystem weist meist zwei unterschiedliche, in Serie liegende Pumpen auf. Die erste Pumpe im Niederdruckteil hat dabei die Aufgabe, durch eine mäßige Druckerhöhung an der HD-Pumpe Kavitation zu vermeiden. Kavitation ist eine zerstörende physikalische Eigenschaft, ausgelöst in Zonen zu niedrigen Drucks, sowohl in hydraulischen Pumpen, als auch z. B. Wasserturbinen. Dabei „explodieren" Partikel des hydraulischen Fluids und erodieren Schaufeln, Flügel, Zähne und Gehäuse der hydraulischen Maschinen.

Diese ND-Pumpen zur Vermeidung der Kavitation sind in der Regel Zentrifugalpumpen wie die Tankpumpen auch. Allerdings werden sie mechanisch über ein Getriebe von der Triebwerkwelle angetrieben. Sie sitzen häufig auf dem gleichen Antriebsstrang wie die HD-Pumpe, oft sogar im gleichen Gehäuse, laufen allerdings meist mit höherer Drehzahl.

Bild 8-10 zeigt schematisch einen Schnitt durch eine solche ND-Vorpumpe auf der Welle der HD-Pumpe.

8.3 Stellglieder und ihre Komponenten

Hochdruckpumpen

Die Brennstoff-Hochdruckpumpen werden in der Regel mechanisch von der Triebwerkwelle über ein Getriebe mit der für sie jeweils geeigneten Maximaldrehzahl angetrieben. Sie haben eine Reihe von Forderungen zu erfüllen, von denen die wichtigsten sind:
– Abdeckung eines großen Modulationsbereichs für den zugemessenen Brennstoff plus Servoentnahmen bei stabiler Förderung,
– geringstmögliche Temperaturerhöhung des geförderten Brennstoffs,
– guter Pumpenwirkungsgrad auch bei niedrigen Durchsätzen,
– Brennstofftemperaturbereich in der Regel von -45 °C bis +160 °C (kurzzeitig bis +185 °C) z. B. bei modernen Jagdflugzeugen,
– Akzeptanz einer großen Variationsbreite von Brennstoffarten mit z. T. äußerst geringer Schmierfähigkeit,
– möglichst hohe Antriebsdrehzahl zur Vermeidung aufwendiger Untersetzungsgetriebe
– Selbstfüllfähigkeit,
– sehr hohe Zuverlässigkeit bei geringem Gewicht und Bauvolumen; bei den modernen Regelsystemen mit zweikanaliger Elektronik wird die zu erzielende Ausfallrate im wesentlichen durch die verbliebenen hydraulischen Elemente und hier vor allem auch die Pumpen bestimmt.

Die HD-Pumpe hat den Brennstoff auf einen sehr hohen Druck zu bringen, der je nach Anwendungsfall bis zu 150 bar betragen kann. Das hohe Druckniveau am Pumpenaustritt ist nötig zur
– Überwindung des Gasdrucks in der Brennkammer von bis zu über 45 bar,
– Zerstäubung des Brennstoffs in den Brennerdüsen,
– Verfügungstellung des nötigen Druckabfalls in den Zumeßsystemen und
– Überwindung von Strömungsverlusten.

Die dafür benötigte Pumpleistung von der Triebwerkwelle ist beträchtlich und hängt neben der Druckerhöhung und dem Pumpenwirkungsgrad in erster Linie von der Fördermenge ab. Ein wichtiger Faktor insbesondere bei Triebwerken für Überschallflug ist die Brennstoffaufheizung durch den Pumpvorgang.

Die Aufheizung hängt wiederum sehr stark vom Typ der verwendeten HD-Pumpe ab. Grundsätzlich sind die folgenden vier Pumpentypen zu unterscheiden:
a) Pumpen, deren Fördermenge im wesentlichen proportional zur Drehzahl ist und nur wenig vom Druckanstieg selbst abhängt, der sich ausschließlich durch die Drosselung stromabwärts ergibt,
b) Pumpen, deren Fördermenge im wesentlichen proportional zur Drehzahl und einer Verstellgeometrie ist und wie a) nur geringfügig vom Druckanstieg selbst abhängt, der sich ebenfalls ausschließlich durch die Drosselung stromabwärts ergibt,
c) Pumpen, deren Fördermenge und Förderdruck von Drehzahl und Drosselung nach Pumpenauslaß abhängen,
d) Pumpen, deren Fördermenge und Förderdruck von Drehzahl und einer Verstellgeometrie sowie der Drosselung nach dem Pumpenauslaß abhängen.

Je größer der Flugbereich eines Triebwerks ist, umso größer wird das Brennstoff-Temperaturproblem mit Pumpentyp a). Zu diesem Typ gehört z. B. die wegen ihres geringen Volumens, Gewichts, günstigen Preises und der hohen Zuverlässigkeit sehr häufig eingesetzte Zahnradpumpe.

Das Problem resultiert daraus, daß die vom Triebwerk benötigte Brennstoffmenge viel stärker vom Druckniveau im Triebwerk als von dessen Drehzahl abhängt. So kann sich z. B. für die gleiche maximale Drehzahl der Brennstoffbedarf um einen Faktor von mehr als 10:1 über dem Flugbereich eines militärischen Triebwerks für Überschalleinsatz ändern. Da die Pumpenkapazität einschließlich Reserven für den Maximalfall auszulegen ist, muß bei allen vom Maximalfall abweichenden Betriebszuständen ein teilweise sehr hoher Prozentsatz des auf hohen Druck geförderten Brennstoffs in das Niederdrucksystem bzw. den Tank zurückgespeist werden. Dadurch kann sich eine hohe Brennstofftemperatur ergeben, insbesondere, wenn der Tank am Flugende fast leer ist.

Es ist deshalb wichtig, tatsächlich nur soviel Brennstoff zu pumpen, wie vom Triebwerk benötigt wird. Dazu dienten die Pumpen vom Typ b), die sich aber für moderne Triebwerke nicht durchgesetzt haben. Die zu den Typen c) und d) gehörenden HD-Pumpen sind Zentrifugalpumpen mit einem zusätzlichen Problem. Der von ihnen erzeugte Druck hängt nicht primär von der Drosselung nach der Pumpe ab, sondern in erster Linie von ihrer Drehzahl in einer näherungsweise quadratischen Abhängigkeit. Das bedeutet aber, daß bei niedrigen Drehzahlen, z. B. während des Startvorgangs, der erzeugte Druck nicht ausreicht, geschweige denn, daß damit – wie häufig gefordert – zusätzlich Leitschaufeln und Abblaseventile über hydraulische Servos betätigt werden könnten.

Es wurde deshalb immer wieder vorgeschlagen, HD-Pumpen nicht durch die Triebwerkwelle, sondern durch drehzahlgeregelte Elektromotoren anzutreiben. In der Tat sind die Elektromotoren in den letzten Jahren immer kompakter und leistungsstärker geworden, so daß eine solche Entwicklung nicht mehr unmöglich erscheint. Allerdings müßte die erhebliche elektrische Antriebsenergie zunächst von einem entsprechend größer dimensionierten, von der Triebwerkwelle angetriebenen Generator erzeugt werden. Zu berücksichtigen ist auch der Sicherheitsaspekt, da ein Versagen des Pumpenantriebs totalen Schubverlust des betreffenden Triebwerks bedeuten würde.

Ebensowenig durchsetzen konnte sich deshalb bisher auch der Vorschlag, die HD-Pumpe durch einen Hydraulikmotor anzutreiben, der selbst durch eine Hydraulikpumpe variabler Fördermenge gespeist wird und somit die benötigte Drehzahl liefern könnte.

Ähnliche Probleme stellten sich auch beim Antrieb über ein stufenloses Getriebe von der Triebwerkwelle, bei dem die Drehzahl entsprechend der tatsächlich benötigten Brennstoffmenge eingestellt werden könnte.

Zahnradpumpe (Typ a))
Das Prinzip der Zahnradpumpe besteht darin, daß zwei kämmende Zahnräder in einem Gehäuse außen die Flüssigkeit zwischen den Zähnen und dem Gehäuse in Drehrichtung fördern, der Rückfluß zwischen den Zahnrädern in der Mitte aber durch die ineinander kämmenden Zähne versperrt ist, so daß nur der Abfluß durch die HD-Leitung möglich ist. Die Zahnradpumpe gehört somit zum Typ der positiven Verdrängerpumpen mit fester Verdrängung, d. h. fester Geometrie.

8.3 Stellglieder und ihre Komponenten

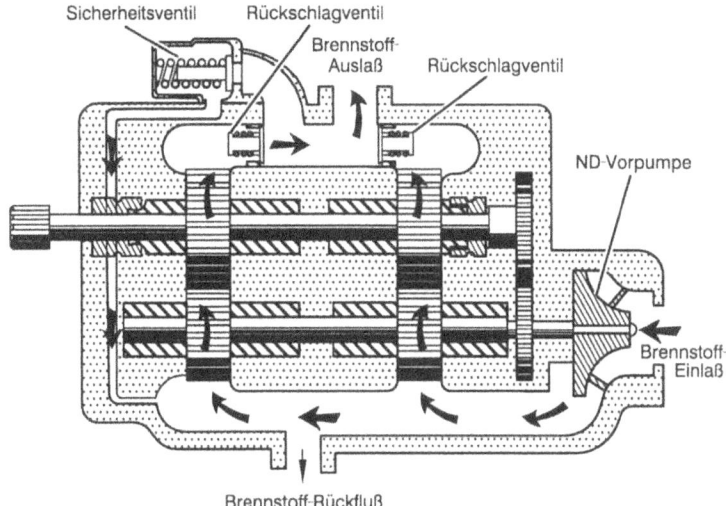

Bild 8-10 Schema einer HD-(Doppel)Zahnradpumpe mit ND-Vorpumpe

Ihr Funktionsprinzip kann Bild 8-10 entnommen werden, das einen Schnitt durch eine HD-Zahnraddoppelpumpe zusammen mit der ND-Vorpumpe zeigt.

Ohne Leckagen wäre der Förderstrom exakt proportional zur Drehzahl. Theoretisch kann jeder Förderdruck aufgebaut werden, solange das dafür benötigte Drehmoment, d. h. die Antriebsleistung bei gegebener Drehzahl zur Verfügung steht und nichts zu Bruch geht und die mit der Druckerhöhung ansteigenden Leckagen klein sind.

Die Zahnradpumpe dürfte die mit Abstand am häufigsten eingesetzte HD-Pumpe im Triebwerkbau sein, da sie klein und leicht baut, zuverlässig ist und hohe Standzeiten hat und sowohl in der Fertigung als auch Überholung preisgünstig ist. Die schnellaufende Zahnradpumpe benötigt einen bestimmten Vordruck im Eintrittsbereich zur Unterdrückung von Kavitation, der umso höher sein muß, je höher die Temperatur des geförderten Brennstoffs und sein Dampfdruck ist. Zur Zahnradpumpe gehört allerdings stets ein Rückströmventil, das den nicht benötigten Brennstoff entweder zum Pumpeneinlaß oder in den Tank zurückfließen läßt. Die damit verbundene Temperaturerhöhung ΔT des Brennstoffs ist somit eine Funktion der Druckerhöhung ΔP_{Pumpe} in der Pumpe, der Dichte ρ und spezifischen Wärme c des Brennstoffs. Sie berechnet sich nach der Gleichung:

$$\Delta T = \frac{\Delta P_{Pumpe}}{\rho c} \quad .$$

Wird der Rückfluß W_R vor den Pumpeneinlaß zurückgespeist, so beträgt die Temperaturerhöhung ΔT_{Rez} mit Rezirkulation:

$$\Delta T_{Rez} = \left(1 + \frac{W_R}{W}\right) \frac{\Delta P_{Pumpe}}{\rho c}.$$

Diese durch Rezirkulation erzeugte Temperaturerhöhung kann beträchtlich und für das Gesamtsystem auch kritisch sein. Wird z. B. bei einem Flug- und Betriebszustand mit niedrigem Brennstoffverbrauch 90 % des von der Pumpe geförderten Brennstoffs über das Rückströmventil zurückgespeist, so beträgt die Temperaturerhöhung zwischen Eintritt und Austritt des Brennstoffs das zehnfache der Erhöhung ohne Rückströmung. Parasitär ist auch die Leistungsaufnahme für den zurückgesteuerten Teil der gesamten Fördermenge.

Flügelpumpe fester Exzentrizität (Typ a))

Die Flügelpumpe fester Exzentrizität ist ebenfalls eine positive Verdrängerpumpe wie die Zahnradpumpe. Sie besitzt einen im Gehäuse exzentrisch gelagerten Rotor, in dessen Schlitzen bewegliche Flügelkörper gleiten und durch die Zentrifugalkraft bei der Rotation dichtend gegen das feststehende Gehäuse gedrückt werden, wie in Bild 8-11 schematisch dargestellt.

Da das Kammervolumen durch die Exzentrizität nach dem HD-Auslaß in Drehrichtung zu Null wird, muß der vom Einlaßbereich mitgenommene Brennstoff das Gehäuse am HD-Auslaß verlassen. Auch dieser Pumpentyp benötigt somit einen gesteuerten Rückfluß, um nur die Menge zuzumessen, die auch tatsächlich benötigt wird. Rein qualitativ entspricht die Charakteristik dieser Pumpe somit weitgehend der der Zahnradpumpe.

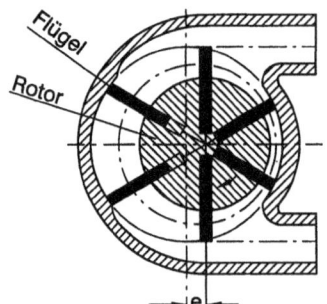

Bild 8-11
Schema einer Flügelpumpe fester Exzentrizität e

Taumelscheiben-Kolbenpumpe (Typ b))

Die Taumelscheiben-Kolbenpumpe wurde nach dem zweiten Weltkrieg bei den meisten englischen Triebwerken bis etwa in die siebziger Jahre eingesetzt und von der Firma Lucas in verschiedenen Größen gefertigt. Über Nachbauten fand sie auch eine gewisse Verbreitung in den USA und der UdSSR. Den schematischen Aufbau der Pumpe zeigt Bild 8-12.

Durch die Relativbewegung der schräg angestellten Scheibe zum Pumpenkörper führen die Kolben Hubbewegungen aus, wobei sie durch Öffnungen im unteren Gehäuseteil Brennstoff einlassen und diesen dann durch entsprechende Öffnungen im oberen Gehäuseteil in die HD-Leitung drücken. Der Durchsatz ist in guter Näherung proportional zur Drehzahl und zur Auslenkung der Taumelscheibe durch einen Servo.

8.3 Stellglieder und ihre Komponenten

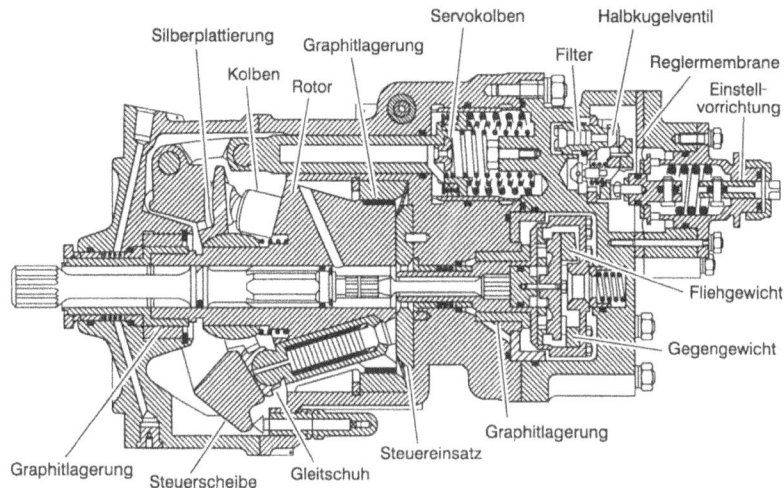

Bild 8-12 Schema einer Taumelscheibenpumpe (mit Förderdruckbegrenzung)

Dieser Pumpentyp hat den großen Vorteil, daß nur die tatsächlich benötigte Brennstoffmenge gepumpt wird, so daß Leistungsbedarf und parasitäre Erwärmung geringer sind als bei den Pumpen des Typs a. Die Nachteile dieser Kolbenpumpe sind:
- hohes Gewicht,
- aufwendige und damit teure Fertigung,
- wartungsintensiv,
- begrenzt in der maximalen Fördermenge, so daß früher häufig Doppelpumpen eingesetzt wurden.

In der UdSSR wurde diese Pumpe früher sogar für die Nachbrenner-Brennstoffförderung bei kleineren militärischen Triebwerken eingesetzt.

Die Taumelscheibenpumpen aus dieser Zeitepoche würden die heutigen Anforderungen insbesondere hinsichtlich Temperaturbereich und Brennstofftyp, aber auch hinsichtlich Gewicht, Preis und Antriebsdrehzahl nicht mehr erfüllen. Es gibt aber unter Verwendung neuer Materialien erfolgversprechende neue Entwicklungsanstrengungen, so daß dieser Pumpentyp vielleicht einmal wieder aktuell werden könnte.

Flügelpumpe mit verstellbarer Exzentrizität (Typ b))

Im Gegensatz zur vorbeschriebenen Flügelpumpe fester Exzentrizität (Typ a)) kann diese mittels eines Hubrings verstellt werden. Das Schema zeigt Bild 8-13.

Diese Pumpe fördert somit ebenfalls nur die Brennstoffmenge, die vom Triebwerk tatsächlich verbrannt wird, ohne damit parasitäre Leistung zu verbrauchen und in unerwünschte Temperaturerhöhung des Brennstoffs umzusetzen. Diese vom Konzept her äußerst attraktive Pumpe wurde von der US-Firma Chandler-Evans erstmals serienmäßig in großen Stückzahlen beim Pratt & Whitney-Triebwerk F-100 eingesetzt. Leider kam es zu zahlreichen Ausfällen, so daß die Pumpe gegen einen anderen Pumpentyp ausgewechselt werden mußte.

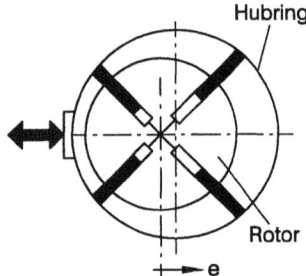

Bild 8-13
Verstellbarer Hubring einer Flügelpumpe mit variabler Fördermenge

Neben der Unzuverlässigkeit im Betrieb schlagen auch hohe Herstellkosten sowie eine aufwendige Überholung negativ zu Buche. Deshalb konnte sich dieser Pumpentyp bisher noch nicht als Standardpumpe durchsetzen. Möglicherweise gelingt aber doch noch der Durchbruch.

Zentrifugalpumpe (Typ c))

Strömungstechnisch handelt es sich um eine Radialpumpe. Die Zuströmung erfolgt axial zum Nabenbereich und kann durch Leitschaufeln einen Drall bekommen, bevor der Brennstoff in das mit hoher Drehzahl rotierende Laufrad eintritt. Dort wird er, geführt durch entweder gerade oder auch gebogene Schaufelkanäle in Rotation versetzt und durch die Zentrifugalkräfte nach außen gedrückt.

Nach Verlassen des Laufrades sind im Sammelgehäuse die noch vorhandenen Geschwindigkeitskomponenten des strömenden Mediums in Druck umzusetzen. Die Druckerhöhung einer solchen Pumpe ist eine Funktion ihrer Drehzahl und der Drosselung. Bei konstanter Drosselung ist die Druckerhöhung etwa proportional zum Quadrat der Drehzahl. Sie wird verwendet als elektrisch angetriebene Tankpumpen und als ND-Pumpen in den Triebwerkbrennstoffsystemen zur Vermeidung von Kavitation an der HD-Pumpe.

Stimmt in bestimmten Arbeitsbereichen die Zuordnung von Drehzahl, benötigtem Brennstofffluß und Druck nicht überein, so ist ein Druckhalteventil mit Rückfluß zum Pumpeneinlaß anzuordnen.

Die Pumpe ist für die bewältigten Fördermengen sehr klein und leicht gebaut und benötigt wegen ihrer Schnelläufigkeit beim Antrieb von der Triebwerkwelle weniger Getrieberäder als andere Pumpen. Sie kann auch mit Eintrittsdrücken unterhalb des Dampfdrucks arbeiten. Allerdings kann sie im leeren Zustand nicht selbst ansaugen und sich füllen, da sie unter diesen Bedingungen kein Vakuum erzeugen kann. Ihr größtes Handicap ist aber der sehr geringe Druckaufbau bei niedrigen Drehzahlen, z. B. während des Startvorgangs im Bereich von etwa 15 % der maximalen Rotordrehzahl. Auch sind Instabilitäten im Brennstoffzumeßsystem bei diesem Pumpentyp stets eine potentielle Gefahr, die von ihrer inherenten Druck-Durchsatzcharakteristik herrührt und bei der Systemauslegung entsprechende Vorkehrungen verlangt. Hin und wieder wird in Studien vorgeschlagen, eine solche Pumpe durch einen drehzahlgesteuerten Elektromotor anzutreiben, insbesondere für kleine Triebwerke. Damit könnte der Druckaufbau unabhängig gesteuert werden. Der prinzipielle Aufbau einer solchen Pumpe entspricht der bereits in Bild 8-10 gezeigten Vorpumpe.

8.3 Stellglieder und ihre Komponenten

Einlaßgeregelte Zentrifugalpumpe (Typ d)

Die in Bild 8-14 schematisch gezeigte einlaßgeregelte Zentrifugalpumpe wurde insbesondere von der englischen Firma Dowty unter dem Namen „*vapour core pump*" entwickelt und für zahlreiche Baumuster von Nachbrennertriebwerken hergestellt.

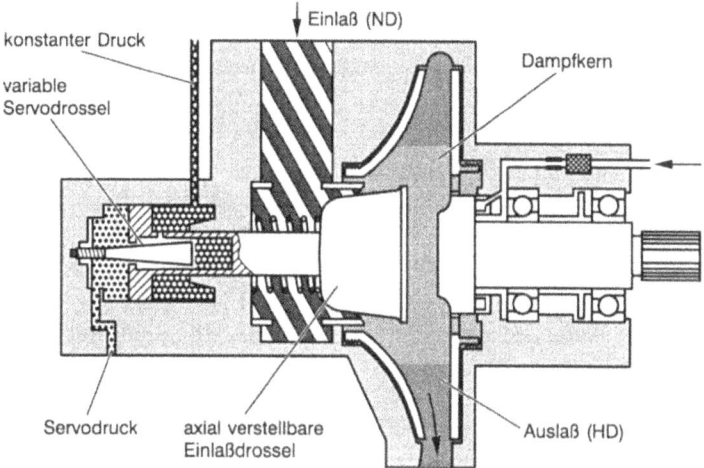

Bild 8-14 Schema einer einlaßgeregelten Zentrifugalpumpe

Sie ermöglicht bei kleiner und leichter Bauweise sehr hohe Fördermengen, die durch eine Einlaßdrosselung, hinter der ein Dampfkern entsteht, genau auf den Verbrauch abgestimmt werden können. Dadurch ergibt sich eine besonders gute Eignung für die Nachbrenner-Brennstoffzumessung. Der Nachteil einer unzureichenden Druckerhöhung bei niedriger Drehzahl fällt dort nicht ins Gewicht, da Nachbrenner regelmäßig erst bei hohen Triebwerkdrehzahlen zugeschaltet werden.

Während aber z. B. bei der Taumelscheiben-Kolbenpumpe des Typs b) Drehzahl und Taumelscheibenanstellwinkel im wesentlichen den Brennstofffluß bestimmen, ist wegen der Druck/Durchsatz-Abhängigkeit von Zentrifugalpumpen ein etwas größerer Aufwand zur Zumessung eines bestimmten Brennstoffflusses nötig. In der Praxis wird ein variables Zumeßventil der Pumpe nachgeschaltet, über das die Druckdifferenz dadurch konstant gehalten wird, daß in einem geschlossenen Regelkreis die Pumpeneinlaßdrossel als Stellglied entsprechend verstellt wird. Der zugemessene Brennstofffluß ist dann, bis auf die $\sqrt{\rho}$-Abhängigkeit gemäß der Bernoulli-Gleichung, eine Funktion der effektiven Durchtrittsfläche des zu steuernden variablen Zumeßventils.

8.3.2 Brennstoffzumeßventile

Das Brennstoffzumeßventil ist die Schnittstelle zwischen dem Rechner- bzw. Funktionserzeugersignal und dem zuzumessenden Brennstoff. Für seine Funktion benötigt es eine Auslenkung und dafür in der Regel eine Kraft, die je nach Anordnung minimal bis sehr beträchtlich sein kann. In letzterem Fall wird dann meist ein Servo als Kraftverstärker vorgeschaltet.

Die in ausgeführten Brennstoffzumeßsystemen anzutreffenden Zumeßventile sind von ihrer Anordnung, Konstruktion und Funktionsweise her äußerst unterschiedlich. Sie können zur besseren Übersichtlichkeit eingeteilt werden in direkt zumessende (Typ a) und indirekt zumessende, also Servoventile, (Typ b). Im folgenden werden jeweils nur einige typische Vertreter der beiden Ventiltypen stellvertretend behandelt.

Grundsätzlich gilt für beide Ventiltypen, daß eine Zumessung nur dadurch geschehen kann, daß entweder mittelbar die Fördermenge der Brennstoffpumpe verstellt wird, oder, wo dies nicht möglich ist, ein Teil des geförderten Brennstoffs vor die Pumpe zurückgeleitet wird.

In der Regel besteht die Aufgabe für den Ventiltyp a) darin, den Brennstoff so genau wie möglich zuzumessen, da der ordnungsgemäße Betrieb des Triebwerks oder Nachbrenners davon abhängt. Beim Typ b) liegt diese Forderung meist nicht oder nur eingeschränkt vor, da ein Regelkreis das Brennstoffsignal und damit den zugemessenen Brennstoff als Stellglied so verfährt, daß auf eine Regelgröße eingeregelt wird. In diesem Fall hat die Brennstoffzumessung oft nur die Aufgabe einer mehr oder weniger groben Vorsteuerung und der überlagerte Regelkreis besorgt die Feinkorrektur.

Allerdings kann der Ventiltyp b) auch zur exakten Brennstoffzumessung herangezogen werden, wenn in einem Regelkreis z. B. mittels eines Durchflußmessers auf einen kommandierten Brennstoffluß eingeregelt wird. Die Zumessung geschieht dann durch diesen Regelkreis, in dem das Servoventil das Stellglied ist. Diese Art der Zumessung könnte künftig zum Einsatz kommen, wenn zuverlässige Durchflußmesser zur Verfügung stehen.

a) Direkt zumessende Brennstoffventile (Typ a)

Physikalische Grundlage dieser Brennstoffzumeßventile ist die Bernoulli-Gleichung. Danach gilt für den zugemessenen Brennstoffmassenfluß W_F:

$$W_F = c\sqrt{\rho} \cdot A_{eff} \cdot \sqrt{\Delta P_Z} \; ; \quad [W_F] = kg/s$$

Dabei sind:
- ρ Dichte des Brennstoffs,
- A_{eff} effektive Zumeßfläche des Ventils,
- ΔP_Z Druckdifferenz über die Zumeßfläche.

ρ ist hauptsächlich von der Brennstofftemperatur, aber auch etwas vom Brennstofftyp abhängig und muß korrigierend z. B. bei einer der beiden Variablen ΔP_Z oder A_{eff} berücksichtigt werden.

Häufig wird ΔP_Z mittels eines Regelkreises mit dem Stellglied Rückströmventil oder Pumpenförderung konstant gehalten. Dann ist die zugemessene Brennstoffmenge lediglich noch eine Funktion der effektiven Zumeßfläche des Ventils. Dabei ist

8.3 Stellglieder und ihre Komponenten

$A_{eff} = A_{geom} \cdot c_D$, mit dem Einschnürkoeffizienten c_D durch die Strömung. Unter geeigneter Korrektur für ρ und c_D und mit $A_{geom} = f(x)$ gilt somit:

$$W_F = f(x)$$

mit x als Auslenkung (Stellweg) des Brennstoffzumeßventils.

Unter den zahlreichen Ausführungsformen solcher Zumeßventile trifft man sehr häufig die in Bild 8-15 schematisch dargestellte Bauart an, bei der die Zumeßfläche durch zwei koaxial angeordnete Hülsen gebildet wird, wobei die innere Öffnungen besitzt und feststeht, während die äußere axial verschoben wird und damit die Zumeßöffnungen der inneren mehr oder weniger überdeckt bzw. freigibt.

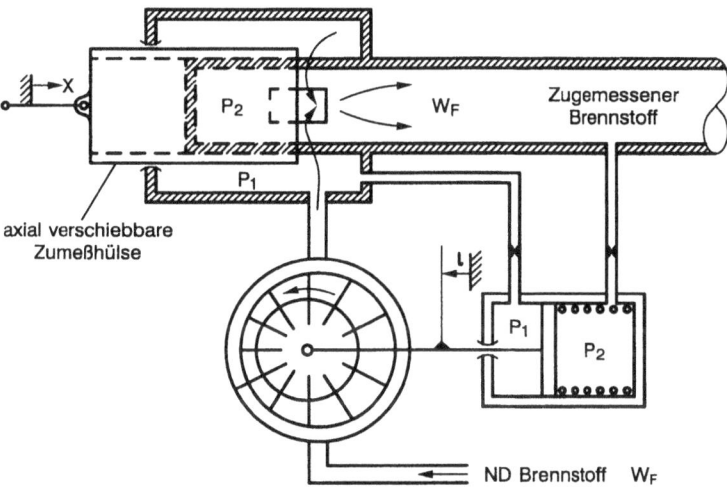

Bild 8-15 Beispiel eines direkt zumessenden Brennstoffventils

Zum besseren Verständnis wurde unter dem Ventil außerdem noch ein Regelkreis zur (näherungsweisen) Konstanthaltung des Druckabfalls $\Delta P_Z = P_1 - P_2$ über das Zumeßventil skizziert. Dabei muß der durch seine Auslenkung die Fördermenge der Pumpe steuernde Servokolben je nach Stellung des Brennstoffzumeßventils und damit der zugemessenen Brennstoffmenge in einer ganz bestimmten Stellung stehen.

Wird das Brennstoffzumeßventil z. B. in Richtung höheren Durchflusses geöffnet, verringert sich momentan die Druckdifferenz $\Delta P_Z = P_1 - P_2$ über die Zumeßöffnungen. Dies führt gleichzeitig am Servokolben zu einem Kräfteungleichgewicht, so daß dieser nach links wandert und die Pumpe damit mehr fördert. Dadurch erhöht sich der Druck P_1, bis am Servokolben in der neuen Stellung wieder Gleichgewicht herrscht. Bei stationären Verhältnissen muß für das Kräftegleichgewicht am Servokolben gelten:

$$\Sigma K_V = 0 = P_1 A - P_2 A + l C_F - K_0$$

mit A Kolbenfläche (auf beiden Seiten gleich),
l Auslenkung der Feder relativ zum Auslegungspunkt,

C_F Federkonstante

K_0 Federvorspannung im Auslegungspunkt

Zur Erzeugung eines bestimmten Wertes von ΔP_{Z0} im Auslegungspunkt gilt mit $l = 0$:

$$\Delta P_{Z0} = P_1 - P_2 = \frac{K_0}{A}$$

Bei Abweichung vom Auslegungspunkt mit mehr oder weniger Pumpenförderung, also $l \neq 0$ ergibt sich:

$$\Delta P_Z = \Delta P_{Z0} - \frac{l \cdot C_F}{A}$$

Die Abweichung von ΔP_{Z0} dieser Proportional-Regelung ist der Term $l \cdot C_F / A$. Er wird umso kleiner, je kleiner die Federkonstante C_F und je größer die Kolbenfläche A gewählt wird, was allerdings auf Kosten der Stabilität des Regelkreises geht, so daß bei dieser Anordnung ein kleiner Fehler bei starker Abweichung vom Auslegungspunkt hinzunehmen ist. Dieser Fehler halbiert sich aber nochmals bei der Brennstoffzumessung, da die Druckdifferenz ΔP_Z nur mit der Quadratwurzel eingeht. Außerdem ist dieser Fehler im wesentlichen eine Funktion der Stellung des Brennstoffzumeßventils, so daß er über diese herauskorrigiert werden kann. Zur Verbesserung der Stabilität dieses Regelkreises können in den Druckleitungen P_1 und P_2 Drosselstellen vorgesehen werden, die dämpfend auf die Verstellgeschwindigkeit des Servokolbens wirken.

Analog zu der hier gezeigten Wirkung des Servokolbens auf die Fördermenge einer Pumpe kann dieser natürlich auch auf ein Rückströmventil wirken, das einen regulierbaren Teil der mit der Drehzahl festen Fördermenge z. B. einer Zahnradpumpe absteuert. Der Effekt auf das konstant zu haltende ΔP_Z über das Zumeßventil ist der gleiche.

Bei der Verstellung des hier gezeigten Brennstoffzumeßventils können beträchtliche Kräfte auftreten. Zum einen wird zunächst eine gewisse Losbrechkraft zur Überwindung der statischen Reibung benötigt. Auch während der Verstellung tritt Reibung auf, abhängig von den Toleranzen und der Qualität der Oberflächen. Eine weitere, unter ungünstigen Umständen u. U. beträchtliche Kraft kann durch die Umlenkung des die Zumeßkanäle durchströmenden Brennstoffs selbst erzeugt werden. Diese Reaktionskräfte können aber durch eine günstige geometrische Gestaltung der Kanäle und Zumeßkanten weitgehend eliminiert werden. Bei einigen Brennstoffzumeßsystemen, mit denen der Verfasser zu tun hatte, stellten sie jeweils zu Beginn der Triebwerkentwicklungen zunächst ein beträchtliches Problem dar.

Zur sicheren Überwindung all dieser Kräfte und zur Vermeidung einer nicht akzeptablen Rückwirkung auf die Auslenkung des Eingangssignals wird in der Regel ein hydraulischer Kraftverstärker zwischengeschaltet, der das Brennstoffzumeßventil rückwirkungsfrei auslenkt.

8.3 Stellglieder und ihre Komponenten

Allerdings konnte in der Praxis auch auf solche Kraftverstärker verzichtet werden, so z. B. bei den sog. CASC-Reglern der Firmen Lucas/Rolls-Royce. Bei diesen wird die axial zu verschiebende Hülse zur Überdeckung bzw. Öffnung der Kanäle rotierend ausgeführt, um die Reibung dadurch stark zu verringern. Dem damit eingesparten hydraulischen Kraftverstärker steht dann aber die Notwendigkeit eines Antriebs im Brennstoffzumeßgerät gegenüber, der auch recht aufwendig sein kann.

b) Indirekt zumessende Brennstoffventile (Typ b))

Auch für diesen Ventiltyp gibt es zahlreiche Ausführungen, von denen zwei im Triebwerkbau häufig anzutreffende Ventile kurz vorgestellt werden sollen.

Halbkugelventil

Das Halbkugelventil benötigt zur Betätigung (Auslenkung) nur eine sehr geringe Kraft und einen sehr kleinen Stellweg. Es verändert einen Servodruck, der wiederum eine Pumpe oder ein Rückflußventil steuern kann. Die prinzipielle Wirkungsweise dieses Servoventils ist aus der Skizze in Bild 8-16 ersichtlich.

Die hydraulische Flüssigkeit, z. B. der Brennstoff, strömt vom hohen Druck P_1 durch die feste Drossel D_1 und anschließend durch die durch das Halbkugelventil gebildete variable Drossel D_2 zum niederen Druck P_0. Dabei stellt sich zwischen den beiden Drosseln ein Zwischendruck P_s ein, der eine Funktion der Stellung des Halbkugelventils, d. h. seiner Stellung x_1 ist. Dieser Servodruck betätigt gegen eine Feder den Servokolben so, daß jedem Druck P_s eine Stellung x_2 entspricht. Diese Auslenkung verstellt wiederum die Fördermenge einer Pumpe oder, bei einer Pumpe konstanter Fördermenge, die Stellung des Rückströmventils. Wie bereits erwähnt, benötigt diese relativ grobe Zumessung in der Regel noch einen überlagerten Regelkreis, in dem das Halbkugelventil dann das Stellglied darstellt.

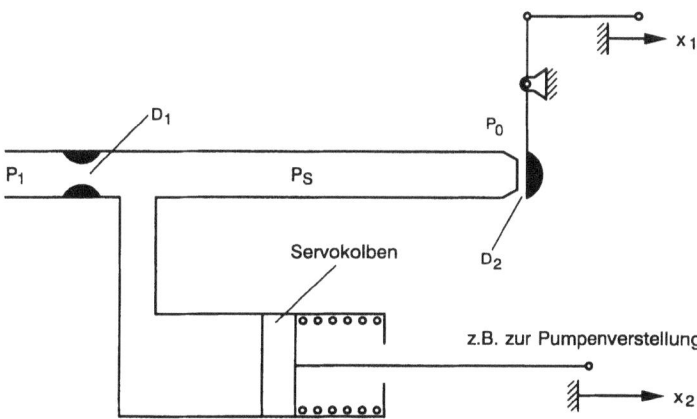

Bild 8-16 Prinzip des Halbkugelventils mit Servo

Kinetisches Messerventil

Bei diesem Servoventil wird ein sog. kinetisches Messer in den hydraulischen Strom zwischen zwei Düsen mehr oder weniger tief eingefahren. Bild 8-17 zeigt die schematische Anordnung.

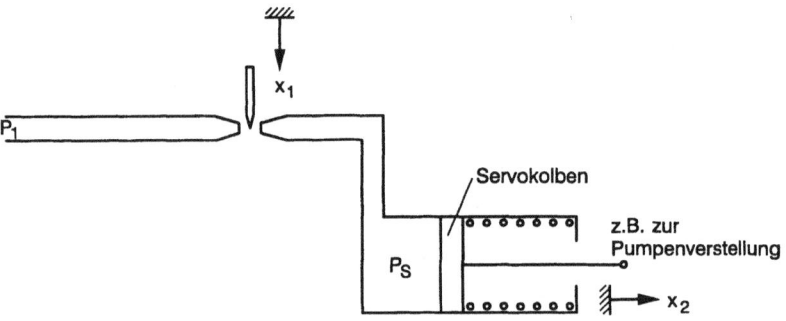

Bild 8-17 Prinzip des kinetischen Messerventils mit Servo

Je weiter das Messer aus dem Strom gezogen wird, umso näher liegt P_s an P_1 und drückt damit den Servokolben gegen die Federkraft nach rechts. Auch hier besteht eine Funktion zwischen x_1 und x_2, die allerdings auch noch von P_1 abhängig ist, analog zur Anordnung in Bild 8-16 für das Halbkugelventil. Auch wie dort gibt es nur einen bestimmten Arbeitsbereich von x_1, über den die Auslenkungsbeziehung zwischen x_1 und x_2 linear ist.

In beiden Fällen kann die Auslenkung x_1 z. B. durch eine federbelastete Tauchspule erfolgen, so daß x_2 über ein elektrisches Eingangssignal angesteuert wird.

Auch die hier gezeigte Anordnung benötigt in der Regel noch einen überlagerten Regelkreis, entweder über einen Triebwerkregelparameter oder über einen Durchflußmesser, dessen Meßwert auf einen vorgegebenen Wert durch das Stellglied x_1 einzuregeln ist.

8.3.3 Brennstoffdüsen

Die Brennstoffdüsen sind das letzte Glied in der Brennstoffzumeßkette. Ihre Aufgabe ist es, den zugemessenen Brennstoff für die nachfolgende Verbrennung möglichst optimal aufzubereiten. Ihre Konstruktion und Funktionsweise hat sich über die Jahrzehnte beträchtlich verändert. Stets hatten und haben ihre Durchflußcharakteristik Auswirkungen auf die Konzipierung des gesamten Brennstoff-Zumeß-Systems. Sie sind deshalb integraler Bestandteil dieses Systems, auch wenn ihre Weiterentwicklung gerade in den letzten Jahrzehnten mehr und mehr durch die Brennkammer-Spezialisten erfolgte.

Grundsätzlich zu unterscheiden sind die Brennstoffdüsen für die Brennkammer und für den Nachbrenner. Die Forderungen an erstere sind insbesondere geprägt durch die stark gestiegenen Anforderungen hinsichtlich Temperaturverteilung am Brennkammer-Austritt, bestmöglichen Ausbrenngraden auch bei Teillast, minimaler Rauchentwicklung und möglichst schadstoffarmer Verbrennungsprodukte auch im Einklang mit den immer

8.3 Stellglieder und ihre Komponenten

schärferen gesetzlichen Bestimmungen. Der Schwerpunkt liegt dabei natürlich bei der Brennkammer-Entwicklung selbst, wobei aber die Charakteristik der Brennstoffdüsen eine große Rolle spielt.

Für die Auslegung des Brennstoff-Zumeßsystems ist die Druck-Durchsatzcharakteristik der Brennstoffdüsen von ganz besonderer Bedeutung. Das grundsätzliche Problem liegt auch hier wiederum darin, daß die Triebwerke in der Regel enorm unterschiedliche Brennstoffflüsse benötigen. Die niedrigsten Werte ergeben sich meist bei Leerlauf im Langsamflug in großer Höhe und die Maximalwerte bei Vollast im Schnellflug in Bodennähe. Besonders extrem ist dieses Verhältnis von Minimal- zu Maximalwerten bei militärischen Triebwerken. Einem Verhältnis von z. B. $W_{F\,max} / W_{F\,min} \approx 20$ entspricht schon ein Verhältnis der maximalen zur minimalen Druckdifferenz über die Brennstoffdüse von 400, für $W_{F\,max} / W_{F\,min} \approx 30$ betrüge es schon 900. Will man sicherstellen, daß auch bei minimalen Brennstoffdurchsätzen bei einer einfachen Düse noch eine einigermaßen akzeptable Zerstäubung und damit Aufbereitung des Brennstoffs stattfindet, darf der Druckabfall über die Düse einen Minimalwert nicht unterschreiten. Damit ergäben sich dann aber beim maximalen Brennstoffdurchsatz enorm hohe Brennstoffdrücke, was nicht praktikabel ist. Man hat deshalb schon sehr frühzeitig nach Wegen gesucht, durch geeignete Gestaltung der Brennstoffdüsen auch mit mäßigen maximalen Brennstoffdrücken im Zumeßsystem auszukommen, denn hohe Drücke bedeuten zusätzliches Gewicht bei den Pumpen, ihrem Antriebsstrang, den Gehäusen und Rohrleitungen. Außerdem wird wegen des Rückflusses bei Zahnradpumpen und Flügelpumpen fester Geometrie der parasitäre Wärmeanfall stark erhöht, was aber z. B. bei dem in der Regel sowieso bereits kritischen Wärmehaushalt von Überschalltriebwerken nicht akzeptabel ist. Außerdem steigt mit höherem Brennstoffdruck natürlich auch die Leistungsentnahme für die Pumpe(n) von der Triebwerkwelle deutlich an, was ebenfalls unerwünscht ist.

Ein weiteres Problem, das besonders bei den modernen Hochleistungstriebwerken auftreten kann, ist das Verkoken und evtl. chemische Aufbrechen des Brennstoffs in den Brennstoffdüsen aufgrund sehr hoher Temperaturen. Diese hohen Temperaturen ergeben sich zum einen durch die mit den laufend gesteigerten Auslegungsdruckverhältnissen angestiegenen Verdichter-Lufttemperaturen, den höheren Brennstofftemperaturen durch zugeführte Wärme in den Wärmetauschern vom Triebwerk-Ölsystem sowie zellenseitigen Systemen, durch Wärmeleitung von den sehr heißen HD-Triebwerkgehäusen über die Befestigungsflansche in die Brennstoffdüsen, sowie durch Wärmestrahlung aus der Brennkammer-Primärzone.

Die wichtigsten Brennstoffdüsen, wie sie im Laufe der Jahrzehnte entwickelt und eingesetzt wurden, sind:

a) Simplex-Düse

Die Simplex-Düse wurde in der ersten Triebwerkgeneration eingesetzt. Sie erzeugt in einer Kammer einen Drall und schickt den Brennstoff anschließend durch eine feste Öffnung. Zur Vermeidung von Verkokung ist der bei hohen Drücken (Vollast) sehr günstige Einspritzkegel von einem Luftschleier umgeben.

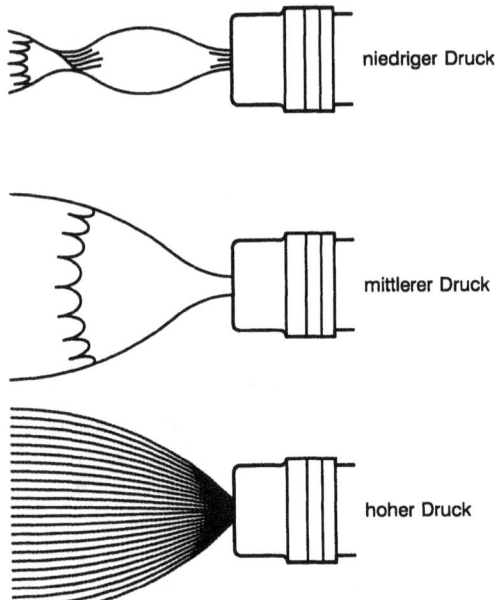

Bild 8-18
Brennstoffaufbereitung der Simplex-Düse bei unterschiedlichem Brennstoffdruck

Bei niedrigen Brennstoffdurchsätzen (Leerlauf, Langsamflug in großer Höhe) geht der Brennstoffdruck jedoch im Quadrat dazu zurück, so daß der Brennstoff dann aus der Düse nur noch herausblubbert, mit negativen Auswirkungen auf Ausbrenngrad und Rauchbildung. Die unterschiedliche Brennstoffaufbereitung bei minimalem und maximalem Durchsatz zeigt Bild 8-18.

b) Duplex(Doppel)-Düse

Die Duplex-Düse besitzt zwei voneinander unabhängige Zumeßöffnungen, von denen die kleinere bei niedrigen und beide zusammen bei hohen Durchsätzen über getrennte Zuleitungen beschickt werden. Bei einer Ausführungsform wird der Übergang auf die größere Düse durch den Brennstoffdruck selbst gesteuert, der einen federbelasteten Schieber in einer Querverbindung öffnet oder auch in der Düse selbst ein federbelastetes Kegelventil öffnet. Dadurch ergeben sich über einen weiten Betriebsbereich gute Zerstäubungskegel.

c) Rückfluß-Düse (spill nozzle)

Sie ist im wesentlichen eine Simplex Düse, bei der auch bei niedrigen Brennstoffflüssen der Zufluß in der drallerzeugenden Kammer hochgehalten wird. Vor dem Austritt durch die Düsenöffnung wird der nicht benötigte Brennstoffanteil zurückgeführt (*spilling*). Damit ergibt sich ebenfalls über dem gesamten Betriebsbereich eine ordentliche Zerstäubung. Allerdings muß hier das Brennstoffzumeßsystem wegen des Düsenrücklaufs anders konzipiert sein und Pumpenleistung und Brennstofferwärmung sind bei kleinen Durchflüssen hoch. Dieser Brennstoffdüsentyp hat in der Praxis keine größere Verbreitung gefunden.

8.3 Stellglieder und ihre Komponenten

d) Verdampfungsdüsen

Eine Alternative der Brennstoffaufbereitung zur Zerstäubung durch hohe Brennstoffdruckdifferenzen über die Düse ist die Aufbereitung des Brennstoffs durch Verdampfen. Hier wird der Brennstoff mit niedrigem Druck auf eine heiße Oberfläche gespritzt, wo er verdampft. Häufig werden dabei gekrümmte Verdampferrohre eingesetzt, die mit Brennkammer-Primärluft beschickt werden und damit überreiche Gebiete in der Primärzone vermeiden, um so die Situation hinsichtlich Rauch und Abgaszusammensetzung zu verbessern.

e) Luft-Zerstäuber-Brennstoffdüsen (air spray nozzles)

Neben dem Brennstoff wird ein Teil der Verbrennungs-Primärluft durch die Düse geschickt, die mit ihrer Strömungsenergie den Brennstoffstrahl aufbricht. Dadurch wird ein mit den anderen Düsentypen übliches überreiches Gebiet in der Primärzone vermieden, das insbesondere für Rauchentwicklung und schadstoffreiche Abgaszusammensetzungen verantwortlich ist. Außerdem können bei dieser Düse die Einspritzdrücke niedriger gehalten werden, da die Energie zum Aufbrechen des Brennstoffstrahls im wesentlichen von der durch den Düsenmantel strömenden Luft geliefert wird. Dadurch können auch kleinere und leichtere Pumpen mit geringerer Antriebsleistung eingesetzt werden. Frühere Ausführungen mit Niederdruck-Duplex-Düsen in Verbindung mit der Luftaufbereitung zur Verbesserung der Verhältnisse insbesondere beim Starten sind zwischenzeitlich nach intensiven Entwicklungsarbeiten an der einfacheren Form wieder verschwunden.

f) Mehrfach-Einspritzdüsen (staging)

Zwei Entwicklungen in den letzten Jahren verlangen weitere Verbesserungen und Anpassungen bei den Brennstoff-Einspritzsystemen. Zum einen sind durch beträchtliche Fortschritte bei der Turbinenschaufelkühlung sowie bei den Schaufelmaterialien nochmals sehr bedeutende Steigerungen der Turbineneintrittstemperaturen möglich geworden. Diese lagen in den sechziger Jahren noch bei etwa 1250 K, in den siebziger Jahren bei etwa 1550 K, Ende der achtziger Jahre bei etwa 1800 K und Mitte/Ende der neunziger Jahre bereits bei über 1900 K. Sie nähern sich somit dem stöchiometrischen Grenzwert. Zum anderen wurden die Anforderungen an die qualitative Zusammensetzung der Abgase laufend verschärft, um den Rauch und vor allem die Schadstoffemissionen (CO und NO_x) zu minimieren.

Beide Entwicklungen verlangen eine noch bessere Steuerung des örtlichen Brennstoff-Luftverhältnisses vor bzw. während des Verbrennungsvorgangs. Auch die Gefahr der Verkokung wird durch die hohen Temperaturen von Verdichterluft, Gehäusen und Strahlung aus der Primärzone immer gravierender und verlangt besondere Aufmerksamkeit. Die folgenden Konzepte befinden sich z.Z. in Entwicklung und Erprobung und sind teilweise bereits für neue Serientriebwerke vorgesehen:

- mehrere Einspritzdüsen, insbesondere auch axial gestaffelt mit separater Zumessungsverteilung durch das Brennstoffsystem,
- variable Luftsteuerung zu den Brennstoffdüsen und
- variable Geometrie in der Brennkammer.

Auch Kombinationen aller drei Möglichkeiten werden erprobt. Es geht dabei im wesentlichen darum, zusätzliche Variable einzuführen, um optimale Bedingungen über einen weiten Betriebsbereich zu schaffen. Da die Steuerung oder Regelung von zusätzlichen Variablen aber immer beträchtliche Kosten verursacht, wird sich herauskristallisieren, was zur Erfüllung der neuen Forderungen wirklich notwendig ist.

g) Nachbrenner-Einspritzdüsen

Die Einspritzdüsen für Nachbrenner sind meist einfache Bohrungen in mehreren konzentrisch angeordneten Ringleitungen, aus denen je nach Anordnung der Brennstoff entweder stromabwärts, stromaufwärts oder quer zur Strömungsrichtung austritt und hinter den stromabwärts angeordneten V-förmigen Flammhaltern verbrennt. In den meisten Nachbrennern sind außerdem noch Vorrichtungen vorgesehen, um die Brennstoffzerstäubung auch bei niedrigen Brennstoffflüssen und damit Drücken zu gewährleisten. Dazu werden entweder Teile bzw. Sektionen der Einspritzringe totgelegt, oder anstatt der einfachen Bohrungen Düsen vorgesehen, deren Austrittsquerschnitt eine Funktion des Brennstoffdrucks ist. Eine bekannte Konstruktion der Firma Ex-Cello (Bild 8-19) verwendet ein ovales Rohr für die Ringleitung, das sich mit steigendem Einspritzdruck bei Erhöhung der Fördermenge zunehmend in Richtung Kreisquerschnitt verändert und dabei einen an der Düsenöffnung gegenüberliegenden Rohrinnenwand befestigten Kegelstift aus der Düsenöffnung herauszieht und damit den freien Querschnitt vergrößert.

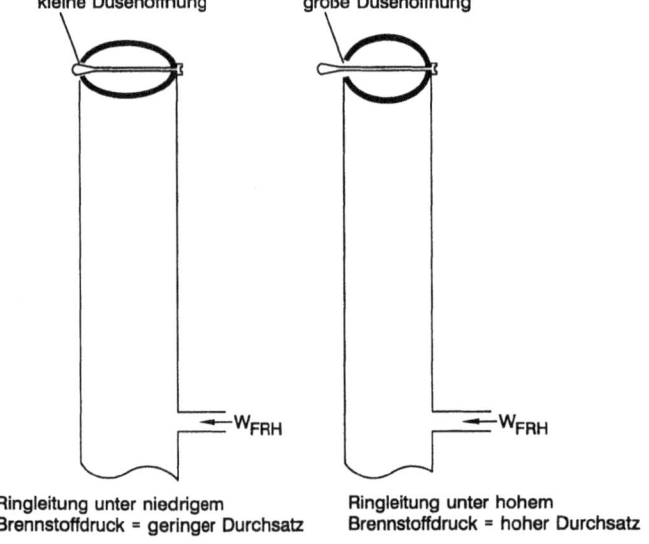

Bild 8-19 Prinzip der Ex-Cello-Einspritzdüse für Nachbrenner

8.3 Stellglieder und ihre Komponenten

In der Praxis zeigte sich allerdings, daß nach Abschalten des Nachbrenners ein völliges Entleeren der Leitungen schwierig ist, was zu einer Zersetzung des verbleibenden Brennstoffs führen kann, der die Leitungen und Düsen möglicherweise zusetzt. Für eine allgemeine Akzeptanz dieser Anordnung sind deshalb noch weitere Entwicklungsarbeiten nötig.

Außerdem kommen in Nachbrennern auch noch Verdampfungsbrenner zum Einsatz, um beim Zünden und im Grundlastbereich eine möglichst optimale Verbrennung zu erzielen.

Allen Einspritzdüsen-Systemen gemeinsam ist, daß nach dem Abschalten der Restbrennstoff entfernt werden muß, um seine Zersetzung in gummiartige Produkte oder seine Verkokung zu vermeiden. Das Ausblasen des Brennstoffs (*purging*) kann entweder durch kurzzeitige Beaufschlagung der Brennstoffleitung mit Druckluft in den Brennraum erfolgen oder mittels des Gegendrucks im Brennraum nach Öffnung eines Ventils überbord geschehen. Im ersten Fall ist dafür Sorge zu tragen, daß die nicht unbeträchtliche Brennstoffmenge nicht zu einer unerwünschten Verpuffung und Triebwerkbeschädigung führt. Im zweiten Fall kann die über Bord abgegebene Brennstoffmenge z. B. nach Abschalten des Nachbrenners u. U. eine Rauchwolke beim Flug in großer Höhe bewirken, die zu einer leichteren Erkennung durch feindliche Flugzeuge führen kann.

Ein weiteres Problem bei Einspritzdüsen der Triebwerkbrennkammer und seine Lösung war bereits in Abschnitt 5.5 angesprochen worden. Bei sehr niedrigen Brennstoffflüssen, wie sie bei Langsamflug in großen Höhen vorliegen, ist auch der Brennstoffdruck vor den über dem Brennkammerumfang verteilten Brennstoffdüsen sehr niedrig, unabhängig von deren Bauart. Dann kann aber bereits der Niveauunterschied zwischen der obersten und untersten Düse für den effektiven Düsendruck eine Rolle spielen, da dieser z. B. für die unterste um die durch die Brennstoffsäule verursachte Druckdifferenz höher ist als für die oberste, und zwar um:

$$\Delta P_{o/u} = \rho \Delta h.$$

Deshalb werden häufig Brennstoffverteilerventile eingesetzt, deren Anordnung aus Bild 5-6 ersichtlich ist.

Dabei bewirken die radial eingebauten und ein Feder-Masse-System darstellenden Druckhalteventile, bei denen die Masse gerade der Masse der Brennstoffsäule entspricht, daß das ganz oben liegende Ventil am stärksten entdrosselt wird, während die Drosselwirkung des untenliegenden am größten ist. Die Masse-Wirkung der in der horizontalen Ebene liegenden Ventile ist Null, da hier keine Kraft auf die Feder ausgeübt wird.

Genauso kompensierend wirken diese Ventile, wenn z. B. ein Kampfflugzeug in der Höhe enge Kurven fliegt und ohne die Ventile durch die Beschleunigungswirkung auf die Brennstoffsäulen in der Beschleunigungsebene Druckdifferenzen erzeugt würden, die zu einer unerwünschten Brennstoff- und damit Temperaturverteilung in der Brennkammer führte.

8.3.4 Pneumatische Stellzylinder

Pneumatische Stellzylinder werden eingesetzt, um variable Geometrien am Triebwerk zu verstellen. Dabei handelt es sich in der Regel um eine Betätigung von einer in die andere Endstellung. Als Medium und Energiequelle dient gewöhnlich Abzapfluft vom Triebwerkverdichter. Dabei ist als Abzapfstelle jene Verdichterstufe zu wählen, die auch in der Höhe bei Langsamflug und entsprechend niedrigen Ansaugdrücken noch ausreichend Druck liefert, um die Verstellaufgabe zu bewältigen. Bei hohen Drücken z. B. am Boden ist der Betätigungsdruck dann entsprechend zu drosseln.

Typische Betätigungsaufgaben für pneumatische Stellzylinder sind z. B. das Öffnen und Schließen von Verdichter-Abblaseventilen, das Verstellen von Verdichter-Leitschaufeln – hier allerdings meist kontinuierlich über einen bestimmten Drehzahlbereich, so daß eine Stellungsrückführung benötigt wird – das Öffnen und Schließen der (dann meist Zweistellungs-) Schubdüse, sowie das Aus- und Einfahren von Schubumkehrern.

Abgesehen vom Schubumkehrer, der in der Regel nur am Boden zu betätigen ist, stehen den mit dem Langsamflug in der Höhe abnehmenden Verdichter-Betätigungsdrücken auch entsprechend geringere benötigte Stellkräfte gegenüber, da diese meist auch eine Funktion des Druckniveaus im Triebwerk sind.

Ein großer Vorteil pneumatischer Betätigungssysteme ist ihre Sicherheit bei Fehlern (oder auch Beschuß) gegen Feuer, da die ausströmende Luft eben nicht brennen kann.

Die Größe der aufzubringenden Stellkraft sowie der dafür zur Verfügung stehende Druck bestimmen den Durchmesser des Stellzylinders, der erforderliche Hub seine Länge. Durch eine mechanische Hebelübersetzung zwischen Kolbenstange und dem zu betätigenden Element ist natürlich ein gewisser Austausch zwischen Zylinder-Durchmesser und -Länge möglich. Nur bedingt geeignet ist der pneumatische Stellzylinder für genaue Positionierungen zwischen den beiden Endstellungen, da es sich durch die Kompressibilität des Betriebsmediums Luft um ein wenig steifes Regelsystem handelt, das vor allem bei einem geforderten raschen Ansprechverhalten und variablen Stellkräften zu Instabilitäten neigt. Die Stellrichtung bestimmt sich aus der Druckbeaufschlagung der jeweils entsprechenden Kolbenseite, während die Luft auf der anderen Seite über das Steuerventil meist in die Umgebung entweicht. Durch entsprechende Dimensionierung des Kolbenstangendurchmessers lassen sich unterschiedliche Kräfte in den beiden Verstellrichtungen erzielen.

8.3.5 Luftmotoren

Die technisch aufwendigeren Luftmotoren bestehen meist aus zwei gegenläufig rotierenden, ineinander kämmenden Verdrängungskörpern in einem Gehäuse. Ihre Drehbewegung wird häufig über flexible Spindeln zu dem zu verstellenden Bauteil übertragen und dort durch geeignete Getriebe in eine meist axiale Auslenkung umgewandelt. Betrieben werden sie in der Regel auch mit Verdichterluft, die über ein Steuerventil auf den zu beaufschlagenden Einlaß geleitet wird, während der Auslaß mit der Atmosphäre verbunden wird. Bei Umkehrung der Dreh-/Verstellrichtung wird die Luft umgesteuert, d.h. Einlaß ist nun Auslaß und umgekehrt.

Luftmotoren werden vor allem zur Betätigung der Schubdüsenfläche und des Schubumkehrers eingesetzt. Zumindest theoretisch eignet sich der Luftmotor auch wesentlich besser zur Einregelung von Zwischenstellungen. Für die am Tornado-Triebwerk verwen-

8.3 Stellglieder und ihre Komponenten

dete Schubdüsenverstellung mittels Luftmotoren traf dies jedoch trotz aufwendiger Entwicklungsarbeit nur bedingt zu. Noch heute „zappelt" die Schubdüse im stationären Betrieb in jeder eingeregelten Stellung. Dies war bei diesem Triebwerk nur deshalb zu akzeptieren, weil der Nachbrennerbetrieb gesteuert und nicht geregelt wird. Andere Ausführungen von Luftmotorantrieben mögen stabiler sein, ein potentielles Problem dürfte die Stabilität jedoch auch dort sein. Bild 8-20 zeigt schematisch einen solchen Antrieb.

In der Vergangenheit kamen häufig auch schnelläufige Luftturbinen z. B. zum Antrieb von Nachbrennerpumpen zum Einsatz. Anstatt des mechanischen Antriebs über das Getriebe erfolgte der Pumpenantrieb damit pneumatisch mit HD-Verdichterluft, meist aus einer mittleren Stufe.

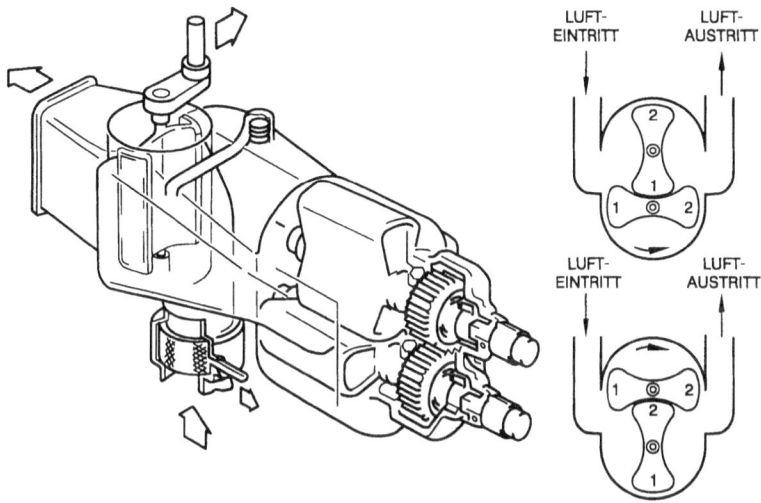

Bild 8-20 Beispiel für einen Luftmotorantrieb

8.3.6 Hydraulische Stellzylinder

Hydraulische Verstellzylinder haben den Vorteil, daß die Hydraulikflüssigkeit mit guter Näherung inkompressibel ist, wodurch sich bei der Positionierung wesentlich steifere, d.h. genauere und stabilere Regelkreise ergeben als bei den pneumatischen Stellzylindern. Als Hydraulikflüssigkeit können der Brennstoff nach der HD-Pumpe, das Öl aus dem Ölversorgungssystem des Triebwerks oder spezielles Hydrauliköl dienen. Letzteres ergibt zwar von allen drei Flüssigkeiten die geringste Brandgefahr, erfordert aber eine eigene Pumpe, um das Hydrauliköl auf den benötigten Druck zu bringen. Ein solcher zusätzlicher Hydraulikkreis hat aber mehrere Vorteile. Der Arbeitsdruck kann frei gewählt werden und hängt nicht davon ab, was ein anderes System, wie z. B. die Brennstoffzumessung, gerade für einen Druck anliegen hat, der recht variabel sein kann. Außerdem besteht die Gefahr, daß die plötzliche Entnahme größerer Mengen Fluid bei schnellen Verstellungen dem Brennstoff- bzw. Ölversorgungssystem Probleme bereiten kann. Die Für und Wider sind deshalb in jedem Anwendungsfall sorgfältig abzuwägen.

Der hydraulische Stellzylinder kann bei sehr kleinen Abmessungen sehr hohe Kräfte aufbringen, insbesondere wenn man mit dem Betriebsdruck frei ist und ihn hoch wählen kann.

Im Gegensatz zum pneumatischen Verstellzylinder muß hier das ausgestoßene Arbeitsmittel, z. B. über ein Steuerventil, in den Kreislauf zurückgespeist werden. Gegenüber Motoren hat dieser Stellzylinder wiederum den Vorteil, daß er die in der Regel benötigte axiale Verstellung direkt liefert, so daß auf Umformgetriebe verzichtet werden kann.

8.3.7 Hydraulikpumpen und -motoren

Hydraulikpumpen

Für einen separaten Hydraulikkreis, der nicht durch das Brennstoff- oder Ölversorgungssystem gespeist wird, ist neben einem Tank und meist auch einem Ölkühler insbesondere eine Pumpe nötig. In der Regel ist das Fluid spezielles, schwer entflammbares Hydrauliköl. Häufig wird die bereits im Abschnitt 8.3.1 beschriebene Taumelscheiben-Kolbenpumpe eingesetzt. Diese ist für diesen Zweck so ausgebildet, daß bei Null-Anstellung der Taumelscheibe ihre Fördermenge Null ist. Bei positiver Anstellung fördert sie in die eine und bei negativer Anstellung in die andere Richtung. Da die Größe der jeweiligen Taumelscheibenauslenkung über die Fördermenge entscheidet, kann damit die dazu direkt proportionale Verstellgeschwindigkeit beeinflußt werden. Dies ist unabhängig davon, ob für die Betätigung ein hydraulischer Stellzylinder oder ein Hydraulikmotor verwendet wird, dessen Rotation dann über ein Getriebe meist in eine axiale Auslenkung umzusetzen ist. Bild 8-21 zeigt ein System mit einer Taumelscheibenpumpe und einem hydraulischen Stellzylinder.

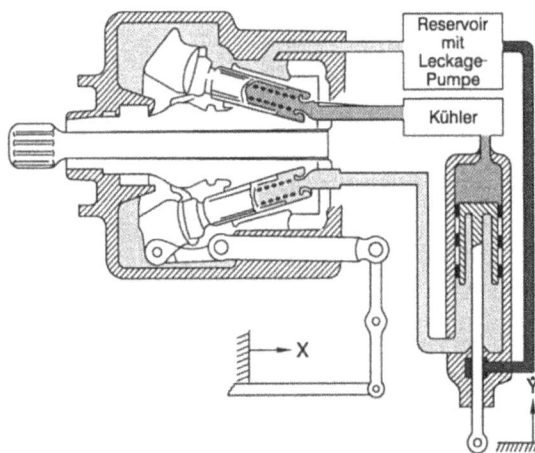

Bild 8-21 Prinzip eines hydraulischen Verstellsystems mit Taumelscheibenpumpe und Verstellzylinder

Wird als Pumpe eine Zahnradpumpe verwendet, so fördert diese dauernd entsprechend ihrer Drehzahl und Kapazität, so daß das nicht benötigte Öl über ein Druckhalteventil zum Pumpeneinlaß abzusteuern ist. Das Steuerventil ist so auszubilden, daß HD-Öl je nach benötigter Betätigungsrichtung auf die jeweils entsprechende Kolbenseite zu steuern ist. Bei dieser Anordnung mit einer Pumpe fester Förderkapazität entsteht noch mehr Wärme, die in einem Wärmetauscher abzuführen ist.

Hydraulikmotoren

Werden anstatt hydraulischer Stellzylinder Motoren eingesetzt, so handelt es sich dabei um solche mit fester Geometrie, bei der Drehzahl und Durchsatz korrelieren. Häufig verwendet wird der Zahnradmotor, der analog zur Zahnradpumpe aufgebaut ist. Anzutreffen sind aber auch andere Bauformen.

8.3.8 Elektromotoren und Spulenantriebe

Elektromotorische Antriebe von Brennstoffpumpen und elektromotorische Verstellungen von variabler Geometrie wie Ventile, Leitschaufeln, Klappen, Schubdüse und Schubumkehrer sind schon seit langer Zeit im Gespräch. Ihre Vorteile sind der Wegfall mechanischer Getriebe, gute Regelbarkeit, einfacher Energietransport durch einfache Stromleitung sowie ein sog. allelektrisches System von den Sensoren über die Funktionserzeugung bis zu den Stellgliedern. Natürlich ist der von der Triebwerkwelle anzutreibende Generator entsprechend größer zu dimensionieren und die aus Sicherheitsgründen zu fordernde Redundanz vereinfacht die Situation auch nicht gerade. Tatsächlich sind die Elektromotoren in den letzten Jahren bzw. Jahrzehnten ganz deutlich leistungsstärker geworden, d.h. sie bauen kleiner und leichter für eine zu fordernde Leistung.

In den modernen Flugzeugzellen gibt es bereits vereinzelte Anwendungen. Ob sich der Elektromotor am Triebwerk auf einer breiteren Basis durchzusetzen vermag, bleibt abzuwarten.

Schon lange durchgesetzt hat sich die elektrisch betriebene Tauchspule, die proportional zum Ansteuerstrom über den auf einen federbelasteten Anker wirkenden Magnetismus eine Auslenkung produziert, mit der z. B. ein pneumatisches oder hydraulisches Servoventil gesteuert wird. Sie stellt somit die Schnittstelle zwischen dem elektrischen Funktionserzeugungssystem und dem pneumatischen oder hydraulischen Stellsystem dar. Es handelt sich dabei um einen anlogen Antrieb, der bei Verwendung eines digitalen Regelsystems noch einen Digital/Analog-Signalumwandler benötigt.

Ihr inhärenter Nachteil besteht darin, daß ihre momentane Stellung bei Stromausfall nicht beibehalten (eingefroren) werden kann. Eine direkte digitale Ansteuerung erlaubt der digitale Schrittmotor, ebenfalls meist eingesetzt zur Steuerung eines pneumatischen oder hydraulischen Servoventils.

8.3.9 Mechanische Antriebe

Eigentlich liegt es nahe, die benötigte Verstellenergie direkt als mechanische Energie von einem Triebwerkrotor abzunehmen. Trotzdem haben sich solche direkten mechanischen Antriebe nicht durchsetzen können. Bekannt ist ein Fall, bei dem für ein kleines US-Nachbrennertriebwerk die Schubdüsenverstellung auf diese Art und Weise durchgeführt wurde. Über zwei ansteuerbare Rutschkupplungen und ein kleines Getriebe konnte die von der Triebwerkwelle abgenommene Rotationsenergie in eine Links- oder Rechtsdrehung einer flexiblen Spindel zum Düsenverstellmechanismus geleitet werden.

Vorgeschlagen wurden ferner auch Drehmomentwandler und stufenlose Getriebe als steuerbare Zwischenglieder eines mechanischen Antriebs.

Ein grundsätzliches Problem liegt dabei aber jeweils in der mechanischen Übertragung zwischen der Bereitstellung der mechanischen Energie am Getriebekasten und dem Verbraucher, irgendwo am Triebwerk, weshalb sich solche Stellglieder mit mechanischem Antrieb bis auf wenige Sonderfälle kaum durchsetzen dürften.

8.4 Funktionserzeuger, Rechner

In den Abschnitten 4 und 5 wurde ein Überblick gegeben, wie Turboflugtriebwerke gesteuert oder geregelt werden. Unabhängig von der Ausbildung der einzusetzenden Steuerketten oder Regelkreise müssen für viele Aufgaben Funktionen erzeugt und Rechenoperationen durchgeführt werden.

Im einfachsten Fall ist eine Eingangsgröße x in eine Ausgangsgröße $y = f(x)$ umzuwandeln. Dabei kann diese Funktion linear oder nichtlinear sein, sie kann stetig oder unstetig sein. Auch das Eingangssignal selbst kann bereits alle diese Eigenschaften haben. Neben diesem einfachen Fall existieren jene zahlreichen Fälle, bei denen mehrere Eingangsgrößen eine Ausgangsgröße beeinflussen, also $y = f(x_1; x_2; x_3; \cdots; x_n)$. Umgekehrt können mehrere Ausgangsgrößen von einer oder mehreren Eingangsgrößen zu bilden sein.

Außerdem müssen zeitabhängige Funktionen gebildet werden können zur Optimierung des dynamischen Triebwerkverhaltens.

In der Praxis sind an die Funktionserzeugung mindestens folgende Forderungen zu stellen, unabhängig davon, ob sie mechanisch, pneumatisch/hydraulisch oder elektrisch erfolgt:
– Eine definierte statische, dynamische und Langzeitgenauigkeit ist einzuhalten.
– Bestimmte Totzeiten und Verzögerungen in der Funktionserzeugung dürfen nicht überschritten werden, um größere instationäre Abweichungen wie auch Schwingungen oder gar Instabilitäten zu vermeiden.
– Eine hohe Sicherheit gegen Ausfall ist zu gewährleisten und ggf. durch Redundanz der Nachweis der geforderten Sicherheit und Zuverlässigkeit zu erbringen.
– Eine möglichst hohe Flexibilität hinsichtlich einer Veränderung und Optimierung von Funktionen in der Entwicklungsphase, evtl. aber auch später bei Modifikationen an Serientriebwerken sollte stets vorhanden sein.
– Der jeweilige Standard von Funktionen ist peinlich genau zu dokumentieren während der Prüfstands- und Flugerprobung und in der Serie.
– Einen hohen Stellenwert hat die Erprobung und der Funktionsnachweis, insbesondere auch des Gesamtsystems. Dieser Nachweis ist zu erbringen, bevor die staatlichen Aufsichtsbehörden den Flugbetrieb in seinen verschiedenen Stufen genehmigen sowie einen bestimmten Standard für die Produktion freigeben. Dabei wird die Vorerprobung in der Regel an Bodenprüfständen oder auch Simulatoren durchgeführt.

8.4 Funktionserzeuger, Rechner

Diese Vorerprobung ist deshalb besonders wichtig, weil häufig nur hier Kombinationen von Betriebs- und Flugzuständen simuliert werden können, die in der Praxis in einem Flugerprobungsprogramm nur begrenzt getestet werden können. Dies gilt insbesondere auch für die Simulation bestimmter Fehlerfälle und ihrer Auswirkungen. Große Sorgfalt bei der Anwendung der einschlägigen Prüfverfahren ist deshalb geboten.

8.4.1 Mechanische Funktionserzeugung

Eingesetzt werden dafür die Elemente der ebenen und räumlichen Getriebelehre. Damit können auch sehr komplexe Funktionen dargestellt werden. Sie spielten in allen Steuer- und Regelsystemen bis zum endgültigen Durchbruch der Elektronik ab etwa der achtziger Jahre eine große Rolle, häufig auch in Verbindung mit pneumatischen und hydraulischen Elementen.

Aus der Vielzahl der zur Verfügung stehenden Elemente wurden wohl am häufigsten der Hebel mit festem als auch verschiebbarem Drehpunkt, die Kurvenscheibe sowie der dreidimensionale Nocken eingesetzt.

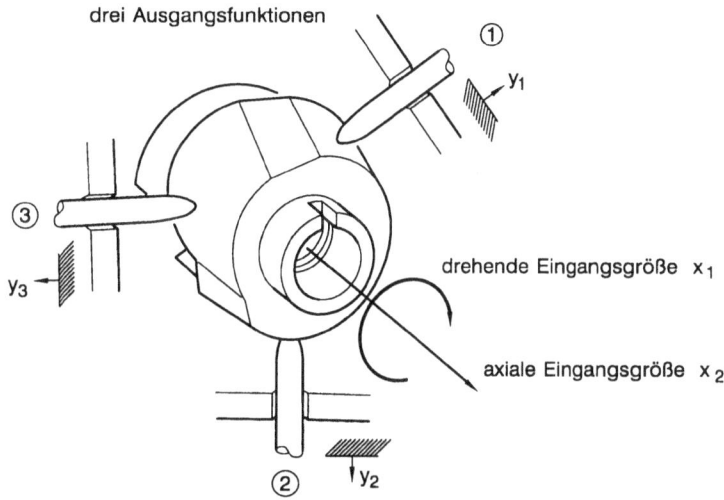

Bild 8-22 Dreidimensionaler Nocken mit zwei Eingangs- und drei Ausgangsgrößen

Bild 8-22 zeigt beispielhaft einen solchen dreidimensionalen Nocken. Im Gegensatz zur einfachen zweidimensionalen Kurvenscheibe, die für eine Drehbewegung als Eingangsgröße auch Auslenkungen von auf den Konturen gleitenden Stiften erzeugen kann, also

$$y_1 = f_1(x); \quad y_2 = f_2(x); \quad y_3 = f_3(x) \ldots$$

kann der abgebildete Nocken die Funktionen

$$y_1 = f_1(x_1; x_2); \quad y_2 = f_2(x_1; x_2); \quad y_3 = f_3(x_1; x_2)$$

erzeugen.

Die Eingangsgröße x_1 ist dabei z. B. der Drehwinkel des Nockens, während x_2 seine axiale Verschiebung darstellt. Damit lassen sich bereits recht anspruchsvolle Steueraufgaben erfüllen, insbesondere auch in Verbindung mit weiteren pneumatischen Funktionserzeugern.

Grenzen sind allenfalls dadurch gegeben, daß die Abgreifstifte den Konturänderungen der Profile noch folgen können müssen, es dürfen also keine plötzlichen Sprünge in den Konturen auftreten.

Mit dem Einsatz dreidimensionaler Nocken in den hydromechanischen Reglern bis in die achtziger Jahr gelang eine ganz beträchtliche Reduzierung an Bauvolumen und Masse bei gleichzeitiger Erweiterung der Möglichkeiten zur Realisierung auch komplexer Funktionen. Wenn auch keineswegs so flexibel wie die elektronische Funktionserzeugung, stellten Funktionszuverlässigkeit und Validierungsaufwand bei der Zulassung keine Probleme dar. Deshalb war für einen solchen Nocken auch keine Verdopplung oder aufwendige Selbstüberwachung notwendig.

8.4.2 Pneumatische Funktionserzeugung

Die pneumatische Funktionserzeugung in den Triebwerkreglern bis zur Einführung der elektronischen Regelsysteme hatte einen einfachen Grund. Da für alle Steuer- und Regelkonzepte mindestens ein Triebwerkdruck benötigt wird, wurde dieser durch die Auslenkung einer Druckdose erfaßt und in einer geeigneten Form zur Steuerung des Brennstoffventils herangezogen. Häufig wurde aber auch noch ein reduzierter Triebwerkparameter z. B. in Form eines Druckverhältnisses oder als Produkt eines Drucks mit der Funktion eines Druckverhältnisses benötigt. Bei einer solchen Aufgabenstellung war es dann sinnvoll, die Funktionserzeugung pneumatisch durchzuführen. Hier sei ein Beispiel gemäß Bild 8-23 kurz behandelt.

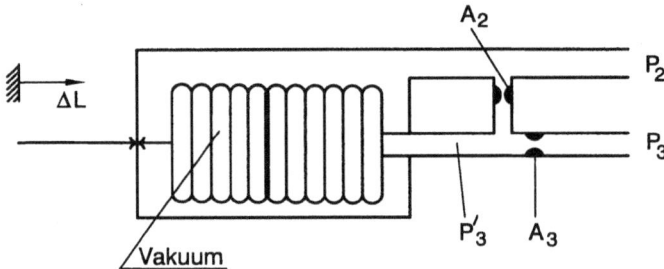

Bild 8-23 Beispiel einer pneumatischen Funktionserzeugung vom Typ $\Delta L = k P_2 \cdot f(P_3 / P_2)$

Die Anordnung besteht aus zwei miteinander verbundenen Druckdosen, von denen die linke aus fünf Elementen bestehen möge und innen ein Vakuum aufweist, während die rechte aus sechs Elementen aufgebaut sei und innen mit dem Zwischendruck P_3' beaufschlagt ist. Außen liegt an beiden Dosen der Druck P_2. Der Zwischendruck P_3' wird durch ein pneumatisches Potentiometer mit zwei festen Drosseln erzeugt. Ist der Druck P_3 (Verdichterenddruck) wesentlich höher als P_2 (Verdichtereintrittsdruck), so werden die beiden Drosselstellen kritisch durchströmt. Da die Luftmasse W_L nur von P_3 nach P_2 strömt, muß gelten:

$$\frac{W_L \sqrt{T_3}}{A_3 P_3} = \frac{W_L \sqrt{T_3}}{A_2 P_3'} \rightarrow \frac{P_3'}{P_3} = \frac{A_3}{A_2} = const.$$

Der Zwischendruck P_3' ist also direkt proportional zu P_3 und dem konstanten Verhältnis der Drosselflächen A_3 / A_2. Es gilt damit:

$$P_3' = k P_3.$$

Die Dosenelemente mögen die Federkonstante

$$c = \frac{\Delta L_D}{\Delta P_D}$$

haben, wobei ΔL_D ihre axiale Längung für eine anliegende Druckdifferenz ΔP_D ist. Damit ergibt sich für die gesamte Längung des Dosensystems für die angelegten Drücke:

$$\Delta L = \sum \Delta L_D = \left(5 P_2 + 6 P_2 - 6 P_3'\right) c$$

oder

$$\Delta L = c^* \left(1 - k^* \frac{P_3}{P_2}\right) P_2$$

mit

$$c^* = 11 c \quad \text{und} \quad k^* = \frac{6}{11} k.$$

Die Ausgangsgröße ΔL des Dosensystems z. B. zur Verstellung eines Zumeßventils ist somit proportional zum Verdichtereintrittsdruck P_2 und einer Funktion des Verdichterdruckverhältnisses P_3 / P_2.

8.4.3 Elektrische Funktionserzeugung und Rechner

Rückblick

Die Vorbehalte gegen elektrische Elemente am Triebwerk waren bis in die sechziger Jahre sehr ausgeprägt. Dies wohl auch deshalb, weil es in den Entwicklungsteams der Triebwerkfirmen praktisch nur Maschinenbauingenieure gab und sich auch in die Teams für Steuerung und Regelung allenfalls mal ein Mathematiker verirrte.

Eine gewisse Ausnahme bildete die Firma Bristol in England, die bereits Ende der fünfziger Jahre mit dem Turboprop-Flugzeug Britannia und dem Triebwerk Proteus einen entsprechenden Vorstoß unternahm, der aber die Branche noch nicht zur Nachahmung inspirierte. Was seinerzeit am meisten Schwierigkeiten machte, waren weniger die aktiven und passiven Bauteile, als vielmehr ganz einfache trennbare elektrische Verbindungen wie Stecker usw.

Der Appetit auf elektrische Regler kam dann aber doch mit dem Einsatz größerer Analogrechner im Rahmen der Triebwerkentwicklung. Auf diesen konnte das Triebwerk als Regelstrecke gut approximiert und immer umfangreichere Simulationen des dynamischen Gesamtverhaltens in Echtzeit durchgeführt werden. Es erhob sich die Frage, weshalb diese Funktionserzeugungen und Rechenoperationen, die elektrisch so elegant in Echtzeit zu bewerkstelligen waren, nicht auch am Triebwerk durchgeführt werden können.

So fanden ab etwa Mitte der sechziger Jahre immer mehr elektrische Trimmoperationen Eingang in die Triebwerkregelung, u. a. auch beim Triebwerk MAN-RB193 für das deutsch/italienische VTOL-Kampfflugzeug VAK191B. Hier wurde die Turbineneintrittstemperatur als Funktion der Ansaugtemperatur nach einer schon recht komplexen Abhängigkeit variiert und auf ein Notsignal hin nochmals heraufgesetzt.

Zunächst hatten diese analogen elektrischen Elemente nur begrenzte Autorität, d. h. sie wurden lediglich zum Trimmen eingesetzt. Bei einem Ausfall konnte keine katastrophale Situation entstehen, da dann die bewährten mechanisch-pneumatisch-hydraulischen Systeme die Steuerung eben ohne Feintrimmung mit einem mehr oder weniger großen Leistungsverlust übernahmen. Diese Situation war typisch für die amerikanische Triebwerkindustrie noch bis Mitte der achtziger Jahre.

In Europa fand die Analogtechnik mit der Verfügbarkeit immer hochwertigerer Bauelemente jedoch schon viel früher Anwendung bei der Triebwerkregelung. So stand z. B. zu Entwicklungsbeginn des Tornado-Triebwerks im Jahr 1969/70 fest, daß dieses eine elektronische Regelung mit voller Autorität in Analogtechnik erhalten sollte. Allerdings stellte sich dann Anfang 1970 heraus, daß der bei einer britischen Spezialfirma in Auftrag gegebene Druckgeber insbesondere für den HD-Verdichteraustrittsdruck die Spezifikation bei weitem nicht erfüllte, so daß bei diesem Triebwerk sowohl für die Steuerung und Regelung des Grundtriebwerks als auch des Nachbrenners fast alle hydromechanischen Elemente beibehalten werden mußten, um die Grundzumessung des Brennstoffs weiterhin über Druckdosen durchführen zu können. Es dauerte dann tatsächlich noch gut ein Dutzend Jahre, bis solche Druckgeber mit elektrischem Ausgang für die sehr großen Druckbereiche und mit der geforderten Genauigkeit zur Verfügung standen. Mit dieser Verfügbarkeit erfolgte dann auch weltweit der Durchbruch der Elektronik am Triebwerk etwa Mitte der achtziger Jahre. Da zu diesem Zeitpunkt aber auch bereits leistungsstarke Prozessoren zur Verfügung standen, wurden diese elektronischen Regelsysteme ab diesem Zeitpunkt wohl ohne Ausnahme in Digitaltechnik erstellt. Alle diese Regler sind heute mit voller Autorität ausgeführt, so daß die hydromechanischen Komponenten immer weiter abgespeckt werden konnten und sich dem Idealziel „Pumpe, Leitung, Zumeßventil plus Filter und Wärmetauscher" nähern. Für diesen Typ mit elektronischem Digitalregler wurde in den USA der Begriff FADEC (*full authority digital engine control*) geprägt, der sich weltweit durchgesetzt hat. Der Vorteil der Digitaltechnik liegt im wesentlichen in der Möglichkeit, große Mengen komplexer Rechenoperationen abzuarbeiten, ohne daß dafür der Umfang der Hardware entsprechend ansteigt, sowie in der Flexibilität bei Änderungen, insbesondere im Entwicklungsstadium am Prüfstand sowie der Korrespondenz mit anderen Systemen.

Bild 8-24 zeigt die Entwicklung der Zahl der Ein- und Ausgangsgrößen des Triebwerkregelsystems verschiedener militärischer und ziviler Triebwerke eines amerikanischen Herstellers über der Zeit, relativiert auf das Jahr 1980.

8.4 Funktionserzeuger, Rechner

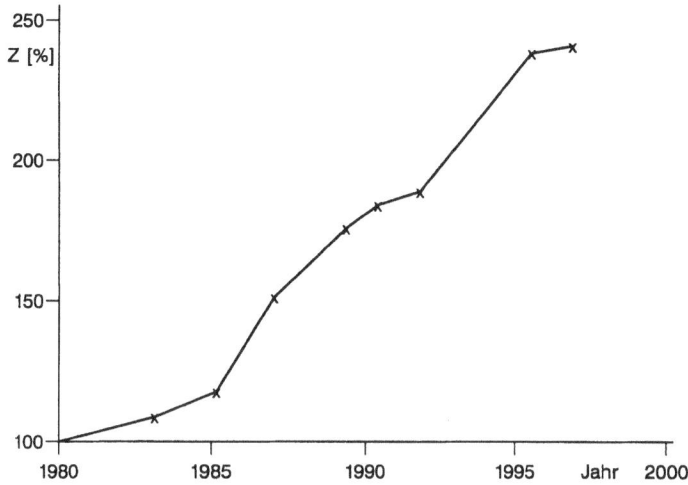

Bild 8-24 Prozentuale Zunahme der Zahl der Ein-/Ausgangsparameter Z von Triebwerkregelungen eines US-Herstellers seit dem Jahr 1980 (100 %)

Im folgenden sei kurz auf einige Aspekte der analogen Schaltungstechnik eingegangen. Der heute allgemein angewandten digitalen Technik ist der folgende Abschnitt 9 gewidmet.

Analoge elektronische Schaltungstechnik

Bei der analogen Schaltungstechnik sind die elektronischen Schaltungen so zu entwerfen, daß ihr Stromspannungsverhalten analog zu vorgegebenen mathematischen Funktionen wird. Dies gilt grundsätzlich sowohl für den in dieser Technik ausgeführten Computer als auch einen Regler. Besonderheiten bei einem Triebwerkregler in Analogtechnik ergeben sich insofern, als die Bauteile so weit wie möglich zu miniaturisieren und in hoher Packungsdichte auf dafür konstruierten Karten unterzubringen sind. Die Schaltungen sollen möglichst wenig Verlustleistung, d. h. Wärme produzieren. Bereits für die Komponenten gelten in der Regel wesentlich höhere Forderungen bezüglich Genauigkeit, Drift der Leistungsparameter mit Zeit und Temperatur sowie der zulässigen Bandbreiten hinsichtlich Betriebstemperatur und Vibrationen. Häufig handelt es sich um speziell gefertigte Bauteile für die Luftfahrt, zumindest aber werden aus größeren Chargen jene Bauteile ausgesucht, die die meist engeren Toleranzforderungen gegenüber normaler Industrieware erfüllen.

Selbst ohne die zusätzlichen Forderungen, die für einen Triebwerkregler zu stellen sind, ist die Lehre der analogen Schaltungen für die unterschiedlichsten Funktionserzeugungen bzw. Rechenoperationen äußerst komplex und kompliziert, wie bereits die sehr umfangreiche Literatur zu diesem Fachgebiet zeigt.

Es sollen und können deshalb hier nur einige wenige grundsätzliche Schaltungen mit ihren Komponenten für denjenigen Leser besprochen werden, dem dieses Fachgebiet fremd ist und der sich zumindest einen kleinen Überblick über diese Technik verschaffen möchte.

Um einen solchen Überblick zu erleichtern, werden für das Gebiet sog. Abstraktionsebenen eingeführt. Dabei beinhaltet die erste Ebene die Bauelemente wie Diode, Transistor, Kondensator, Induktivität usw. Die zweite Ebene enthält die Grundbausteine in Form kleiner typischer Schaltungen wie Inverter, Gatter, Operationsverstärker, Komparator etc. In der dritten Ebene werden mehrere solcher elementaren Schaltungen zusammengefaßt wie z. B. Addieren, Wandler, Zähler, so daß dafür der Begriff Funktionsebene eingeführt wurde. Werden mehrere solcher Funktionsschaltungen zusammengefaßt, so gelangt man zur vierten Ebene der Funktionsblöcke. Ist eine Element, eine elementare Schaltung, eine Funktion oder ein Funktionsblock auf einem Chip untergebracht, so spricht man, unabhängig von seiner Komplexität, von einem Baustein. Im folgenden sollen einige wenige Beispiele aus der Ebene 3 kurz vorgestellt werden.

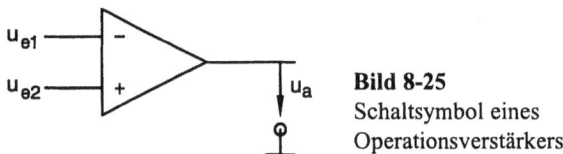

Bild 8-25
Schaltsymbol eines Operationsverstärkers

Eine der wichtigsten Grundbausteine (Ebene 2) ist der Operationsverstärker mit seinem Symbol in Bild 8-25. Er besteht im wesentlichen aus zahlreichen Transistoren und Widerständen und hat folgende Eigenschaften:

Die Eingangsspanung u_{e1} wird invertiert und die Differenz aus $u_{e2} - u_{e1}$ mit einem sehr hohen Faktor verstärkt auf u_a. Idealerweise sollte sein Eingangswiderstand $R_i \to \infty$, sein Ausgangswiderstand $R_0 \to 0$, seine Spannungsverstärkung A_v sehr hoch sein mit Invertierung, also $A_v \to -\infty$, er sollte möglichst trägheitslos arbeiten und seine Verstärkungseigenschaften linear sein. Die realen Eigenschaften weichen davon ab und können den entsprechenden Datenblättern entnommen werden.

Durch eine entsprechende Beschaltung lassen sich zahlreiche Funktionen bzw. Rechenoperationen darstellen.

a) Operationsverstärker als invertierendes P-Glied (Bild 8-26)

Da die Differenzspannung u_d bei sehr hoher Verstärkung gegen Null geht, wirken R_0 und R_1 als einfache Spannungsteiler, da durch beide Widerstände der gleiche Strom fließt. Somit ist

$$\frac{u_a}{u_e} = -\frac{R_1}{R_0}$$

Die Schaltung invertiert das Vorzeichen der Eingangsspannung und verändert ihren absoluten Betrag um den Faktor R_1 / R_0.

8.4 Funktionserzeuger, Rechner

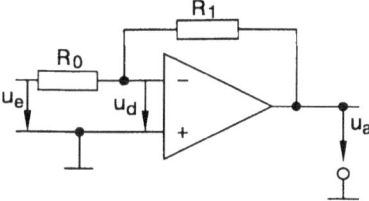

Bild 8-26 Operationsverstärker als invertierendes P-Glied

b) Operationsverstärker als nicht invertierendes P-Glied (Bild 8-27)

Auch hier geht die Differenzspannung u_d gegen Null, so daß über R_0 die Spannung u_e abfällt. Dann ist die Verstärkung

$$\frac{u_a}{u_e} = \frac{R_0 + R_1}{R_0} \ .$$

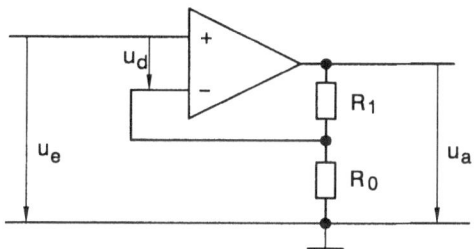

Bild 8-27 Operationsverstärker als nicht invertierendes P-Glied

c) Operationsverstärker als nicht invertierender Addierer (Bild 8-28)

Nach der gleichen Logik wie unter a) ist

$$u_a = \frac{R_1 + R_0}{R_0} u_{ges} \ .$$

Nimmt man der Einfachheit halber gleiche Widerstände $R_1 \cdots R_n$ an und davon n Stück, so gilt

$$u_{ges} = \frac{1}{n}(u_1 + u_2 + u_3 + \cdots + u_n)$$

und damit

$$u_a = \frac{R_1 + R_0}{n R_0}(u_1 + u_2 + u_3 + \cdots + u_n) \ .$$

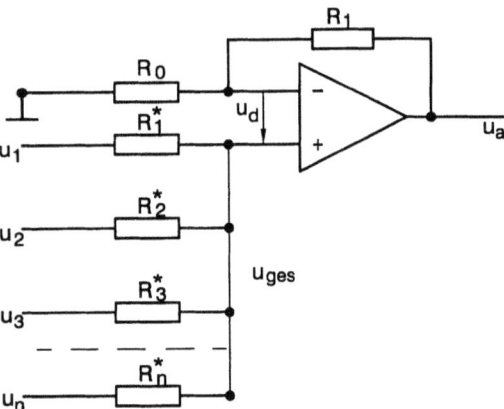

Bild 8-28 Operationsverstärker als nicht invertierender Addierer

d) Operationsverstärker als invertierender Integrator (Bild 8-29)

Eine der wichtigsten Schaltungen ist der Integrator. Im Rückkoppelungszweig befindet sich statt eines Widerstands eine Kapazität C. Da $u_d = 0$ und der nicht invertierende Eingang an Null-Potential liegt, ist

$$i = \frac{u_e}{R_0} \; .$$

Die Ausgangsspannung ist zugleich die Spannung über der Kapazität C und beträgt somit

$$u_a = -\frac{1}{C} \int i \, dt = -\frac{1}{R_0 C} \int u_e \, dt \; .$$

In der Praxis muß man diese prinzipielle Integratorschaltung noch mit zwei Schaltern versehen, um definierte Anfangs- und Endzustände für das Integral einstellen zu können.

Gibt man auf diese Schaltung für u_e z. B. eine Sprungfunktion der Auslenkung U, so ist

$$u_a = -\frac{U}{R_0 C} t \; ,$$

also eine mit der Zeit linear ansteigende Rampe.

Ist der Eingangswert u_e eine Sinusschwingung, so ist der Ausgangswert ebenfalls eine Sinusschwingung. Das Amplitudenverhältnis $|A|$, beträgt dann:

$$|A| = \left| \frac{u_a(j\omega)}{u_e(j\omega)} \right| = -\left| \frac{1}{R_0 C(j\omega)} \right|$$

(vgl. dazu Anhang A3-2).

Allerdings ist der wirkliche Integrator nur in einem mittleren Frequenzbereich für eine exakte Integration einsetzbar und ergibt sowohl bei hohen als auch tiefen Frequenzen zunehmende Abweichungen. Zur Integration von Differentialgleichungen höherer Ordnung kann eine entsprechende Zahl von Integratoren hintereinander geschaltet werden.

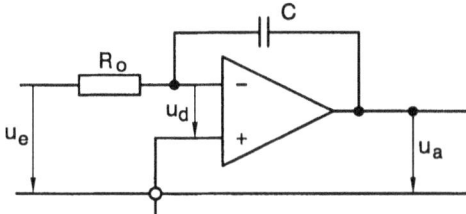

Bild 8-29 Operationsverstärker als invertierender Integrator

e) Operationsverstärker mit Trennverstärker als invertierendes PID-Glied (Bild 8-30)

Ein PID-Regler besteht aus einer Vergleichsstelle zur Bildung der Regeldifferenz und einem Glied mit proportionalem, integralem und differenzierendem Anteil (PID-Glied).

Die Gegenkopplung erfolgt bei der in Bild 8-30 gezeigten Schaltung mit einer aktiven Rückführung, einem sog. Trennverstärker.

Die Übertragungsfunktion in Operatorenschreibweise mit $D \equiv d/dt$ erhält man für $i_e = 0$ und damit $i_0 = -i_1$ und $u_d = 0$ wie folgt:

$$\frac{u_e}{R_0} = -\frac{u_{C2}}{R_1 + \dfrac{1}{C_1 D}} = -u_{C2} \frac{C_1 D}{(1 + R_1 C_1 D)} \quad ,$$

mit

$$u_{C2} = u_a \frac{\dfrac{1}{C_2 D}}{R_2 + \dfrac{1}{C_2 D}} \quad ,$$

somit

$$\frac{u_a}{u_e} = -\frac{(1 + R_1 C_1 D) \cdot (1 + R_2 C_2 D)}{R_0 C_1 D} = -\frac{(1 + T_1^* D) \cdot (1 + T_2^* D)}{T_3^* D} \quad .$$

Dabei sind

$T_1^* = R_1 C_1$ Nachstellzeit,

$T_2^* = R_2 C_2$ Vorhaltzeit,

$T_3^* = R_0 C_1$ Integrierzeit.

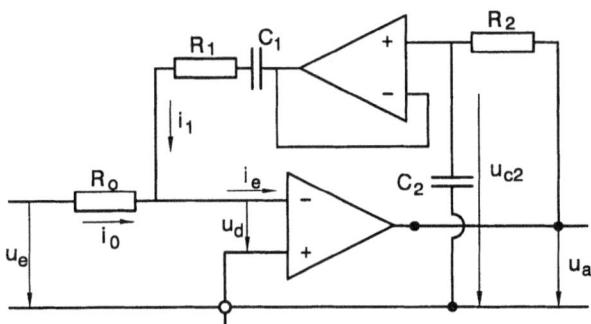

Bild 8-30 Operationsverstärker mit Trennverstärker als invertierendes PID-Glied

f) Operationsverstärker zur Multiplikation

Zum Multiplizieren dienen zunächst logarithmische Verstärker, deren Operationsverstärker mit nichtlinearen Schaltelementen im Rückkoppelungszweig beschaltet sind und deren Ausgänge einem Addierer zugeführt werden, dessen Ausgangssignal dann einem exponentiellen Verstärker zugeführt wird, der schließlich das Produkt liefert.

Diese wenigen Beispiele sollen hier genügen, für ein vertieftes Studium steht eine umfangreiche Literatur zur Verfügung, z. B. [105] bis [113].

9 Digitale Elektronik für die Steuerung, Regelung und Überwachung moderner Turboflugtriebwerke

9.1 Rückblick und Entwicklungsgeschichte bis zum FADEC

Erstmals in den siebziger Jahren wurden in Europa elektronische Regelsysteme mit voller Autorität eingesetzt, und zwar für das Olympustriebwerk der Concorde sowie das Triebwerk RB199 des Tornado-Kampfflugzeugs. Beide Systeme waren zunächst in analoger Technik aufgebaut. Obwohl sich bereits innerhalb weniger Jahre enorme Fortschritte hinsichtlich Miniaturisierung und Kostenreduzierung bei den Bauteilen ergaben, zeichnete sich seinerzeit bereits ab, daß die Zahl der zu steuernden bzw. regelnden Parameter mit jeder neuen Triebwerkgeneration beträchtlich zunimmt, so daß seit Beginn der siebziger Jahre in wohl allen bedeutenden Triebwerkfirmen dieser Welt intensiv an Studien für digitale Regler gearbeitet wurde. Neben der leichteren Handhabung bzw. Abarbeitung umfangreicherer Rechenoperationen mit immer mehr Eingangs- und Ausgangsparametern und der Korrespondenz mit anderen zellenseitigen Systemen erschien insbesondere auch die Fähigkeit der digitalen Elektronik zur Fehlererkennung attraktiv, die als Selbstüberwachung, aber auch zur Überwachung anderer Parameter und Prozesse eingesetzt werden kann. Günstig ist hierfür die Speichermöglichkeit, um z. B. eine im Flug aufgetretene Anomalie nach der Landung am Boden auswerten zu können. Wenn zu diesem frühen Zeitpunkt zunächst wohl auch einige Aspekte der digitalen Regler, wie z. B. die Erstellung und Validierung der Software in ihrem Aufwand unterschätzt wurden, so war man doch vom Potential der digitalen Elektronik für die Zukunft überzeugt und betrieb die Entwicklungen mit entsprechendem Nachdruck.

Allerdings war seinerzeit auch klar, daß vor einer erfolgreichen Einführung digitaler Regler am Triebwerk zunächst noch zwei wichtige Entwicklungsziele erreicht werden mußten. Zum einen mußte die Rechengeschwindigkeit innerhalb eines Prozeßzyklus von typischerweise 20 ms so gesteigert werden, daß die durchzuführende Rechenoperationen nebst sonstiger Operationen abgearbeitet werden konnten, da der Digitalregler in Echtzeit arbeiten muß. Dabei ist zu berücksichtigen, daß im Triebwerk etliche Parameteränderungen während eines instationären Vorgangs, wie z. B. Druckänderungen, sehr rasch ablaufen können und somit entsprechend kurze Taktzeiten erfordern. Dies gilt aber auch für die Leistungshebelverstellungen oder die Entwicklung und Erkennung bestimmter Fehler.

Die zweite Voraussetzung für die Einführung digital-elektronischer Regler mit voller Autorität war die Verfügbarkeit von Druckgebern mit elektrischem Ausgang. So ist z. B. der HD-Verdichteraustrittsdruck der wichtigste Parameter für die Brennstoffzumessung in die Brennkammer (vgl. Abschnitt 4). Dieser Druck, der bis zu diesem Zeitpunkt mittels Dosensystemen gemessen wurde, deren Auslenkung ein analoges Signal proportional zum Druck liefert, kann sich in seiner absoluten Größe, je nach Triebwerktyp und Flugbereich, sehr stark ändern, z. B. mehr als 20:1. Erst als in der ersten Hälfte der achtziger Jahre Druckgeber verfügbar wurden, die die zu fordernde Genauigkeit über diesen großen Arbeitsbereich hatten, war der Durchbruch gelungen und der Weg frei für die Einführung der Digitalregler mit voller Autorität, für die man in Amerika den Begriff FADEC (*full authority digital engine control*) wählte und der sich weltweit durchgesetzt hat.

Neben den erwähnten zwei Voraussetzungen war aber auch von Anfang an klar, daß insbesondere die Komplexe Sicherheit/Redundanz, der Schutz der Elektronik vor unzulässigen Temperaturen und Vibrationen sowie die Abschirmung der Elektronik, der Verbindungsleitungen bzw. der Stecker gegen Einstreuungen größte Aufmerksamkeit erfordern. Das gleiche gilt für die Erstellung, das Testen und Validieren der Software bis zum Zulassungsverfahren.

Während bei den ersten digital-elektronischen Reglern zunächst die ursprünglichen Steuer- und Regelgesetze von den analog-elektronischen Reglern übernommen wurden, begann man dann sehr rasch, das Aufgabenspektrum entsprechend den neuen Möglichkeiten zu erweitern. Neben den eigentlichen Steuer- und Regelungsaufgaben wurde von Anbeginn ein großer Teil der Computerkapazität dazu verwendet, Überwachungssysteme für die eigene Elektronik, aber auch für Sensoren und Stellglieder einzubauen, zusammen mit Umschalt- und Anzeigelogiken zur Erzielung der erforderlichen Zuverlässigkeit und Sicherheit. Diese Monitorsysteme gehören deshalb zu den FADEC-Systemen. Die digitale Elektronik kann aber auch noch andere Aufgaben erfüllen. Ein typisches Beispiel dafür ist beim Triebwerk RB199 die Nachbrennereinstellung während des Abnahmelaufs, die zunächst in mehreren Schritten manuell erfolgte und mit Umstellung auf den Digitalregler DECU dann automatisiert wurde, mit erheblichen Kosteneinsparungen. Die wesentlichen Vorteile eines FADEC-Systems sind also:

a) Leistung
- Realisierungsmöglichkeit komplexer Funktionen zur besseren Ausschöpfung des Triebwerk-Leistungspotentials,
- funktionelle Integration der Flugzeug-/Triebwerksteuerung,

b) Flexibilität
- Änderung von Steuer- und Regelgesetzen in der Regel nur durch Software-Änderung,
- leichtere Anpassung an unterschiedliche Triebwerkstandards und/oder Flugzeugtypen,

c) Sicherheit/Zuverlässigkeit
- hohe Wahrscheinlichkeit einer Fehlererkennung,
- automatisches Umschalten auf redundante Komponenten bzw. redundanten Kanal,
- automatische Umschaltung auf gestufte Notregelung bei Mehrfachfehlern,

d) Wartungsfreundlichkeit
- Fehlererkennung und -lokalisierung für Komponenten des Steuer-/Regelsystems,
- Potential zur Überwachung des mechanischen Triebwerkzustands.

Bereits in den ersten Jahrzehnten seit Einführung dieser Digitalregler im Triebwerkbau haben sich sehr große Fortschritte ergeben. Diese betreffen praktisch alle Gebiete und äußern sich in einer deutlichen Verringerung der Herstellkosten, der Masse, des Wartungsaufwandes bei ständig steigender Leistung und zunehmenden Überwachungsaufgaben.

Die Firmen MTU und BGT waren seit Beginn der Einführung elektronischer Regelgeräte mit voller Autorität an vorderster Front dabei. Dies betraf nach erfolgreicher Mitarbeit bei der Entwicklung des ursprünglichen Analogreglers für das Tornado-Triebwerk insbesondere die anschließende Eigenentwicklung eines Digitalreglers für die Tornados der deutschen Streitkräfte. Aufgrund dieser äußerst erfolgreichen Tätigkeit mit Ausbau der materiellen und personellen Kapazität erhielt MTU dann auch die Systemverantwortung für den Digitalregler des Eurofighters übertragen. Für die erfolgreiche Koordinierung dieser Entwicklungsarbeiten mit den ausländischen Partnern ist die Erfahrung aus früheren internationalen Projekten von unschätzbarem Wert.

Bereits in den sechziger Jahren war bei MTU ein Regler-Geräte-Rig erstellt worden, in dem die echten Geräte mit einem elektronisch simulierten Triebwerk im geschlossenen Kreis betrieben werden konnten. Die Weiterentwicklung dieser Technik ist heute ebenfalls eine günstige Voraussetzung für erfolgreiche Entwicklungsarbeit auf diesem Gebiet.

9.2 FADEC als komplettes Betriebssystem für Turboflugtriebwerke

Ein FADEC-System beinhaltet die Gesamtheit aller zu steuernden oder regelnden Vorgänge am Triebwerk für einen sicheren und ökonomischen Betrieb. Es besitzt eine Elektronikbox, die die verschiedenen Stellglieder am Triebwerk über Verbindungsleitungen ansteuert und von diesen Rückmeldungen erhält. Eingangsgrößen in die Elektronikbox, häufig auch DECU (*digital engine control unit*) oder EEC (*electronic engine control*) genannt, sind die Leistungshebelstellung, Flug- und Flugzustandsdaten sowie eine Reihe von Triebwerkparametern. Bei militärischen Flugzeugen können noch Signale hinzukommen, die den Waffenabschuß und den Waffentyp signalisieren.

Bild 9-1 zeigt ein Blockschaltbild der Anordnung. Die Gesamtheit der Steueraufgaben kann in der Regel in vier Gruppen eingeteilt werden:

a) Brennstoffsteuerung

Dazu gehört die Steuerung der Brennstoffzumessung in die Brennkammer und in den Nachbrenner (falls vorhanden), sowie die Brennstoffverteilung zwischen einzelnen Brenner- und Brennergruppen. Dazu gehört ferner das Auffüllen und Entleeren der Leitungssysteme als auch die Bereitstellung von Brennstoff für Kühlungszwecke, gegebenenfalls auch eine verstärkte Rezirkulation in den Tank. Hinzu kommt die Zündung des Brennstoffs während eines Triebwerkstarts bzw. bei Nachbrenneranwahl.

b) Steuerung variabler Geometrie

Diese beinhaltet die Steuerung von Verdichter-Eintrittsleitschaufeln, Verdichter-Statoren, variablen Schubdüsenflächen, Schubumkehrern sowie anderen variablen Kontrollflächen, soweit vorhanden.

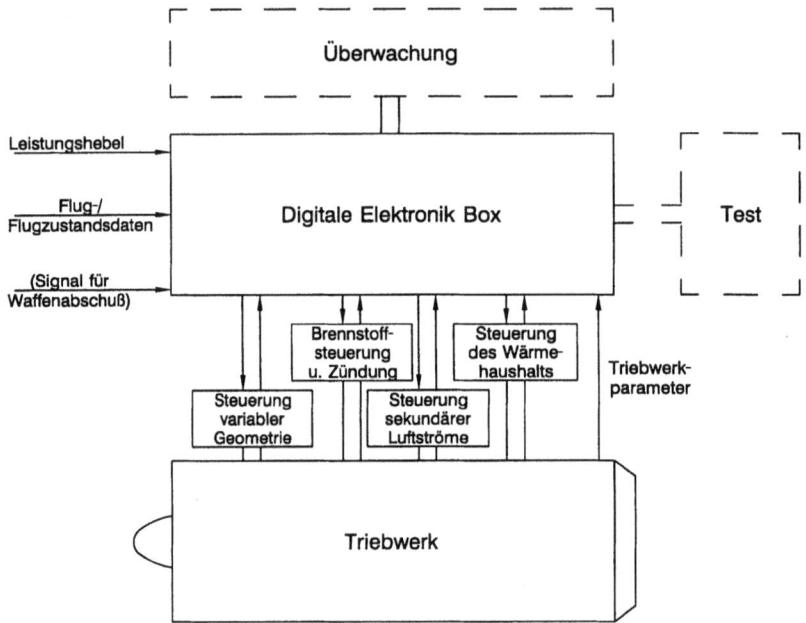

Bild 9-1 Blockschaltbild eines FADEC-Systems

c) Steuerung sekundärer Luftströme

Hierzu gehören die Steuerung von Abblaseluft aus den verschiedenen Verdichterstufen, von Ejektorluft zur Kühlung, von Antriebsluft für evtl. vorhandene Luftmotoren, von Luft zur Verhinderung von Vereisung im Einlaufbereich sowie von Luft zur Kühlung heißer Bauteile.

d) Steuerung des Wärmehaushalts

Werden kritische Temperaturen erreicht, wie z. B. im Triebwerköl, im Generatoröl oder im Brennstoff selbst, so sind diese mittels geeigneter Maßnahmen entweder nach a), b) oder c) auf sichere Werte zu begrenzen. Gesteuert werden heute auch schon fast standardmäßig die Gehäusetemperaturen von Verdichtern und Turbinen zur Reduzierung der Schaufelspitzenspiele zur Erhöhung der Wirkungsgrade.

Zu nahezu jeder dieser Steueraufgaben gehören Sensoren am Triebwerk. Selbst wenn es sich um reine Steuerungsaufgaben handelt, ist vom Stellglied mindestens eine Rückführung in die Elektronikbox nötig, so daß die tatsächliche Zahl der zu übertragenden Werte in der Regel beträchtlich größer ist, als ein einfaches Blockschaltbild vermuten läßt, da die angesteuerten Stellglieder in sich meist Regelkreise beinhalten.

9.2 FADEC als komplettes Betriebssystem für Turboflugtriebwerke

Die mit fortschreitender Triebwerkentwicklung ständig steigende Zahl zu steuernder Parameter hat im wesentlichen drei Gründe:

a) neue Erkenntnisse hinsichtlich intelligenterer Steuer- und Regelsysteme, wie z. B. Mode Control (vgl. Abschnitt 4.7) oder die Berücksichtigung sekundärer Effekte, wie z. B. variable Ausbrenngrade, Reynoldszahl-Effekte, variable Schaufelspiele etc. zur besseren Ausschöpfung des Leistungspotentials,

b) neue Anforderungen durch neue Triebwerkkomponenten (z. B. variable Brennstoffverteilung in Brennkammern) oder Triebwerke mit variablen Arbeitsprozessen durch zusätzliche variable Geometrie,

c) zusätzliche Möglichkeiten durch die (digitale) Elektronik, wie z. B. Konzipierung genauerer und damit komplexerer Steuerfunktionen, um z. B. potentiell gefährliche dynamische Eigenschaften geschlossener Regelkreise bei Mehrfachregelungen zu vermeiden.

Liegt das Konzept fest, nach dem das Triebwerk gesteuert und geregelt werden soll und wurde auch entschieden, mit welcher Art von Sensoren und Stellgliedern dies erfolgen soll, so wird dies in einer Spezifikation niedergelegt. Als nächstes sind dann die Regelgesetze mathematisch zu fassen. Es sind also die Übertragungsfunktionen aufzustellen sowie die Gesamtstruktur, nach der diese zum Gesamtsystem zusammenzukoppeln sind. Das Ziel ist die Erfüllung aller statischen und dynamischen Erfordernisse, sowohl für alle Einzelfunktionen, als auch für das Gesamtsystem, insbesondere auch in der endgültigen, digitalisierten Form.

Die heute üblichen Reglerstrukturen basieren in der Regel auf einzelnen Übertragungsfunktionen für jeden zu regelnden bzw. zu begrenzenden Triebwerkparameter mit einer nachgeschalteten Auswahl der minimalen bzw. maximalen Ausgangswerte für die anzusteuernde Stellgröße.

Bild 9-2 zeigt dies schematisch und beispielhaft für die üblicherweise einzuregelnden, auf den Triebwerkbrennstoff wirkenden Triebwerkparameter, wie z. B.

Π_T (Triebwerkdruckverhältnis als Maß für den Schub),

$T_{4\,max}$ (maximale Turbinentemperatur),

$N_{H\,max}$ (HD-Rotorfestigkeit),

$N_{H\,min}$ (Leerlaufdrehzahl des HD-Rotors),

$\dot{N}_{H\,B\,max}$ (maximale HD-Rotorbeschleunigung),

$\dot{N}_{H\,V\,min}$ (schnellste HD-Rotorverzögerung),

$N_{L\,max}$ (ND-Rotorfestigkeit),

$\left(N_L/\sqrt{T_2}\right)_{max}$ (aerodynamische Verdichtergrenze)

– im Bild nicht gezeigt, $P_{3\,max}$ (Gehäusefestigkeit).

Während die Parameter $T_{4\,max}, N_{H\,max}, N_{L\,max}, \left(N_L/\sqrt{T_2}\right)_{max}$ und $P_{3\,max}$ meist absolute Festwerte sind, die nicht überschritten werden dürfen, handelt es sich bei den anderen Parametern um variable Grenzwerte als Funktionen von anderen Größen, meist Flugzustandsparametern.

Die Reglerfunktionen F1 bis F8 in Bild 9-2 können PID-Regler sein, wobei die „Konstanten" in den Übertragungsfunktionen in der Regel wiederum Funktionen zumindest der (reduzierten) Drehzahl, meist auch noch des Flugzustandes sind. Letzterer Einfluß wird kleiner, wenn wie hier gezeigt, mit dem reduzierten Brennstoffparameter gearbeitet wird und dieser erst nach Durchlauf der Auswahlkriterien mit dem Parameter $P_2 \sqrt{T_2}$ multipliziert wird.

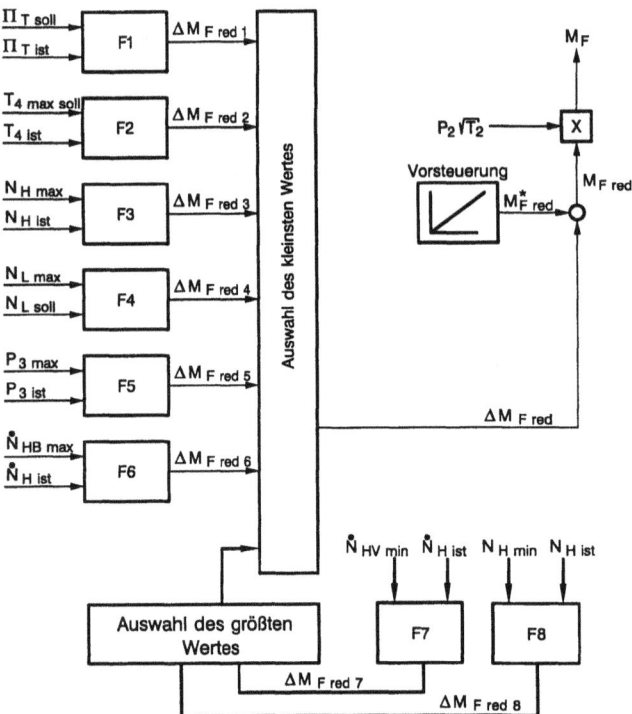

Bild 9-2 Beispiel für eine auf den Triebwerkbrennstoff wirkende Reglerstruktur

Es wird also zunächst aus den auf Maximalwerte zu begrenzenden Parametern der größte resultierende Brennstoffparameter $\Delta M_{F\,red\,max}$ gebildet. Aus diesem und den reduzierten Brennstoffparametern, resultierend aus den auf Maximalwerte zu begrenzenden Parametern wird anschließend der kleinste Wert ausgewählt.

Wichtig ist ein günstiges Übernahmeverhalten, wenn ein anderer begrenzender Parameter die Brennstoffzumessung übernimmt. Dieser Übergang soll möglichst sanft erfolgen, was durch eine entsprechende Vorsteuerung erreicht werden kann. Bei dieser Vorsteuerung in Bild 9-2 wird der stationäre reduzierte Brennstoffparameter $M^*_{F\,red}$ in guter Näherung als Funktion der reduzierten HD-Drehzahl $N_{H\,red}$ abgespeichert. Die einzelnen Regelkreise müssen deshalb lediglich $\Delta M_{F\,red}$-Werte bilden, die, nach den Auswahlschaltungen, dann dem Wert $M^*_{F\,red}$ aufaddiert werden. Der resultierende Parameter $M_{F\,red} = M_F / P_2 \sqrt{T_2}$ mit dem Flugzustandsparameter $P_2 \sqrt{T_2}$ multipliziert ergibt schließlich den zuzumessenden Brennstoff M_F.

Analog dazu können zusätzliche Vorsteuerfunktionen für die Beschleunigung und Verzögerung eingeführt werden. Ein etwas anderes, für MTU patentiertes Konzept zur Eliminierung von Fluktuationen bei einer Begrenzerübernahme beschreibt [101]. Einige regelungstechnische Grundlagen und Hinweise auf besondere Vorgehensweisen auf dem Gebiet der Turboflugtriebwerke sind im Anhang enthalten.

9.3 FADEC als Überwachungssystem

Bereits zu Beginn der Entwicklung digitaler Regelsysteme war ein entscheidender Punkt die Fähigkeit zur Überwachung der eigenen elektronischen Bauteile, aber auch aller anderen elektrisch angesteuerter Komponenten im System. Diese Überwachungsfähigkeit wird zum einen eingesetzt zur Erzielung der geforderten Verfügbarkeit mittels Redundanz (und ggf. Anzeige im Cockpit), zum anderen aber auch zu einer ökonomischen Wartung und Reparatur am Boden. Hier soll zunächst nur der letztere Aspekt kurz behandelt werden.

Innerhalb der normalen Operationen für die Steuerung und Regelung wird eine kontinuierliche Selbstüberwachung durchgeführt, um Fehler im FADEC-System, Fehler in der Datenübertragung, in den Sensoren und Stellgliedern festzustellen.

Zur Fehlerauffindung werden in jedem Kanal interne Eigentests an den Schnittstellen, der Eingangsverarbeitung, der Zeitabläufe, der Prozessor-Hardware, dem Speicher und den Ausgangstreibern durchgeführt sowie mit den entsprechenden Signalen des zweiten Kanals. Die Eingangssignale für jeden Kanal werden hinsichtlich ihres Bereichs sowie ihrer Änderungsgeschwindigkeit getestet. Außerdem werden Eingangssignale häufig mit aus anderen Quellen berechneten Referenzwerten verglichen. Überprüft werden auch evtl. Unterbrechungen oder Kurzschlüsse im System.

Die Ausgangssignale werden mit den Signalen der jeweiligen Rückführungen verglichen und nach bestimmten Kriterien bewertet, so daß Fehler erkannt werden können. Auch hier werden zusätzlich Unterbrechungen oder Kurzschlüsse festgestellt sowie mechanische Ausfälle. Diese Fehlerfeststellung durch spezielle Testprogramme und Schätzverfahren können jedoch nur solange erfolgen, wie die CPU funktionell intakt ist. Diese wird daher durch geeignete Schaltungen (*Watch Dog Timer, Parity Check* usw.) überwacht, die im Fehlerfall auch die Kanalumschaltung bei redundanten Systemen und die Anzeige für den Piloten besorgen.

Auftretende Fehler werden identifiziert und möglichst genau lokalisiert. Im Flug werden diese Fehler zusammen mit dem Flugzustand sowie dem Zeitpunkt des Auftretens in einem eigenen Speicher festgehalten. Mit Hilfe eines externen Rechners kann die fehlerhafte Komponente aufgespürt und der Fehler meist bis zur betroffenen Karte verfolgt werden. Dies erleichtert nicht nur die Auffindung des Fehlers am Flugzeug und die notwendige Komponenten-Austauschmaßnahme, sondern auch die folgende Reparatur in der Werkstatt. Zur Fehleridentifizierung in der Werkstatt sind meist weitere Überprüfungsroutinen in der Box vorgesehen.

In neueren Flugzeugprojekten ist die Überwachung der Triebwerksysteme am Boden mit der Überwachung der zellenseitigen Systeme an einer Station mit kompatibler Hard- und Software zusammengelegt.

Ein potentielles Problem bei allen Überwachungssystemen ist die Anzeige von Fehlern, die tatsächlich gar nicht existieren oder dynamischer Natur sind und mit den vorgegebenen Testroutinen am Boden nicht reproduziert werden können. Bei einigen Anwendungen betrug noch zu Beginn der neunziger Jahre das Verhältnis der angezeigten zu den in der Werkstatt bestätigten Fehlern bis zu 4:1. Inzwischen wurde diese kostenverursachende Situation durch bessere Prüflogik der Software und mechanisch bessere Steckerverbindungen an den Ein- und Ausgängen weitgehend bereinigt [96].

9.4 Wichtige Entwicklungsschritte von der projektbezogenen Konzipierung bis zur Zulassung

Die Entwicklung eines FADEC-Systems (Bild 9-3) bis zur Zulassung läuft in der Regel in den folgenden Schritten ab:

Schritt 1: Analyse der Anforderungen an das FADEC-System,
Schritt 2: Systementwurf (vorläufiger und Detailentwurf),
Schritt 3: Systemimplementierung der Hardware und Software,
Schritt 4: Systemintegration und Testen,
Schritt 5: Vorläufige und endgültige Zulassung.

Jeder dieser Schritte wird durch eine größere Anzahl von Dokumenten und Spezifikationen gesteuert, deren Einhaltung bzw. Beachtung entweder von den Zulassungsstellen, dem Kunden oder Auftraggeber oder auch dem eigenen Unternehmen gefordert wird. Eine der wichtigsten daraus resultierenden Forderungen ist eine lückenlose und nachvollziehbare Dokumentation jeder Phase.

Wichtige und laufend zu beachtende bzw. optimierende Aspekte bei allen Entwicklungsschritten betreffen die Leistungsfähigkeit, die Sicherheit und Zuverlässigkeit, die Reparatur- und Testfähigkeit die Möglichkeit der Einführung späterer Änderungen und Verbesserungen sowie eine möglichst kostengünstige Herstellung.

Forderungen nach möglichst geringer Masse und geringem Volumen der Hardware stehen bei militärischen Anwendungen in der Regel mehr im Vordergrund als bei zivilen Anwendungen. Dafür sind bei letzteren die Anforderungen bezüglich Zuverlässigkeit noch höher wegen der enormen Kosten durch verspätete, abgebrochene oder umgeleitete Flüge, z. B. bei zweimotorigen Flügen über den Atlantik.

9.4 Wichtige Entwicklungsschritte von der projektbezogenen Konzipierung bis zur Zulassung 197

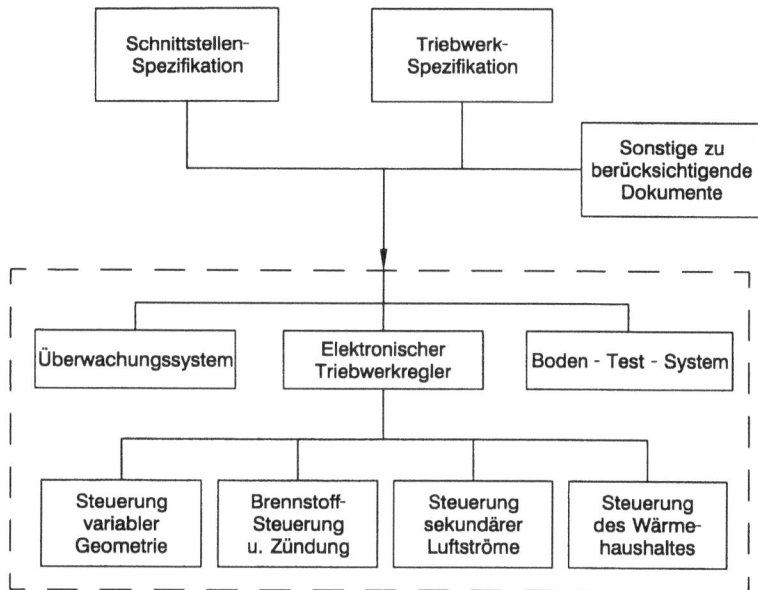

Bild 9-3 Entwicklungsumfang eines FADEC-Systems

Für Schritt 1 ist die vorherige Analyse des Leistungs- und Regelungsingenieurs notwendig, der aufgrund seiner Kenntnisse der Regelstrecke mit Hilfe des Leistungssynthese-Programms die wichtigsten Steuer- und Regelgesetze für die Steuerung der Brennstoffflüsse, der variablen Geometrie, der sekundären Luftströme sowie des Wärmehaushalts zu definieren hat. Gerade das Ausschöpfen aller Leistungsreserven ist nur bei Kenntnis der thermodynamischen Zusammenhänge und durch sorgfältige Simulationen mit Hilfe des Leistungssyntheseprogramms möglich.

Schritt 4 beinhaltet das Testen des Steuerungs- und Regelungsteils des FADEC-Systems an einem möglichst komplett aufgebauten Prüfstand, bei dem das Triebwerk durch einen Echtzeit-Simulator mit angeschlossenen Komponenten zur Darstellung mindestens der Triebwerkdrehzahl(en) und Triebwerkdrücke ersetzt wird. Diese Tests werden über dem gesamten Flugbereich durchgeführt und erlauben auch eine Beurteilung des Verhaltens bei simulierten Fehlern und Ausfällen.

Für die behördliche Zulassung ergibt sich gegenüber den früheren hydromechanischen oder analog-elektronischen Systemen ein beträchtlicher zusätzlicher Aufwand durch die Software. Für die hydromechanischen Komponenten eines FADEC-Systems, wie Pumpen und Zumeßventil mit Druckdifferenzregler etc., werden neben einer Beurteilung der Konstruktion und Fertigungsqualität vor allem Laufstunden am Komponentenprüfstand und insbesondere am Triebwerk am Boden und im Höhenprüfstand sowie im Flug verlangt – wie früher auch.

Um die zu fordernde Verfügbarkeit und damit Sicherheit zu erzielen, werden FADEC-Systeme in der Regel zweikanalig ausgeführt. Es ist deshalb wichtig, daß der zentrale Prozessor (CPU) so ausgelegt ist, daß er einen sehr großen Prozentsatz möglicher Fehler (mehr als 99 %) entdecken kann.

Die elektronische Hardware ist für die Zulassung einer ausgiebigen Testserie zu unterziehen hinsichtlich Temperaturniveau, thermischem Schock, transienter Temperaturen, Regen, Luftfeuchtigkeit, Salznebel, mechanischem Schock, g-Lasten, Vibrationen, Schallwellen, hohen und niedrigen Drücken, elektromagnetischen Feldern usw.

Die genaue Festlegung dieses Prüfprogramms hängt zum einen von der Unterbringung der Box am Triebwerk (oder ggf. in der Zelle) sowie den Flugmissionen ab. Das bedeutet auch, daß bei Einbau eines bereits voll zugelassenen Triebwerks in eine andere Flugzeugzelle mit anderen Flugprofilen u. U. eine ergänzende Zulassung mit weiteren oder anderen Nachweistests notwendig wird.

Beim Nachweis der Vibrationsfestigkeit sind nicht nur die normalen, vom Triebwerk und vom Flugzeug erzeugten Spektren zu testen, sondern auch solche Vibrationen, die durch eine Rotorunwucht aufgrund von weggebrochenen Schaufeln entstehen, zumindest für die Zeit, für die das Triebwerk mit solchen Schäden lauffähig ist.

Eine wachsende Rolle spielt die Überprüfung der elektromagnetischen Kompatibilität. Sowohl die Erzeugung immer stärkerer Felder durch Funk und Radar sowie andere zahlreiche zellenseitige Elektrik und Elektronik als auch durch Quellen außerhalb der Flugzeugzelle müssen simuliert werden. Hinzu kommen Blitzschlag und u. U. nukleare Explosionen – und dies bei laufend steigendem Einsatz von Kunststoff im Flugzeugbau. Die Erfordernisse für diese Prüfungen sind in Dokumenten niedergelegt, wie z. B. MIL-STD-810B, MIL 461B, DO 160C etc.

Die Software des Triebwerkreglers eines FADEC-Systems ist in der Regel als „kritisch" eingestuft, so daß strengste Maßstäbe hinsichtlich Verifikation und Validierung anzulegen sind. Dabei wird im Rahmen der Verifikation festgestellt, ob die entwickelte Software sowohl die System- als auch die Software-Anforderungen erfüllt. Validierung ist die nächsthöhere Stufe und beinhaltet die Überprüfung, ob alle Anforderungen ohne unerwünschte Nebeneffekte unter realistischen Betriebsbedingungen am Versuchsprüfstand und am Triebwerk im Flug erfüllt sind. Diese Definition gilt sowohl für die Hardware als auch die Software von Digitalreglern.

Software-Verifikation

Es liegt in der Natur der Software, daß diese nur mittels Dokumentation nachvollzogen werden kann. Es ist deshalb absolut notwendig, daß die Software während der Erstellung, dem Testen und der Verifikation äußerst sorgfältig und korrekt in jedem Detail dokumentiert wird. Vor allem aber muß sie verständlich dargelegt werden. Modularer Aufbau und die Identifizierung und das Testen aller möglichen Wege durch jeden Software-Modul oder jedes größere Element sind notwendig.

Software-Validierung

Die Validierung erfolgt nach umfangreichem Testen nach einem genau definierten Testplan, um sicherzustellen, daß Steuer- und Regelfunktionen korrekt implementiert wurden. Sehr wichtig ist die Simulation von Fehlern, um die korrekte Reaktion des Systems zu prüfen, z. B. die Kanalumschaltung, wo diese vorgesehen ist. Diese Tests erfolgen dann auch am Triebwerkprüfstand und im Flug.

9.5 Hardware des Digitalreglers

9.5.1 Zuverlässigkeit, Sicherheit und Redundanz

Zuverlässigkeit

Es gehört zu den Eigenschaften elektronischer Bauteile, daß, z. B. anders als beim dreidimensionalen Nocken früherer Systeme, eine 100 %ige Zuverlässigkeit nicht erreichbar ist. Obwohl die Zuverlässigkeit auch in die Aspekte Sicherheit und Redundanz eingeht, hat sie doch in erster Linie Auswirkungen auf die Wirtschaftlichkeit des Flugbetriebs, und hier insbesondere für die Betriebskosten der Fluggesellschaften.

Die mittlere Betriebszeit MTBF (*mean time between failures*) zwischen zwei auftretenden Fehlern hängt im wesentlichen ab von der Qualität der Bauteile, ihrer Anzahl und den konstruktiven Anordnungen in der Box, dem Temperatur- und Vibrationsniveau sowie den allgemeinen Betriebsbedingungen. Die MTBF für Fehler mit Auswirkung liegt Ende der neunziger Jahre größenordnungsmäßig bei bis zu 50.000 Betriebsstunden mit steigender Tendenz. Aber auch hier gibt es in der Regel innerhalb eines FADEC-Typs von der Indienststellung bis zur Verschrottung schrittweise Verbesserungen, nachdem eine statistische Auswertung gehäuft auftretender Fehler mit zunehmender Betriebszeit möglich wurde.

Wegen der eingebauten Redundanz bedeuten solch hohe MTBF-Werte nur noch äußerst seltene Triebwerkabschaltungen im Flug aufgrund eines Ausfalls des FADEC-Systems.

Zur Erzielung einer hohen Zuverlässigkeit steht der Ingenieur häufig vor der Wahl zwischen der Verwendung bereits im Betrieb erprobter Bauteile und dem Einsatz neuer, stärker integrierter Bauteile mit einer geringeren Leistungsaufnahme und günstigerer Packungsdichte, also einem Potential höherer Zuverlässigkeit, die aber noch nicht voll nachgewiesen ist.

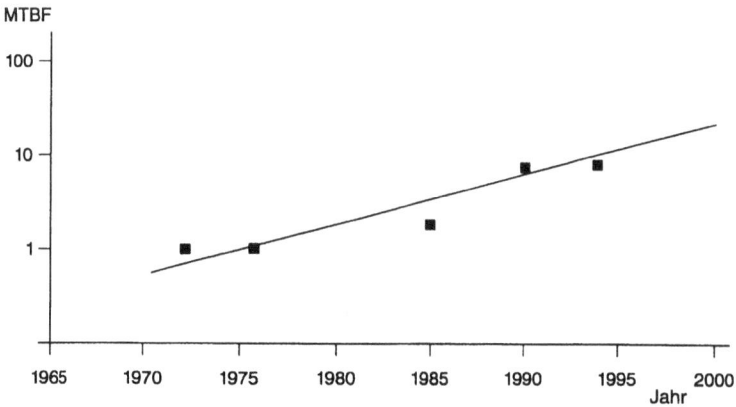

Bild 9-4 Anstieg der MTBF über der Zeit

Spezielle Abnahmetests unter bestimmter Temperatur- und Vibrationsbelastung erhöhen außerdem den Qualitätsstandard der ausgelieferten Hardware. Nach einer französischen Studie hat sich die MTBF von 1975 bis 1995 etwa um den Faktor 10 erhöht (Bild 9-4).

Sicherheit und Redundanz

Grundsätzliche Sicherheitsforderungen sind in Abschnitt 6 dargelegt worden. Die wichtigsten diesbezüglichen Kriterien für die Elektronik ergeben sich zum einen aus der Forderung, daß ein katastrophaler Triebwerkfehler durch unkontrollierte Überdrehzahl, sowie ein fehlerhaftes Ausfahren des Schubumkehrers im Flug nur mit einer Wahrscheinlichkeit von weniger als einem Vorkommnis pro 10^9 Betriebsstunden auftreten darf.

Dies führt zu der Forderung, daß ein unerkannter Fehler im Überdrehzahlbegrenzungssystem zwischen zwei automatischen Überprüfungen vor dem Start durch das eigene Überwachungssystem BITE nur mit einer Wahrscheinlichkeit von weniger als einmal pro 5.000 Betriebsstunden auftreten darf.

Die andere Forderung verlangt, daß ein totaler Schubverlust im zweimotorigen Flugzeug nur mit einer Wahrscheinlichkeit von weniger als einmal in 10^8 Flugstunden auftreten darf. Dies bedeutet auf das einzelne Triebwerk bezogen einen Schubtotalausfall von weniger als einmal in 10.000 Betriebsstunden.

Wird als Ursache für den Schubverlust die Hälfte der Fälle den Geräten und davon wiederum 2/3 dem Regelsystem zugeordnet, so dürfen Fehler im Regelsystem, die zu einem totalen Schubverlust eines Triebwerks führen, nur mit einer Wahrscheinlichkeit von weniger als 33 Vorkommnissen pro 1 Million Betriebsstunden auftreten.

In der Regel könnte sogar eine einkanalige Elektronik mit der notwendigen Hydraulik das Kriterium für die unkontrollierte Überdrehzahl gerade erfüllen. Nicht zu erfüllen ist aber das Kriterium des Schubverlustes mit einer einkanaligen Elektronik. Wird zudem von den Fluggesellschaften aus ökonomischen Gründen (z. B. für den Atlantik-Flug mit zweimotorigen Flugzeugen) die Wahrscheinlichkeit eines Schubverlustes auf weniger als 15 Vorkommnisse pro 1 Million Flugstunden begrenzt, so bedeutet dies für die Regelung 5 entsprechende Fehler pro 1 Million Flugstunden, was bei einer Ausfallwahrscheinlichkeit von bereits etwa 4 pro 1 Million Flugstunden für die hydraulischen Elemente mit einer einkanaligen Elektronik dann nicht mehr zu schaffen ist.

Aus diesen Gründen haben sich zweikanalige FADEC-Systeme durchgesetzt für die meisten Triebwerkprojekte. Einkanalige FADEC's finden sich deshalb nur noch aus Kostengründen an kleineren Triebwerken von z. B. zweimotorigen Hubschraubern, die dann meist noch über eine einfache mechanische Notsteuerungsmöglichkeit verfügen. Aber selbst hier geht die Tendenz in Richtung zweikanaliger FADEC-Systeme.

Üblicherweise sind beide Kanäle identisch aufgebaut mit jeweils eigenen Stromversorgungen, Ein- und Ausgangsschnittstellen und Prozessoren. Die Sensoren sind doppelt ausgeführt und auch die Stellglieder für den Normalbetrieb haben zumindest doppelte elektrische Schnittstellen. Wird für einen Triebwerkdruck nur ein Druckgeber in der Reglerbox verwendet, so hat dieser zwei Ausgänge zu den beiden Kanälen. Auch die elektrischen Verbindungen zwischen Box und Sensoren/Stellgliedern sind somit doppelt ausgeführt. Dabei wird in der Regel auf eine möglichst konsequente physische Trennung beider Kanäle innerhalb und außerhalb der Box geachtet.

9.5 Hardware des Digitalreglers

Die Hardware und Software enthalten Testprozeduren mit einer Fehlerverarbeitungslogik. Nach dem Einschalten des Geräts wird meist zunächst ein BITE (*Built In Test Equipment*)-Lauf gestartet, mit dem mögliche Ausfälle in der Überwachungs-Hardware erkannt werden. Ein solcher BITE-Lauf dauert nur einige wenige Sekunden. Endet der BITE-Lauf mit einer Fehlermeldung, so kann ein Ausfall der Überwachungs-Hardware als „schlafender Fehler" vorliegen, wodurch ein weiterer Bauteilausfall keine Kanalumschaltung mehr bewirken würde. In diesem Fall könnte ein ansonsten unkritischer Erstfehler zum Reglerausfall führen.

Ein wesentliches Kriterium für die Systemsicherheit ist die Fehlererkennungswahrscheinlichkeit der Hardware-Überwachung. Zusätzlich werden die Schnittstellen durch Plausibilitätsprüfungen der Eingangssignale überwacht. Ausfälle, die einen Totalausfall bewirken könnten, werden in jedem Fall vom Sicherheitssystem erkannt.

Fehlfunktionen haben nahezu keinen Einfluß auf das Triebwerk und werden nicht als Totalausfall gewertet. Mikroprozessor, Bus-System, Programm- und Festwertspeicher und wesentliche Teile des Rechenspeichers werden nahezu lückenlos überwacht.

Die Fehlerverarbeitungslogik bewirkt entweder die Benutzung redundanter Eingangs- oder Ausgangssignale oder ein Umschalten auf den anderen Kanal. Bei Mehrfachfehlern in den Eingangsparametern erfolgt entweder ein Umschalten auf eine andere Betriebsart, die ohne diese fehlerhaften Eingangsparameter auskommt, oder die Verwendung synthetischer Parameter aus abgespeicherten thermodynamischen Funktionen, meist mit einer gewissen Leistungseinbuße aus Sicherheitsgründen. Mehrfachfehlern bei den Ausgangsparametern wird dadurch begegnet, daß der betreffende Ausgang in eine „fail safe"-Position driftet. Das ist z. B. beim Brennstoff der minimale Brennstoffluß oder bei den Verdichterleiträdern die offene Position. Dabei entstehen in der Regel erhebliche Leistungsverluste, aber keine Gefahr für die Integrität des Triebwerks. Der Schubumkehrer bleibt in der eingefahrenen Position oder fährt in diese zurück, die Steuerung des Wärmehaushalts geht in Richtung maximale Kühlung, die Gehäusekühlung der Turbinen unterbleibt (maximale Schaufelspiele). Die Steuerung der Ausgangsparameter wird einem der beiden Kanäle zugeordnet, nachdem interne Tests die Fähigkeit zur Steuerung kritischer Ausgangsgrößen festgestellt haben.

Unter normalen Betriebsbedingungen übernimmt ein z. B. als Kanal A bezeichneter Kanal die Steuerung aller Ausgangsparameter, solange keine internen oder Ausgangsfehler festgestellt werden. Der zweite Kanal (Kanal B) fungiert als Reserve und stellt Kanal A redundante Daten zur Verfügung. Sobald Kanal A die Steuerung aufgibt wegen interner Fehler, wie Fehler im Prozessor oder in der Stromversorgung, wird dies von Kanal B festgestellt. Dieser übernimmt dann automatisch die Steuerung und Verarbeitung aller Eingangsparameter.

Die Reaktion auf Fehler in den Ausgangsgrößen hängt von der Art des Fehlers ab, wobei die Ausgangsgrößen nach ihrem Grad der kritischen Auswirkung auf die gesamte Steuerung eingeteilt werden. Können beide Kanäle die Steuerung übernehmen und ein oder mehrere Fehler der Ausgangsgrößen liegen in einem oder auch beiden Kanälen vor, so übernimmt der Kanal, der die relativ kritischsten Ausgangsgrößen korrekt steuern kann, die Steuerung aller Ausgangsgrößen.

Für weniger kritische Stellglieder wird deren Ansteuerung dann abgeschaltet. Wenn nur noch ein Kanal die Steuerungsaufgaben wahrnehmen kann, werden alle seine fehlerhaften Ausgangsgrößen stillgelegt und es erfolgt nur noch eine Steuerung der fehlerlosen Ausgangsgrößen.

9.5.2 Grundsätzlicher Aufbau

Bild 9-5 zeigt beispielhaft ein modernes, unter der Federführung von MTU konzipiertes und entwickeltes digitales Regel- und Überwachungssystem für das Triebwerk EJ200 des Eurofighters. Grundsätzlich bestehen die Gehäuse aus Metall (Faraday'scher Käfig) und sind mittels Vibrationsdämpfern am FAN-Gehäuse des Triebwerks angeflanscht. Integriert sind die Druckgeber nebst ihrer Elektronik. Wird außerdem noch Luft oder Brennstoff zur Kühlung benötigt, ergeben sich neben den elektrischen und pneumatischen auch noch hydraulische Anschlüsse.

Bild 9-5 Digitales Regel- und Überwachungssystem für das EJ200-Triebwerk (Eurofighter)

Alle elektrischen Leitungen werden zunächst gegen Überspannungen (LEMP) geschützt und dann über EMI-Filter durch eine Schottwand in den Elektronikraum geführt.

Die Eingangssignale werden in einer Schnittstelle aufbereitet und die digitalisierten Signale dann dem Computer zur Weiterverarbeitung zur Verfügung gestellt. Der Computer besteht aus einem oder mehreren Prozessoren, denen Festwertspeicher und variable Datenspeicher zugeordnet sind. Der Systemtakt wird durch eine einstellbare Echtzeituhr gegeben. Die Ausgangssignale für die Stellglieder können in einem nachgeschalteten Digital-/Analogwandler umgesetzt und in der Schnittstelle für das Stellglied aufgearbeitet werden.

9.5 Hardware des Digitalreglers

Wichtig für eine hohe Lebensdauer ist die Konstruktion der Karten, die die Bauteile tragen. Besondere Beachtung finden dabei Maßnahmen zur Ableitung der Wärme und zum Schutz vor Vibrationen, sowie der Verhinderung von Spannungen bei wechselnden Temperaturen.

Bild 9-6 zeigt beispielhaft und schematisch die Anordnung der elektronischen Hardware, der Stromversorgung, der Eingangssignale und der Druckgeber des zweikanaligen Reglers des EJ200-Triebwerks für den Eurofighter. Jeder Kanal K besitzt je zwei Motorola 32 Bit MC68020-Prozessoren. Das interne Betriebssystem erlaubt die Verteilung der Software auf die zwei Prozessoren je Kanal, die ständig miteinander kommunizieren.

Generell ist ein Trend zu Multiprozessoren zu erkennen. Dadurch ergeben sich eine mehr modulare Architektur und günstigere Bedingungen für die Software. Außerdem finden für die unterschiedlichen Eingangs- und Ausgangsfunktionen (frequenzmoduliert, analog etc.) vermehrt für diese Zwecke speziell entwickelte hochintegrierte Bausteine (ASIC, *Application Specific Integrated Circuit*) Anwendung. Dadurch erhält man ein Maximum an Flexibilität und eine beträchtliche Reduzierung bei den Entwicklungs- und Unterhaltskosten.

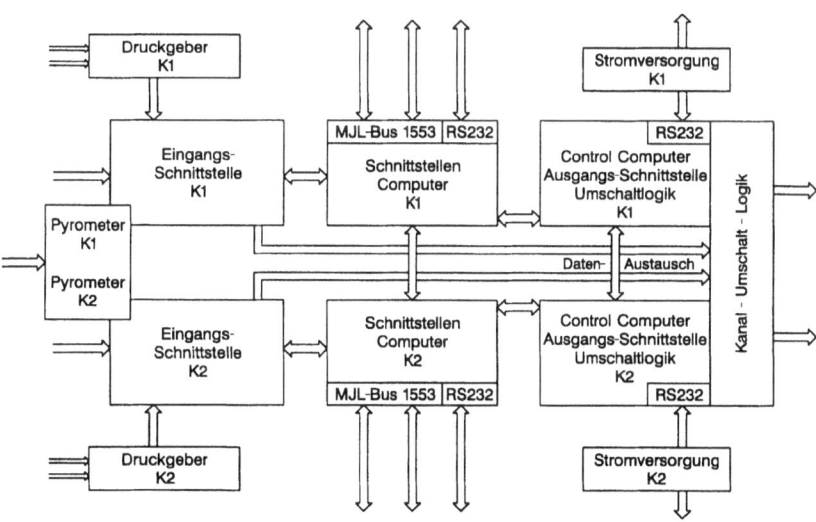

Bild 9-6 Hardware-Anordnung im digitalen Regler des Triebwerks EJ200 (Eurofighter)

Bild 9-7 zeigt die geöffnete Elektronikbox des FADEC-Systems für das Triebwerk EJ200 für den Eurofighter. Die Box wiegt unter 13 kg, hat eine Leistungsaufnahme von unter 100 Watt, kommuniziert mit den Flugzeugsystemen über einen MIL-Bus 1553 und ist für einen Temperaturbereich von -40 bis +125 °C ausgelegt. Bild 9-8 zeigt die Computerkarte dieser Box.

Bild 9-7 Geöffnete Elektronik-Box des FADEC-Systems für das Triebwerk EJ200 (Eurofighter)

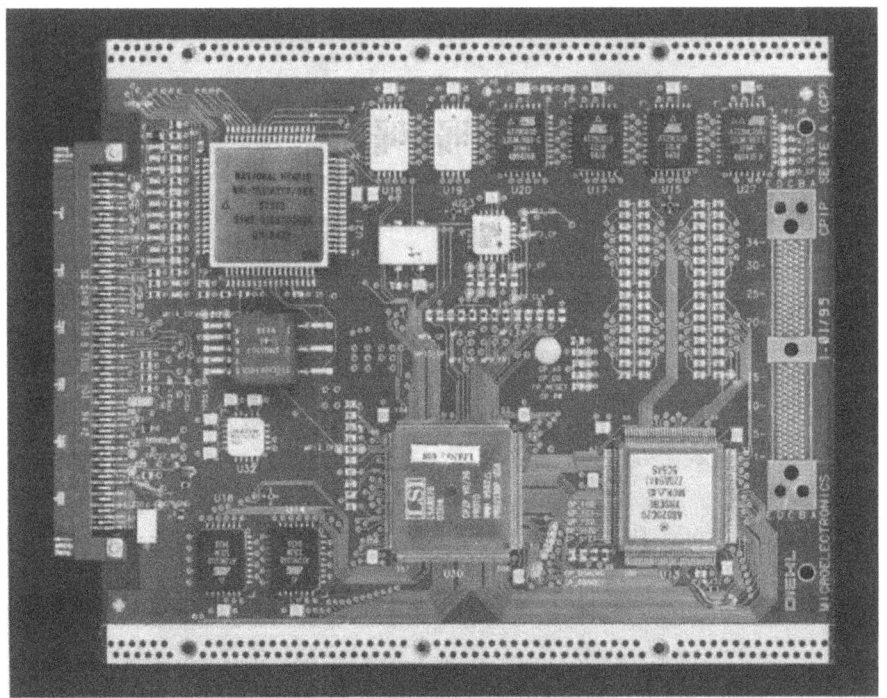

Bild 9-8 Computer-Karte des Digital-Reglers für das Triebwerk EJ200 (Eurofighter)

9.5.3 Mikroprozessoren, Speicher und andere Bauelemente

Die technischen Fortschritte auf dem Gebiet der Mikroprozessoren, Speicher und hochintegrierten elektronischen Bauteile waren in den letzten zwei Jahrzenten beachtlich. Sie haben dazu geführt, daß die FADEC-Systeme zur Steuerung und Überwachung heutiger Triebwerke zum normalen Standard wurden, selbst für kleinere Triebwerke. Beigetragen hat dazu aber auch eine starke Verbilligung dieser Komponenten bei beträchtlich erhöhter Lebensdauer. Die typische Architektur eines digitalen Reglers zeigt Bild 9-9.

Der Regler oder Computer besteht im wesentlichen aus Prozessor, Festwertspeicher EEPROM, Flash-EPROM's und variablem Datenspeicher RAM. Der Systemtakt wird durch eine einstellbare Echtzeituhr gegeben. Die Eingangssignale werden über eine Konditionierung mit Multiplexer dem Analog-/Digital-Computerteil zugeführt. Die Verbindung zwischen dem Prozessor und den anderen Elementen geschieht über den internen Datenbus. Eine serielle Bus-Schnittstelle erlaubt den Datentransfer mit anderen Prozessoren. Außerdem existiert noch eine serielle Schnittstelle für Testdaten.

Waren beim Tornado-Triebwerk RB199 noch drei Kanäle nötig, wobei der dritte Kanal der Nachbrennersteuerung diente (ohne Redundanz, sondern nur mit „fail safe"-Funktionen), so reichen aufgrund des zwischenzeitlichen technologischen Fortschritts beim EJ200-Triebwerk (Eurofighter) nunmehr zwei Kanäle aus, von denen jeweils einer redundant ist.

Der Fortschritt ergab sich insbesondere durch leistungsfähigere Standard-IC's, neue Herstellverfahren, die die Fertigung anwendungsspezifischer IC's nach Kundenspezifikation (ASIC's) ermöglichen, sowie neuer Verbindungstechniken, insbesondere SMT (*surface mounted technology*). Speziell die Fortschritte auf dem Gebiet der Photolitographie und die Einführung computerunterstützter Entwurftechniken (CAD) ermöglichten das Erreichen dieser Meilensteine.

Allein durch die ASIC's, häufig mit Hybrid-Schaltkreisen, konnten oft hunderte von Standard-IC's durch einen einzigen Chip ersetzt werden. Dadurch haben sich die benötigte Fläche auf der Karte, der Energieverbrauch und die Kosten um Faktoren zwischen 20 und 50 verringert. Außerdem erlaubt die Reduzierung der Leitungswege und kapazitativen Lasten eine Steigerung des Datendurchsatzes.

SMT ist eine Montagetechnik, bei der die Anschlüsse eines hochintegrierten Chips auf die Oberfläche einer PC-Karte gelötet werden, während zuvor die Beinchen der konventionellen IC's durch Löcher gesteckt und verlötet wurden (Bild 9-10). Mit SMT können beide Seiten der Karte bestückt werden. Dadurch ergeben sich weniger Karten mit Verdrahtung auf beiden Seiten und eine Kostenreduzierung durch Automatisierung des Herstprozesses. Eine erhöhte Zuverlässigkeit ist dann zu erzielen, wenn konstruktive Maßnahmen ergriffen werden, um die Ausdehnungskoeffizienten der ummantelten keramischen Bauteile auf die der Leiterkarte abzustimmen. Bei Leiterkarten mit Leistungsbausteinen läßt sich durch eine spezielle Aufbautechnik bessere Wärmeleitung erreichen, z. B. Kupfer–Invar–Kupfer oder Kupfer–Molybdän–Kupfer mit einem Epoxy-, Polyamid- oder Kevlar-Substrat. Sehr wichtig sind geeignete Techniken zur Wärmeabfuhr und Verteilung, um bei der vorgesehenen Kühlungstechnik für die gesamte Box an keinem Bauteil unzulässige Temperaturen zu erhalten.

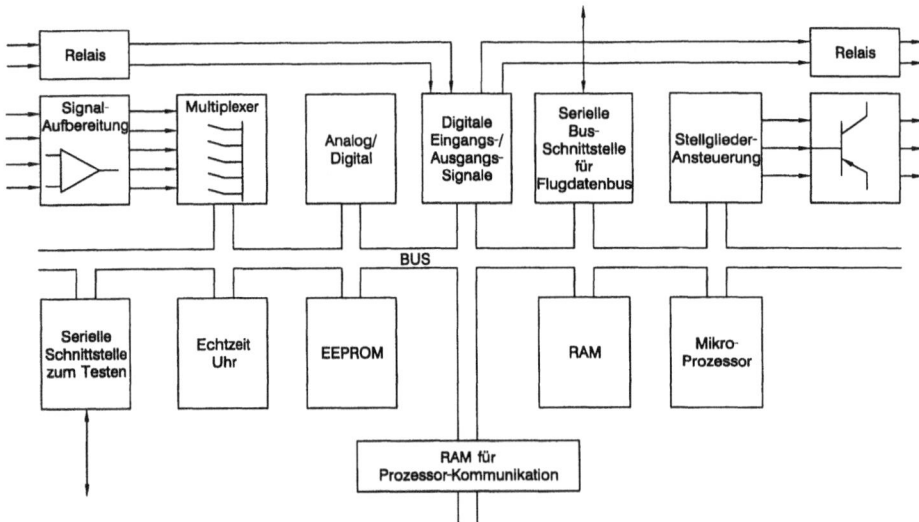

Bild 9-9 Typische Architektur eines digitalen Regler-Kanals

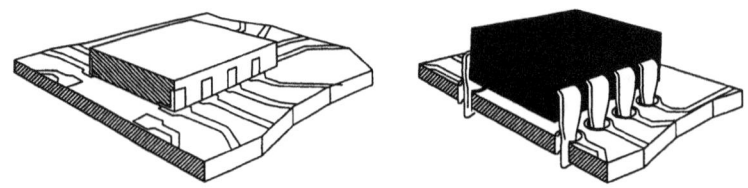

Bild 9-10 SMT-Montagetechnik im Vergleich zur früheren Durchsteck-Technik

Nach [92] haben sich in den vergangenen zweieinhalb Dekaden folgende durchschnittliche jährliche Steigerungsraten ergeben:
- Speicherkapazität ca. 1,5-fach pro Jahr,
- Mikroprozessorleistung ca. 1,35-fach pro Jahr,
- Zahl der exekutierten Befehle von IC's ca. 1,45-fach pro Jahr.

Es sieht so aus, als ob diese Entwicklung auch nach der Jahrhundertwende noch weitergehen wird, ein Abbiegen in den typisch asymptotischen Ast einer Sättigungskurve ist noch nicht erkennbar. So bleibt angesichts dieses ständig steigenden Rechnerpotentials die Hoffnung, daß künftige Generationen von Regelungsingenieuren genügend neue Aufgabenfelder entdecken und erschließen, um dieses Rechnerpotential sinnvoll zu nutzen. Diese Aufgabenfelder könnten sich insbesondere dann ergeben, wenn sich Triebwerke mit variablen Arbeitsprozessen mit zusätzlicher variabler Geometrie durchsetzen. Erfahrungsgemäß wachsen die Steuer- und Regelungsaufgaben mit jedem echten Stellglied zur Arbeitsprozeßbeeinflussung nicht linear, sondern exponential. Ein weiterer Schwerpunkt dürfte mit Sicherheit das Feld der Überwachung sein, wofür aber zunächst

9.5 Hardware des Digitalreglers

noch intelligente Verfahren, z. B. für die Erkennung sich entwickelnder Schäden und der dann zu treffenden Maßnahmen zu definieren sind.

9.5.4 Kommunikation mit Sensoren, Stellgliedern, Cockpit, Überwachungs- und Testgeräten

Ein FADEC-System setzt den Transport einer großen Menge von Daten und Signalen von und zu den verschiedenen Stationen voraus. Im Computer selbst erfolgt der Datenfluß zwischen den einzelnen Bauelementen über den eigenen Bus. An diesem sind auch jene Elemente angeschlossen, die eine Kommunikation mit den Stationen außerhalb der Box ermöglichen.

Für die Signale von den Sensoren ist dies nach der Signalaufbereitung der Multiplexer. Da die Sensoren in der Regel analoge Signale liefern, werden diese über normale, geschirmte Kabel transportiert. Dagegen gelangen die Zwei-Stellungs-Anzeigen z. B. von Ventilen etc. über Relais und ein entsprechendes Eingangselement in den Bus.

Analoges gilt für die Ausgangssignale zu den Stellgliedern, die bis auf die Zwei-Stellungs-Signale ebenfalls analog sind und über DA-Wandler und Treiber über normale geschirmte Kabel zu den Stellgliedern gelangen. Die Zwei-Stellungs-Signale werden wiederum über Relais geführt.

An den Bus angeschlossen sind außerdem mehrere serielle Schnittstellen, die einen digitalen Datenaustausch erlauben. Dieser betrifft einmal Daten über den Flugzustand und zellenseitige Anforderungen sowie insbesondere Anforderungen von der Flugregelung. Andererseits werden wichtige Triebwerkparameter sowie sicherheitsrelevante Triebwerkdaten an das Cockpit geliefert. Dieser Datenaustausch erfolgt über den zellenseitigen Datenbus, der häufig nach MIL-Standard 1553 ausgelegt ist. Allerdings werden über diesen zellenseitigen Datenbus bisher keine Daten geführt, von denen die Sicherheit des Triebwerkbetriebs abhängt, da sonst die hohen Zuverlässigkeitsforderungen nicht mehr erfüllt werden könnten.

Ein weiterer Datenaustausch über eine serielle Schnittstelle betrifft die Teststationen am Boden sowie die abgespeicherten Fehlermeldungen vom jeweils letzten Flug.

9.5.5 Abschirmung gegen EMC, Blitz und nukleare Explosionen

Die Gefährdung moderner elektronischer Triebwerkregler durch elektromagnetische Felder, durch nuklear-elektromagnetische Pulse und durch Blitzschlag nimmt mit der Komplexität der Schaltungen und den immer schnelleren und empfindlicheren elektronischen Bauteilen ständig zu. Zudem bedingt der steigende Einsatz von Faserverbundwerkstoffen anstatt von Metall bei der Flugzeugzelle eine abnehmende Schutzwirkung für das gesamte FADEC-System.

Moderne digitale Triebwerkregler müssen sehr hohe Anforderungen bezüglich EMI (*electromagnetic interference*)-, LEMP (*lighting electromagnetic pulse*)- und NEMP (*nuclear electromagnetic pulse*)-Verträglichkeit aufweisen. Die Elektronik muß gegen hohe Feldstärken (200 bis 800 V/m) geschützt werden. Der NEMP beansprucht das Gerät durch den schnellen Anstieg des Pulses ($\ll$ 5 ns). Beim LEMP sind hohe Ströme (5 kVA) abzuleiten. Es sind daher mehrere Schutzmaßnahmen zu treffen.

Zunächst sind die Kabelbäume zu schirmen. Bei geschirmten Leitungen sind bedeutend weniger Schutzelemente notwendig, meist reicht ein zusätzlicher Schutz von einem Filter, eventuell ein Transzorb oder ein Varistor. Bei ungeschirmten Leitungen ist dagegen wegen der hohen LEMP-Forderung ein Staffelschutz notwendig (Transzorbs gegen schnelle Pulse und als Feinschutz; Varistoren für die Pulse, bei denen der Gasableiter nicht mehr zündet).

Der NEMP-Schutz ist im Blitzschutz mit inbegriffen, wenn die Anstiegzeit berücksichtigt wird, z. B. durch den Einsatz von Transzorbs.

Filter sind grundsätzlich vorzusehen. Sie sind ein wesentlicher EMI-Schutz und bilden die letzte Hürde vor der Elektronik. Filter wirken auch bei Störungen, die die Ansprechschwelle der Ableiter nicht erreichen.

Wichtig ist, daß das Gehäuse EMI-dicht ist. Die Filter werden in Trennwände eingebaut, die den Elektronikraum von dem Raum für die Ableiter trennen.

Was ein FADEC-System an elektromagnetischen Feldern und Pulsen vertragen können muß, ist in offiziellen Spezifikationen verbindlich festgelegt, deren Einhaltung für die Zulassung nachzuweisen ist.

9.5.6 Schutzmaßnahmen gegen unzulässige Temperaturen und Vibrationen

Die Anbringung der Elektronikbox am ND-Verdichtergehäuse des Triebwerks ist heute üblicher Standard, sowohl für zivile als auch militärische Triebwerke, inkl. solche für Überschallflug. Es ergeben sich trotzdem vielschichtige Probleme hinsichtlich einer Begrenzung der Temperatur als auch der Vibrationen auf verträgliche Werte für die geforderte MTBF.

Temperatur

Für heute im Einsatz befindliche elektronische Bauteile werden Betriebstemperaturen bis etwa 125 °C garantiert. Aus Gründen einer hohen Lebensdauer sollten die Temperaturen allerdings darunter liegen. Man rechnet, daß eine Temperaturabsenkung um 20 °C die Zuverlässigkeit verdoppeln kann. Dies sind allerdings nur grobe Faustwerte. Die sich an den elektronischen Bauteilen einstellenden Temperaturen sind zum einen eine Funktion der vor Ort erzeugten Wärme und zum anderen des Temperaturniveaus, bei dem diese Wärme abgeführt werden kann. Die Wärme entsteht aufgrund von Verlusten in den Bauteilen. Zwar wurden diese Wärmequellen durch die größere Integration generell reduziert, andererseits durch die stark gewachsene Zahl der Funktionen aber auch wieder erhöht. Deshalb liegen typische Werte für die Verlustleistung einer solchen Box schon über viele Jahre bei größenordnungsmäßig 50 bis 100 Watt. Die von den Bauteilen erzeugte Wärme wird hauptsächlich durch Wärmeleitung abgeführt. Dabei sind zum einen die Wärmeleitung vom Bauteil auf die Karte, die Wärmeverteilung in der Karte und zum anderen die Wärmeübertragung von der Karte an das Gehäuse wichtig.

Kritischer wurde mit Einführung der SMT oder SMD (*surface mounted devices*)-Technik der Wärmeübergang vom Bauteil zur Karte.

Im Unterschied zur konventionellen Bestückung stellt die Lötstelle in der SMT-Technik zugleich die elektrische als auch die mechanische Verbindung von Bauteil und Leiterplatte dar. Hinzu kommt, daß die Bauteile und die Lötstellen kleiner als bei der Einsteckmontage sind, weshalb die SMT-Technik auch sehr verfahrenskritisch ist. Die

9.5 Hardware des Digitalreglers

unterschiedlichen SMT-Gehäuseformen spielen für die Wärmeabfuhr eine wesentliche Rolle. Die Chip-Träger sind quadratisch oder rechteckig und haben ihre Anschlüsse nach allen vier Seiten. Bei der an der Unterseite abgeführten Wärme mittels metallischer Auftragungen sind möglichst gleiche Ausdehnungskoeffizienten zur Vermeidung größerer Spannungen wichtig.

Um die erzeugte Wärme von den Leiterplatten abführen zu können, ist in der Regel ein Temperaturunterschied zwischen Platte und Gehäuse in der Größenordnung von 15 – 20 °C nötig. Das bedeutet, daß das Gehäuse Wandtemperaturen von 60 bis 80 °C nicht überschreiten sollte.

Wie die Wärme vom Gehäuse abgeführt wird, hängt ganz wesentlich von den Temperaturen am Triebwerk ab. Die höchsten Temperaturen liegen meist bei hohem Überschallflug, sowie nach dem Abschalten des Triebwerks am Boden vor. Für letzteren Fall wird selbst bei zivilen Verkehrsflugzeugen häufig eine Zeitlang ein kleines Gebläse eingesetzt, das nach Abschalten des noch heißen Triebwerks einen Wärmestau um die Elektronikbox vermeidet.

Für die Kühlung im Flug, insbesondere bei Überschalltriebwerken, ist meist ein größerer Aufwand zu treiben.

Grundsätzlich kann eine Kühlung durch Luft, Brennstoff oder – für eine kurze kritische Zeitspanne – auch durch einen latenten Wärmespeicher erfolgen. Bei letzterem kann ein Speicherstoff mit hoher Wärmespeicherfähigkeit verwendet werden, der im Gehäuse integriert ist und durch seine Phasenumwandlung fest-flüssig eine bestimmte Wärmemenge aufnehmen kann, wenn z. B. Luft- oder Brennstofftemperaturen zeitweise über etwa 70 °C liegen. Bei einer Luftkühlung wird im Flug Stauluft über eine gesteuerte Klappe zum Gehäuse geleitet, solange die Lufttemperatur zur Kühlung niedrig genug ist.

Die rechnerische Bestimmung der stationären und instationären Temperaturfelder in der Box für die kritischsten Flugprofile ist aufwendig und erfolgt gewöhnlich mittels der Methode der finiten Elemente und entsprechenden Computerprogrammen der Wärmetechnik.

Vibrationen

Neben den Temperaturprofilen hängt die Ausfallwahrscheinlichkeit auch noch sehr deutlich von der mechanischen Beanspruchung durch Vibrationen ab. Auch hier ist bereits im Inneren der Box durch eine auf die Bauteile abgestimmte Konstruktion unerwünschten Belastungsspitzen Rechnung zu tragen. Neben einer möglichst robusten Konstruktion werden bei der Anbringung der Box am Triebwerk Schockabsorber eingesetzt, um die Belastungen über dem gesamten Frequenzbereich in zulässigen Grenzen zu halten. Abzudecken sind dabei auch erhöhte Vibrationen durch Schaufelschäden, zumindest für die Dauer, mit der das Triebwerk mit diesem Schaden lauffähig ist.

9.5.7 Stromversorgung

An die Stromversorgung sind hohe Anforderungen zu stellen, da bei einem Spannungsausfall die Elektronik nicht mehr versorgt wird und der gesamte Regler ausfällt. Deshalb wird der Triebwerkregler von unterschiedlichen Netzen gespeist. Bei älteren Systemen sind dies in der Regel zwei unabhängige 28 VDC-Versorgungen, auch 28 VDC- und

115 V/400 Hz AC-Versorgungen sind im Einsatz. Bei neueren Systemen verwendet man die 28 VDC-Versorgung und eine unabhängige Generatorversorgung.

Der ungeregelte bürstenlose Permanentmagnetgenerator ist direkt am Triebwerk montiert und gibt eine drehzahlproportionale Ausgangsspannung ab, die ausschließlich den Triebwerkregler versorgt. Die Versorgung wird ab ca. 35 % bzw. teilweise sogar schon ab 8 % Triebwerkdrehzahl vom eigenen Generator übernommen. Nach erfolgtem Triebwerkstart kann die normale 28 VDC-Versorgung ausfallen und die Versorgung des Reglers ist immer noch gewährleistet. Außerdem gibt es keine Spannungsunterbrechungen durch Sammelschienenumschaltungen. Die Stromversorgung muß nun aber einen weiten Eingangsspannungsbereich, z. B. 16 V bis 160 V (teilweise bis 500 V) abdecken. Beim Startvorgang des Triebwerks kann die Eingangsspannung bis auf 12 V zusammenbrechen, so daß teilweise noch größere Spannungsbereiche auftreten.

Es kommen praktisch nur getaktete Stromversorgungen verschiedener Topologien zum Einsatz. Durch höhere Taktfrequenzen werden die Stromversorgungen kleiner und leichter. Durch den weiten Eingangsspannungsbereich ist oft ein Vorregler (z. B. *Booster*) erforderlich. Die Stromversorgungen besitzen außer der ausgangseitigen Spannungsregelung eine eingangseitig unterlagerte Stromregelung (*Current-Mode*). Diese Art von Netzteil ist vor allem bei Bordnetztransienten von Vorteil.

Bei getakteten Stromversorgungen weisen die Halbschalter (FET) und Gleichrichterdioden höhere Verluste auf. Dies muß bei der thermischen Auslegung berücksichtigt werden, da ansonsten die Bauteile zu warm werden könnten. Hier kommt den Stromversorgungen der Einsatz von CMOS-Elektronikbausteinen, die eine geringere Leistungsaufnahme aufweisen, stark entgegen.

9.5.8 Fragen der Integration mit zellenseitiger Elektronik

Seit der Einführung elektronischer Systeme für Flugzeugzelle und Triebwerk wird hin und wieder die Frage diskutiert, ob eine möglichst weitgehende Integration beider Systeme nicht zusätzliche Vorteile bringen könnte. Dies umso mehr, je mehr die beiden Systeme auf gegenseitigen Austausch von Daten und Signalen angewiesen sind.

Erörtert wurde auch die Möglichkeit, für ein Flugzeug mit mehr als einem Triebwerk, die gesamte Triebwerkregelung für alle Triebwerke in einer Box zu integrieren, z. B. als ein Triplex-System.

Zur Beantwortung der Frage, wie weit Integration sinnvollerweise zu treiben ist, sollte man sich zunächst die üblichen Strukturen von Avionics, Flugregelung und Triebwerkregelung vergegenwärtigen.

Die wichtigsten Avionic-Systeme werden üblicherweise als Triplex-Systeme konzipiert (Bild 9-11).

Der Vorteil dieses Systems liegt darin, daß sich die Frage der Sicherheit ausschließlich auf das Auswahlsystem konzentrieren kann, in dem die Ausgangsgrößen der drei Kanäle verglichen werden und ein fehlerhafter Kanal mit abweichendem Signal weggeschaltet wird.

Systeme der Flugsteuerung, bei der wichtige aerodynamische Steuerflächen zu betätigen sind, werden aus Sicherheitsgründen häufig als Quadruplex-Systeme ausgeführt (Bild 9-12).

9.5 Hardware des Digitalreglers

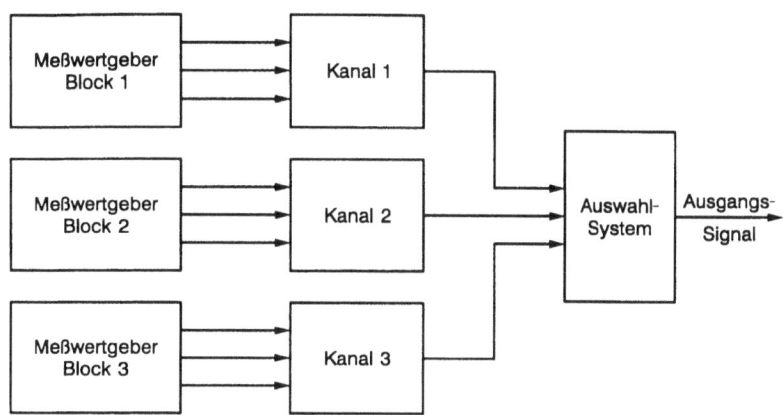

Bild 9-11 Typisches Triplex-System für wichtige Avionic-Steuerungen

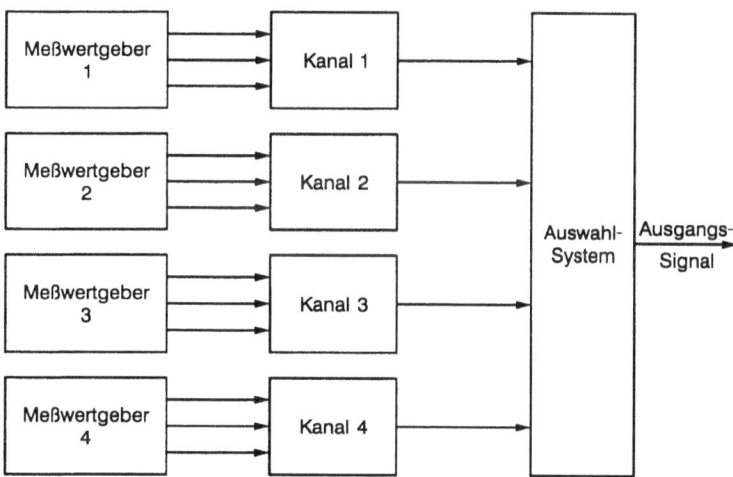

Bild 9-12 Typisches Quadruplex-System für Flugsteuersysteme

Deren Sicherheitspotential entspricht damit dem eines zweikanaligen FADEC-Systems eines zweimotorigen Flugzeugs (Bild 9-13). Man könnte deshalb auf die Idee kommen, daß sich diese zwei Systeme für eine weitgehende Integration der Computerelemente eignen könnten. Aus praktischen Gründen ist dem aber nicht so.

Das Hauptproblem dabei ist die allgemeine Forderung des Kunden nach einem selbständig zu betreibenden Triebwerk, dessen Leistungsdaten und Sicherheit vom Triebwerkhersteller zur garantieren sind. Es liegt zudem im Interesse des Triebwerkherstellers, sein Triebwerk so zu konzipieren, daß es mit seinen eigenen Geräten auch für andere Flugzeugzellen angeboten werden kann. Es ist außerdem eines der wichtigsten Ziele zur Erhöhung der Sicherheit und Integrität, die Möglichkeit von Mehrfachfehlern durch gleiche Ursache auszuschließen, was durch von einander unabhängige Systeme leichter zu erreichen ist.

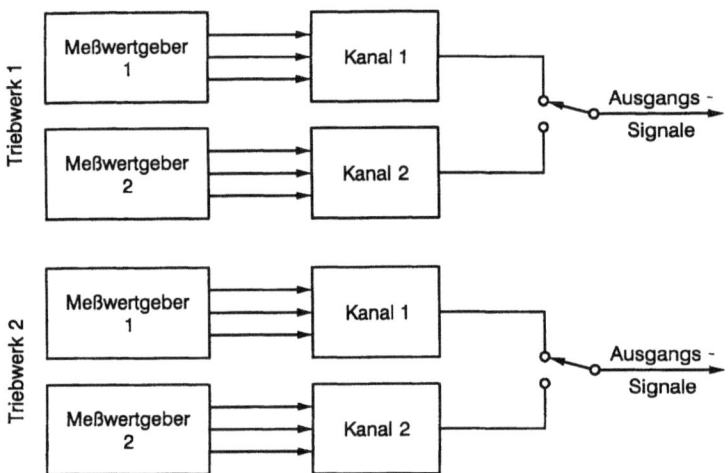

Bild 9-13 Typische zweikanalige Triebwerksteuerung für ein zweimotoriges Flugzeug

Die Überwachung der Auswahlsysteme bei den zellenseitigen Steuer- und Regelsystemen ist anders (und wesentlich einfacher) aufgebaut als die Überwachung der Kanalelemente einer Triebwerkregelung, die im Fehlerfall die Umschaltung zu veranlassen hat.

Aber auch einmal abgesehen von Sicherheitsaspekten gibt es weitere Argumente gegen eine physische Integration. So läuft die Steuerung der Triebwerkparameter in der Regel schneller ab als die der Flugregelung, was kürzere Iterationszeiten bedingt.

Wenn nun eine physische Integration der Computerelemente aus obengenannten Gründen abzulehnen ist, erhebt sich die Frage nach einer engeren Integration durch verbesserte Kommunikation.

Die Einführung von Duplex-Datenbussen, z. B. zum Standard MIL 1553, hat zu „Ports" in den elektronischen Systemen geführt, die einen Datenaustausch mit anderen elektronischen Systemen erlauben. Die Einführung dieser Datenbusse hat jedoch zunächst keinen Beitrag zu einer weitergehenden funktionalen Integration der Systeme geleistet, da die Zuverlässigkeit der Busse zu niedrig ist, um in wichtigen Steuerketten oder Regelkreisen des Triebwerks eingesetzt werden zu können, ohne die Triebwerkausfallwahrscheinlichkeit wesentlich zu erhöhen. Gewisse Trimmfunktionen sind möglich, sofern ein Fehler im Bus nicht zu einer gefährlichen Situation für das Triebwerk führt. Inzwischen wurden die Verhältnisse durch die neuen Multiplex-Systeme nach MIL-STD 1553B allerdings durch höhere Datenübertragungsgeschwindigkeit und höhere Zuverlässigkeit verbessert. Diese hohe Zuverlässigkeit ist Voraussetzung für eine weitergehende funktionale Integration.

Wichtig erscheint die Harmonisierung der formalen „management tools" für die Elektronik in der Zelle und am Triebwerk. Eine gemeinsame Programmiersprache wie ADA, sowie ein gemeinsamer Compiler und eine gemeinsame Ausgabe von Überwachungsdaten wären weitere sinnvolle Schritte auf diesem Weg.

9.6 Software des FADEC-Systems

9.6.1 Erstellen der Software

Als die ersten Mikroprozessoren auf den Markt kamen, wurde die Software in Assemblersprache erstellt, die auf die Hardware abgestimmt ist und damit fast einer Maschinensprache entspricht. Sehr bald wurde es jedoch wegen der ansteigenden Komplexität und des anschwellenden Umfangs der zu programmierenden Operationen notwendig, höhere Sprachen einzusetzen. Nach einer Phase größerer Probleme und explodierender Kosten bei der Erstellung von Software für militärische Anwendungen, wurden innerhalb des US-Verteidigungsministeriums umfassende Regeln für die Software-Erstellung aufgestellt. Der dabei definierte schrittweise Ablauf der notwendigen Tätigkeiten kann als ein V-Zyklus gemäß Bild 9-14 dargestellt werden. Jeder dieser Schritte ist genau definiert, in der Regel mit einem zugeordneten Werkzeug. Grundsätzlich ist diese „Wasserfall"-Vorgehensweise im wesentlichen analog zu der Erzeugung der Hardware, so daß sich eine parallele Vorgehensweise anbietet, insbesondere bereits in der Spezifikationsphase von Software und Hardware.

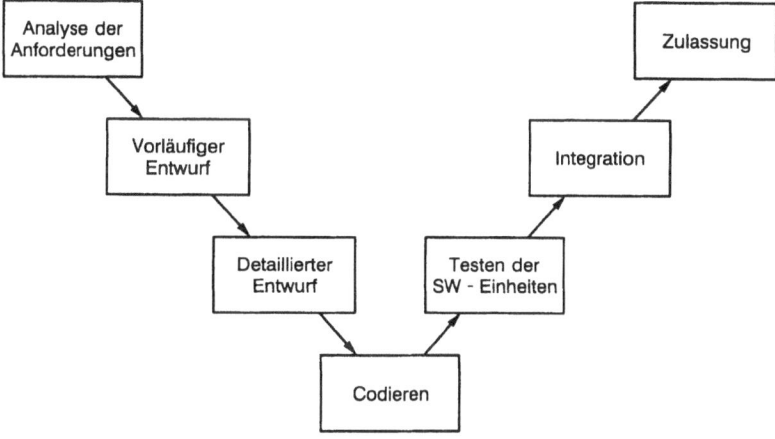

Bild 9-14 V-Zyklen der Software-Erstellung

Häufig kann die dargestellte Sequenz der einzelnen Schritte mit eingehender Überprüfung und Dokumentation eines jeden Schrittes vor Beginn des nächsten Schrittes wegen der meist knappen Zeit im Rahmen eines Triebwerkentwicklungsprogramms nicht streng eingehalten werden. Eine gewisse Überlappung ist optimaler hinsichtlich der zu erzielenden Zeitabläufe und der Ausschöpfung der vorhandenen Ressourcen. Bild 9-15 zeigt schematisch eine integrierte Produktentwicklung von Hardware und Software zusammen mit den zu beachtenden Kriterien wie Leistungsaspekte, Sicherheit/Zuverlässigkeit, Unterhalt-/Testfähigkeit und Herstellung (obere Leiste). Die untere Leiste führt die den Entwicklungsprozeß begleitenden, kontrollierenden und ggf. beeinflussenden Organe auf, um die Einhaltung aller Vorgaben sicherzustellen, nicht zuletzt auch hinsichtlich der Kosten und Zeitabläufe.

Diese Vorgehensweise, die den Zeitpunkt der Separierung der Software- und Hardware-Entwicklung am Ende der Spezifikationsphase möglichst spät setzt, erlaubt eine optimalere Verteilung der Funktionen auf Hardware und Software.

Als Programmiersprache hat sich das ebenfalls in den USA entwickelte ADA durchgesetzt. Allerdings dürfen bei einer als „kritisch" eingestuften Software für kritische Steuer- und Regelungsaufgaben nicht alle Möglichkeiten der ADA-Sprache genutzt werden. Gefordert wird zumindest bei militärischen Anwendungen ein gemeinsames ADA-Compiler-System zusammen mit der Flugzeugelektronik.

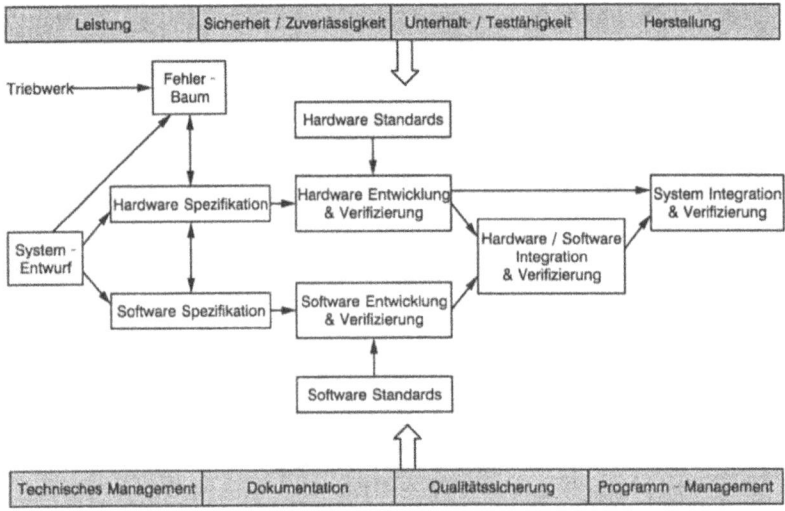

Bild 9-15 Integrierte Produktentwicklung von Hardware und Software

Durchgesetzt hat sich bei Software-Projekten in der Luftfahrtindustrie die Etablierung einer sog. integrierten Systementwicklungsumgebung SDE (*System Development Environment*). Sie beinhaltet eine Anzahl vorzugebender Standards und die zur Verfügung stehenden Werkzeuge.

Die Softwareentwicklung gemäß Bild 9-14 enthält die folgenden Tätigkeiten, zusammen mit den Aktivitäten zur Verifizierung und Validierung. Für das darzustellende System sind zunächst für Hardware und Software parallel die Anforderungen im Detail zu analysieren. Dabei sind zum einen die Rückverfolgbarkeit bis zu den Systemanforderungen als auch die Verträglichkeit mit der Hardware-Spezifikation sicherzustellen.

In der Phase des vorläufigen Entwurfs werden Software-Komponenten definiert und bestimmten Prozessoren zugeordnet. Eine Abschätzung des Speicher- und Zeitbedarfs ist durchzuführen. Die Rückverfolgbarkeit zur Software-Spezifikation und Verträglichkeit mit der Hardware-Spezifikation ist sicherzustellen.

Beim folgenden Detailentwurf werden die Software-Komponenten aus Software-Einheiten aufgebaut. Die detaillierten Software-Strukturen bis hinunter zu den Einheiten sind zu definieren und die Rückverfolgung bis zum vorläufigen Entwurf sicherzustellen. Als nächster Schritt erfolgt das Codieren der Software-Einheiten. Zur Verifizierung und Validierung sind die Software-Einheiten zu testen und die Verträglichkeit mit den ein-

9.6 Software des FADEC-Systems

schlägigen Standards für das Codieren nachzuweisen. Im nächsten Schritt erfolgt die Integration der Software-Einheiten mit den Software-Komponenten und dem Testen dieser Komponenten. Schließlich sind im letzten Schritt Software und Hardware zu integrieren und das gesamte Gebilde zu testen.

Es gibt zahlreiche Werkzeuge zur Erstellung der Software. Für die Erstellung der EJ200-Software wurden z. B. eingesetzt:

- „EPOS und Interleaf" für Entwurf und Dokumentation,
- „Lifespan" für die Steuerung der gesamten Dokumentation,
- „ADA Compilation System" mit ADA-Compiler mit Fehlersuche, Quellen-Code-Analyse, Performance-Code-Analyse etc.,
- „Testbed" zur Software-Analyse für die statische und dynamische Analyse während der Software-Testphase,
- „Emulator" für Hardware-Fehlersuche, Software-Test mit der echten Hardware, Überprüfung zeitlicher Abläufe und Integration,
- „Test Harness" zur Integration der Software-Test-Umgebung.

Diese Werkzeuge sind kompatibel mit dem hier verwendeten Vax/VMS-System der Digital Equipment Corporation. Seitdem gibt es neue Werkzeuge, auch auf diesem Gebiet ist der Fortschritt beträchtlich.

9.6.2 Analyse, Testen und Validieren der Software

Nach der Codierung wird auf Modulebene getestet. Wie auch in den anderen Phasen sind Leistung, Zuverlässigkeit, Unterhalt-/Testfähigkeit und Sicherheit die anzustrebenden Qualitätsziele. Sie werden erreicht durch Analyse und Test, deren Ergebnisse wiederum sorgfältig zu bewerten sind. Es wird generell angestrebt, diese Phase soweit wie möglich zu automatisieren.

Wichtige Prinzipien für eine erfolgreiche Analyse- und Teststrategie liegen in einer wirkungsvollen Kombination der verschiedenen Techniken, einer Testtechnik, die Unterschiede in den Leistungen der Testingenieure minimiert, der Verfügbarkeit zusätzlicher automatischer Hilfen für die Tester, sowie guter Richtlinien und Ausbildung für diese. Die Analyse der Software kann in eine statische und eine dynamische Analyse eingeteilt werden.

Statische Analyse

Dabei wird der ADA-Code sowohl manuell als auch mit Werkzeugen analysiert, ohne ihn zu aktivieren. Die Analyse erfolgt in mehreren Schritten zur Beurteilung der Unterhalt-/Testfähigkeit und Sicherheit.

Dynamische Analyse

Hier wird der ADA-Code aktiviert mit Hilfe einer begrenzten Anzahl von Eingabewerten, für die die Richtigkeit der Ausgangswerte überprüft wird z. B. mit Hilfe der zwei klassischen Methoden „White Box" und „Black Box" können Testfälle definert werden. Dabei sind die Aktivitäten innerhalb von

„White Box":
- Überprüfung, daß alle Statements im Programm auch ausgeführt werden,
- jede Entscheidung muß mindestens einmal „richtig" und „falsch" gesetzt werden,
- jede Bedingung für eine Entscheidung muß mindestens einmal als „richtig" oder „falsch" gesetzt werden und die Entscheidung muß mindestens einmal „richtig" oder „falsch" lauten,
- alle möglichen Wege müssen durchlaufen werden.

„Black Box":
- Bereichsüberprüfung, bei der jede Eingangsvariable auf ihre maximalen bzw. minimalen Grenzwerte gesetzt wird,
- abschätzen von Fehlern, bei denen Erfahrung und Intuition des Testers gefragt sind,
- funktionelle Überprüfung in Übereinstimmung mit den Anforderungen.

Alle Testfälle sind auf eine ausreichende Abdeckung der Testerfordernisse zu überprüfen, was mit einem Werkzeug automatisch erfolgen kann. Weitere Maßnahmen können sinnvoll oder nötig sein:
- semantische Analyse, bei der die Richtigkeit des Codes mit dem Entwurf verglichen wird,
- Objekt Code Verifikation, bei der überprüft wird, ob der ADA-Compiler bei der Übersetzung von ADA in Maschinensprache evtl. Veränderungen der Codestrukturen und bzw. oder -wege verursacht hat.

9.7 Testen und Validieren des Gesamtsystems

Nach dem erfolgreichen Durchlaufen aller Phasen der Systementwicklung einschließlich Integration von Hardware und Software und aller vorgeschriebenen Tests für die Soft- und Hardware sind jene Schritte einzuleiten, die zu einer erfolgreichen Systemqualifikation und Zulassung durch die Aufsichtsbehörden führen. Die üblichen Schritte dafür sind:

a) Testen am Entwicklungs-Rig

Das Entwicklungs-Rig besteht nach Bild 9-16 im wesentlichen aus einem digitalen Triebwerksimulator in Echtzeit, der für den gesamten Flugbereich für zeitlich variable Eingangsgrößen alle interessierenden zeitlich variablen Ausgangsgrößen liefert, von denen einige in die FADEC gehen und andere, wie z. B. die HD- Drehzahl, über einen Elektromotor die tatsächliche Drehzahl für das Triebwerkgetriebe liefert, das die Brennstoff- und ggf. Hydraulikpumpen antreibt. Die Elektronikbox (FADEC) liefert mit ihren Ausgangssignalen die Ansteuerung für alle echten Stellglieder, die gegen eine realistische Lastaufnahme arbeiten und ihre jeweiligen Istwerte an die Elektronik-Box liefern. In der Brennkammer wird mit dem echten Triebwerkdruck die zugemessene Brennstoffmenge meist mit einem Durchflußmesser erfaßt und als elektrisches Signal in den Triebwerksimulator eingespeist. Außerdem erhält dieser alle anderen Positionsmeldungen der Stellglieder, wie z. B. für die variable Triebwerkgeometrie.

Diese Tests erfolgen also bereits unter recht realistischen Bedingungen mit der Möglichkeit, absichtlich Fehler zu initieren, um die Reaktion des Systems darauf zu beurteilen.

9.7 Testen und Validieren des Gesamtsystems

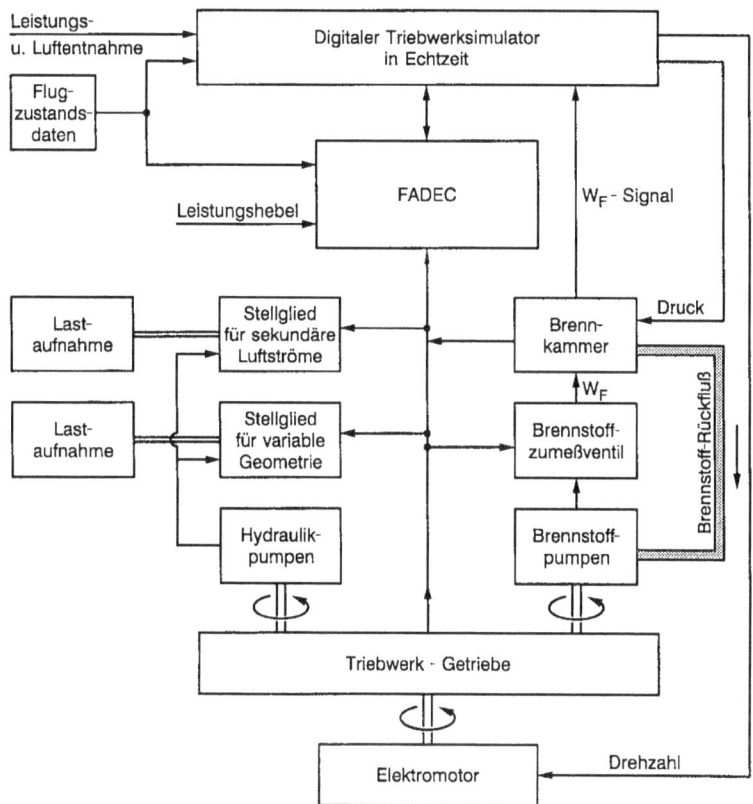

Bild 9-16 Beispiel für FADEC-Prüfstandtests im geschlossenen Kreis mit echten Stellgliedern

b) Testen am Triebwerkprüfstand

Im Rahmen der zahlreichen Triebwerkläufe innerhalb des normalen Triebwerk-Entwicklungsprogramms am Boden- und Höhenprüfstand ergibt sich die Gelegenheit, in tausenden von Laufstunden das Gesamtsystem auf Herz und Nieren zu prüfen und ggf. zu verbessern. Weitgehend realistische Umgebungsbedingungen einschließlich Rotorunwuchten durch weggeflogene Schaufeln, gezielt zerstörende Tests z. B. durch Vogelschlag, Ansaugen von Hagel und Wasser, mögliche echte Fehler in noch nicht ausgereiften Stellgliedern etc. liefern all jene Informationen, die in ihrer Gesamtheit, zusammen mit den vorangegangenen Testergebnissen, die von den Zulassungsstellen geforderten Nachweise ausmachen. Allerdings wird die Hoffnung des Regelungsingenieurs auf einen Wellenbruch, um das Abfangen der hochschießenden Turbinendrehzahl und ihre Begrenzung auf einen sicheren Wert beurteilen zu können, nur selten erfüllt. Wichtig ist ein Sammeln aller anormalen Betriebszustände und ihre genaue Dokumentation zusammen mit der Reaktion des Systems, einschließlich seines Überwachungsteils.

c) Erprobungsflüge mit Entwicklungstriebwerken

Diese Erprobungsflüge stellen den letzten Schritt in der Erprobungskette dar und geben insbesondere auch Aufschluß hinsichtlich aller Verbindungen von und zu den zellenseitigen elektronischen Systemen. Das bewußte Injizieren von Fehlern während solcher Erprobungsflüge ist aus Gründen der Flugsicherheit naturgemäß viel begrenzter als z. B. am Prüfstand.

Wichtig ist eine abschließende Dokumentation zur Führung des Nachweises, daß alle Forderungen an das Gesamtsystem erfüllt sind und die Zulassungsbehörden damit überzeugt werden können. Neben den Zulassungsbehörden sind aber auch Auftraggeber oder Kunden zu überzeugen, daß neben dem Sicherheitsaspekt auch alle anderen zugesagten Qualitätsmerkmale erfüllt sind.

9.8 Allgemeine Entwicklungstendenzen

Zweifellos hat die Entwicklung und Einführung der FADEC-Systeme einen beträchtlichen Fortschritt für die Steuerung und Regelung der Turboflugtriebwerke gebracht. Den erzielten Vorteilen hinsichtlich der Verarbeitungsmöglichkeit umfangreicherer und komplexerer Steuer- und Regelgesetze mit der Fähigkeit zur Selbstüberwachung und Fehlerabspeicherung, sowie Korrespondenz mit anderen elektronischen Systemen im Flugzeug stehen aber auch Nachteile gegenüber, wie z. B.:
– Temperaturgrenzen für die Elektronik und damit häufig zusätzlicher Kühlungsaufwand,
– Empfindlichkeit der Elektronik gegen Vibrationen, die ebenfalls entsprechende Maßnahmen erfordern,
– hoher Verkabelungsaufwand zwischen Sensoren/Stellgliedern und Elektronikbox, da notwendige Operationen wie z. B. die Positionsregelung für Stellglieder in der zentralen Box durchgeführt werden,
– häufige A/D- und D/A-Wandlung durch Sensoren und Stellglieder in Analogtechnik,
– zunehmendes Störpotential durch elektromagnetische Felder, was aufwendige Maßnahmen zur Abschirmung insbesondere der zahlreichen Leitungen und Steckerverbindungen erfordert,
– Notwendigkeit der Verdoppelung der Kanäle, um die Zuverlässigkeits- und Sicherheitsforderungen zu erfüllen,
– sehr hoher und komplexer Überwachungsaufwand für die gesamte Elekronik, um mit den zwei Kanälen und ihren Einzelelementen einen möglichst hohen Grad an Redundanz zu erzielen,
– sehr aufwendige und kostenträchtige Software-Entwicklung und Validierung, insbesondere bei neuen Triebwerkprojekten.

Diese z. Z. noch inherenten Nachteile zumindest zu minimieren, wenn nicht zu eliminieren, dienen entsprechende Entwicklungsprogramme in den USA, aber auch in Europa. Schwerpunkte dieser Programme liegen bei der Entwicklung elektronischer Bauelemente für beträchtlich höhere Temperaturen, von neuen Sensoren und Stellgliedern auf optoelektronischer Basis, die im zweiten Schritt über eine Integration von Sensor und Stellglied mit der benötigten Elektronik vor Ort am Triebwerk alle benötigten Funktionen durchführen können und der Entwicklung leistungsfähiger Datenbusse in Fiber-Optik. Damit ergibt sich die Möglichkeit für Regelsysteme mit verteilter Intelligenz über das ganze Triebwerk.

a) Elektronische Bauelemente für höhere Temperaturen

Die gegenwärtigen Elektronikbauelemente auf Silikonbasis sind (z. B. nach MIL-Spec.) für einen Temperaturbereich von –55 °C bis +125 °C einsetzbar, wobei für eine möglichst hohe Zuverlässigkeit meist innerhalb dieser Grenzwerte geblieben wird, was in der Regel einen erhöhten konstruktiven Aufwand für die Wärmeableitung erfordert. Diese Temperaturwerte als diesbezüglich alleinige Parameter für die Lebensdauer von Halbleiterbauelementen werden heute allerdings vermehrt in Frage gestellt. Einen wesentlichen Einfluß auf die Lebensdauer scheinen auch die thermischen Belastungszyklen zu haben, was sich z. B. aus sehr hohen MTBF-Werten elektronischer Systeme an Diesellokmotoren ergibt, die bei sehr hohen, aber auch über sehr lange Betriebszeiten konstanten Temperaturen im Einsatz sind.

Verschiedene Entwicklungslinien werden verfolgt. Im Erfolgsfall könnten die zulässigen Temperaturen auf Werte von 200 °C durch Optimierung von Bauelementen auf Silikonbasis, von 300 °C durch Einsatz der SOI-Technologie (*silicon on insulator*), von 500 – 600 °C durch Einsatz von Silikon-Carbid-Material und von etwa 700 °C in der ferneren Zukunft (durch Diamond-Film-Technologie) gesteigert werden.

Neben den Halbleiterbauelementen müssen aber auch Kondensatoren, Widerstände, Steckerverbindungen und geeignetes Lot etc. für diese Temperaturen entwickelt werden. Auch die Autoindustrie ist an Elektronikbauelementen für über etwa 200 °C interessiert, so daß zumindest für die ersten Entwicklungsschritte eine breite Anwendungsbasis vorhanden ist.

b) Neue Sensoren und Signalübertragung auf optoelektronischer Basis

In mehreren Unternehmen und Forschungsinstituten werden z. Z. optoelektronische Sensoren für Drehzahl, Druck, Temperatur, Durchfluß und Position (lineare und drehende Auslenkung) entwickelt und getestet. Hinzu kommen Programme zur Entwicklung fiber-optischer Signalleitungen mit Verbindungselementen, die unter realistischen Triebwerkbedingungen alle Leistungsanforderungen, z. B. hinsichtlich Temperatur- und Vibrationsniveau, erfüllen. Darüber hinaus werden Schnittstellen benötigt, um elektronisch-digitale Signale in optisch-digitale Signale umzuwandeln und umgekehrt.

Der große Vorteil dieser Technologie ist ihre Immunität gegen elektromagnetische Felder und Einstreuungen, so daß die aufwendige Kabelschirmung und die Filterung eingespart werden können. Seit einigen Jahren läuft ein Erprobungsprogramm, in dem an Boeing 757-Flugzeugen diese optoelektronischen Elemente auch in Kommunikation mit den zellenseitigen Systemen erprobt werden, wobei die neuen Elemente zunächst parallel mitlaufen, ohne aktiv in die Steuer- und Regelvorgänge am Triebwerk einzugreifen [97].

c) Systeme verteilter Intelligenz

Systeme verteilter Intelligenz bestehen aus einem zentralen Computer mit einem sehr stark abgespeckten Aufgabenumfang, sowie intelligenten Subsystemen und einem fiber-optischen Datenbus als Verbindungselement für die zu transportierenden Signale.

Die intelligenten Subsysteme beinhalten Sensor, Stellglied und Elektronik vor Ort am Triebwerk und führen alle funktionellen Operationen dort aus. Dazu gehören die Aufbereitung und Verarbeitung der Sensorsignale, die Bedienung der Servokreise für das Stellglied, Kalibrierung und Selbstüberwachung etc. Die Intelligenz kommt von einem zugeordneten Computer. Man geht davon aus, daß sich mit einem solchen System beträchtliche Einsparungen ergeben könnten, da die meisten Systemkomponenten nebst Schnittstellen, Basis-Software und Schaltkreisen im zentralen Triebwerkcomputer standardisierbar sind. Die Hoffnung auf Standardisierbarkeit leitet sich aus der Erkenntnis ab, daß zumindest bei den großen Triebwerken für die zivile Luftfahrt die Anforderungen an die Steuer- und Regelsysteme über die Jahre doch stark konvergiert haben und sehr ähnlich geworden sind zwischen den drei großen Herstellern in der westlichen Welt.

Aber auch mit der vorhandenen Technik gibt es noch ein Rationalisierungspotential, das es wegen des hohen Kostendrucks inbesondere im zivilen Bereich – aber nicht nur dort – auszuschöpfen gilt.

So nimmt z. B. der Druck der Hersteller von Triebwerken und APU's zu, für Baureihen ähnlicher Triebwerkmuster mit jeweils nur einer, leicht anpaßbaren Elektronik-Box auszukommen.

Die Firma BGT (Bodenseewerk Gerätetechnik GmbH) verfolgt und verfeinert deshalb schon seit Ende der achtziger Jahre das Konzept der „versatilen Triebwerkregler" insbesondere für APU's und zivile Triebwerke, aber auch für Hubschraubertriebwerke.

Durch die Architektur dieser „versatilen Triebwerkregler" und die in die Hardware und Software eingebrachten Techniken wurde es möglich, mit dem Basisgerät und wenigen Modifikationen, eine ganze Familie von Triebwerken für verschiedene Flugzeuge abzudecken. Außerdem können zusätzliche Funktionen wie Vibrationsüberwachung, Lebensdauerverbrauchsrechnungen und sogar eine Propellerregelung durch anzufügende Module realisiert werden.

Typische Schwerpunkte zur Erzielung dieser Versatilität sind:
- Verteilerkarte an der Steckerplatte, die den Einsatz verschiedener Steckertypen und eine unterschiedliche Zuweisung von Signalen zu den Steckerkontakten ermöglicht,
- integrierte Filtertechnologie, um die Verteilerplatte sehr einfach gestalten zu können,
- Interface Modul Technik, die eine einfache Anpassung der Signalaufbereitung ermöglicht,

9.8 Allgemeine Entwicklungstendenzen

- mechanisches Konzept der Erweiterung der Funktionalität des Geräts durch Hinzufügen von Modulen,
- Multiprozessor-Architektur, in der ein leistungsfähiger Interface-Prozessor und ein entsprechender Hauptprozessor kombiniert werden,
- strukturelle Software, die eine schnelle Einbindung einer neuen Anwendersoftware ermöglicht,
- ausreichendes Reservepotential bezüglich zusätzlicher Signale, Speicher- und Rechenkapazität.

Der Übergang von einer Flugzeuganwendung zur anderen erfolgt durch Ändern der spezifischen Anwendersoftware und, falls nötig, durch Verändern der Verteilerplatte. Der Übergang von einem Triebwerk zu einem anderen der gleichen Familie geschieht durch Verändern der Verteilerplatte, dem Laden neuer Software und der Wiederholung einiger Qualifikationstests.

Auf dieser Basis wurde der in Bild 9-17 gezeigte versatile Elektronikregler z. B. für einen möglichen Einsatz an den BMW Rolls-Royce-Triebwerken 710 und 715 entwickelt.

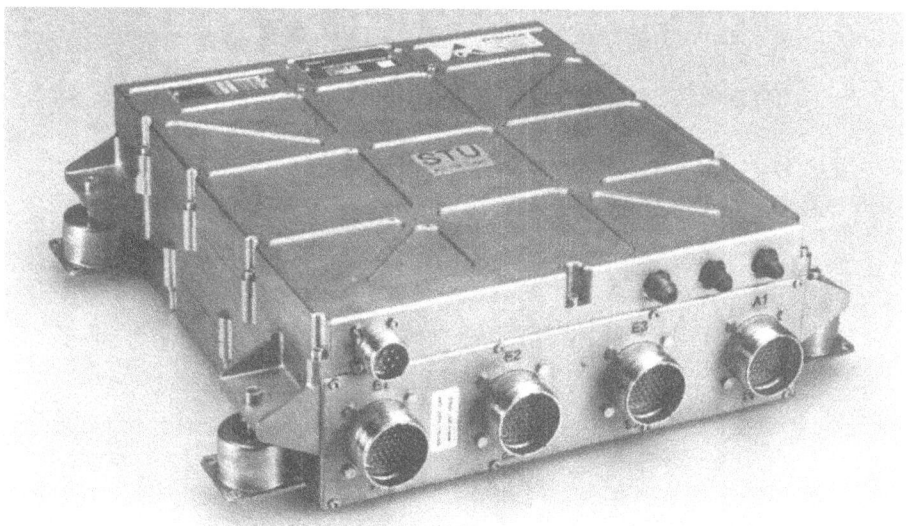

Bild 9-17 Versatiler Elektronikregler für Triebwerkfamilie für Geschäfts- und Verkehrsflugzeuge (BGT)

Bereits von BGT in Serie gefertigt wird der versatile Regler für verschiedene APU-Typen der Firma Allied Signal in den Airbussen 319, 320, 321, 330 und 340 (Bild 9-18).

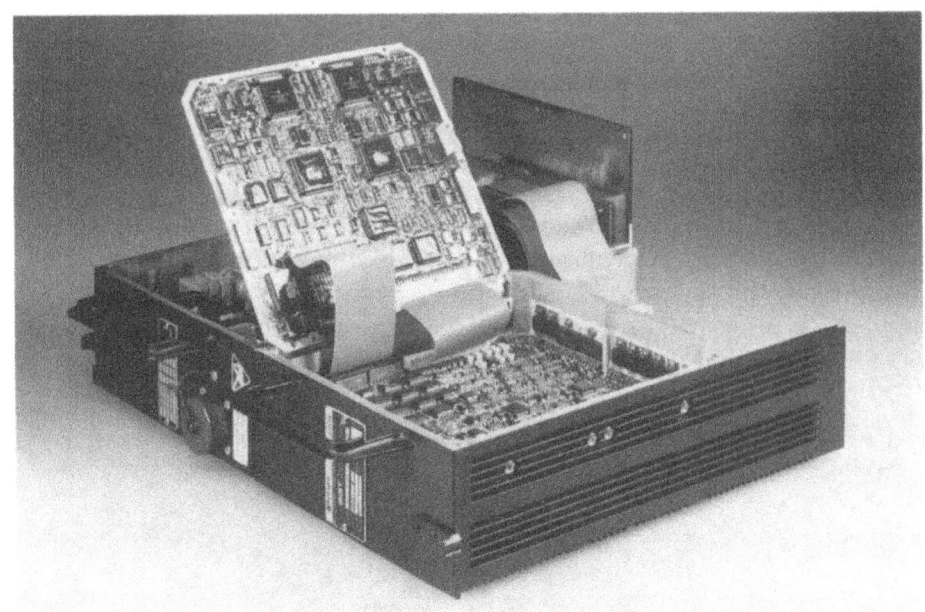

Bild 9-18 Versatiler Elektronikregler für APU-Familie (BGT)

10 Beispiele ausgeführter Steuer- und Regelsysteme

In diesem Abschnitt werden beispielhaft die Betriebssysteme von vier Triebwerken vorgestellt. Als erstes Triebwerk wurde das Jumo 004 von 1943/45 aus historischen Gründen ausgewählt, da es weltweit das erste in Großserie hergestellte Turboflugtriebwerk überhaupt war. Als zweites Triebwerk wird das von MTU, Rolls-Royce und Fiat gemeinschaftlich entwickelte und mit knapp 3000 Einheiten produzierte Triebwerk RB199 für das Tornado-Kampfflugzeug vorgestellt. Dieses ab etwa 1969 entwickelte Triebwerk verkörpert den typischen Übergang von den hydromechanischen zu den elektronischen Regelsystemen mit voller Autorität. Als drittes Triebwerk wird das moderne zivile Triebwerk V2500 der International Aero Engines AG (IAE) mit seiner FADEC-Regelung behandelt. Als viertes Triebwerk wird das Hubschraubertriebwerk MTR390 der Firmen MTU, Turbomeca und Rolls-Royce mit seinem Betriebssystem und seinen Steuer- und Regelgeräten dargestellt.

10.1 Betriebssystem des Junkers-Triebwerks Jumo 109-004B von 1944

10.1.1 Allgemeines

Die Entwicklung praktisch einsetzbarer Turboflugtriebwerke begann in der zweiten Hälfte der dreißiger Jahre insbesondere durch die Firmen Heinkel, BMW und Junkers in Deutschland sowie Whittle in England.

Während der Erstflug mit einem Strahltriebwerk mit radialen Strömungsmaschinen im August 1939 Heinkel gelang, erlangten im 2. Weltkrieg nur die (sich ähnelnden) Triebwerke axialer Bauart von BMW (003) und von Junkers (004) operativen Einsatz. Insbesondere das etwas leistungsstärkere Junkers-Triebwerk wurde gegen Kriegsende in sehr großen Stückzahlen gebaut. In den letzten Kriegsmonaten war die Fertigung auf über 1000 Stück pro Monat hochgefahren worden. Es zählte 1945 mit zur wichtigsten Kriegsbeute der Alliierten und wurde in der Sowjetunion sogar nachgebaut. Dieses Triebwerk geht auf einen offiziellen Auftrag des Reichsluftfahrtministeriums an Junkers Mitte 1939 zur Entwicklung eines Strahltriebwerks axialer Bauart mit 600 kp-Schub zurück. Bereits ein Jahr später konnte ein erster 30minütiger Probelauf mit einem kompletten Triebwerk durchgeführt werden. Trotz mancher Probleme, wie knappe bzw. überhaupt nicht verfügbare Werkstoffe, Herstellung komplizierter Teile und Leitschaufelschwingungen, erreichte man im Dezember 1940 erstmals die Volldrehzahl (9000 min^{-1}).

Im Januar 1941 wurde ein Standschub von 430 kp, im August erstmals der geforderte Schub von 600 kp und im Januar 1942 schließlich ein Schub von 1000 kp erreicht. Am 15. März 1942 – zweieinhalb Jahre nach Konstruktionsbeginn – erfolgte der erste Flug in einem Erprobungsträger Messerschmitt Me 110 und am 18. Juli 1942 der erste reine Strahlflug einer Messerschmitt Me 262 mit zwei V-Mustern Jumo 004 in Leipheim. Der Serienbau des Triebwerks begann im Oktober 1943. Insgesamt wurden rund 6000

Einheiten Jumo 004 in den Junkers-Zweigwerken Kassel, Köthen und Zittau sowie in zahlreichen Verlagerungsbetrieben hergestellt – und dies unter schwierigsten Kriegsbedingungen mit Bombadierungen, Transportproblemen, Facharbeiter- und Rohstoffmangel.

Das Triebwerk ist im Schnitt in Bild 10-1 dargestellt. Es besitzt einen 8stufigen Axialverdichter, 6 Einzelbrennkammern, eine einstufige Turbine sowie eine mittels einer axial verschiebbaren Birne variable Schubdüsenfläche. Die Brennkammern haben je eine zentrale Einspritzdüse mit Zündkerze.

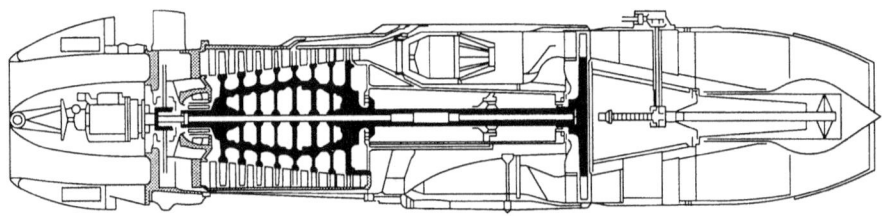

Bild 10-1 Längsschnitt des Triebwerks Jumo 109-004 B von 1944

Sonstige Daten gemäß Typenblatt 1944 sind:

Länge	4144 mm
Durchmesser	730 mm
Drehzahl	8700 min^{-1}
Luftdurchsatz	21 kg/s
Druckverhältnis	ca. 4:1
Turbineneintrittstemperatur	ca. 1050 K
Schub	8.3 kN (850 kp)

Angelassen wurde das Triebwerk durch einen kleinen, fest installierten Riedel/Viktoria-Benzinmotor. Auf den ersten Blick vielleicht nicht so recht nachvollziehbar ist die Notwendigkeit der variablen Schubdüsenfläche, konnten doch alle nachfolgenden Triebwerkgenerationen ohne Nachverbrennung auf diese Komplizierung verzichten. Tatsächlich gab es drei Gründe für diesen zusätzlichen Aufwand. Zum einen bekam man durch eine Entdrosselung (größtmögliche Düsenöffnung) den Startvorgang besser in den Griff, da das entdrosselte Triebwerk mit weniger Leistung hochgefahren werden kann. Dies bedeutete in der Praxis einen kleineren Startermotor und/oder geringere Turbinentemperatur während des kritischen Hochfahrvorganges.

Eine Entdrosselung verschafft auch mehr Pumpgrenzenabstand beim Hochfahren, da dann die Ausgangslage der beim Hochfahren ansteigenden Arbeitslinie niedriger ist. Dies war besonders wichtig, weil die Pumpgrenze im mittleren Drehzahlbereich eine Delle nach unten aufwies.

Der dritte Grund war der zusätzliche Freiheitsgrad zur Beeinflussung der Turbinentemperatur, ohne dabei, wie später üblich, die Rotordrehzahl und damit den Luftdurchsatz variieren zu müssen.

Steuer- und regelungstechnisch hat man sich aber mit der variablen Schubdüse gleich zu Beginn der Strahltriebwerkentwicklung eine nicht unbeträchtliche zusätzliche Komplexität eingehandelt.

Von den Ingenieuren, die sich seinerzeit mit den thermodynamischen Grundlagen für die Steuerung und Regelung der sich in der Entwicklung befindlichen Triebwerke beschäftigten, sei vor allem Heinrich Kühl, bei der DVL in Adlershof, genannt. Er entwickelte die rechnerische Bestimmung der Betriebslinie im Verdichter und in der Turbine. Darüber hinaus ermittelte Kühl die für konstante Temperaturverhältnisse zugeordneten Betriebspunkte im Verdichterkennfeld und die nach ihm benannten „Kühl'schen Geraden" für konstante Werte von T_4 / T_2 (vgl. Abschnitt 3.4). Auch für die instationären Betriebsfälle gab er Grundlagen an und zeigte, in welcher Weise der Brennstofffluß für das Beschleunigen und Verzögern gesteuert werden sollte [1]. Um die Entwicklung des Beschleunigungsreglers machte sich B. Gumpert verdient, der sich bei der Luftwaffen-Erprobungsstelle Rechlin für die Beseitigung der zunächst ungünstigen Beschleunigungseigenschaften sowohl des BMW-Triebwerks 003 als auch des Junkers-Triebwerks 004 tatkräftig eingesetzt hatte.

Wenn auch bereits seinerzeit die theoretischen Grundlagen erstaunlich weitgehend bekannt waren, so wurde bei den Steuergesetzen an Stellen, an denen dies vertretbar erschien, approximiert. Dies deshalb, um den technischen Aufwand zu begrenzen, den teilweise fehlenden Sensoren Rechnung zu tragen sowie die Entwicklung in möglichst kurzer Zeit kosteneffektiv durchführen zu können. Trotzdem wurden hier bereits Steuerkomponenten eingesetzt, wie sie dann in nur wenig abgewandelter Form noch für Jahrzehnte im Triebwerkbau nach dem Zweiten Weltkrieg zum Einsatz kamen.

10.1.2 Betriebssystem und Steuerelemente

Die grundsätzliche Anordnung der Steuerelemente und das sich daraus ergebende Betriebssystem zeigt Bild 10-2.

Danach wird mit dem Leistungshebel die Rotordrehzahl im oberen Drehzahlbereich gesteuert und zusammen mit der Differenz aus Stau- und Umgebungsdruck die Drossel in der Schubdüse verfahren. Die Kräfte zum Verfahren dieser Drossel werden mittels eines zusätzlichen Hydraulikkreises aufgebracht, bei dem eine von der Triebwerkwelle angetriebene Hydraulikpumpe Drucköl über ein Stellventil in den Hydraulikmotor fördert, der je nach Ventilstellung links- oder rechtsdrehend, über ein Zahnstangengetriebe die Drossel axial verfährt. Dabei wird die Stellung der Drossel zum Ventil zurückgeführt, so daß dieses nach Erreichen der gewünschten Drosselstellung den Zumeßquerschnitt im Steuerventil schließt und das System damit in einer stabilen Ruhelage ist. Gesteuert wurde die Drossel so, daß beim Starten und bei niedrigen Drehzahlen die Schubdüsenfläche ihren Maximalwert hatte und mit zunehmender Drehzahl dieser Wert abnahm. Mit steigendem Staudruck und abnehmendem statischen Umgebungsdruck wurde die Schubdüsenfläche noch weiter reduziert. Die Funktionen waren durch Versuche und Berechnungen gefunden worden, da eine Turbinentemperaturmessung weder direkt noch indirekt zur Verfügung stand.

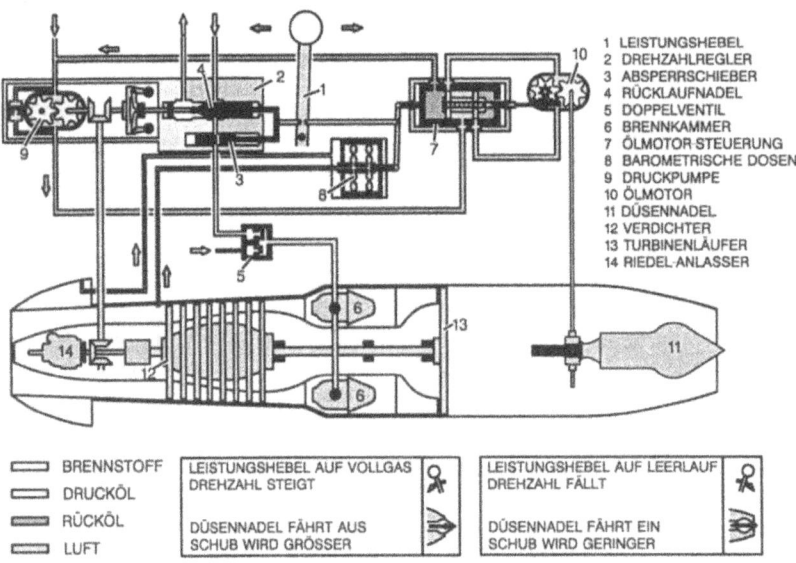

Bild 10-2 Allgemeines Regelungsschema des Triebwerks Jumo 004

Die Brennstofförderung erfolgte mittels einer Barmag-Hochdruck-Zahnradpumpe durch Filter und den Drehzahl-/Beschleunigungsregler mit stromabwärts angeordnetem Absperrschieber. Bild 10-3 zeigt die prinzipielle Funktionsweise dieses Steuerorgans.

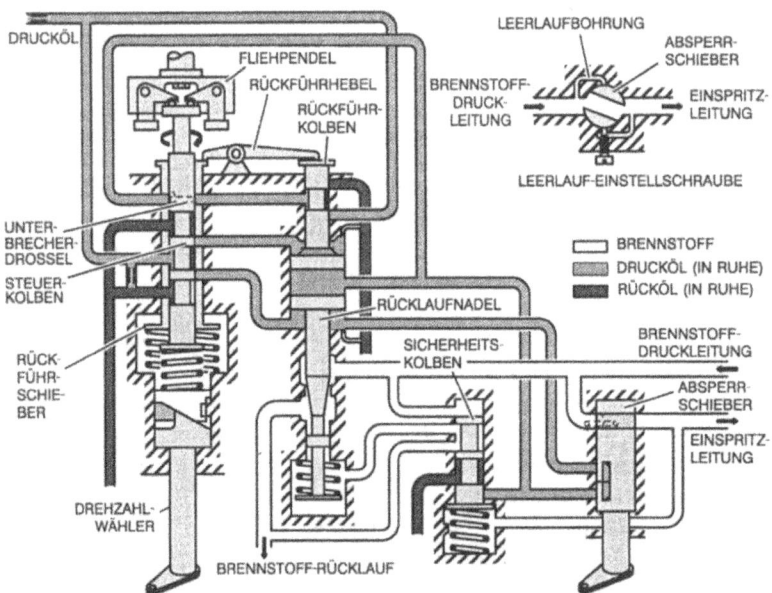

Bild 10-3 Drehzahlregler des Triebwerks Jumo 004

10.1 Betriebssystem des Junkers-Triebwerks Jumo 109-004B von 1944

Durch die Stellung des Leistungshebels wird die auf den rotierenden Steuerkolben wirkende Federkraft eingestellt, die in der neuen Stellung dann wieder mit der durch das Fliehpendel erzeugten Kraft proportional zum Quadrat der Drehzahl im Gleichgewicht ist. Um den Steuerkolben liegt aber noch eine sich gegen eine weitere Feder abstützende Hülse mit Durchtrittsöffnungen, deren Position durch die Kraft eines Rückführkolbens bestimmt wird, der den Fehler des Drehzahlreglers in den unterschiedlichen Lastpunkten reduziert. Er korrigiert über diese Hülse die effektive Durchtrittsöffnung für das Drucköl des Servokreises. Je nach sich einstellendem Druckniveau in diesem Servokreis wird eine sogenannte Rücklaufnadel gegen eine Federkraft ausgelenkt, die den von der Zahnradpumpe geförderten Brennstoff vor der Einspritzleitung teilweise in den Rücklauf absteuert.

Die Drehzahlregelung erfolgt nur im oberen Drehzahlbereich. Darunter wird per Hand für das Anlassen bis zum Leerlauf der Brennstoff über einen Drehschieber mit einstellbarer Leerlaufbohrung gesteuert. In diesem Bereich ist der Servoregler durch Druckausgleich des Servoöls auf beiden Seiten des Arbeitskolbens außer Funktion gesetzt. Ein einstellbares Druckhalteventil sorgt für konstanten Druck vor dem Drehschieber im Handverstellbereich. Durch dieses Ventil ist zugleich die Barmag-Pumpe gegen Überdruck abgesichert. Ausgelegt ist diese Pumpe für eine Förderleistung von 2000 ℓ/h bei 5300 min^{-1} und einen Höchstdruck von 120 bar.

Außerdem liefert der Regler eine Mindestbrennstoffmenge zur Vermeidung eines Verlöschens der Brennkammern.

Die richtige Zumessung der Brennstoffmenge beim Beschleunigen und Verzögern machte Zusatzeinrichtungen erforderlich. Für das Beschleunigen wurde das in Bild 10-4 schematisch dargestellte Beschleunigungsventil eingesetzt.

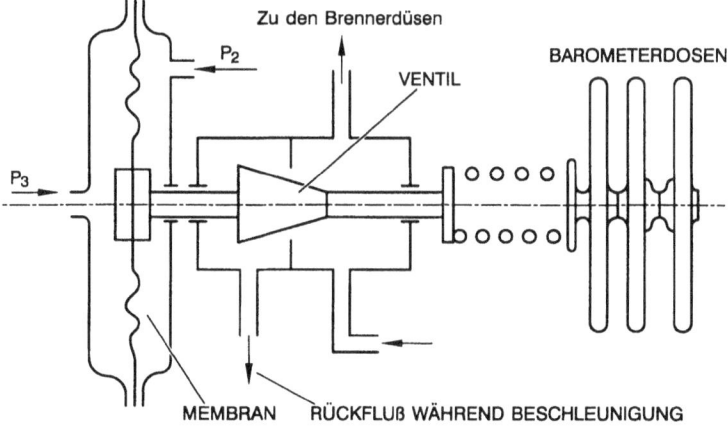

Bild 10-4 Beschleunigungsventil des Triebwerks Jumo 004

Seine Aufgabe ist es, das Überangebot an Brennstoff beim schnellen Hochfahren zu verhindern, das dadurch auftritt, daß der Fliehkraftregler durch seine hohe Verstellgeschwindigkeit das Bypass-Ventil vollständig schließt und die Maximalmenge einstellt.

Dadurch würde aber neben einer Überhitzung der Turbine auch der Verdichter ins Pumpen getrieben werden. Das eingesetzte Beschleunigungsventil ist ein weiteres Bypass-Ventil, das Brennstoff aus der Brennstoffdüsenleitung absteuert. Es wird durch eine Membran betätigt, die vom Differenzdruck ($P_3 - P_2$) vor und hinter dem Verdichter beaufschlagt ist. Erst beim Erreichen der vollen Druckdifferenz ($P_3 - P_2$) reicht die Membrankraft aus, das Ventil gegen den eingestellten Federdruck zu schließen. Zur Höhenkorrektur senkt eine Barometerdose beim Beschleunigen die Brennstoffmenge weiter ab.

10.2 Betriebssystem des Turbo-Union Triebwerks RB199 im Tornado-Kampfflugzeug

10.2.1 Allgemeines

Die Konzipierung dieses Triebwerks erfolgte im Jahr 1969, seine Entwicklung begann im Jahr 1970. Es war speziell zugeschnitten auf die Erfordernisse des ebenfalls neu zu entwickelnden Tornado-Kampfflugzeugs für Luftwaffe und Marine der Bundesrepublik Deutschland sowie die Luftwaffen Großbritanniens und Italiens. Auftragnehmer war die 1970 neu gegründete Turbo-Union, in der sich die Firmen MTU Motoren- und Turbinen-Union München GmbH, Rolls-Royce und Fiat den Entwicklungs- und späteren Produktionsauftrag im Verhältnis 40:40:20 teilten. Darüber hinaus wurden von Turbo-Union zahlreiche Entwicklungs- und Fertigungsaufträge an Drittfirmen für jene Teile und Komponenten vergeben, die üblicherweise von Spezialfirmen zu fertigen sind. Das Besondere an diesem Triebwerkprogramm war zunächst die Tatsache, daß Ingenieure aus drei verschiedenen Firmen und Ländern mit ihren unterschiedlichen Mentalitäten, Erfahrungen und Arbeitsweisen in dieser Branche wohl zum ersten Mal an einem solchen extrem ehrgeizigen Triebwerkprojekt zusammenarbeiteten. Dabei war jede Firma für ganz bestimmte Komponenten sowohl in der Entwicklung als auch Produktion vollverantwortlich zuständig. Die wichtigsten Zuständigkeiten betrafen:

MTU: MD-Verdichter, HD-Verdichter, MD-Turbine, Zwischengehäuse, Nebenstromkanal, Schubumkehrer, Ölsystem, Leistungsrechnung (50 %), instationäre Leistungsrechnung (Simulationen), Auslegung und Entwicklungsbetreuung des Nachbrennersteuersystems,

Rolls-Royce: Fan, Brennkammer, HD-Turbine, Nachbrenner, Leistungsrechnung (50 %), Regelsysteme (Betreuung der externen Hersteller Lucas und Dowty in England), Auslegung und Entwicklungsbetreuung des Triebwerkregelsystems,

Fiat: ND-Turbine, Schubdüse, APU (Betreuung des Herstellers KHD), Geräteträger.

Wohl nicht zuletzt auch aufgrund der vorausgegangenen Zusammenarbeit zwischen MTU (bzw. deren Vorgänger MAN Turbomotoren GmbH) und Rolls-Royce auf dem Gebiet der Antriebe von VTOL-Flugzeugen in den sechziger Jahren klappte die Zusammenarbeit weitgehend reibungslos. Bewußt gewollte Überlappung der Arbeiten an besonders kritischen Komponenten führte zwar zu einer gewissen Doppelarbeit. Die dadurch höheren Kosten dürften aber mehr als wettgemacht worden sein durch die positiven Effekte zusätzlicher Ideen und Lösungsansätze der jeweiligen, sehr engagiert und ehrgeizig arbeitenden nationalen Ingenieurteams.

Die Entwicklungsphase betrug etwa 10 Jahre. Anfang der achtziger Jahre begann die Serienproduktion, die zur Herstellung von fast 3000 Triebwerken führte. Außerdem wurde das Triebwerk mehrfach leistungsgesteigert, um z. B. den zusätzlichen Schubbedarf der britischen ADV (*air defense version*) Flugzeugversion sowie durch zusätzliche Außenlasten abzudecken.

Das Triebwerk RB199 zeichnet sich in seiner Konzeption durch mehrere Besonderheiten aus, die zum Teil aus den technischen Forderungen des Auftraggebers an das Tornado-Kampfflugzeug resultieren.

Eine wichtige Forderung war die nach großer Reichweite in Bodennähe. Dies führte bei einem Verdichterdruckverhältnis von über 20 zu einem Nebenstromverhältnis von über 1, ein recht hoher Wert für ein Nachbrennertriebwerk. Eine weitere Forderung betraf die Fähigkeit, auch auf extrem kurzen Landebahnen landen zu können (ursprünglich sogar auf Wiesen), was einen Schubumkehrer notwendig machte. Da sich ein Pilot beim Landeanflug auf eine kurze Landebahn aber auch leicht einmal verschätzen kann, war der Notwendigkeit einer guten Durchstartfähigkeit Rechnung zu tragen durch die Forderung nach extrem kurzen Nachbrennerhochfahrzeiten, um den maximalen Schub für das Durchstarten möglichst rasch zur Verfügung zu haben.

Das wohl bekannteste Charakteristikum dieses Triebwerks dürfte seine Ausführung als Dreiwellentriebwerk sein, einmalig für ein militärisches (Nachbrenner-)Triebwerk. Über Vor- und Nachteile dieser Anordnung ist viel diskutiert worden, häufig auch sehr leidenschaftlich und manchmal mit nicht ganz zutreffenden Argumenten.

Richtig ist zunächst, daß im Jahr 1969 weder bei Rolls-Royce noch bei MTU ein einsatzfähiger einwelliger HD-Verdichter mit Druckverhältnis von etwa $\Pi = 8$ und variablen Leitradstufen verfügbar war und das Risiko für eine Neuentwicklung im Rahmen des einzuhaltenden Zeitplans zu groß erschien. Auf der anderen Seite hatte der Entwicklungspartner Rolls-Royce erstmals die Dreiwelligkeit bei seinem damals neuen zivilen Triebwerk RB211 vorgesehen und baut auch heute noch seine zivilen Großtriebwerke nach diesem Konzept. Die Alternative wäre in dieser Situation ein MD-Verdichter auf der ND-Welle hinter dem Fan gewesen, wie z. B. beim Vorgängertriebwerk MTU-RB193 für das deutsche VTOL-Flugzeug VAK 191. Da bei dieser Anordnung der MD-Verdichter aber wegen der vorgegebenen maximalen Umfangsgeschwindigkeit des relativ großen Fans nur ziemlich langsam dreht, wäre das angestrebte Gesamtdruckverhältnis von deutlich über 20 nicht oder nur mit großen Kompromissen zu erzielen gewesen. Bei der gewählten Ausführung mit drei Wellen wird die variable Verstellgeometrie des HD-Verdichters eingespart, dafür werden dann aber zusätzliche Lager, Wellen und eine weitere Turbinenstufe benötigt.

Insgesamt schnitt aber das Triebwerk RB199 hinsichtlich seines Schub-/Gewichtsverhältnisses von etwa 7,5 (ohne Schubumkehrer) im Vergleich zu anderen Zweiwellentriebwerken ähnlicher Größe und vergleichbarem technologischen Standard sehr gut ab. Auch seine Handlingeigenschaften und mechanische Zuverlässigkeit sind sehr gut.

Hinsichtlich seiner Steuer- und Regelbarkeit ergaben sich bei diesem Triebwerk durch die Dreiwelligkeit grundsätzlich keine besonderen zusätzlichen Anforderungen oder gar zusätzliche Stellgrößen, da die dritte (MD-)Welle einfach mitläuft. Allerdings stellten sich dann in der Entwicklungsphase nach entsprechenden Computersimulationen doch zwei Besonderheiten heraus. Die eine besteht darin, daß die Arbeitslinie im MD-Verdichter wesentlich flacher liegt als z. B. im HD-Verdichter und damit entweder im unteren Drehzahlbereich die Pumpgrenze kreuzt oder alternativ im Vollastbereich zu niedrig liegt und damit Wirkungsgrad und Druckverhältnis verschenkt wird. Diese flache Arbeitslinie ergibt sich dadurch, daß der MD-Verdichter in den HD-Verdichter fördert, der mit steigender Drehzahl mehr reduzierten Massendurchsatz abnimmt als im Normalfall, wenn ein Verdichter gegen Brennkammer und Turbine mit fester Geometrie fördert. Das gleiche Problem existiert übrigens auch bei den großen zivilen Dreiwellentriebwerken von Rolls-Royce. Hier wie dort wird zur Lösung des Problems ein Abblaseventil im MD-Verdichter eingesetzt, das unterhalb der Leerlaufdrehzahl öffnet und damit im unteren Drehzahlbereich den MD-Verdichter entdrosselt und die Arbeitslinie absenkt, so daß der Arbeitspunkt im Vollastbereich optimal liegen kann.

Das zweite Problem, hier spezifisch beim Triebwerk RB199, resultiert aus der Forderung, neben der Leistungsversorgung der Brennstoffpumpen noch beträchtliche Leistung von der HD-Welle über das Getriebe, z. B. zum Flügelschwenken des Tornados abgeben zu müssen. Bei einer Leistungsentnahme von der HD-Welle ändert sich die Drehzahlbeziehung, so daß die HD-Welle relativ zur MD-Welle langsamer bzw. letztere relativ schneller läuft.

Dadurch nimmt der HD-Verdichter weniger reduzierten Massendurchsatz am Eintritt auf. Da aber reduzierter Massendurchsatz am Austritt des MD-Verdichters und am Eintritt des HD-Verdichters gleich sein müssen, stellt sich ein höheres Druckverhältnis im MD-Verdichter ein mit der Gefahr des Verdichterpumpens. Dieses Problem ist am größten bei Flugzuständen mit niedrigem Druck am Triebwerkeintritt, also insbesondere in der linken oberen Ecke des H-Ma-Flugbereichs. Bei z. B. einem Zehntel des Druckniveaus beträgt die Auslenkung der MD-Verdichterarbeitslinie bei gleicher absoluter Leistungsentnahme den zehnfachen Betrag. Auch hier wird zur Lösung des Problems das MD-Verdichterabblaseventil bei hoher reduzierter Leistungsentnahme geöffnet.

Wichtige Betriebsdaten dieses Triebwerks bei Vollast und ISA 0/0 für den Standard MK 103 sind:

Drehzahl ND-Welle:	11723 min^{-1}
Drehzahl MD-Welle:	15172 min^{-1}
Drehzahl HD-Welle:	19031 min^{-1}
Nebenstromverhältnis:	1,1
Gesamtdruckverhältnis:	22,6
Turbineneintrittstemperatur:	1590 K (ohne Nachverbrennung)
	1620 K (mit max. Nachverbrennung und 5 min Kampfleistung)
Nachbrennertemperatur:	> 2000 K
Schub ohne Nachverbrennung:	40,1 kN
Schub mit max. Nachverbrennung und 5 min. Kampfleistung:	71,0 kN

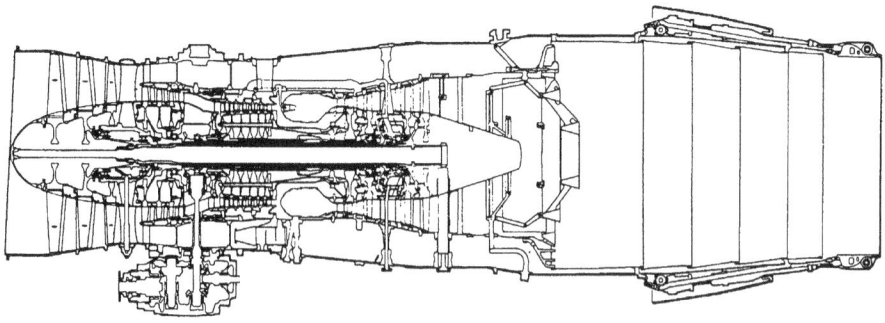

Bild 10-5 Längsschnitt des Triebwerks RB199

10.2.2 Betriebssystem und Steuerelemente

Das Betriebssystem stellt hinsichtlich seiner Hardware-Ausführung insofern eine Besonderheit dar, als es bei seiner Konzipierung im Jahr 1969/1970 in eine Zeit fiel, die gekennzeichnet war vom Übergang von der hydraulisch-mechanischen Funktionserzeugung zur Elektronik. Das Triebwerk RB199 war das erste militärische Triebwerk, das Elektronik mit voller Autorität einsetzte, die Elektronik also nicht, wie bis dahin üblich, nur zum Trimmen mit begrenzter Autorität verwendet wurde.

Diese Elektronik wurde jedoch nicht, wie heute üblich, in einer Box am Triebwerk untergebracht, da der große Temperaturbereich und die Vibrationen als zu großes Risiko angesehen wurden für die seinerzeit auf dem Markt verfügbaren Halbleiter. Deshalb wählte man eine Unterbringung in der Flugzeugzelle mit weniger extremen Umgebungsbedingungen, und zwar neben der Flugzeugelektronik. Dadurch ergab sich natürlich zusätzlicher Verkabelungsaufwand. Außerdem werden deshalb Triebwerk und elektronischer Regler nicht als eine Einheit getestet und ausgeliefert.

Um die Forderungen hinsichtlich Sicherheit und Zuverlässigkeit zu erfüllen, mußten völlig neue Redundanz-Konzepte entwickelt werden. Der elektronische Regler war zunächst in Analogtechnik (MECU) ausgeführt, erst später wurde dann auf Digitaltechnik (DECU) umgestellt. Ebenfalls erstmalig bei einem militärischen Triebwerk wurde für die Turbinentemperaturbegrenzung ein optisch-elektronisches Pyrometer eingesetzt zur Bestimmung der Turbinenschaufelmaterial-Temperatur (vgl. Abschnitt 8-2).

Nichts kennzeichnet jedoch den Übergang von der hydraulisch-mechanischen Funktionserzeugung zur Elektronik in dieser Zeit besser als das Nebeneinander von Mechanik, Hydraulik, Pneumatik und Elektronik im Betriebssystem dieses Triebwerks. Der Grund dafür lag in der Nichtverfügbarkeit von Druckgebern mit elektrischem Ausgangssignal, die die technischen Forderungen erfüllt hätten. Die etwa eine Dekade spätere Verfügbarkeit solcher Druckgeber war die eigentliche Voraussetzung für den allgemeinen Durchbruch der Elektronik im Triebwerkbau.

Bei der RB199 findet sich deshalb ein nicht gerade billiges Nebeneinander konventioneller hydromechanischer Funktionserzeugung neben elektronischer Funktionserzeugung, da alle wichtigen Drücke nach wie vor über Dosensysteme zu messen waren und die Funktionserzeugung, sofern sie auf Drücken basiert, in herkömmlicher Art und Weise geschehen mußte. Lediglich für gewisse Funktionen, die keine hochgenaue Druckmessung erforderlich machten, standen Druckgeber im Flugzeugeinlauf zur Verfügung, mit deren Hilfe der Triebwerkeintrittsdruck berechnet wird, aus dem dann mittels einer groben Beziehung $P_3 / P_2 = f(N_H / \sqrt{T_2})$ auch ein grober elektrischer Wert für P_3 abgeleitet wird.

Typische Merkmale des Betriebssystems, zunächst ohne Nachverbrennung, sind:
– Der Pilot startet mit dem Leistungshebel das Triebwerk, regelt im anschließenden Bereich die HD-Drehzahl und erst im obersten Leistungsbereich die Turbinentemperatur TBT; dabei bleibt die Schubdüsenfläche auf ihrem kleinsten Wert. Lediglich auf dem Rollfeld kann der Pilot zur Schonung der Bremsen den Leerlaufschub durch Öffnen der Schubdüsenfläche reduzieren.
– Unabhängig von der Leistungshebelstellung stellt das System sicher, daß im Flugbereich die zulässigen Maximalwerte zusätzlicher wichtiger Triebwerkparameter wie $N_{L\max}$, $(N_L / \sqrt{T_2})_{\max}$, $P_{3\max}$ nicht überschritten werden. Dies erfolgt durch automatische Zurücknahme des Brennstoffs und damit von N_H bzw. TBT; andererseits wird ein Unterschreiten der zulässigen minimalen Leerlaufdrehzahl in Abhängigkeit vom Flugzustand verhindert. Der Wert der Leerlaufdrehzahl steigt insbesondere mit fallendem Druckniveau (Langsamflug in der Höhe) und ist eine Funktion von T_2 und insbesondere P_2.
– Beim Beschleunigen und Verzögern des Triebwerks wird der zulässige Brennstoff bereits im Brennstoffregler mittels Steuerfunktionen grob vorgesteuert und durch elektronische Regelkreise auf $\dot{N}_{H_{\min}^{\max}} = f(P_2)$ begrenzt.
– Das Öffnen des MD-Verdichterabblaseventils erfolgt unterhalb eines minimalen Triebwerkeintrittsdrucks sowie bei einem höheren Druck, sobald eine Leistungsübertragung zwischen den beiden Getrieben erfolgt, wobei das intakte Triebwerk die Leistung für das ausgefallene mit aufbringen muß; es erfolgt außerdem für etwa 1 s nach Erhalt des Signals „Waffenabschuß", des weiteren wenn die Verzögerungsrate $\dot{N}_H$ einen vorgegebenen Wert übersteigt, der einen Verdichterpumpvorgang anzeigt.
– Entsprechende Steuerfunktionen existieren für das HD-Verdichterabblaseventil, allerdings erst bei niedrigeren Triebwerkeintrittsdrücken.
– Der Pilot kann im Flug mittels eines Schalters die automatische Zündung anwählen, die sich dann bei Vorliegen bestimmter Kriterien einschaltet.
– Zur Sicherheit ist die Elektronik mit ihren Signalgebern für die Steuerung/Regelung des Grundtriebwerks doppelt, d. h. zweikanalig ausgeführt, während die Nachbrennerelektronik einkanalig und die zugehörigen hydromechanischen Systeme für Grundtriebwerk und Nachbrenner ebenfalls einfach ausgeführt sind.

Bild 10-6 zeigt den Signalfluß schematisch für den Betrieb ohne Nachverbrennung. Typische Merkmale des Betriebssystems mit Nachverbrennung sind:
– Erstmals wurde bei diesem Triebwerk eine reine Steuerung des Nachbrennerbetriebs eingesetzt, bei der mit dem Leistungshebel die Größe der Schubdüsenfläche angewählt wird und die sich tatsächlich einstellende Düsenfläche über die Brennstoffzumessung

10.2 Betriebssystem des Turbo-Union Triebwerks RB199 im Tornado-Kampfflugzeug

den Grad der Nachverbrennung $\Delta T / \Delta T_{max}$ bestimmt; dadurch ergeben sich für die geforderten extrem kurzen Verfahrzeiten des Nachbrenners in Abwesenheit eines Regelkreises dynamisch sehr stabile Verhältnisse bei ausreichender Genauigkeit im stationären Betrieb (vgl. dazu Abschnitt 4.6.3).

- Diese Steuerkette wird im elektronischen Regler realisiert, von dem aus die folgenden Basisfunktionen zu steuern sind:
  - Schubdüsenfläche,
  - Brennstoffsteuerhebel (die Nachbrenner-Brennstoffzumessung geschieht im hydromechanischen Brennstoffregler, wobei allerdings der Brennstoffsteuerhebel durch die Elektronik zur Anpassung an den stark variablen Ausbrenngrad mit Flugzustand und Grad der Nachverbrennung relativ stark korrigiert wird),
  - T_2-Trimm zur Anpassung an Brennstoffaufteilung mit dem variablen Nebenstromverhältnis über Flugbereich,
  - Nachbrenner-Absperrschieber,
  - Schubdüsenschließfunktion bei Nachbrennerverlöschen und
  - Anzeigen.

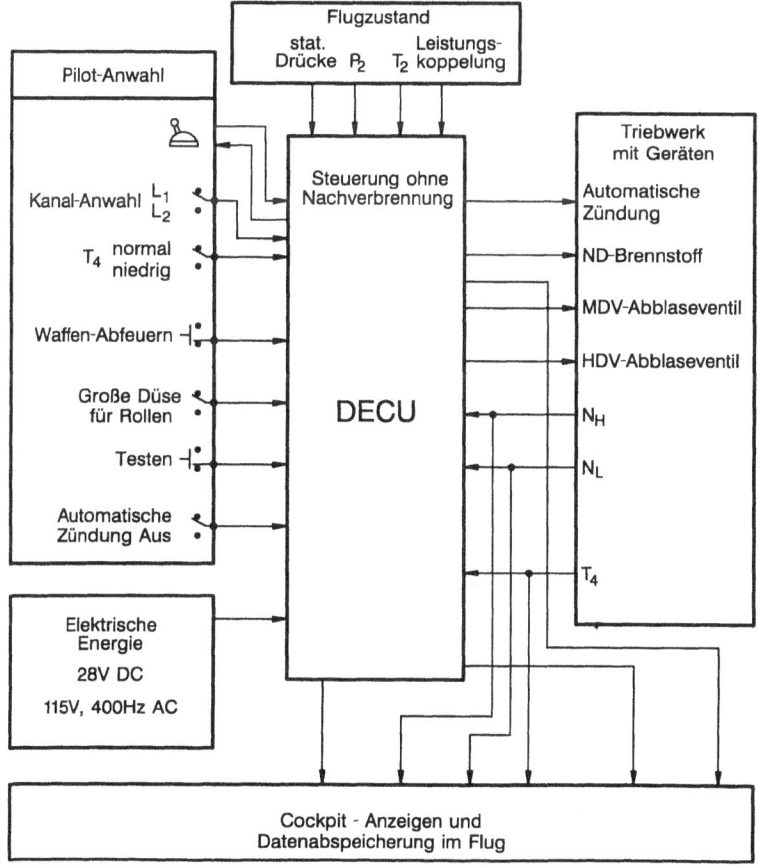

Bild 10-6 Steuerungsschema für Betrieb ohne Nachverbrennung des Triebwerks RB199

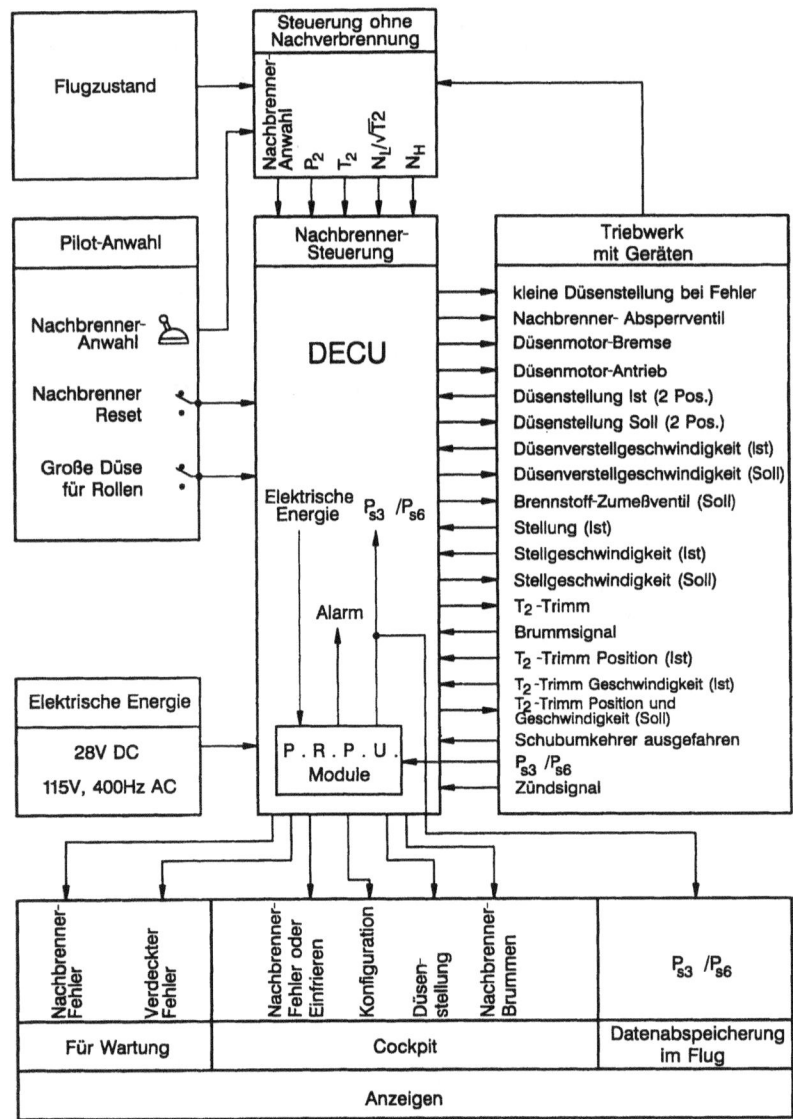

Bild 10-7 Steuerungsschema für Betrieb mit Nachverbrennung des Triebwerks RB199

- Die Schubdüse wird durch einen elektrisch angesteuerten Luftmotor betätigt und besitzt eine Positionsrückführung, wird also im normalen Betrieb geregelt und nur im Notfall auf ihren kleinsten Wert an einen mechanischen Anschlag ohne Regelkreis zugesteuert.
- Eine Nachbrenneranwahl ist nur möglich, wenn eine Reihe von Voraussetzungen erfüllt sind, wie z. B. eingefahrene Schubumkehrerklappen, HD-Drehzahl > 85 %, keine vorherige Notabschaltung.

10.2 Betriebssystem des Turbo-Union Triebwerks RB199 im Tornado-Kampfflugzeug

- Ein Turbinendruckverhältnisgeber signalisiert ein Nachbrennerverlöschen, da dabei die Fan-Arbeitslinie stark abfällt und der Wert des Turbinendruckverhältnisses ansteigt; nach Erhalt dieses Signals wird der Nachbrenner abgeschaltet.
- Bei Nachbrenneranwahl werden Schubdüsenfläche und Brennstoff parallel nach individuellen Funktionen bis zur minimalen Nachverbrennung hochgesteuert; dabei wird sichergestellt, daß vor der Zündung die Düsenfläche in zwei Schritten so weit vorgeöffnet wird, daß bei der Zündung der Druck im Nachbrenner und damit das Fan-Druckverhältnis nicht über ihre Werte bei Betrieb ohne Nachverbrennung ansteigen; die Größe der Düsenflächenvoröffnung ist auch noch eine Funktion von P_2; es spielt sich die folgende Sequenz ab:
  - Parallel zur ersten Düsenflächenvoröffnung wird die Nachbrennerpumpe kurzzeitig auf volle Fördermenge hochgefahren, um die leeren Brennstoffleitungen zu füllen.
  - Nach einer kurzen Beruhigungsphase wird zusammen mit dem zweiten Schritt der Schubdüsenvoröffnung der Nachbrenner gezündet.
- Sowohl die minimale als auch die maximale Schubdüsenfläche sind variabel mit P_2, da z. B. mit sinkendem Druckniveau im Nachbrenner die maximal mögliche Temperaturerhöhung abnimmt; auch die maximal möglichen Schubdüsenöffnungs- und Schließgeschwindigkeiten sind Funktionen von P_2.
- Die Basisfunktion zwischen Schubdüsenfläche A_8 und Brennstoffsteuerhebel $\emptyset$ wird beim Abnahmelauf am Prüfstand für jedes Triebwerk individuell eingestellt, um Toleranzen in den Steuer- und Triebwerkkomponenten zu kompensieren. Beim später eingeführten Digitalregler erfolgt dieser Prozeß vollautomatisch. Bei anderen Flugbedingungen erfolgt durch den elektronischen Regler eine zusätzliche Korrektur, bei der auf den Wert $\emptyset$ ein zusätzlicher Wert $\Delta\emptyset = f(A_8; P_2)$ aufaddiert wird, um den relativ stark variablen Ausbrenngrad über dem Flug- und Modulationsbereich des Nachbrenners auszugleichen. Ein weiterer Trimm erfolgt bei Anwahl einer höheren Turbinentemperatur durch den Piloten.
- Zur Kompensation beim instationären Verfahren von Verzögerungen in der Brennstoffzumessung als auch bei der Verbrennung ist in die $\emptyset - A_8$-Beziehung ein Vorhaltglied geschaltet, das mit steigender Verstellrate von A_8 den instationären Wert $\emptyset$ gegenüber der stationären Beziehung voreilen läßt.
- Zur Anpassung an das über dem Flugbereich variable Nebenstromverhältnis und damit der im Nachbrenner variablen Verhältnisse von kalter Nebenstromluft (außen) zu heißem Turbinengas (innen) wird über einen sog. T_2-Trimm die Brennstoffaufteilung zwischen Außenbereich (Colander) und Innenbereich (Gutter) im Nachbrenner als Funktion der Ansaugtemperatur T_2 variabel gesteuert.
- Automatisch abgeschaltet wird der Nachbrenner auch bei bestimmten Fehlern im System.
- Zum Abschalten des Nachbrenners gehört auch ein Entleeren der Brennstoffleitungen, um in diesen ein Zersetzen verbleibenden Brennstoffs zu vermeiden; die Entleerung geschieht überbord ins Freie.

– Auftretendes Nachbrennerbrummen, eine niederfrequente longitudinale Verbrennungsschwingung, wird dem Piloten im Cockpit angezeigt; dieses war während der Entwicklungsphase noch sehr gefährlich, weil diese Frequenz ursprünglich sehr nahe bei der Eigenfrequenz der Niederdruckwelle lag; durch eine Materialänderung wurde das Problem entschärft.

Bild 10-7 zeigt den Signalfluß schematisch für den Betrieb mit Nachverbrennung.

10.2.2.1 Brennstoffzumeßsystem für Grundtriebwerk

Das Arbeitsprinzip dieses Zumeßsystems kann am besten an Hand des vereinfachten Blockdiagramms in Bild 10-8 erläutert werden. Mehr Ausführungsdetails zeigt Bild 10-9.

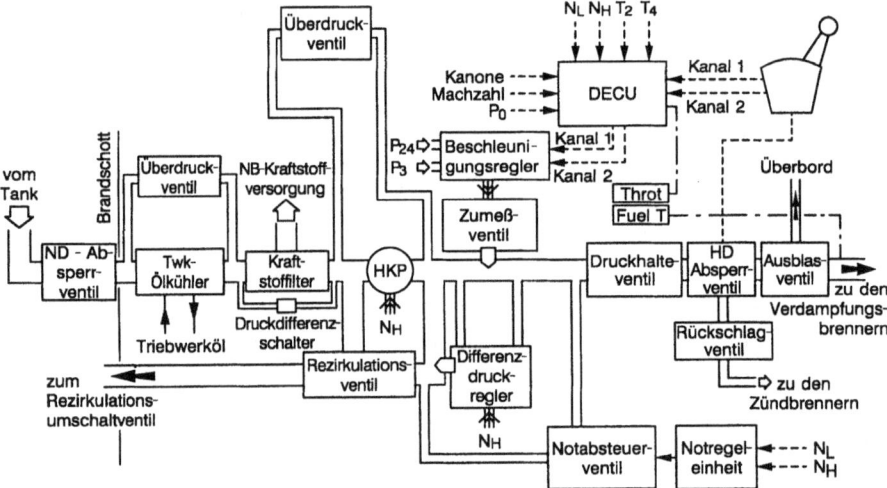

Bild 10-8 Blockdiagramm der Brennstoffzumessung für Grundtriebwerk RB199

Der Brennstofffluß durch die Zahnradpumpe HKP wird dem Triebwerk durch eine variable Zumeßöffnung zugeführt, dessen Durchtrittsfläche durch Luftdrücke gesteuert wird. Diese Luftdrücke leiten sich ab von Verdichterdrücken und werden bei stationärem Betrieb durch ein Signal von der elektronischen Einheit gesteuert. Der Druckabfall über dieses variable Zumeßventil wird durch den Differenzdruckregler dadurch eingeregelt, daß mehr oder weniger Brennstoff vor den Pumpeneinlaß zurückgespeist wird. Damit ist der zugemessene Brennstoff eine Funktion der variablen Zumeßöffnung und des Druckabfalls.

10.2 Betriebssystem des Turbo-Union Triebwerks RB199 im Tornado-Kampfflugzeug

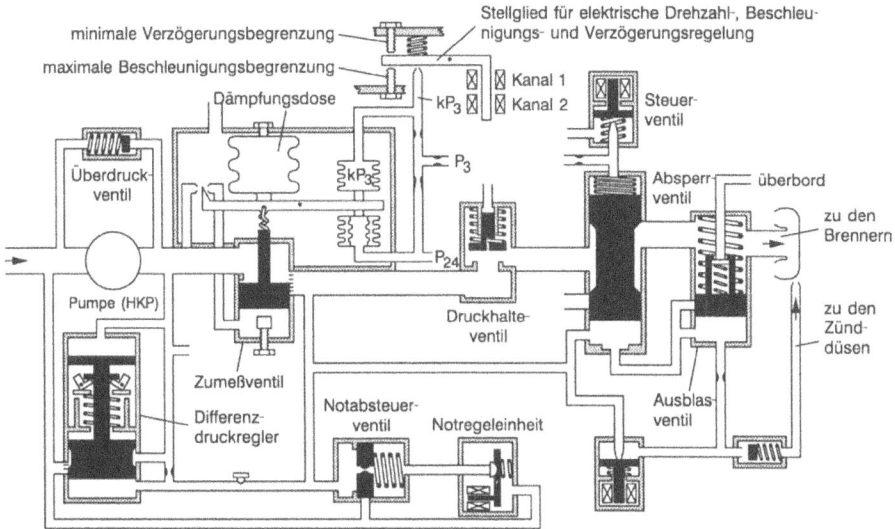

Bild 10-9 Funktionale Ausführung der Zumeßkomponenten für Grundtriebwerk RB199

Vom variablen Zumeßventil fließt der Brennstoff durch ein Druckhalteventil, um insbesondere bei geringen Brennstoffflüssen einen bestimmten Mindestdruck nicht zu unterschreiten und anschließend durch den Absperrschieber zu den Brennerleitungen. Bei höheren Durchsätzen, bei denen auch ein höherer Druck in den Brennstoffleitungen anliegt, wäre ein zusätzlicher Druckabfall durch dieses Ventil lediglich eine unnötige Belastung für die Pumpe. Deshalb wurde dieses Druckhalteventil mit unterschiedlichen Stirnflächen am Schieber ausgelegt, so daß mit steigendem Leitungsdruck das Ventil automatisch immer weiter öffnet und den Druckabfall auf einen vernachlässigbar kleinen Wert reduziert. Ein separates, elektrisch angesteuertes Notventil öffnet im Fall einer Überdrehzahl der ND-Welle, sollte die normale Regelung ausfallen, und steuert Brennstoff zurück zum Pumpeneinlaß.

Begrenzung des Beschleunigungsbrennstoffs
Dabei handelt es sich um eine grobe Vorsteuerung, damit die elektronische $\dot{N}$-Regelung als Feinregelung über einen verhältnismäßig kleinen Aussteuerbereich arbeiten kann. Gewählt wurde für die Beschleunigungszumessung der reduzierte Brennstoffparameter $W_F / P_3 N_H = f(P_3 / P_{24})$. Während diese Kurve im oberen Bereich linear verläuft, ist sie im unteren Bereich gekrümmt. Dies wird durch ein Luftpotentiometer erreicht, das im unteren Druckverhältnisbereich zunehmend unterkritisch durchströmt wird, so daß der resultierende Signaldruck weniger stark abfällt und die Zumeßkurve im unteren Bereich zunehmend nach oben gedrückt wird, also weniger schnell als linear abfällt.

Tatsächlich wurde außerdem noch ein Druckterm eingebaut, der den reduzierten Brennstoffparameter mit abnehmendem Druckniveau zunehmend anhebt, um fallende Ausbrenngrade und Reynoldszahl-Einflüsse auszugleichen.

Stationärer Betrieb

Durch zunehmende Öffnung der Pralldüse im Luftpotentiometer kann der Beschleunigungsbrennstoff reduziert werden, bis bei vollständiger Öffnung am anderen Anschlag der Verzögerungsbrennstoff zugemessen wird. Die Öffnung der Pralldüse ist bei stationärem Betrieb das Stellglied für die elektronische Drehzahlregelung und wird durch diese elektrisch angesteuert. Die Autorität dieses Regelkreises liegt somit zwischen dem maximalen Beschleunigungs- und dem minimalen Verzögerungsbrennstoff.

Andere Funktionen

Weitere in diesem System realisierte Funktionen sind:
- das von einem eigenen elektrischen Signal angesteuerte Notventil, das im Fall einer Überdrehzahl anspricht,
- ein Begrenzer auf den HD-Verdichteraustrittsdruck $P_{3\,max}$, der über eine Druckdose auf die Position der Pralldüse Einfluß nimmt (nicht gezeigt),
- ein Überdruckventil zum Schutz der HD-Zahnradpumpe,
- der elektrisch angesteuerte Absperrschieber mit der integrierten Zumessung für den Startvorgang.

Letztere erfolgt über die Absperrschieberansteuerung. Dabei wird Brennstoff zu den Startdüsen zugemessen. Bei normalem Betrieb muß die Zumessung zu den Startdüsen reduziert werden, um keine Heißstellen in der Brennkammer zu verursachen. Andererseits darf die Zumessung nicht ganz abgeschaltet werden, um ein Verkoken der Startdüsen zu vermeiden. Dies wird durch eine Drossel in einer zweiten Leitung gewährleistet, während die Hauptleitung zu den Startdüsen nach dem Startvorgang durch das elektrisch angesteuerte Ventil abgesperrt wird.

Außerdem besitzt das System noch eine Brennstofftemperaturbegrenzung, bei der bei Temperaturen um 150 °C ein temperaturgesteuertes Rückflußventil öffnet und Brennstoff in die Flugzeugtanks über einen Luftkühler zurückspeist. Dieses Ventil sitzt im Rücklauf des Druckabfallreglers und Notventils zum Pumpeneinlaß.

Weiterhin wird nach der HD-Pumpe Brennstoff abgezweigt für das Nachbrennerbrennstoff-Zumeßsystem, um dort den Servo für die einlaßgeregelte Dampfkernpumpe zu betätigen. Zusätzlich dient dieser Brennstoff zum Füllen bzw. Laden des Lanzenzünders, der diesen Brennstoff zum Zünden des Nachbrenners durch die Turbinen schießt.

Schließlich soll noch das Ausblasventil erwähnt werden, das bei Schließen des Absperrschiebers servobetätigt öffnet und den restlichen Brennstoff in den Leitungen zu den Brennern überbord ausbläst, um ein Verkoken der Leitungen und Brennerdüsen des nach dem Abschalten noch heißen Triebwerks zu vermeiden.

10.2.2.2 Nachbrennerbrennstoff-Zumeßsystem

Das Nachbrennerbrennstoff-Zumeßsystem moduliert in einer offenen Steuerkette den Grad der Nachverbrennung zwischen einem Minimal- und einem Maximalwert. Es steuert Brennstoff in die heiße Zone (*gutter*), in die kalte Nebenstromzone (*colander*) und zu den Grundlast- und Zündbrennern (*primaries*). Der gesamte Brennstoff wird zugemessen als Funktion der HD-Drehzahl N_H, des HD-Verdichteraustrittsdrucks P_3, der Stellung des Steuerhebels $\emptyset$ und der Eintrittstemperatur T_2. Das Blockdiagramm in Bild 10-10 zeigt die funktionale Zuordnung der einzelnen Komponenten.

10.2 Betriebssystem des Turbo-Union Triebwerks RB199 im Tornado-Kampfflugzeug

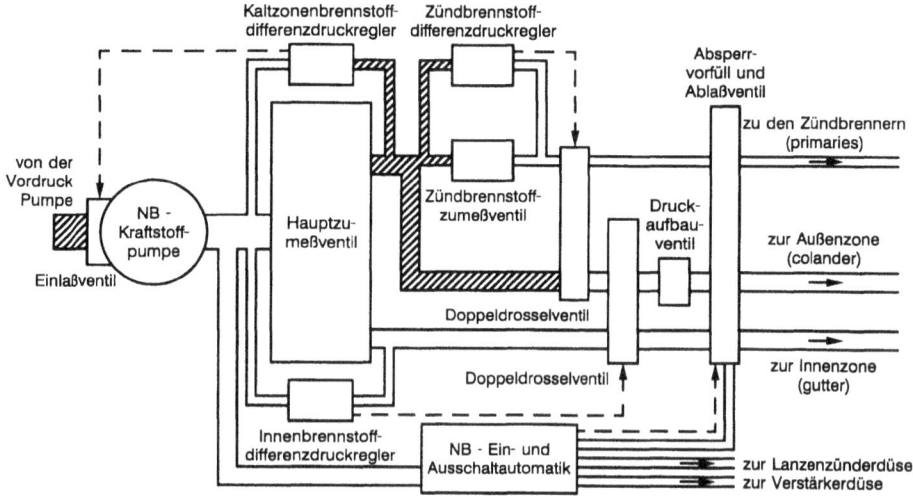

Bild 10-10 Blockdiagramm der Brennstoffzumessung für den Nachbrenner des Triebwerks RB199

Das Zumeßsystem besteht aus einer Anzahl von einzelnen Komponenten, die alle in einem kompakten Gehäuse untergebracht sind. Lediglich die Einheit zum Auffüllen und Entleeren der Leitungen sowie der Absperrfunktion ist in einem separaten Gehäuse direkt am Nachbrenner angebracht (*shut off prime and dump valve*).

Dabei wird der Brennstoff von der ND-Pumpe zur regelbaren Dampfkern-HD-Pumpe (*vapour core pump*) gefördert, die das HD-System speist.

Der Brennstoff fließt durch das Zumeßhauptventil, das den Brennstoff zunächst in zwei separate Ströme aufteilt. Das Zumeßventil wird axial durch den Druck P_3 und radial durch den Steuerhebel $\varnothing$ eingestellt. Während die eine Zumeßmenge die zwei äußeren Brennersysteme (*colander* und *primaries*) beschickt, speist die andere den heißen Innenstrom (*gutter*) – Bild 10-11.

Anschließend wird in einem weiteren Zumeßventil der Brennstofffluß zu dem *colander* und den *primaries* aufgeteilt. Druckdifferenzregler über den Zumeßventilen halten die Druckdifferenzen auf Sollwerten, wobei das Stellglied im Fall des Hauptzumeßventils das Pumpeneinlaßventil ist, während für *primary* und *colander* jeweils Drosselventile stromabwärts vorgesehen sind. Der Sollwert dieser Druckdifferenzregler wird gesteuert durch einen dreidimensionalen Nocken als Funktion von T_2 und N_H.

Die Nachbrenneranwahlsteuerung schaltet den Nachbrenner ein und aus. Sie steuert sowohl das Auffüllen der Leitungen bei Anwahl als auch das Entleeren beim Abschalten über das erwähnte Ventilsystem sowie das Feuern des Lanzenzünders. Sie wird durch die elektronische Einheit angesteuert.

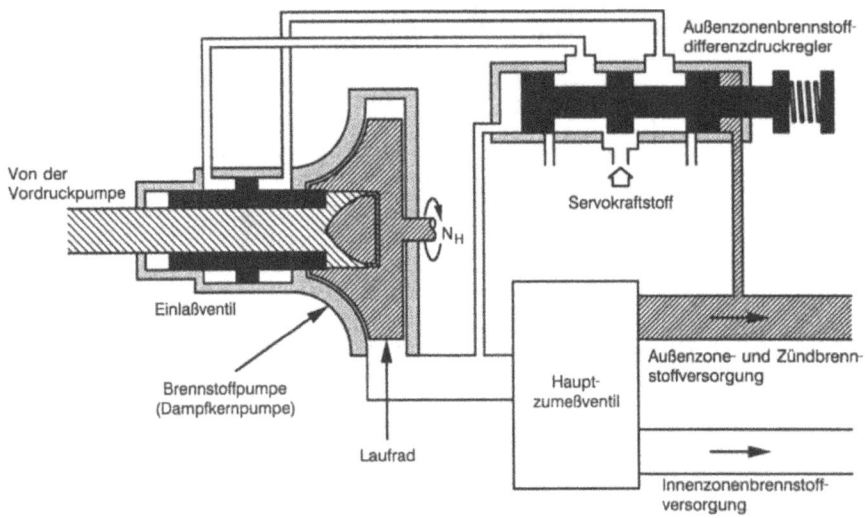

Bild 10-11 Dampfkernpumpe des Nachbrennerbrennstoff-Zumeßsystems des Triebwerks RB199

Eine detaillierte Darstellung dieses Zumeßsystems enthält das farbige Bild 10-12. Das Konzept dieses Steuersystems ist in 4.6.3 erläutert. Im folgenden sollen die wichtigsten Funktionen kurz beschrieben werden:

Nachbrenneranwahl

Das Anwahlsignal von der elektronischen Einheit dreht den Brennstoffsteuerhebel um 17½ Grad und hält ihn auf diesem Wert für eine vorgegebene Zeit. Dadurch öffnet ein Servoventil und versorgt das Auffüllventil mit Servodruck vom Triebwerkbrennstoffsystem. Gleichzeitig wird die Pumpenansteuerung veranlaßt, die Einlaßdrossel der Pumpe in die offene Stellung zu verfahren. Der volle Pumpendurchsatz umgeht die Zumeßeinheiten und füllt die Ventilgruppe zum Absperren, Auffüllen und Entleeren (SOPDV, *shut off prime and dump valve*) und die vorher leeren Leitungen. Durch das Verfahren des Auffüllventils wird gleichzeitig eine weitere Verbindung zum Lanzenzünder hergestellt, bei dem der zufließende Brennstoff den Kolben des Zünders gegen Federdruck bis an den Anschlag schiebt und damit den Lanzenzünder (*hot shot*) mit Brennstoff füllt. Außerdem schließt der ansteigende Pumpendruck automatisch das Abblaseventil im SOPDV, um zu verhindern, daß der Brennstoff zum Auffüllen der Leitungen überbord ausgeblasen wird. Die Absperrventile in den *primary*-, *gutter*- und *colander*-Zumeßleitungen sind noch in der geschlossenen Stellung.

Nach dem eigentlichen Auffüllen der Leitungen rotiert der Brennstoffsteuerhebel um weitere 17½ Grad auf 35 Grad. Dadurch wird der Servodruck vom Triebwerkbrennstoffsystem unterbrochen und das Auffüllventil in seine Aus-Stellung zurückgefahren, wodurch die normale hydraulische Steuerverbindung zwischen Druckdifferenzregler und Einlaßsteuerung der Pumpe wiederhergestellt ist.

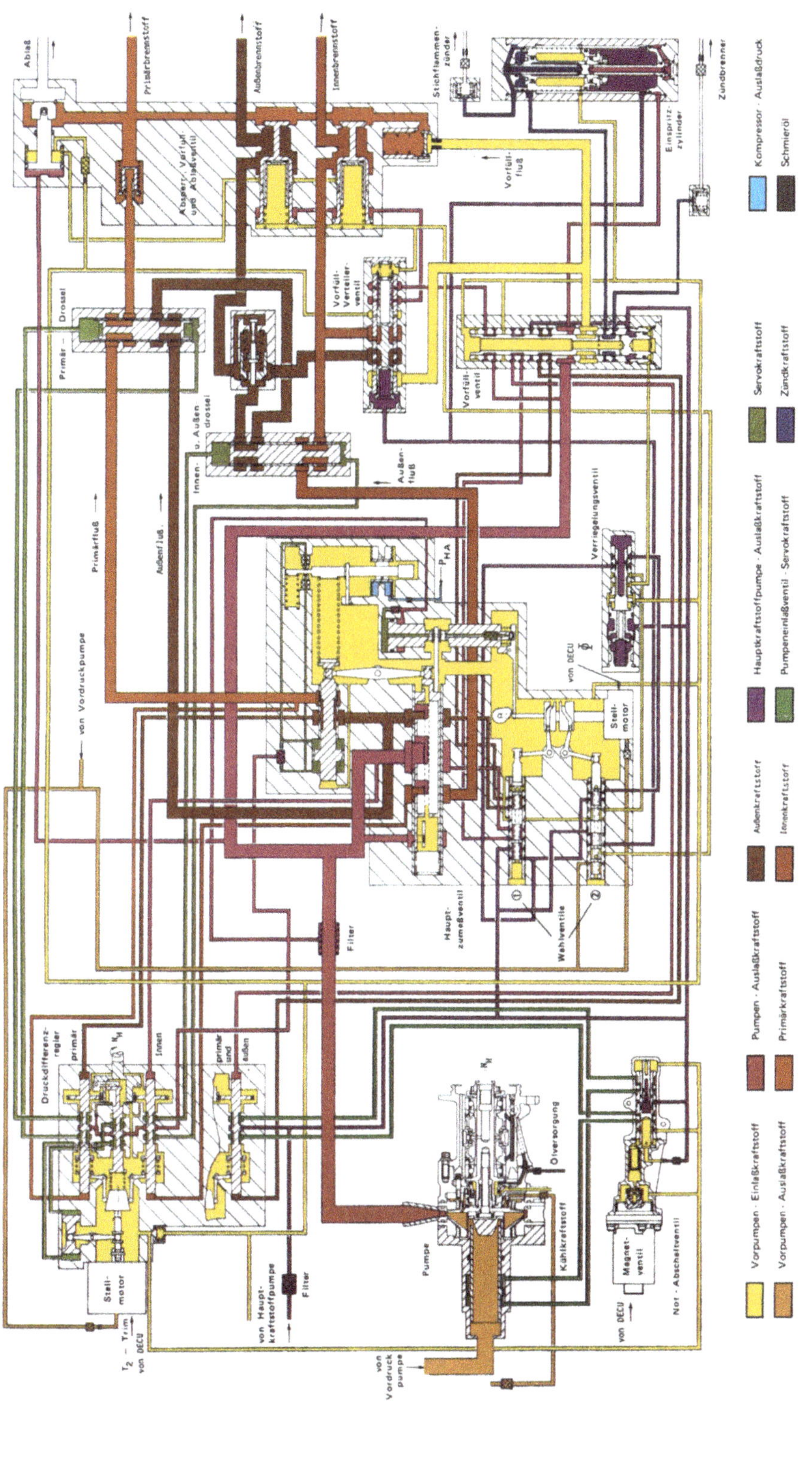

10.2 Betriebssystem des Turbo-Union Triebwerks RB199 im Tornado-Kampfflugzeug

Bild 10-12: Ausführung des Nachbrenner-Brennstoffzumeßsystems des Triebwerks RB199

Außerdem wird der direkte Umgehungsweg zum Auffüllen der leeren Brennerleitungen über das SOPDV verschlossen. Ein Auffüllverteilerventil stellt nunmehr sicher, daß die gleichmäßige Restauffüllung der Leitungen weitergeht.

Der gefüllte Lanzenzünder wird mit seiner Einspritzdüse verbunden, wobei der Druck des Brennstoffs auf das Niveau des Drucks im Nachbrenner reduziert wird.

Zündung
Der Brennstoffsteuerhebel wird nunmehr durch die automatische Ablaufsteuerung um weitere 17½ Grad auf 52½ Grad gedreht, wobei der Servodruck vom Triebwerkbrennstoffsystem die Rückseite des Lanzenzünderkolbens beaufschlagt, wodurch das Brennstoffvolumen von diesem durch die Einspritzdüse in die Brennkammer ausgebracht wird und dadurch eine Flammenlanze durch die Turbinen in den Nachbrenner schickt.

Der gleiche Servodruck steuert das Auffüllverteilerventil zu und schließt damit die Zufuhr zu der Gutter- und Colander-Leitung. Zündung bei minimaler Nachverbrennung erfolgt also an den primary-Brennern, deren Brennstoffzumessung eine Funktion von N_H, T_2 und P_3 ist und die auch im normalen Betrieb mit Brennstoff beschickt werden.

Normaler Betrieb zwischen minimaler und maximaler Nachverbrennung
Wählt der Pilot z. B. maximalen Nachbrennerschub, so vergrößert sich der Steuerhebelwinkel auf 126,6 Grad. Durch dieses Verfahren des Steuerhebels werden die Steuerflächen des Hauptzumeßventils vergrößert. Dadurch verringert sich der vom Druckdifferenzregler gemessene Differenzdruck, wodurch mittels des Fehlersignals das Einlaßventil der Dampfkernpumpe öffnet und die stromabwärts befindlichen Drosseln neu positioniert werden, um den kommandierten Brennstofffluß bei korrektem Druckabfall über die Zumeßventile sicherzustellen. Die Brennstoffzumessung zu den drei Brennersystemen lautet:

$W_{F\,Primary} = f(P_3) \cdot f(T_2) \cdot N_H$,

$W_{F\,Gutter} = f(\emptyset) \cdot f(P_3) \cdot f(T_2) \cdot N_H$,

$W_{F\,Colander} = f(\emptyset) \cdot f(P_3) \cdot f(T_2) \cdot N_H$

mit: $\emptyset = f(A_8; P_2)$, gesteuert durch die elektronische Einheit.

Automatisch kompensiert werden Variationen der Dichte des Brennstoffs dadurch, daß die Fliehkraftgewichte des von der Drehzahl gesteuerten Druckdifferenzreglers im Brennstoff rotieren und damit ihre Auslenkkraft auch eine Funktion dieser Dichte ist.

Normales Nachbrennerabschalten
Das Abschalten wird initiiert durch eine Rücknahme des Steuerhebels auf 0 Grad, wobei folgende Schritte durchlaufen werden:
- zunächst werden die Absperrventile bei 35 Grad geschlossen und der Kühlfluß in die Regelorgane eingespeist,
- bei 17½ Grad schließt die Pumpeneinlaßdrossel und öffnet das Abblaseventil, um den Brennstoff in den Leitungen durch den Überdruck im Nachbrenner gegen Atmosphäre ins Freie überbord abzulassen.

10.2 Betriebssystem des Turbo-Union Triebwerks RB199 im Tornado-Kampfflugzeug

Notabschaltung des Nachbrenners

Die Notabschaltung wird durch das elektrisch angesteuerte Notabschaltventil bewirkt, das im normalen Nachbrennerbetrieb stromdurchflossen ist. In einer Notsituation wird der Strom abgeschaltet, wobei ein Servodruck über eine Drossel sich nach Niederdruck abbaut, wodurch dieses Notabschaltventil geschlossen wird. Dadurch steuert HD-Brennstoff vom Grundtriebwerk unter Umgehung des Druckdifferenzreglers die Einlaßdrossel der Dampfkernpumpe zu.

10.2.2.3 Schubdüsenverstellsystem

Allgemeine Anordnung

Die Stellung der mit einem Stellring versehenen Schubdüse wird im Flug nur während des Betriebs mit Nachverbrennung verändert. Da für den Betrieb ohne Nachverbrennung keine mechanische Begrenzung für die Schubdüsen-Querschnittsfläche vorhanden ist, wird diese auf einen vorgegebenen Sollwert geregelt.

Das Sollwert-Signal für die Schubdüsen-Querschnittsfläche geht vom Leistungshebel im Cockpit zum Nachbrennerteil im Haupttriebwerkregler. Das hier durch Vergleich zwischen Soll- und Istwert der Schubdüsen-Querschnittsfläche entstandene Fehlersignal wird an einen elektrischen Sollwert-Stellmotor weitergeleitet. Dieser treibt eine pneumatische Steuereinheit, die mit Luft aus der vierten HD-Verdichterstufe (HD4) beaufschlagt wird und für ein verstärktes Ausgangssignal sorgt.

Die Steuereinheit betätigt das Drehventil des Luftmotors über einen Differentialgetriebezug. Das Drehventil regelt die Luftzufuhr vom HD-Verdichter zu den beiden Seiten eines Luftmotors. Dieser Motor treibt über ein System biegsamer Wellen vier Stellgetriebe mit Kugelrollspindeln an, die ihrerseits den Stellring und damit die Schubdüse betätigen.

Der Luftmotor enthält eine mechanische Rückführung, die das Drehventil über ein mechanisches Differentialgetriebe progressiv schließt, sobald die Sollwertstellung erreicht ist (Bild 10-13).

Ein Geber für die Schubdüsen-Querschnittsfläche mißt diese mit Hilfe von Potentiometern, die durch ein Zahnstangen-/Zahnradgetriebe verstellt werden. Dies geschieht über ein biegsames Druck-/Zugkabel, das mit dem Stellring verbunden ist. Ein Ausgang dient dazu, ein zur Schubdüsen-Querschnittsfläche proportionales Signal zu erzeugen, das in der elektronischen Regeleinheit als elektrische Rückführung verwendet wird, während ein anderes für den Schubdüsenstellungsanzeiger im Cockpit benutzt wird.

Verstellorgane

Der Luftmotor treibt für hohe Drehzahlen ausgelegte biegsame Wellen in ringförmiger Anordnung an. Vier Untersetzungsgetriebe sorgen für gleichzeitige, umkehrbare Kraftübertragung an vier Stellgetriebe mit Kugelrollspindeln. Ein Kegelradgetriebe lenkt die Antriebsrichtung um 90° um, da dieser Radius für biegsame Wellen zu klein ist. Durch die Anordnung als durchlaufender Ring kann die Anlage ihre Funktion auch dann erfüllen, wenn eine der Wellen gebrochen sein sollte. Jedes der Stellgetriebe wird von einem aus zwei Stangen bestehenden Reaktionsgestänge gehalten, das am hinteren Strahlrohr über Dehnglieder und spezielle Anlenkungen befestigt ist.

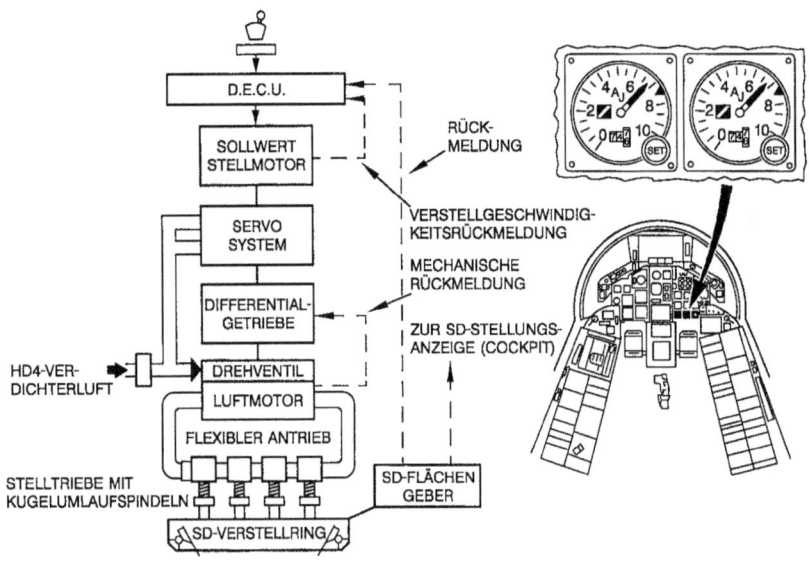

Bild 10-13 Betätigungsablauf der Schubdüsenverstellung des Triebwerks RB199

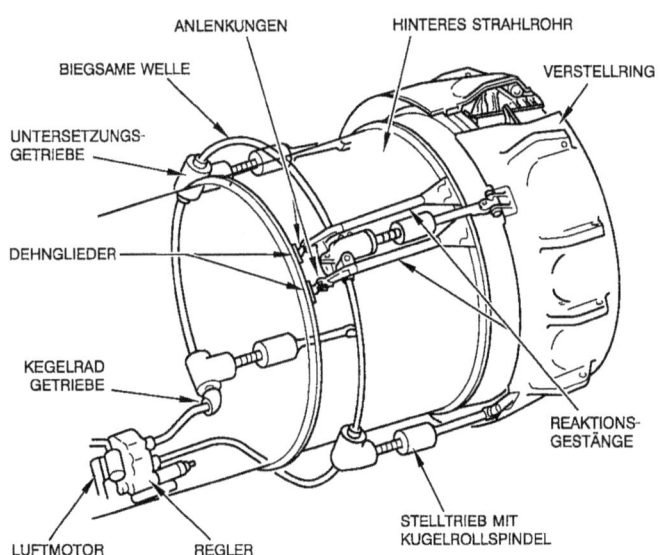

Bild 10-14 Schubdüsenverstellsystem des Triebwerks RB199

Die Verstellung der Schubdüsenklappen geschieht durch den Ablauf von Rollen auf Kurvenbahnen der Primärklappen. Die Kurvenbahn ist so profiliert, daß die Belastung der Stellspindeln bei allen Schubdüsenstellungen konstant bleibt. Die Rollen befinden sich an einem Stellring, an dem die Stangen der Stellspindeln angeschraubt sind.

Die vier Stellspindeln bewegen den Stellring parallel zur Triebwerkachse. Dadurch laufen die Rollen auf den Kurvenbahnen und drehen die Schubdüsenklappen um ihre

10.2 Betriebssystem des Turbo-Union Triebwerks RB199 im Tornado-Kampfflugzeug

Scharniere, wodurch die Schubdüsen-Querschnittsfläche variiert wird. Bild 10-14 zeigt die generelle Anordnung.

Servosystem

Wird die Nachverbrennung eingeschaltet oder erhöht, so wird von der elektronischen Regeleinheit ein elektrisches Signal an den elektrischen Sollwertstellmotor geleitet. Dieser treibt eine zweistufige servomechanische Anlage über einen Servomotor an.

Die erste servomechanische Stufe besteht aus einem Kolben in einer Kammer, die mit Luft aus der HD4-Verdichterstufe beaufschlagt wird. Im Inneren des Kolbenschafts ist eine Baugruppe, bestehend aus Mutter und Aufsteckrohr, die zwei Nadelventile trägt, auf einer Leitspindel angeordnet. Diese wiederum ist an der Welle des Servomotors angebracht. Die Mutter/Aufsteckrohr-Baugruppe wird durch zwei Anschläge am Drehen gehindert, die in zwei Nuten an der Innenfläche des Kolbenschafts gleiten. Jedes Nadelventil verbindet eine Seite der Kolbenkammer mit der Umgebungsluft.

Wenn der Servomotor arbeitet, rotiert die Leitspindel und bewegt die Mutter/Aufsteckrohr-Baugruppe in axialer Richtung. Die Bewegung des Aufsteckrohrs nach rechts schließt das Ventil auf der linken Seite des Kolbens.

Gleichzeitig damit wird das andere Ventil geöffnet, wodurch der Druck an der rechten Seite des Kolbens vermindert wird. Der dadurch entstehende Differenzdruck bewegt den Kolben nach rechts. Es herrscht somit die Tendenz, das vorher geschlossene Ventil zu öffnen und das geöffnete Ventil zu schließen, so lange, bis der Kolben in seine Mittelstellung zurückgeht. Bewegen sich die Ventile nach links, so ist der Ablauf umgekehrt. Die Nadelventile sind durch einen ringförmigen Filter in der Hauptlufteinlaßleitung gegen Schmutz geschützt. Zwei Reservoire, jedes an einer Seite der Kolbenkammer durch Drosseln mit dieser verbunden, stabilisieren den Betrieb der Steuereinheit bei niedrigem Druck. Die Stellung des Servokolbens, die der Schubdüsen-Querschnittsfläche für Betrieb ohne Nachverbrennung entspricht, wird durch die elektronische Regeleinheit dauernd elektrisch überwacht. Die Vorderfläche der Kolbenbuchse dient im Notfall als mechanischer Anschlag. Bild 10-15 zeigt die schematische Anordnung.

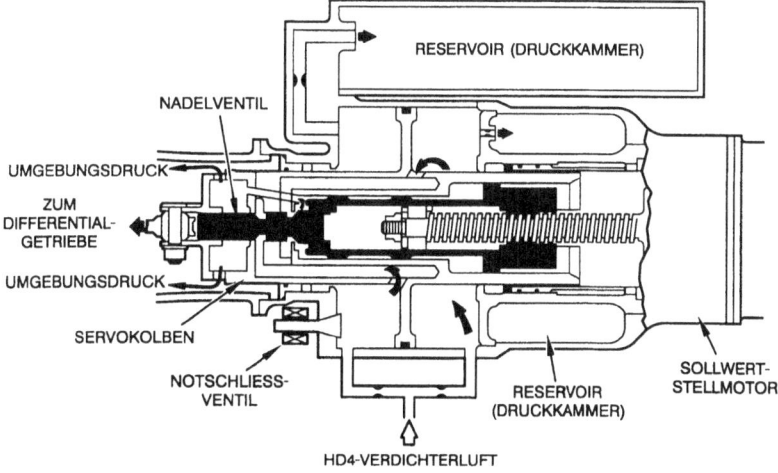

Bild 10-15 Servosystem der Schubdüsenverstellung des Triebwerks RB199

Notschließventil

Damit die Schubdüse im Notfall bis auf ihre Minimalquerschnittsfläche geschlossen werden kann, ist ein durch einen Gleichstrommagnet betätigtes Schubdüsen-Notschließventil in der pneumatischen Steuereinheit angebracht.

Das Schubdüsen-Notschließventil ist normalerweise geschlossen und wird geöffnet, wenn sein Magnet durch ein Signal von der elektrischen Regeleinheit unter Strom gesetzt wird. Durch das Öffnen des Ventils kann HD4-Verdichter-Servodruck von der Schließseite des Servokolbens überbord abgebaut werden. Der Kolben bewegt sich dann zu seinem mechanischen Notanschlag und schließt die Schubdüse bis auf ihre Minimalquerschnittsfläche.

Differentialgetriebe

Die zweite servomechanische Stufe besteht aus Planetengetriebe und Glockenrad. Sie wird durch den Servokolben der ersten Stufe angetrieben und betätigt das Drehventil des Luftmotors.

Der Servokolben der ersten Stufe ist mit einem Regelarm verbunden, an dem das Planetenrad angebracht ist, das wiederum mit einem Glockenrad in Eingriff steht. Das Glockenrad ist mit dem Drehventil über einen Betätigungshebel verbunden.

Der Servokolben dreht den Regelarm. Da das Sonnenrad stillsteht, dreht das Planetenrad das Glockenrad in die gleiche Richtung, in die es sich selbst bewegt. Der mit dem Glockenrad verbundene Hebel dreht dann das Drehventil des Luftmotors. Bild 10-16 zeigt die Wirkungsweise des Differentialgetriebes.

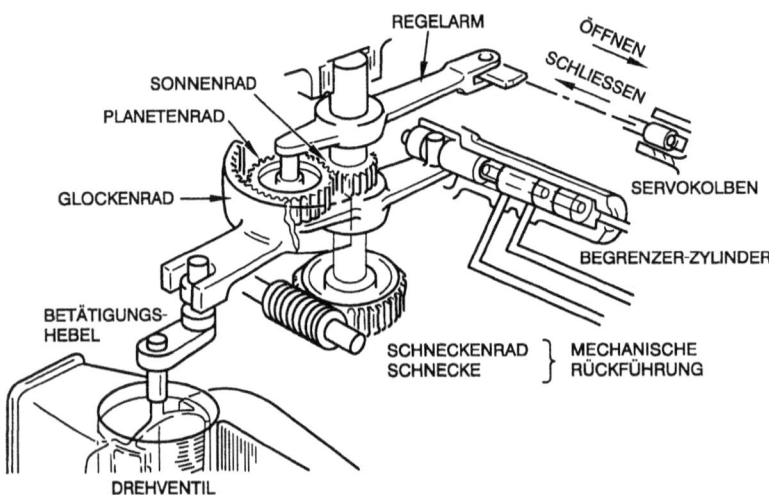

Bild 10-16 Differentialgetriebe in Schubdüsenverstellung des Triebwerks RB199

Drehventil und Luftmotor; mechanische Rückführung; Begrenzerzylinder

Das Drehventil des Luftmotors wird in einer zylindrischen Führung mit vier Öffnungen verdreht. Eine Öffnung ist mit der Luftversorgungsleitung aus der HD4-Verdichterstufe

10.2 Betriebssystem des Turbo-Union Triebwerks RB199 im Tornado-Kampfflugzeug

verbunden, während die gegenüberliegende Öffnung zur Umgebungsluft führt und die beiden übrigen zum Luftmotor.

Der Luftmotor besteht aus zwei Drehkolben, deren Abtriebswellen durch Zahnräder in Phase gehalten werden (Bild 10-17). Die biegsamen Wellen der Stellanlage sind mit den Drehkolben des Luftmotors verbunden. Einer der Drehkolben trägt eine Schnecke, die mit einem Schneckenrad in Eingriff steht. Am Wellenschaft des Schneckenrades befindet sich ein Sonnenrad, das mit dem Planetenrad in Eingriff steht. Dieser Getriebezug bildet die mechanische Rückführung in der Schubdüsen-Regelanlage.

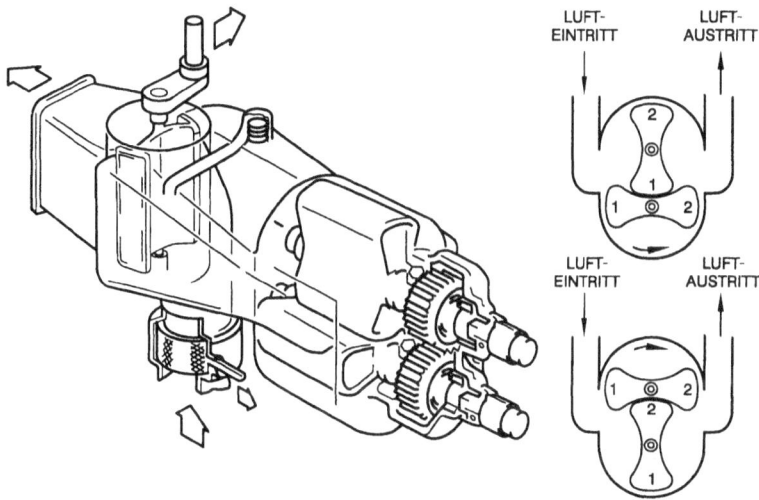

Bild 10-17 Drehventil und Luftmotor zur Schubdüsenverstellung des Triebwerks RB199

Dreht sich das Drehventil, so verbindet es eine Öffnung des Luftmotors mit der Luftversorgung und die andere mit der Umgebungsluft, wodurch der Luftmotor in Drehung versetzt wird.

Dadurch wird wiederum das Sonnenrad über die Schnecke und das Schneckenrad gedreht, so daß sich Planetenrad und Segmentarm in entgegengesetzter Richtung drehen, bis das Drehventil in seine Neutralstellung zurückgebracht wird und der Luftmotor anhält.

Der Segmentarm ist mit einem als Kolbenschieber ausgebildeten Begrenzerzylinder verbunden. Der Begrenzerzylinder ist eingebaut, um den Servokolben daran zu hindern, große Kräfte auf das Getriebe- und Gestängesystem zu übertragen, falls das Drehventil voll geöffnet würde, bevor die Rückführung über das Planetenrad in Aktion tritt. Bei Annäherung an die voll geöffnete Stellung gibt der Kolben im Begrenzerzylinder eine Öffnung frei, durch die die mit Druck beaufschlagte Seite des Servokolbens mit der Umgebungsluft verbunden wird. Der Servokolben beendet nun seine Bewegung, wodurch eine Überbeanspruchung vermieden wird.

10.2.2.4 Schubumkehrerbetätigungssystem

Allgemeine Anordnung
Beim Tornado-Flugzeug wird die Schubumkehr durch das Einschwenken von Klappen in den Abgasstrom bewirkt, wodurch der Strahl schräg nach vorn umgelenkt wird. An der Innenseite der Klappen angebrachte Leitbleche lenken den Abgasstrahl seitwärts ab, um das Wiederansaugen von heißen Gasen und eine Beeinträchtigung des Flugzeugseitenruders zu verhindern.

Der Umkehrschub kann zwischen „Leerlauf" und „Maximalschub ohne Nachverbrennung" (*Idle-Max/Dry*) voll moduliert werden.

Der Schubumkehrer kann bereits im Flug vorgewählt werden, indem der rechte Leistungshebel nach außen gekippt wird. Dies kann natürlich auch am Boden erfolgen. Dabei wird ein Signal an einen zellenseitig angeordneten Regler übermittelt, der wiederum Steuersignale zu beiden Schubumkehrern leitet. Im Regler selbst ist noch eine Sicherheitslogik enthalten.

Sobald das Flugzeug am Boden aufgesetzt und somit das Fahrwerk eingefedert hat, wird über den Bodensicherheitsschalter die Schubumkehranlage aktiviert.

Diese Signale betätigen ein Luftabsperr- sowie ein Wahlventil, wodurch ein Verriegelungsmechanismus gelöst und P_3-Luft zu einem Sollwertkolben geleitet wird. Der Sollwertkolben betätigt ein im Gehäuse des Luftmotors angeordnetes Drehventil, das P_3-Luft an den Luftmotor liefert. Über eine mechanische Rückführung wird das Drehventil wieder in die Neutralstellung gefahren.

Der Luftmotor betreibt über ringfömig angeordnete biegsame Wellen und Kegelradgetriebe Kugelumlaufspindeln, die wiederum die Betätigungshebel aktivieren. Bild 10-18 zeigt schematisch den Betätigungsablauf.

Verstellorgane
Der Luftmotor dreht zwei biegsame Antriebswellen, die ihrerseits je ein auf einander gegenüberliegenden Seiten befestigtes Kegelradgetriebe antreiben. Eine dritte biegsame Antriebswelle verbindet die beiden Kegelradgetriebe, so daß ein geschlossener Kreis entsteht. Dadurch wird sichergestellt, daß der Schubumkehrer auch bei Ausfall einer der biegsamen Antriebswellen voll betriebsfähig bleibt.

Jedes der Kegelradgetriebe treibt ein Stellgetriebe an, das eine Spindel mittels einer Kugelumlaufmutter axial verstellt (Kugelrollspindel).

Die Kugelrollspindel ist über Zwischenhebel mit den vorderen oberen und den vorderen unteren Schwenkarmen verbunden. Die vorderen Schwenkarme bewirken das Aus- bzw. Einfahren der Klappen.

Die hinteren Schwenkarme sind mit in Eingriff stehenden Zahnrädern ausgestattet. Diese bewirken einen synchronen Bewegungsablauf der Klappen, ferner absorbieren sie die verschiedenen auf die Klappen einwirkenden Lasten, die durch die unterschiedliche Geometrie der Leitbleche im Inneren der Klappen hervorgerufen werden.

Im eingefahrenen Zustand werden die Klappen durch eine Verriegelungsvorrichtung gesichert. Die Verriegelung wird durch die Schubumkehr-Regelanlage gesteuert. Bild 10-19 zeigt schematisch die Schubumkehreranlage.

10.2 Betriebssystem des Turbo-Union Triebwerks RB199 im Tornado-Kampfflugzeug

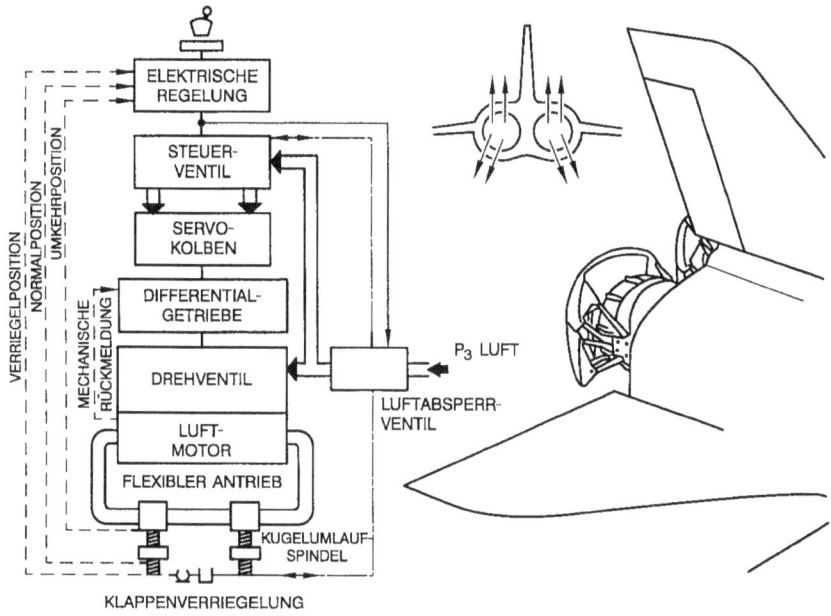

Bild 10-18 Betätigungsablauf für Schubumkehrer des Triebwerks RB199

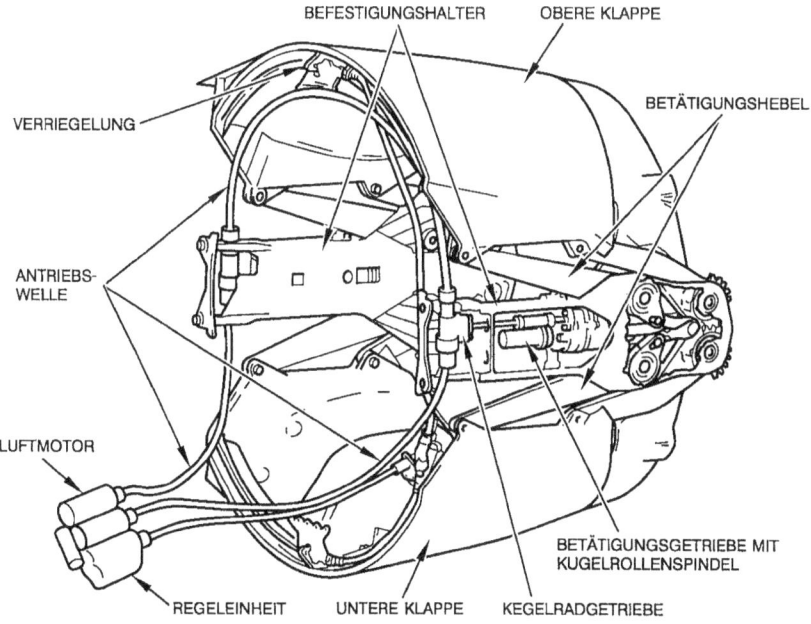

Bild 10-19 Schubumkehreranlage des Triebwerks RB199

Das Absperrventil besteht aus einem zweiseitig beaufschlagten Kolben, dessen eine Seite den Eintritt von P_3-Luft in die Anlage absperrt. Eine Drossel im Kolben läßt P_3-Luft auf die Schließseite des Kolbens gelangen. Differenzflächen und Federkraft halten den Kolben in geschlossener Stellung. Auf der Schließseite des Absperrventils befindet sich eine Auslaßöffnung, die überbord führt und von einem elektrisch (28 VDC) betätigten Kegelventil gesteuert wird.

Wird auf Schubumkehr geschaltet, so wird der Magnet unter Strom gesetzt und das Kegelventil öffnet. P_3-Luft auf der Schließseite kann überbord abströmen und das Absperrventil öffnet. Dadurch kann P_3-Luft zum Luftmotor und zum Betätigungs-Servosystem gelangen.

Wahlventil mit Verriegelungsstellzylinder

Das Wahlventil besteht aus zwei doppelseitigen Kegelventilen, die beide gleichzeitig durch einen Magneten betätigt werden, der seinerseits durch Einschalten der Schubumkehr unter Strom gesetzt wird.

Ein Sperrventil ist mit dem Betätigungsgestänge des Klappenverriegelungsmechanismus im Verriegelungsstellzylinder verbunden. Sobald die Klappen entriegelt werden, stellt das Sperrventil eine Verbindung zwischen der Schließseite des Absperrventils und der Umgebungsluft her. Dadurch wird ein Schließen des Absperrventils vor Einrasten der Verriegelung verhindert, wenn auf Einfahren der Klappen geschaltet wird. Bild 10-20 zeigt die Anordnung.

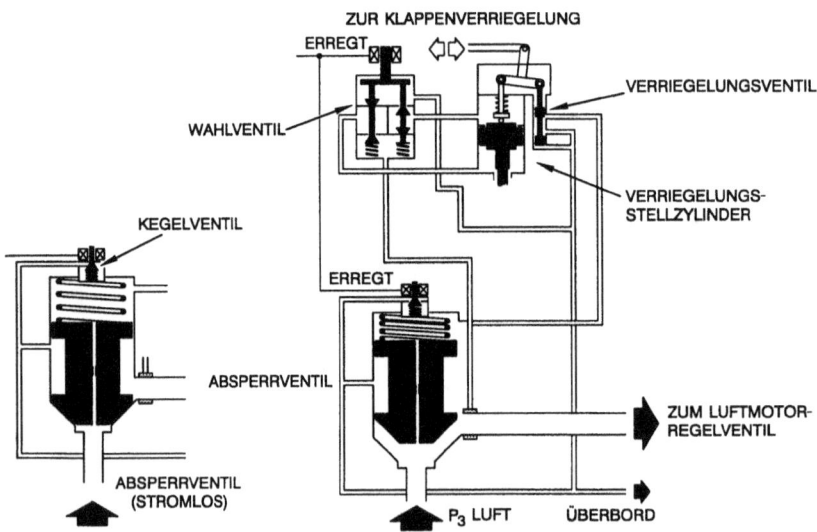

Bild 10-20 Wahlventil mit Verriegelungsstellzylinder zur Schubumkehrerbetätigung des Triebwerks RB199

10.2 Betriebssystem des Turbo-Union Triebwerks RB199 im Tornado-Kampfflugzeug

Servokolben und Differentialgetriebe

Der Servokolben betätigt das Luftmotor-Drehventil über ein Gestänge, das mit einem Differentialgetriebe verbunden ist. Der Kolben wird mit P_3-Luft beaufschlagt. Die Luftzufuhr wird durch ein Steuerventil gesteuert, das am Kolben des Verriegelungsstellzylinders befestigt ist und durch diesen betätigt wird.

Wird der Verriegelungsstellzylinder bewegt, um die Klappen zu entriegeln, so gibt das Steuerventil Öffnungen frei, die P_3-Luft auf eine Seite des Servokolbens gelangen lassen und die andere Seite zur Umgebungsluft öffnet. Nun bewegt sich der Servokolben und betätigt das Luftmotor-Regelventil über das Differentialgetriebe.

Die zur Umgebungsluft führenden Auslässe an beiden Enden des Servokolbens haben Drosselstellen, um eine übermäßig rasche Bewegung zu verhindern. Sie sind so angeordnet, daß nach etwa 80 % des Weges des Servokolbens in jeder Richtung dieser den betreffenden Auslaß überdeckt und die Geschwindigkeit seiner Bewegung herabsetzt. Dadurch wird ein harter Aufprall vermieden, wenn die Klappen gegen ihre festen Anschläge fahren.

Das Differentialgetriebe besteht aus einem Planetenrad, das zwischen einem stationären Sonnenrad und einem Glockenrad arbeitet. Wenn das Glockenrad bewegt wird, betätigt sich das Planetenrad in der gleichen Richtung. Ein mit dem Planetenrad verbundener Regelarm, der sich um die Achse des Sonnenrades dreht, bewegt nun das mit dem Luftmotor-Regelventil verbundene Gestänge.

Das Glockenrad ist durch eine Kolbenstange mit dem Servokolben verbunden. Die prinzipielle Anordnung entspricht der bei der Schubdüsenbetätigung.

Luftmotor mit Regelventil, Rückführungsgetriebe, Begrenzungszylinder

Der Luftmotor besteht im wesentlichen aus zwei Rotoren, die als Drehkolben ausgebildet sind. Diese Drehkolben stehen im rechten Winkel zueinander und werden durch an ihren Antriebswellen befindliche Zahnräder in Phase gehalten.

Das Luftmotor-Regelventil besteht aus einem doppelseitigen Drehventil, das zwei Aus- bzw. Einlässe steuert. Das Drehventil wird durch das vom Differentialgetriebe kommende Gestänge betätigt. Wird das Ventil bewegt, so gibt es zwei Öffnungen frei, wobei es die eine Seite des Luftmotors für P_3-Luft und die andere Seite überbord hin öffnet. Der so erzeugte Differenzdruck läßt den Luftmotor losfahren, wobei die Drehrichtung von der Bewegungsrichtung des Drehventils abhängt. Die biegsamen Wellen der Betätigungsanlage sind mit den Rotoren des Luftmotors verbunden.

Die Anlage ist so ausgelegt, daß die Klappen auch bei Leerlaufdrehzahlen eingefahren werden können. Bei hohen Triebwerkdrehzahlen würde die P_3-Luft ein genügend großes Drehmoment erzeugen, um strukturelle Schäden im System herbeizuführen. Deshalb ist am Drehventil ein Überdruckventil angeordnet, um den Druck des Luftmotors bei eingefahrenen Klappen auf einen akzeptablen Wert zu begrenzen.

An der Achse eines der Rotoren des Luftmotors ist eine Rückführung angebracht. Sie besteht aus einer Schnecke, die mit einem Zahnrad in Eingriff steht, das seinerseits mit dem Sonnenrad des Differentialgetriebes verbunden ist. Das Sonnenrad dreht das Planetenrad in einer Richtung, die derjenigen entgegengesetzt ist, in der es von der Motorregeleinheit gedreht wird. Dadurch entsteht die Tendenz, das Drehventil in seine geschlossene Stellung zurückzubringen.

Ein Begrenzerzylinder verhindert, daß der Servokolben zu hohe Kräfte auf das Getriebe- und Gestängesystem überträgt, falls das Drehventil voll geöffnet wird, bevor die Rückführung das Planetenrad über das Sonnenrad zurückdreht.

Bei Annäherung an die voll geöffnete Stellung gibt der Schieber im Begrenzerzylinder eine Öffnung frei, durch die jeweils die entsprechende Druckseite des Servokolbens mit der Umgebungsluft verbunden wird. Der Servokolben beendet seine Bewegung, wodurch eine Überbeanspruchung vermieden wird. Bild 10-21 zeigt schematisch die Betätigungselemente.

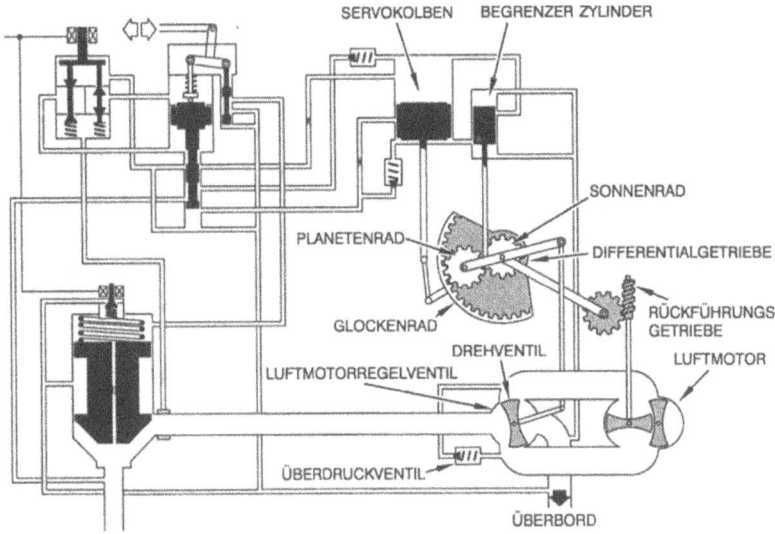

Bild 10-21 Luftmotor mit Regelventil und Differentialgetriebe in Schubumkehrerbetätigung des Triebwerks RB199

Klappenverriegelung
Jede Schubumkehrklappe wird in eingefahrener Stellung durch einen Verriegelungsbolzen an einer Halterung am Strahlrohr gesichert. Der Bolzen rastet in ein Loch in einer an der Klappe befestigten Lasche ein. Beide Bolzen werden vom Verriegelungsstellzylinder durch ein über ein Übertragungsgetriebe geführtes Druck-/Zugkabel betätigt.

Beim Entriegeln der Klappen wird jeder Bolzen aus seiner Lasche so weit herausgezogen, bis eine federbelastete Sperrklinke in seine Ringnut einrastet, um ihn in der entriegelten Stellung zu halten.

Wird auf Einfahren der Klappen geschaltet, so bewegt sich der Kolben des Verriegelungsstellzylinders und steuert zur Betätigung der Klappen den Servokolben um. Die Verriegelungsbolzen werden jedoch so lange festgehalten, bis die Sperrklinken aus den Ringnuten der Verriegelungsbolzen herausgedrückt werden, sobald die Klappen ihre eingefahrene Stellung erreichen. Nach Freigabe der Sperrklinken drückt die vorgespannte Feder des Verriegelungsstellzylinders die Verriegelungsbolzen über das Druck-/Zugkabel

10.2 Betriebssystem des Turbo-Union Triebwerks RB199 im Tornado-Kampfflugzeug

in die verriegelte Stellung. Das Verriegelungsventil wird nun betätigt wie vorher beschrieben.

10.2.2.5 Aufbau und Funktionsweise des Digitalreglers DECU

Die DECU beinhaltete zunächst die gleichen Steuer- und Regelgesetze, wie die in Analogtechnik gebaute MECU, mit der das Triebwerk RB199 in Serie ging. Die Software der DECU für den Einsatz in den deutschen und italienischen Tornados wurde federführend von der Firma MTU konzipiert und entwickelt, während die Hardware von der Firma BGT entwickelt und hergestellt wurde.

Die ursprüngliche DECU 2000 wurde auf der Basis eines SBP 9989 TEXAS-Prozessors konzipiert. Nach einer Anpaßentwicklung aufgrund der späteren Nichtverfügbarkeit dieses TEXAS-Prozessors, produziert BGT die DECU 2020 auf der Basis eines modernen 68020-Mikroprozessors.

Die DECU-Hardware besteht aus einem Gehäuse (¾ ATR Größe nach ARINC 600-Standard) mit einer Zentralplatine (*motherboard*), vierzehn steckbaren Schaltkarten, einem steckbaren Modul und einem externen Stromversorgungsmodul.

Das Gehäuse aus einer Alu-Legierung ist so gebaut, daß elf Schaltkarten von oben und ein Modul und drei Schaltkarten von vorne eingebaut und leicht gewechselt werden können. Die abgewinkelte Zentralplatine verbindet alle Schaltkarten elektrisch untereinander. Im vorderen Bereich des Gehäuses befinden sich auch drei Steckverbinder zu Testzwecken.

Die Funktionen für die Regelung des Grundtriebwerkes sind doppelt vorhanden (redundante Kanäle). Die Schaltkarten sind als mehrlagige, gedruckte Leiterplatten ausgeführt. Die Leiterplatten sind auf der Bestückungsseite mit einem Wärmeleitblech versehen. Die Bauteile sitzen auf dem Wärmeleitblech und sind durch Aussparungen mit der Leiterplatte verbunden. Mit den Kartenklemmungen wird die Schaltkarte im eingebauten Zustand fest gegen die Führungsschlitze gedrückt und gewährleistet damit die Wärmeableitung vom Wärmeleitblech über das Gehäuse.

Die Schaltkarte Rechner, die für beide Kanäle des Grundtriebwerkreglers identisch ist, beinhaltet u. a. die zentrale Recheneinheit auf der Basis eines 68020-Prozessors mit einer Interrupt-Logik, einer Zeitablaufsteuerung, abgeleitet aus einem Quarzoszillator, eine synchron programmierbare Echtzeit-Uhr, ein programmierbares Zeitfenster zur Verwendung als *watch-dog-timer*, Schreiblesespeicher (128 KB RAM) und Programmspeicher (256 KB ROM).

In den A/D-Wandlern des Akquisitionssystems werden über Multiplexer analoge Spannungen in 12-bit-Datenwörter umgewandelt und dem Datenbus der zentralen Recheneinheit zur Verfügung gestellt. Zum Ausgleich von Abweichungen von der idealen Aufbereitungscharakteristik im analogen Eingangsinterface werden die gewandelten Signale offset- und verstärkungskorrigiert. In den D/A-Wandlern des Akquisitionssystems werden Gleichspannungen zur Bedienung von analogen Ausgangssignalen erzeugt.

Jedoch auch diskrete Ein- und Ausgänge können als Steuersignale erzeugt werden. Relais, Optokoppler und Trafos bei analogen Signalen sorgen für die galvanische Trennung.

Bei der Regelung des Grundtriebwerks befindet sich immer nur ein Kanal im Eingriff. Der zweite läuft im „stand-by-Betrieb" mit und greift im Fehlerfall nach einer Kanalumschaltung ein. Fallen beide Kanäle aus, so wird in einem anderen Anbauaggregat das Triebwerk gegen Überdrehzahl geschützt.

Die Schaltkarten für die Nachbrennersteuerung sind nur einmal vorhanden. Erkennt das Überwachungssystem hier einen Ausfall, dann führt das zum Einfrieren des Nachbrenners. Die Schaltkarten der Nachbrennersteuerung beinhalten insbesondere Signalaufbereitungsschaltungen für Stellungsgeber und Stellmotoren, Schaltkreise für die Steuerung von Stellmotoren, Stellmotoren-Endstufen, aber auch diskrete Eingangssignale.

Ebenfalls an der Vorderseite des Geräts befinden sich eine neunstellige alphanumerische LCD-Anzeige, Schauzeichen zur Fehleranzeige des automatischen Überwachungssystems des jeweiligen Kanals, die Servicetaste für Reset und Bite-Initiierung. Fehler, die während des Betriebs auftreten, werden angezeigt und in nichtflüchtigen Speichern gespeichert.

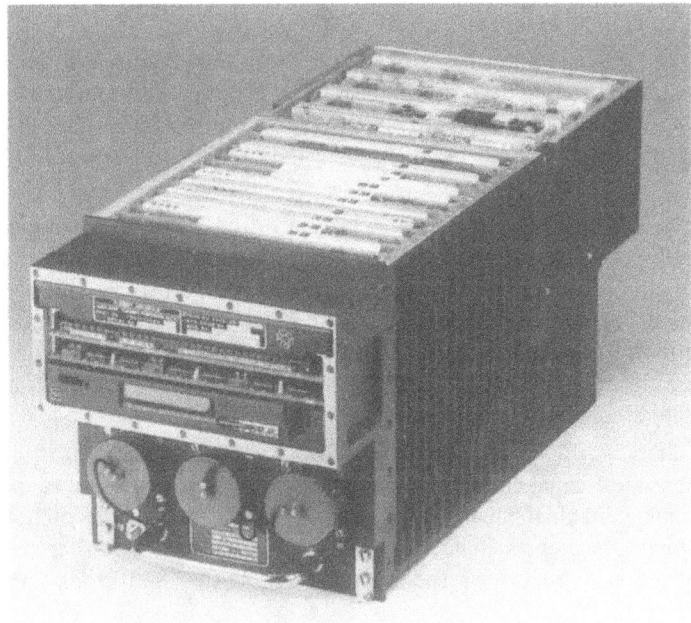

Bild 10-22 DECU 2020 des Triebwerks RB199

Das automatische Überwachungssystem wertet Fehlermeldungen sowohl von der Hardware als auch von der Software aus. Fehlermeldungen werden als Flags abgespeichert. Ferner werden die Daten synchronisiert zwischen allen Kanälen ausgetauscht.

Im hinteren Teil des Gehäuses befindet sich das Stromversorgungsmodul und zwei Steckverbinder zum Anschluß der Ein- und Ausgangssignale. Die Stromversorgung ist in einem eigenen Gehäuse untergebracht. Drei Steckverbinder stellen die elektrische Verbindung zu den Schaltkarten her. Jeder Kanal der DECU hat eine eigenständige Stromversorgungseinheit. Die einzelnen Stromversorgungsteile werden mit 28 VDC und mit 115 VAC versorgt. Die Stromversorgungseinheiten für die Grundtriebwerkregelung beinhalten zusätzlich noch die Ansteuerung der Zumeßorgane. Alle Signalleitungen von und zum Gerät werden über EMI-Filter geführt. Bild 10-22 zeigt die DECU.

10.3 Betriebssystem des Triebwerks V2500 der IAE

10.3.1 Allgemeines

Das Triebwerk V2500 ist im Schnitt in Bild 10-23 dargestellt. Es wurde konzipiert für ein etwa 150-sitziges Kurz- bis Mittelstreckenflugzeug mit zwei installierten Triebwerken und wird seit Mitte der achtziger Jahre in größeren Stückzahlen hergestellt. Entwicklung und Produktion des Triebwerks erfolgt durch die IAE, einem internationalen Konsortium der Firmen Pratt & Whitney, Rolls-Royce, MTU, Fiat und die japanische JAS.

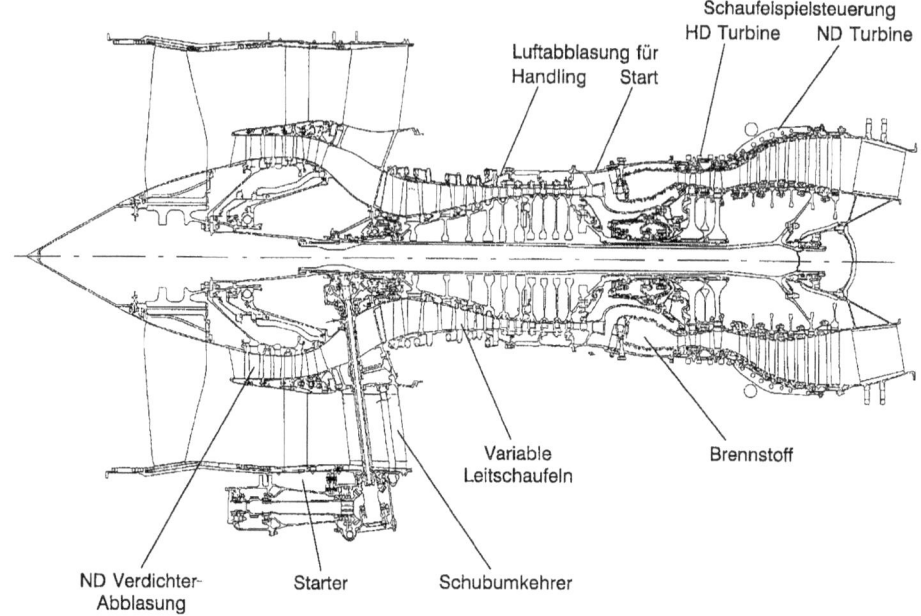

Bild 10-23 Längsschnitt des Triebwerks V2500 mit den zu steuernden Variablen

Wichtige Betriebsdaten bei ISA Bodenstand sind:

Schub: ca. 111 kN
Drehzahl-ND-Welle: 4.940 min^{-1}
Drehzahl-HD-Welle: 13.910 min^{-1}
Gesamtdruckverhältnis: 30
Nebenstromverhältnis: 5,7
Luftdurchsatz: 355 kg/s
Brennstofffluß: 3,61 kg/s

Das Betriebssystem dieses Triebwerks entspricht dem Standard, wie er für zivile Triebwerke typisch ist, mit nur kleineren Unterschieden von Hersteller zu Hersteller. Das Betriebssystem ist dadurch gekennzeichnet, daß in einer zentralen digital-elektronischen Einheit alle Steuerfunktionen am Triebwerk nach vorgegebenen mathematischen Gesetzen (Algorithmen) ausgeführt werden. Gegenüber der ersten und zweiten Generation ziviler Triebwerke sind nunmehr wesentlich mehr Vorgänge zu steuern und größtenteils logisch miteinander zu verknüpfen. Außerdem wird die Elektronik zur Selbstüberwachung eingesetzt und veranlaßt bei wichtigen Fehlern ein automatisches Umschalten auf intakte elektronische Komponenten, die im Rahmen der Redundanz doppelt ausgeführt sind. Aufgetretene Fehler werden in entsprechenden Speichern festgehalten und dem Bodenpersonal angezeigt.

10.3.2 Betriebssystem mit seinen wichtigsten Steuerfunktionen

Bild 10-24 zeigt schematisch die wesentlichen Vorgänge, die vom elektronischen Triebwerkregler EEC (*electronic engine control*) zu steuern sind.

Im folgenden sollen die Steuergesetze für die optimale Leistungscharakteristik etwas näher beschrieben werden. Die EEC liefert auf der Basis dieser Steuergesetze Brennstoffflußsignale, die durch einen Stellmotor auf die Brennstoffzumeßeinheit einwirken. Die drei wichtigsten Steuergesetze betreffen die Schubsteuerung, die Leerlaufdrehzahlen und die Beschleunigungs-/Verzögerungsvorgänge.

a) Schubsteuerung

Die primäre Schubsteuerung steuert den Brennstoff so, daß ein bestimmtes Triebwerkdruckverhältnis EPR (*engine pressure ratio*) erzielt wird. Dazu wird ein Sollwert des EPR berechnet als Funktion der Stellung des Leistungshebels, der Umgebungstemperatur, der Flug-Machzahl und der Flughöhe. Der Wert von EPR_{Soll} wird verglichen mit dem gemessenen, tatsächlich anliegenden Wert EPR_{Ist}. Die Differenz verändert den Brennstofffluß über ein dynamisches Kompensationsglied so, daß diese Differenz zu Null wird.

Sollte aus irgendeinem Grund die Berechnung von EPR_{Soll} oder die Messung von EPR_{Ist} nicht möglich sein, wird von der primären Schubsteuerung über EPR_{Ist} auf eine sekundäre (Ersatz-)Steuerung über N_L automatisch umgeschaltet.

10.3 Betriebssystem des Triebwerks V2500 der IAE

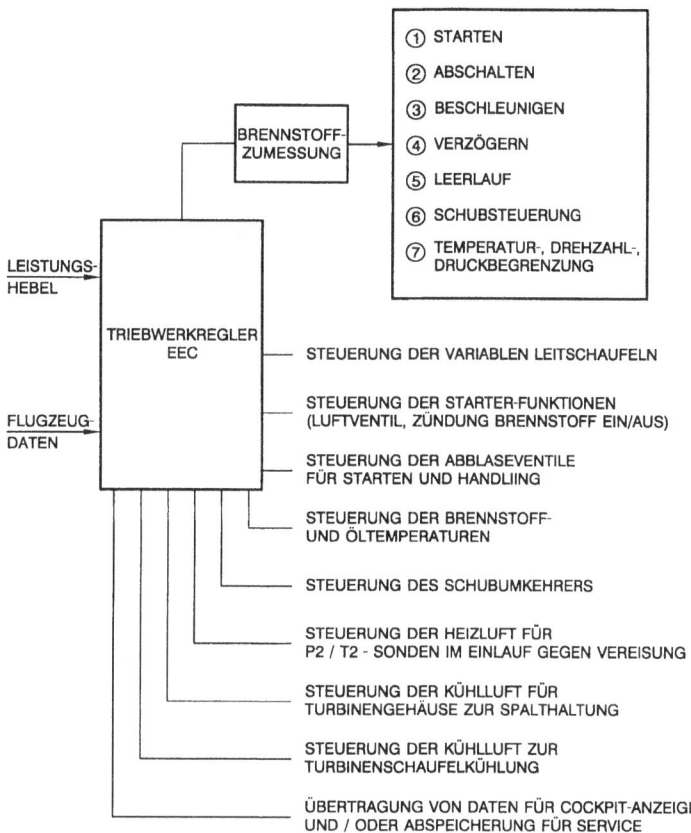

Bild 10-24 Vom Triebwerkregler EEC zu steuernde Vorgänge beim Triebwerk V2500

Dabei ist sichergestellt, daß beim Übergang kein plötzlicher Schubsprung auftritt. Der Referenzwert $N_{L\,Soll}$ wird als Funktion der Leistungshebelstellung und T_2 gebildet und der Brennstoff entsprechend verändert, bis $N_{L\,Soll}$ gleich $N_{L\,Ist}$ ist. Bild 10-25 zeigt die beiden Steuerungsmöglichkeiten.

b) Leerlaufsteuerung

Für das Schubniveau bei Leerlauf wird zunächst aus drei verschiedenen Steuergesetzen jeweils dasjenige ausgewählt, das den höchsten Schub bzw. die höchste Leerlaufdrehzahl N_H des HD-Rotors ergibt. Dabei wird die erste Leerlaufdrehzahl N_H aus einer konstanten reduzierten Drehzahl $N_H / \sqrt{T_2}$ gebildet, die näherungsweise konstanten reduzierten Schub bei unterschiedlichen Luft- und Leistungsentnahmen ergibt.

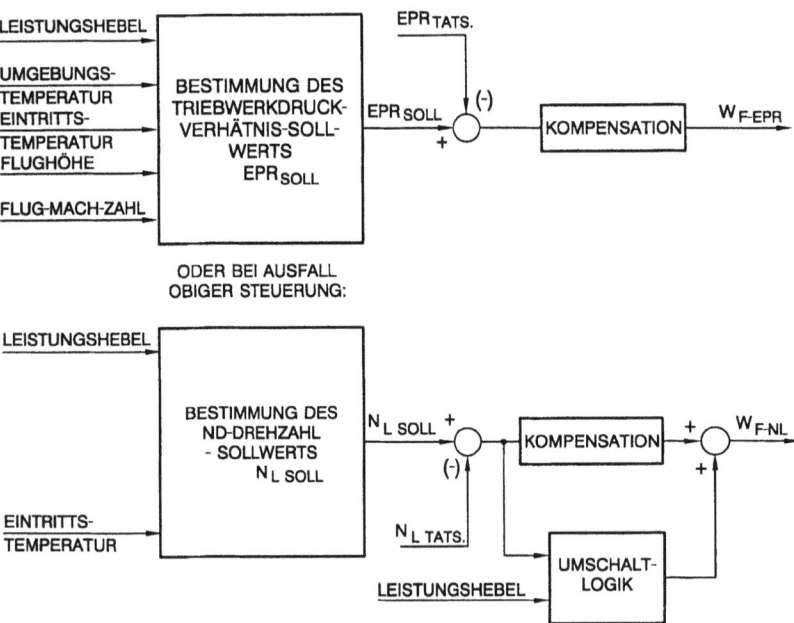

Bild 10-25 Prinzip der Schubsteuerung beim Triebwerk V2500

Die zweite Leerlaufdrehzahl N_H ist die Landeleerlaufdrehzahl, die eine Funktion von Eintrittstemperatur T_2 und Flughöhe ist. Diese Drehzahl garantiert genügend kurze Beschleunigungszeiten im Falle eines Abbruchs der Landung mit Durchstarten des Flugzeugs.

Die dritte Leerlaufdrehzahl ist eine minimale mechanische Drehzahl N_2, bis zu der der elektrische Generator betrieben werden kann.

Der sich aus der höchsten dieser drei Leerlaufdrehzahlen ergebende Brennstofffluß wird dann verglichen mit dem sich aus dem minimal zulässigen Brennkammerdruck ergebenden, wobei der höhere der beiden Werte genommen wird. Der minimal zulässige Brennkammerdruck wird als Funktion der Flughöhe bestimmt. Er wird mit dem tatsächlichen Brennkammerdruck verglichen und daraus die notwendige Korrektur des Brennstoffflusses bestimmt.

Schließlich wird die so ausgewählte Brennstoffflußkorrektur verglichen mit einem minimalen Brennstofffluß W_F, bei dem gerade noch ein Verlöschen der Brennkammer vermieden wird. Dieser Wert von W_F ergibt sich aus dem minimal zulässigen und vorgegebenen Quotienten aus Brennstoff und Brennkammerdruck. Der sich ergebende höchste Brennstoff wird schließlich als Steuersignal verwendet.

c) Steuerung der Start-, Beschleunigungs- und Verzögerungsvorgänge

Die Rotorbeschleunigungs- und -verzögerungsvorgänge werden als Funktion der ersten Ableitung der Drehzahl N_H nach der Zeit ($\dot{N}_H$) gesteuert. Diese Art der Steuerung ergibt über die gesamte Triebwerklebensdauer ein konsistentes Schubansprechverhalten, unabhängig von Luft- und Leistungsentnahmen und Triebwerkverschlechte-

rungen. Außerdem wird ein maximal zulässiger Wert des Quotienten aus Brennstofffluß zu Brennkammerdruck vorgegeben.

Das $\dot{N}_H$-Beschleunigungssteuergesetz ist definiert als Funktion der reduzierten Drehzahl $N_{H\,red}$, bezogen auf die Eintrittstemperatur in den HD-Verdichter, zusammen
mit einer Trimmung in Abhängigkeit der Flughöhe. Nach einer schnellen Verzögerung
wird das Beschleunigungssteuergesetz reduziert, um bei einer möglichen folgenden
raschen Wiederbeschleunigung des dann heißen Triebwerks (mit größeren Schaufelspielen) noch genügend Pumpgrenzenabstand zu haben. Der gesteuerte Sollwert $\dot{N}_H$
wird mit dem Istwert $\dot{N}_H$ verglichen. Die Abweichung, dynamisch kompensiert, beeinflußt die Brennstoffzumessung. Diese ist begrenzt durch einen Maximalwert des
Parameters $\dot{W}_F / W_F$. Analoges gilt für die Verzögerung.

Im Fall von Verdichterpumpen wird der Brennstoff mittels einer Steuerfunktion
$W_F / P_3 = f(N_{H\,red})$ zurückgenommen, um dem Triebwerk die Möglichkeit zu geben, wieder eine „gesunde" Strömung im Verdichter aufzubauen.

Zum Starten des Triebwerks und Beschleunigung auf Leerlauf wird der Brennstoff
gemäß einer Funktion $W_F / P_3 = f(N_{H\,red}; T_2)$ zugemessen.

d) Sicherheitseinrichtungen

Überdrehzahleinrichtungen sind sowohl für den HD- als auch den ND-Rotor vorhanden. Sie wirken direkt auf das Brennstoffzumeßsignal. Sie betätigen u. a. ein separates
Brennstoffventil in der Zumeßleitung, um den Brennstoff auf einen Minimalwert zu
reduzieren. Das Triebwerk kann dann abgeschaltet und neu gestartet werden, wobei
dieses separate Brennstoffventil zunächst wieder geschlossen ist, solange kein erneutes
Überdrehzahlsignal anliegt.

Verdichterpumpen wird festgestellt durch einen plötzlichen Abfall des Brennkammer-
drucks $\dot{P}_3 < \dot{P}_{3\,Grenz} = f(N_{H\,red}; P_2)$. Sobald dieses Kriterium vorliegt, schließt die
elektronische Steuereinheit die variablen Verdichterleitschaufeln um einige Grad bei
gleichzeitiger Öffnung der verschiedenen Abblaseventile. Außerdem wird die Steuerfunktion $W_F / P_3 = f(N_{H\,red})$ zurückgenommen, wie bereits unter c) erwähnt.

Sobald P_3 wieder seinen stationären Wert erreicht oder eine bestimmte Zeit abgelaufen ist, werden diese Maßnahmen rückgängig gemacht.

10.3.3 Brennstoffzumeßsystem

Die wichtigsten Komponenten dieses Brennstoffzumeßsystems sind die zweistufige
Brennstoffpumpe, der brennstoffgekühlte Ölkühler, der Brennstoffilter, die Brennstoff-
zumeßeinheit, das Brennstoffabsteuerventil mit Rückfluß zum Tank und das Verteilerventil vor den Brennern, das die 20 Brennerdüsen speist. Bild 10-26 zeigt die grundsätzliche Anordnung.

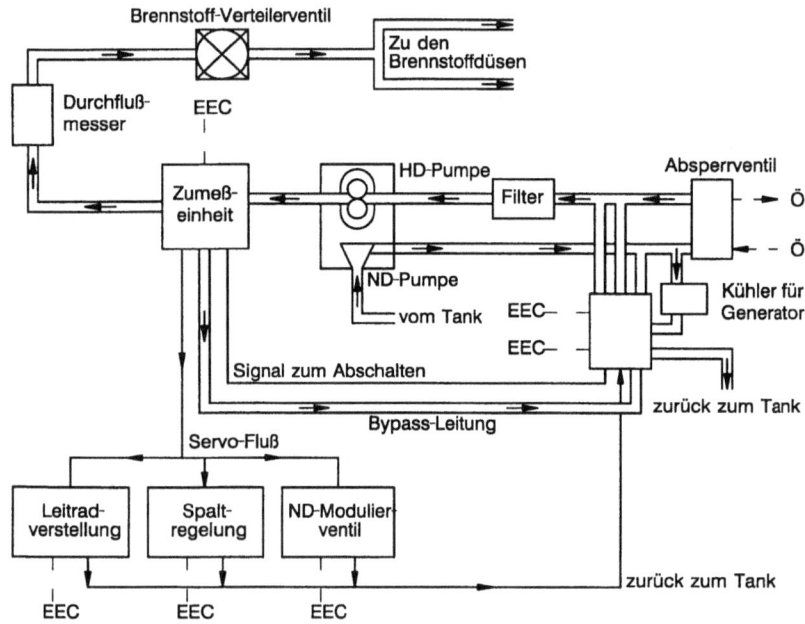

Bild 10-26 Anordnung des Brennstoffzumeßsystems des Triebwerks V2500

a) Brennstoffpumpe

Die Pumpe besteht aus einer ND-Radialpumpe sowie einer HD-Zahnradpumpe auf der gleichen Welle. Dabei ist es die Aufgabe der Radialpumpe, den Druckabfall durch den Kühler und den Filter auszugleichen und damit Kavitation an der HD-Pumpe zu vermeiden. Die radiale ND-Stufe erhält den Brennstoff durch die Flugzeugtankpumpen. Die HD-Stufe der Pumpe besitzt am Auslaß ein Überdruckventil, um die Pumpe gegen Überdruck zu schützen. Die Kapazität der Pumpe ist so bemessen, daß neben dem Brennstofffluß zur Brennkammer auch noch der Rückfluß sowie der Bedarf der verschiedenen Servos abgedeckt ist.

b) Kühler und Filter

Nachdem der Brennstoff die radiale ND-Pumpe verlassen hat, wird er durch den Ölkühler (FCOC, *fuel cooled oil cooler*) und einen Filter zum Einlaß der HD-Pumpe geführt. Der Ölkühler ist ein am Fan-Gehäuse montierter Wärmetauscher mit parallelen Strömen. Der Wärmetransfer vom Öl zum Brennstoff reduziert zum einen die Öltemperatur und verhindert zum anderen Eisbildung im Brennstoff. Ein Thermoelement mißt die Brennstofftemperatur nach dem Filter. Ein weiterer Wärmetauscher (IDG FCOC) dient der Kühlung des Generatoröls. Ein 40-Micron-Filter besorgt die Filterung des Brennstoffs. Ein Bypass-Ventil öffnet bei einem Anstieg des Druckabfalls über den Filter bei einem Wert von über 1 bar. Diese Filterblockierung wird im Cockpit angezeigt.

10.3 Betriebssystem des Triebwerks V2500 der IAE

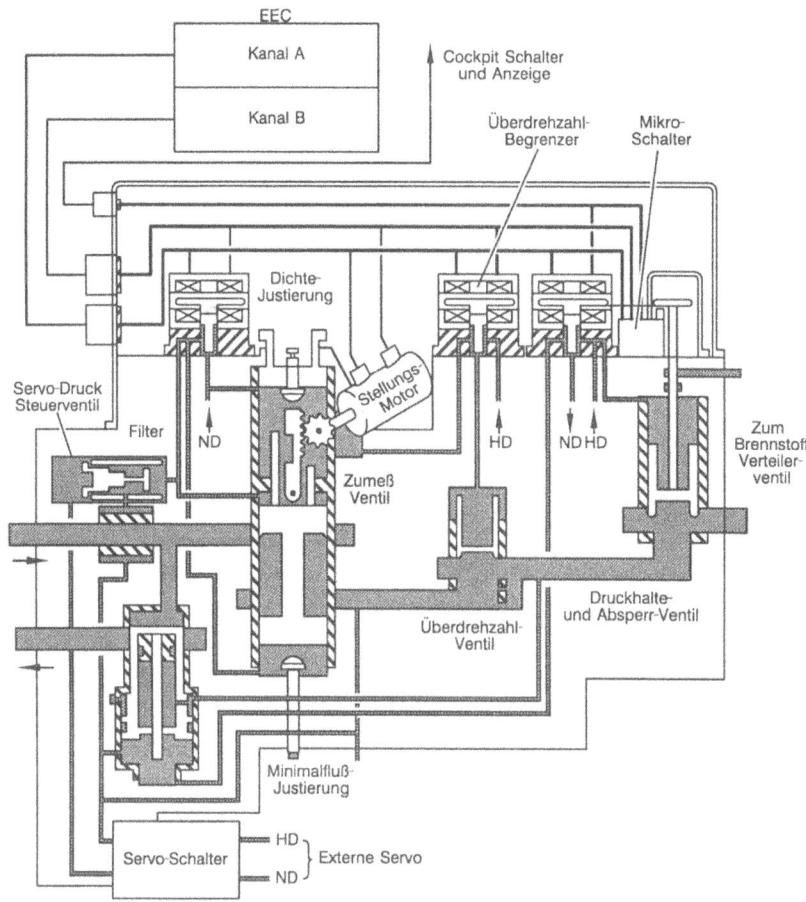

Bild 10-27 Brennstoff-Zumeßeinheit des Triebwerks V2500

c) Zumeßeinheit (FMU, fuel metering unit)

Bild 10-27 zeigt schematisch die Wirkungsweise der Zumeßeinheit. Die Ansteuerung dieser Komponente erfolgt durch den elektrischen Triebwerkregler (EEC) über einen elektrisch angesteuerten Servo. Eine Stellungsanzeige liefert das Rückführsignal zur EEC. Diese Zumeßeinheit steuert den zuzumessenden Brennstoff dadurch, daß sie den nicht benötigten Teil über einen Bypass zum Tank zurückführt.

Ein zusätzliches, bei Überdrehzahl öffnendes Ventil liegt hinter dem Zumeßventil und reduziert den Brennstoff auf einen Minimalwert, sobald ein entsprechendes Überdrehzahlsignal von der EEC vorliegt. Außerdem ist ein von Zumeßventil und Überdrehzahlventil unabhängiges Absperrventil vorhanden. Wenn geschlossen, sperrt es den Zufluß zu den Brennern und entlastet die HD-Pumpe, indem der von dieser geförderte Brennstoff zum Pumpeneinlaß zurückgesteuert wird. Dieses Absperrventil wird vom Piloten über eine 28 V-Gleichspannungsleitung angesteuert. Die tatsächliche Stellung des Absperrventils wird im Cockpit angezeigt.

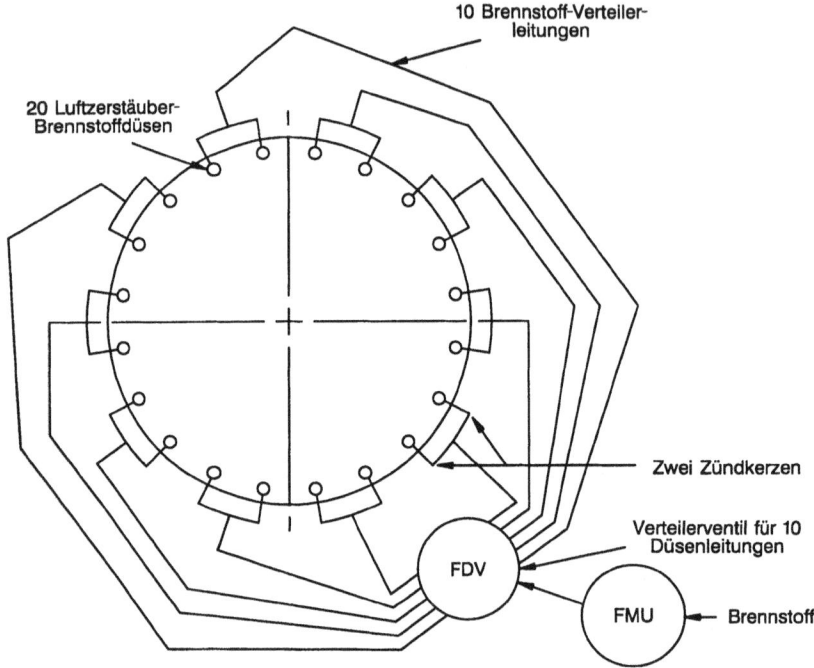

Bild 10-28 Brennstoffverteilerventil des Triebwerks V2500

Die FMU versorgt außerdem alle externen Servos mit dem nötigen hydraulischen Druck. Diese externen Servos steuern das HD-Verdichterabblaseventil, die Leitradverstellung, das IDG-Kühlerrückflußventil sowie ein Luftkühlerventil. Jeder dieser Servos wird wiederum von der EEC elektrisch angesteuert, der durch den Servo fließende Brennstoff wird in die Rückflußleitung zum Tank eingespeist.

Während des Startvorgangs schließt ein Servoventil die Zufuhr zu obigen Servos, um die Anforderung an die Pumpen bei niedrigen Drehzahlen zu minimieren.

d) Brennstoffverteilerventil

Dieses Verteilerventil erhält den Brennstoff von der Zumeßeinheit (FMU) und verteilt ihn zu den 20 Einspritzdüsen mit ihren relativ großen Durchtrittsöffnungen (Bild 10-28). Dabei wird der zugemessene Brennstoff gleichmäßig auf 10 Leitungen verteilt, von denen jede je zwei Einspritzdüsen speist. Das Brennstoffverteilerventil verbindet 8 der 10 Leitungen untereinander nach dem Abschalten des Triebwerks. Dabei fließt der in den Leitungen befindliche Brennstoff in das Triebwerk durch die unteren Einspritzdüsen.

10.4 Betriebssystem des Hubschraubertriebwerks MTR390

10.4.1 Allgemeines

Das Hubschraubertriebwerk MTR390 ist im Schnitt in Bild 10-29 dargestellt. Es besitzt zwei Radialverdichter auf einer Welle, eine Umkehrbrennkammer sowie eine einstufige Gasgeneratorturbine. Auf einer separaten, langsamer drehenden Welle sitzt die zweistufige Nutzturbine, die ihre Leistung über ein Getriebe an die Abtriebswelle zum Antrieb des Hubschrauberrotors abgibt. Entwicklung und Produktion dieses Triebwerks erfolgt durch ein Firmenkonsortium der Firmen MTU, Turbomeca und Rolls-Royce. Dabei haben die beiden ersten Firmen einen Anteil von je 40 %, Rolls-Royce einen solchen von 20 %. Das Triebwerk ist zunächst vorgesehen für den deutsch-französischen Kampfhubschrauber Tiger sowie für den französischen Angriffshubschrauber Gerfaut.

Wichtige Betriebsdaten bei ISA 0/0 sind:

Startleistung (5 min): 958 kW

Höchste Notleistung (30 s): 1.160 kW

Drehzahl Gasgenerator: 41.800 min^{-1}

Drehzahl Nutzturbine: 27.000 min^{-1}

Verdichterdruckverhältnis: 14

Turbineneintrittstemperatur
für Startleistung (5 min): 1.490 K

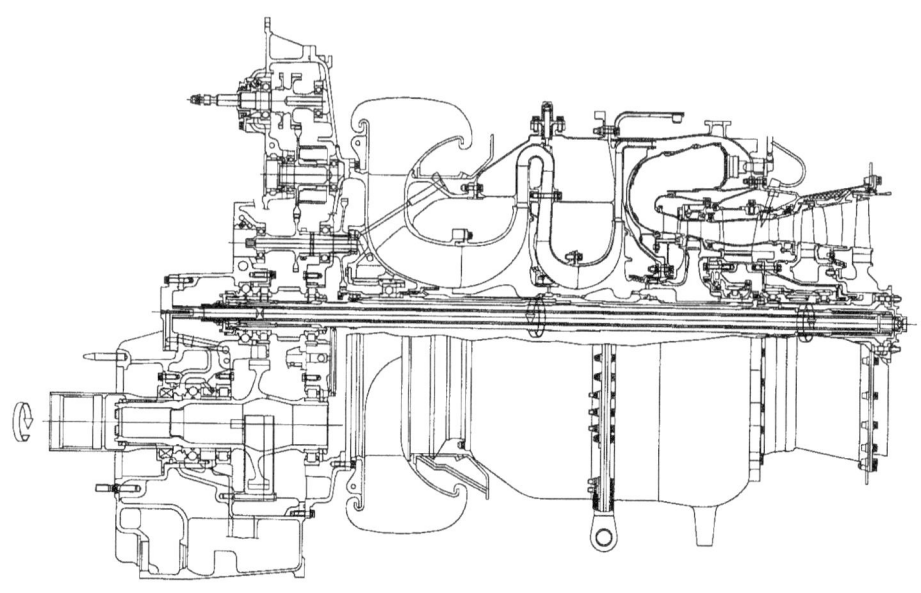

Bild 10-29 Längsschnitt des Hubschraubertriebwerks MTR390

Das Betriebssystem besteht zunächst aus einer digital-elektronischen Einheit, in der sich alle Steuer- und Regelungsvorgänge abspielen sowie einem auf die notwendigen Brennstoffzumeßvorgänge beschränktes Brennstoffsystem. Das auch hier mit FADEC bezeichnete Betriebssystem führt neben den Steuer- und Regelungsaufgaben auch noch eine Reihe von Überwachungsaufgaben durch, von denen sich ein hoher Prozentsatz auf die Elektronik selbst bezieht. Durchgeführt werden aber auch Überprüfungen der Leistung und evtl. Überschreitungen zulässiger Grenzwerte, die festgehalten werden. Die Elektronik ist einkanalig ausgeführt, im Fehlerfall besteht die Möglichkeit, das Triebwerk von Hand zu steuern unter Beachtung wichtiger Grenzwerte.

10.4.2 Betriebssystem mit seinen wichtigsten Steuerfunktionen

Bild 10-30 zeigt schematisch zunächst die generelle Struktur der Steuer- und Überwachungseinheit.

Gemäß Bild 10-31 ist die gesamte Steuerung und Regelung in mehrere Blöcke aufgeteilt, die mit ihren jeweiligen Ausgangssignalen entweder auf die Regelung des Gasgenerators oder direkt auf die Brennstoffzumessung einwirken. Über die Rückführung der Turbinentemperatur T_4 und der Gaserzeugerdrehzahl N_G werden die Regelkreise geschlossen. Im folgenden sollen die wichtigsten Steuergesetze kurz erläutert werden.

a) Steuerung des Anlaßvorgangs und des Hoch- und Zurückfahrens des Gasgenerators

Die Startsequenz bis zur Boden-Leerlaufdrehzahl läuft nach Anwahl vollautomatisch ab.

Berechnet werden dafür:

– Brennstofffluß für die Zündung,
– Brennstofffluß für die Beschleunigung,
– zusätzlicher Brennstofffluß für kaltes Triebwerk.

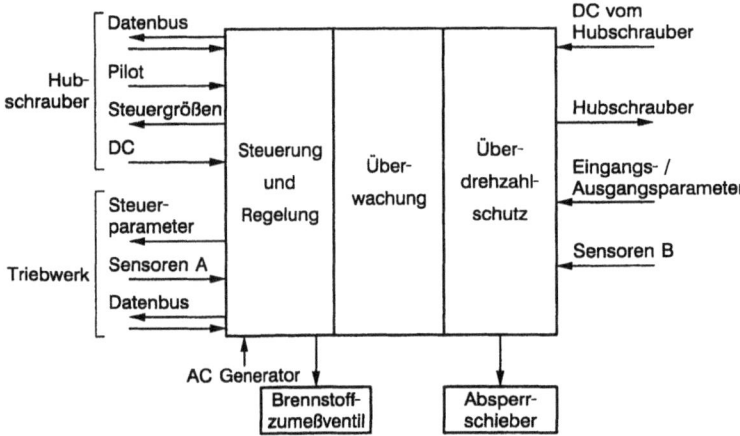

Bild 10-30 Struktur der Steuer- und Überwachungseinheit des Triebwerks MTR390

10.4 Betriebssystem des Hubschraubertriebwerks MTR390

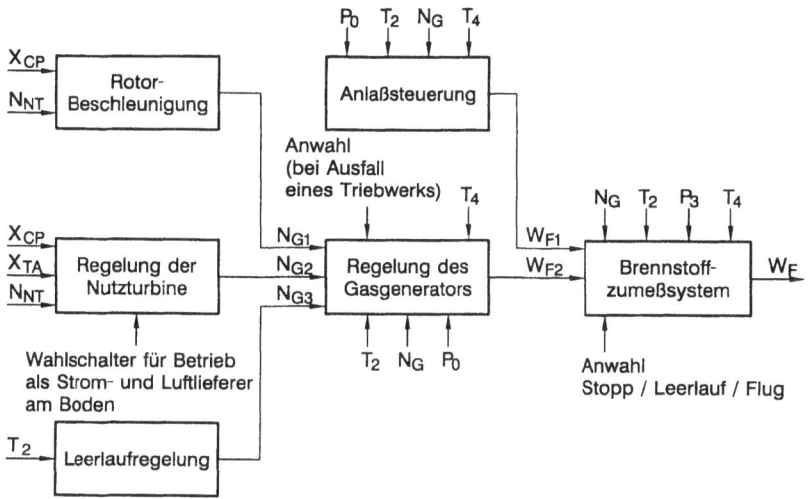

Bild 10-31 Signalfluß der Regelung des Triebwerks MTR390

In diese rechnerischen Bestimmungen gehen der Außendruck und die Außentemperatur ein, der thermische Zustand des Triebwerks, sowie die Eigenschaften des Brennstoffs.

Nach einem Abschalten oder Brennkammer-Verlöschen im Flug kann die Startsequenz entweder automatisch oder aber durch den Piloten initiiert werden.

Am Ende der Anlaßsequenz kann der Pilot eine Leerlaufdrehzahl N_G anwählen. Dies kann einmal erfolgen, wenn der Hubschrauberrotor durch die Bremse blockiert ist, um mit der N_G-Leerlaufdrehzahl das zulässige Maximalmoment der Bremse nicht zu übersteigen. Solange die Rotorbremse anliegt, kann das Triebwerk nicht über diese Leerlaufdrehzahl hochgefahren werden.

Zum anderen soll das Triebwerk zunächst nur auf Leerlauf gebracht werden, wenn sehr niedrige Umgebungstemperaturen herrschen, um das Ölsystem auf die nötige Temperatur zu bringen. In allen anderen Fällen können nach erfolgtem Start Triebwerk und Rotor unmittelbar hochgefahren werden. Auch das Hochfahren des Rotors erfolgt vollautomatisch, so daß der Hubschrauberstart rasch erfolgen kann.

b) Drehzahlregelung

Die Rotordrehzahl wird über die Drehzahl der Nutzturbine N_{NT} geregelt. Dabei wird ein Sollwert für die Gasgeneratordrehzahl N_G erzeugt. Eine Verstellung des Rotorblatt-Anstellwinkels X_{cp} (*collective pitch*) wird als Vorhalt aufgeschaltet, um nicht erst einen zu großen Einbruch der Rotordrehzahl zu erhalten, bevor der Gasgenerator daraufhin auf höhere Leistung gefahren wird, um den Drehzahleinbruch wieder auszugleichen. Die Rotor-Solldrehzahl kann vom Pilot in gewissen Grenzen verändert, oder aber auch vom Flugmanagement-System automatisch angepaßt werden. Kriterien dafür sind Fluggeschwindigkeit, Flughöhe oder Anforderungen hinsichtlich Leistung, Lärm oder Manövrierbarkeit.

c) Synchronisierung beider Triebwerke

Die Synchronisierung beider Triebwerke erfolgt entweder über die Gaserzeugerdrehzahl oder das Wellenmoment. Der jeweilige Synchronisierungsparameter wird zwischen den beiden FADEC-Reglern ausgetauscht. Dabei wird das momentan leistungsschwächere Triebwerk an das leistungstärkere angepaßt, bis beide gleiche Leistung liefern.

d) Automatische Grenzwerteinhaltung

Bei der über den Rotordrehzahlregler bestimmten und kommandierten Leistung des Gasgenerators werden automatisch alle bestehenden Grenzwerte wichtiger Parameter eingehalten. Diese sind:
– Gasgeneratordrehzahl ,
– Turbinentemperatur ,
– Verdichterpumpgrenze während der Beschleunigung,
– Verlöschgrenze der Brennkammer während Drehzahlverzögerungen,
– Wellenmoment im Rotorgetriebe sowohl stationär als auch instationär.

Außerdem wird ein Triebwerkausfall durch einen laufenden Vergleich der Wellenmomente und der Gasgeneratordrehzahlen beider Triebwerke ermittelt und die Information über den Datenbus zum FADEC des gesunden Triebwerks sowie zur Cockpit-Anzeige weitergeleitet.

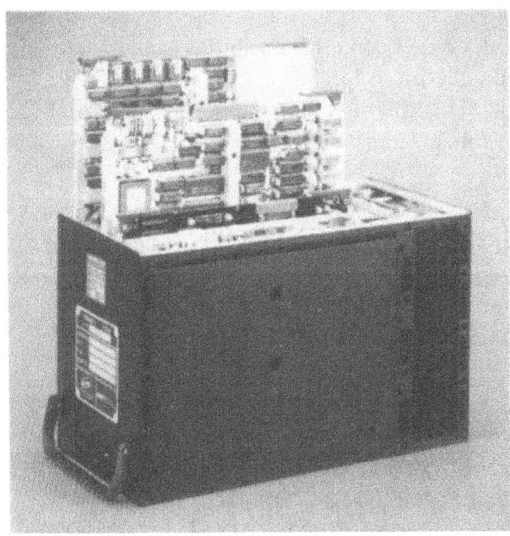

Bild 10-32
Einkanaliger Regler des Triebwerks MTR390

e) Betrieb nach Ausfall eines Triebwerks

Während beim Betrieb mit zwei Triebwerken die normalen Grenzwerte für Dauerbetrieb gelten, können beim Ausfall eines Triebwerks erhöhte Grenzwerte angefahren werden, allerdings nur für eine eingeschränkte Betriebsdauer. Sobald ein Ausfallsignal in der FADEC vom anderen Triebwerk erhalten wird, werden die ursprünglichen

Grenzwerte außer Kraft gesetzt und der Pilot kann nun zwischen mehreren zeitbegrenzten Leistungsstufen wählen. Die jeweils noch verbleibende Zeit wird ihm angezeigt.

Der elektronische Regler, in dem diese Funktionen realisiert werden, entstand in Kooperation der Firmen ELECMA in Frankreich und Bodenseewerk Gerätetechnik GmbH (BGT) in Deutschland.

Der Digitalregler ist einkanalig mit redundantem Überdrehzahlschutz ausgeführt. Bild 10-32 zeigt diese Elektronik-Box mit zwei hochgezogenen Karten.

10.4.3 Brennstoffzumeßsystem

Das Brennstoffzumeßsystem (Bild 10-33) erhält den Brennstoff über Tankpumpen aus dem Tank des Hubschraubers. Er erreicht zunächst die ND-Radialpumpe, die zusammen mit dem Generator auf einer Welle sitzt. Zur Unterstützung der Saugwirkung dieser Pumpe ist eine Strahlpumpe vorgeschaltet, deren Ejektor durch eine kleine Menge des von der Radialpumpe geförderten Brennstoffs höheren Drucks beschickt wird. Nach dem Pumpenauslaß strömt der Brennstoff um den Generator, um diesen zu kühlen. Anschließend erreicht er einen Filter. Sollte dieser blockiert sein, kann der Brennstoff diesen ab einer bestimmten erhöhten Druckdifferenz über den Filter durch ein Bypasss-Ventil ungefiltert umgehen. Dies wird von einem Sensor registriert und angezeigt. Der Brennstoff erreicht nach der Druckerhöhung im ND-System zur Vermeidung von Kavitation nun die HD-Pumpe, die als Zahnradpumpe ausgebildet ist. Zum Schutz dieser Pumpe gegen Beschädigung bei blockiertem Abfluß und damit unzulässig hohem Lieferdruck ist auch hier ein Bypass-Ventil vorgesehen, das ab einer bestimmten Druckdifferenz über der Pumpe öffnet und Brennstoff zum Pumpeneinlaß zurückströmen läßt. Der Brennstoff wird dann durch ein Feinfilter gedrückt, bevor er das Zumeßventil erreicht. Dieses wird durch einen redundanten, zweikanaligen elektrischen Antrieb verdreht, wodurch ein variabler Drosselquerschnitt je nach Drehwinkel erzeugt wird. Auf der gleichen Welle sitzt ein Positionsfühler, der den tatsächlich erreichten Drehwinkel an die FADEC-Einheit zurückmeldet, um den Positionsregelkreis schließen zu können.

Damit jedem Drehwinkel des Ventils ein bestimmter Brennstofffluß zugeordnet ist, regelt ein Druckabfallregler die Druckdifferenz über das Zumeßventil auf einen näherungsweise konstanten Wert ein, der allerdings etwas mit dem Durchfluß variiert, da es sich um einen einfachen Proportionalregler handelt. In diesem Druckabfallregler liegt an einer federbelasteten Membran auf der einen Seite der Druck vor und auf der anderen Seite der Druck nach dem Zumeßventil an. Ändert sich die Druckdifferenz, so wird die Membran ausgelenkt und verändert damit eine Drossel in einer vor dem Zumeßventil abzweigenden Rückströmleitung, die einen Teil des von der HD-Pumpe geförderten Brennstoffs vor dem Filter nach ND zurückströmen läßt. Da die Zahnradpumpe näherungsweise proportional zu ihrer Drehzahl fördert, ist dieser Rückfluß die Differenz zwischen der Fördermenge der Pumpe und dem tatsächlich der Brennkammer zugemessenen Brennstoff. Dieser zum Triebwerk weiterströmende Brennstoff fließt nun durch einen Durchflußmesser, der ein entsprechendes elektrisches Signal liefert.

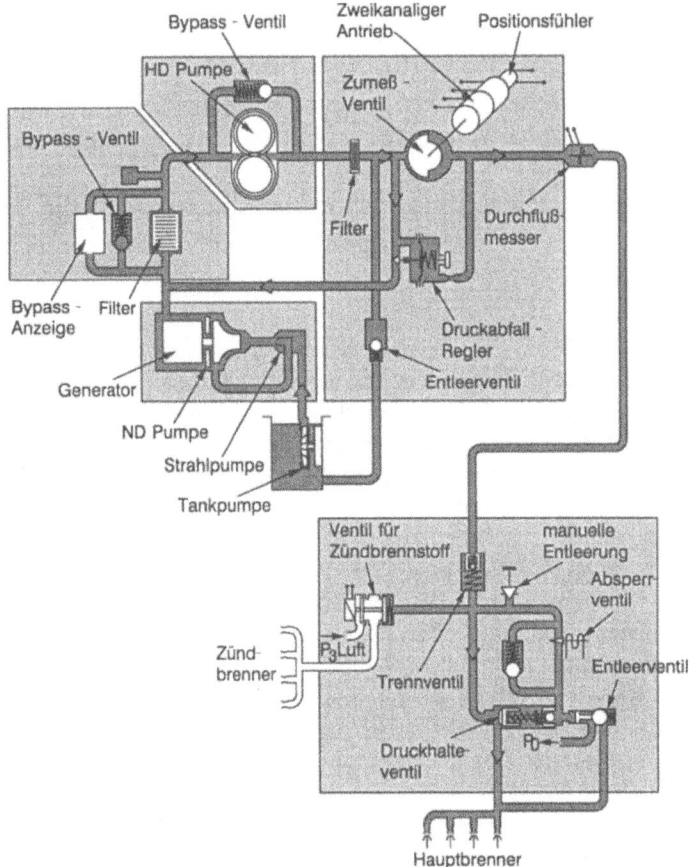

Bild 10-33 Brennstoffzumeßsystem des Triebwerks MTR390

Für den Startvorgang strömt der zugemessene Brennstoff zu den Zündbrennern, nachdem durch Servoluft vom Verdichteraustritt ein Ventil geöffnet wurde. Mit steigendem Brennstofffluß steigt aber auch der Druck in der Brennstoffleitung, so daß nunmehr ein zuvor geschlossenes Druckhalteventil vor den Hauptbrennerdüsen öffnet und diese dadurch mit Brennstoff beschickt werden.

Nach dem Abschalten des Triebwerks sinkt der Druck in den Leitungen, wodurch federbelastete Entleerventile öffnen, um die Leitungen zu leeren. Vor dem sog. Trennventil erfolgt die Entleerung zurück in den Tank, nach dem Trennventil überbord. Dadurch wird eine Zersetzung des Brennstoffs bzw. ein Verkoken der Brennerdüsen vermieden.

Anhang

Einige Definitionen und Grundlagen der Regelungstechnik

In diesem Abschnitt werden einige wenige Grundlagen der Steuer- und Regelungstechnik dargestellt, die für ein besseres Verständnis der sonstigen Ausführungen und Darstellungen in diesem Buch nützlich sein könnten. Für ein vertieftes Studium steht eine äußerst umfangreiche Fachliteratur zur Verfügung, z. B. [105] bis [113]. Neben diesen allgemeinen Grundlagen wird unter A6 auf spezifische Besonderheiten beim Entwurf der Steuer- und Regelsysteme von Flugtriebwerken kurz eingegangen.

A1 Begriffe der Steuer- und Regelungstechnik

Die im folgenden erläuterten, häufig angewendeten Begriffe stehen im Einklang mit DIN 19226 [114].

a) System
Ein System ist eine in einem betrachteten Zusammenhang gegebene Anordnung von Gebilden, die miteinander in Beziehung stehen. Diese Anordnung wird aufgrund bestimmter Vorgaben gegenüber ihrer Umgebung abgegrenzt.

Struktur
Die Struktur ist die Gesamtheit der Beziehungen zwischen Teilen eines Ganzen.

Systemparameter
Die Systemparameter sind Größen, deren Werte das Verhalten des Systems bei gegebener Struktur kennzeichnen.

Größe, Wert einer Größe
Eine Größe beschreibt die Eigenschaften eines Vorgangs oder Körpers, die einer qualitativen Identifizierung und einer quantitativen Bestimmung zugänglich ist. Der Wert einer Größe ist das Ergebnis ihrer quantitativen Bestimmung, das als Produkt aus Zahlenwert und Einheit angegeben wird.

Größenvektor und Systemgrößen
Größen, die hinsichtlich der Beschreibung eines Systems gleichartig sind, lassen sich zu einem Vektor zusammenfassen, dessen Komponenten sie bilden. Beispiele: Eingangsgrößen, Ausgangsgrößen, Zustandsgrößen.

– Eingangsgröße, Eingangsvektor
  Die Eingangsgröße u ist eine Größe, die auf das betrachtete System einwirkt, ohne selbst von ihm beeinflußt zu werden; sämtliche Eingangsgrößen eines Systems bilden den Eingangsvektor $u = (u_1, u_2, u_3, \cdots, u_p)$.

- Ausgangsgröße, Ausgangsvektor
  Die Ausgangsgröße v ist eine erfaßbare Größe eines Systems, die nur von ihm und seinen Eingangsgrößen beeinflußt wird; sämtliche Ausgangsgrößen eines Systems bilden den Ausgangsvektor $v = (v_1, v_2, v_3, \cdots, v_q)$.
- Zustandsgrößen, Zustandsvektor
  Zustandsgrößen x_j, mit $j = 1, 2, 3, \cdots, n$ als diejenigen zeitveränderlichen Größen eines Systems, mit deren Kenntnis zu irgendeinem Zeitpunkt das weitere Verhalten des Systems bei gegebenen Eingangsgrößen eindeutig bestimmbar ist. Die Gesamtheit der Zustandsgrößen des Systems bildet den Zustandsvektor $x = (x_1, x_2, x_3, \cdots, x_n)$.

Wirkung
Wirkung ist die Beeinflussung einer Größe, der beeinflußten Größe, durch eine oder mehrere andere Größen, die verursachenden Größen.

Prozeß
Ein Prozeß ist die Gesamtheit von aufeinander einwirkenden Vorgängen in einem System, durch die Materie, Energie oder auch Information umgeformt, transportiert oder gespeichert wird.

Modell
Ein Modell ist die Abbildung eines Systems oder Prozesses in ein anderes begriffliches oder gegenständliches System, das das System oder den Prozeß bezüglich bestimmter Fragestellungen hinreichend genau abbildet.

Algorithmus
Ein Algorithmus ist eine vollständig festgelegte endliche Folge von Vorschriften, nach denen aus zulässigen Eingangsgrößen eines Systems gewünschte Ausgangsgrößen erzeugt werden.

Wirkungsplan
Der Wirkungsplan ist die sinnbildliche Darstellung der Gesamtheit aller Wirkungen in einem betrachteten System.
- *Wirkungsrichtung*
  Die Richtung, in der die Wirkungen übertragen werden, heißt Wirkungsrichtung; sie geht stets von der verursachenden zur beeinflußten Größe und wird durch Pfeile dargestellt.
- *Elemente des Wirkungsplans*
  - Wirkungslinie
    Die Wirkungslinie stellt den Weg einer Größe im Wirkungsplan dar. Auf ihr wird die Wirkungsrichtung durch einen Pfeil angegeben. Vektorielle Größen werden durch Doppellinien dargestellt.
  - Block
    Der Block stellt ein System mit einer oder mehreren verursachenden und einer beeinflußten Größe im Wirkungsplan dar. Er hat mit Ausnahme der Addition die Form eines Rechtecks. Innerhalb des Rechtecks soll die wirkungsmäßige Abhängigkeit angegeben werden.

A1 Begriffe der Steuer- und Regelungstechnik

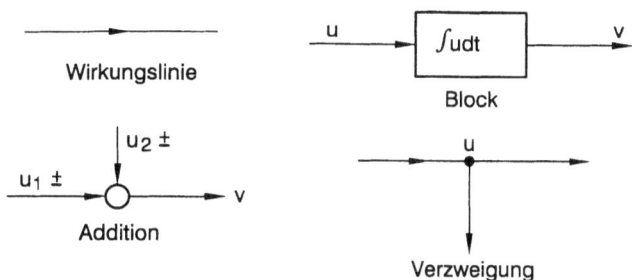

Bild A-1 Elemente des Wirkungsplans

- Addition
  Die Addition bildet die algebraische Summe mehrerer wertkontinuierlicher Größen. Sie wird im Wirkungsplan durch einen kleinen Kreis dargestellt. Die Polarität, mit der eine Größe in die Addition eingeht, steht in Pfeilrichtung rechts neben der Größe, positive Vorzeichen können weggelassen werden.
- Verzweigung
  Die Verzweigung ist eine Stelle im Wirkungsplan, von der aus ein und dieselbe Größe mehreren Blöcken oder Additionen zugeführt wird. Sie hat die Form eines Punktes.
- Wirkungsweg
  Der Wirkungsweg ist derjenige Weg, längs dessen Wirkungen das System durchlaufen wird. Den Wirkungsweg bilden die Elemente des Wirkungsplans.

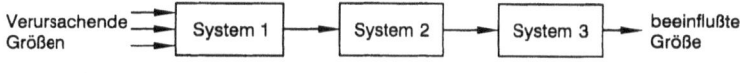

a. Reihenstruktur mit offenem Wirkungsweg

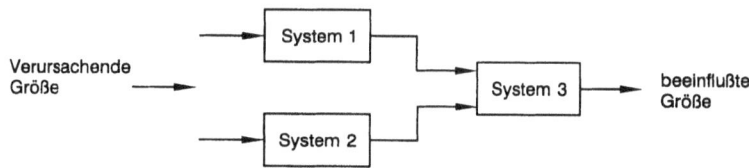

b. Parallelstruktur mit offenem Wirkungsweg

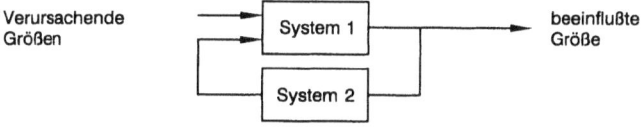

c. Kreisstruktur mit geschlossenem Wirkungsweg

Bild A-2 Systemstrukturen und Wirkungswege

- Grundstrukturen
  Grundstrukturen des Wirkungsplans sind die Reihen-, Parallel- und Kreisstruktur.
- Offener und geschlossener Wirkungsweg
  Der Wirkungsweg zwischen verursachender und beeinflußter Größe heißt offener Wirkungsweg, wenn von der beeinflußten Größe kein Wirkungsweg zu einer verursachenden Größe zurückführt. Ist ein solcher vorhanden, so liegt ein geschlossener Wirkungsweg vor.

b) Signale

Ein Signal ist die Darstellung von Information. Die Darstellung erfolgt durch den Wert oder Werteverlauf einer physikalischen Größe.

Analoges Signal

Beim analogen Signal liegt ein kontinuierlicher Werteverlauf des Informationsparameters vor, dem Punkt für Punkt unterschiedliche Information zugeordnet ist (Bild A-3).

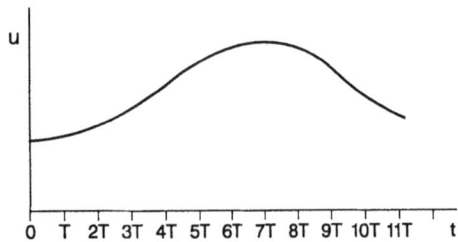

a. Zeitlich kontinuierliches analoges Signal

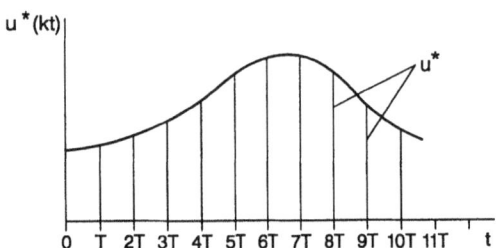

b. Durch Abtastung gewonnenes zeitliches diskontinuierliches analoges Signal $u^*(kt)$

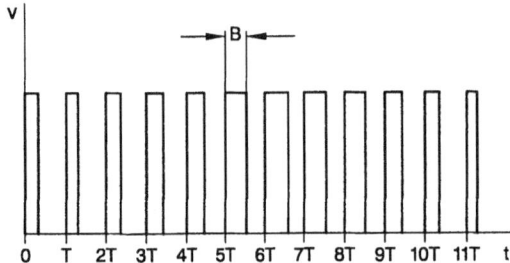

c. Durch Abtastung und Umwandlung in ein breitenmoduliertes Impulssignal gewonnenes zeitlich diskontinuierliches analoges Signal (Informationsparameter: Wert von B/T)

Bild A-3
Beispiele für analoge Signale

A1 Begriffe der Steuer- und Regelungstechnik

Digitales Signal

Ein digitales Signal besitzt eine endliche Anzahl von Wertebereichen des Informationsparameters, wobei jedem Wertebereich als Ganzem eine bestimmte Information zugeordnet ist (Bild A-4).

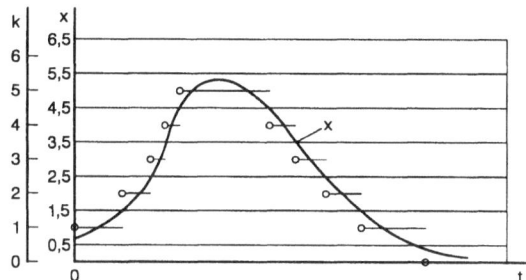

Bild A-4 Verlauf eines analogen Signals und des aus ihm erzeugten digitalen Signals

Binäres Signal

Ein binäres Signal ist ein digitales Signal mit nur zwei Wertebereichen des Informationsparameters.

c) Allgemeine Größen und Kennwerte bei Regelungen und Steuerungen

Führungsgröße

Die Führungsgröße ist eine von der betreffenden Steuerung oder Regelung nicht beeinflußte Größe, die der Steuerkette oder dem Regelkreis von außen zugeführt wird und der die Ausgangsgröße in vorgegebener Abhängigkeit folgen soll.

Führungsbereich

Der Führungsbereich ist der Bereich, innerhalb dessen die Führungsgröße einer Steuerung oder Regelung liegen kann.

Störgröße

Die Störgröße ist eine von außen wirkende Größe, die die Abläufe in der Steuerung oder Regelung beeinträchtigt.

d) Eigenschaften und Kennwerte von Stelleinrichtungen

Stellgröße

Die Stellgröße ist die Ausgangsgröße der Steuer- oder Regeleinrichtung und zugleich Eingangsgröße der Strecke. Sie überträgt die steuernde Wirkung der Einrichtung auf die Strecke.

Stellgeschwindigkeit

Die Stellgeschwindigkeit ist die Geschwindigkeit, mit der die Stellgröße geändert wird.

Stellzeit

Die Stellzeit ist die Zeit, in der die Stellgröße bei größtmöglicher Stellgeschwindigkeit den gesamten Stellbereich durchläuft.

e) Eigenschaften und Kennwerte von Strecken:

Stellverhalten
Das Stellverhalten der Strecke ist das Übertragungsverhalten bei Änderung der Stellgröße.

Störverhalten
Das Störverhalten der Strecke ist das Übertragungsverhalten bei Änderung der Störgrößen.

Strecken mit oder ohne Ausgleich
Eine Strecke mit Ausgleich strebt nach Verstellung der Stellgröße einem neuen Beharrungszustand zu (z.B. P-T-Glied).
Eine Strecke ohne Ausgleich verändert sich nach einer Verstellung der Stellgröße dauernd weiter (z. B. I-T-Glied).

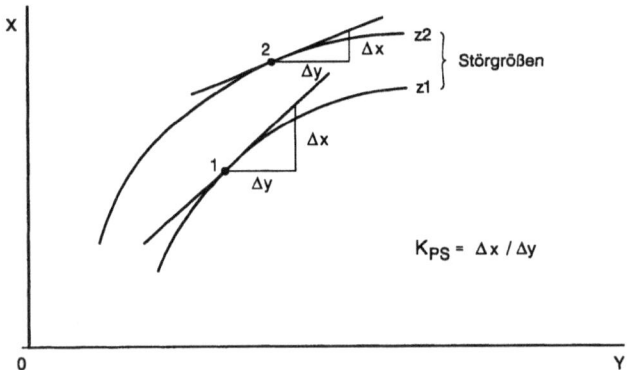

Bild A-5 Proportionalbeiwert $K_{PS} = \Delta x / \Delta y$ aus Kennlinien für verschiedene Störgrößenwerte z_1 und z_2 und verschiedene Arbeitspunkte 1 und 2

Proportionalbeiwert der Strecke
Dieser ist gegeben durch $K_{PS} = \Delta x / \Delta y$ bei festen Werten der Störgrößen. Dabei sei y die Stellgröße und x die Ausgangsgröße der Strecke. Dieser Zusammenhang gemäß Bild A-5 ist nur bei Strecken mit Ausgleich angebbar. Der reziproke Wert von K_{PS} heißt Ausgleichswert.

Verzugszeit
Die Verzugszeit ist die Zeitspanne, die durch den Punkt t_0 und den Schnittpunkt der ersten Wendetangente der Sprungantwort mit der Abszissenachse bestimmt ist.

Ausgleichszeit
Die Ausgleichszeit ist die Zeitspanne, die durch die Schnittpunkte der ersten Wendetangente der Sprungantwort mit der Abszissenachse und der Abszissenparallelen durch den Beharrungswert bestimmt ist.

Totzeit
Die Totzeit ist die zeitliche Verschiebung der Ausgangsgröße gegenüber der Eingangsgröße eines Totzeitglieds.

f) Begriffe der Steuerungstechnik bei digitalen und binären Steuerungen

Unterscheidung nach der Signalverarbeitung

Bei der synchronen Steuerung erfolgt die Signalverarbeitung synchron zu einem Taktsignal. Dagegen arbeitet die asynchrone Steuerung ohne Taktsignal. Hier werden Signaländerungen nur durch Änderungen der Eingangssignale ausgelöst. Bei der Verknüpfungssteuerung sind den Zuständen der Eingangssignale durch Boolesche Verknüpfungen definierte Zustände der Ausgangssignale zugeordnet.

Unterscheidung nach dem Steuerungsablauf

Die Ablaufsteuerung ist eine Steuerung mit zwangsläufig schrittweisem Ablauf, bei der der Übergang von einem Schritt zum nächsten abhängig von Übergangsbedingungen erfolgt. Bei der zeitgeführten Ablaufsteuerung sind die Übergangsbedingungen nur von der Zeit abhängig. Die prozeßabhängige Ablaufsteuerung bezieht ihre Übergangsbedingungen vorwiegend von Signalen der gesteuerten Anlage (Prozeß).

Unterscheidung nach der Programmverwirklichung

Das Programm einer Steuerung ist die Gesamtheit aller Steuerungsanweisungen. Ein *Speicher* einer Steuerung ist eine Funktionseinheit innerhalb einer Steuerung, die Programme oder andere Daten in digitaler Darstellung aufnimmt und abrufbar aufbewahrt.

Eine speicherprogrammierbare Steuerung ist eine Steuerung, deren Programm in einem Programmspeicher gespeichert wird. Die Art des Speichers, wie z. B. PROM, EPROM, EEPROM, gepuffertes und ungepuffertes RAM sowie die mechanische und elektrische Integration des Speichers bestimmt, ob, in welchem Umfang und wie das Programm der Steuerung verändert werden kann.

Arten von Steuerungssignalen

Die Meldung kennzeichnet mit dem Meldesignal einen Zustand der Steuerung. Eine Rückmeldung erfolgt als unmittelbare Auswirkung eines Befehls. Das Eingabesignal ist ein von außen kommendes, auf die Signalverarbeitung wirkendes Signal. Das Ausgabesignal ist ein von der Signalverarbeitung zur Ausgabe bereitgestelltes Signal. Der Steuerungsbefehl ist eine Vorschrift zur Zustandsänderung in der Steuereinrichtung.

Elemente eines Steuerungsprogramms

Die Steuerungsanweisung ist die kleinste selbständige Einheit des Programms einer Steuerung, die eine Arbeitsvorschrift darstellt. Dabei ist der Operationsteil derjenige Teil der Steueranweisung, der die auszuführende Operation beschreibt.

Der Operandenteil ist der Teil der Steueranweisung, der die für die Ausführung der Operation notwendigen Daten enthält, wie Operandenkennzeichen, Parameter, Adressen.

A2 Mathematische Beschreibung des Verhaltens typischer Systemelemente

A2.1 Mathematische Grundlagen

In sehr vielen Fällen der Steuer- und Regelungstechnik liegen lineare Verhältnisse vor, zumindest näherungsweise. Diese führen zu einer wesentlich einfacheren mathematischen Behandlung als nichtlineare Systeme. Im Triebwerkbau können aber sowohl beim Triebwerk selbst (Regelstrecke) als auch den Geräten (Stellglieder) typische Nichtlinearitäten in Form stark gekrümmter Kennlinien, begrenzender Anschläge in den Geräten etc. auftreten, die dann in den Rechnungen und Simulationen zu berücksichtigen sind. Sind für die Rechnung nur kleine Auslenkungen um einen Betriebspunkt zu behandeln, so können stetige nichtlineare Beziehungen sowie Produkte mehrer Variablen in der Regel linearisiert werden, was auf dem vorliegenden Arbeitsgebiet häufig geschieht. Die stetige nichtlineare Beziehung wird im Betriebspunkt durch die Tangente an die Kurve ersetzt, also die örtliche Ableitung $(\partial y / \partial x)_0$. Somit ist dann $\Delta y = (\partial y / \partial x)_0 \Delta x$. Treten zwei Variable $x_1(t)$ und $x_2(t)$ als Produkt auf, so werden sie nach der Taylorentwicklung behandelt:

$$y = x_1 \cdot x_2 = (x_{10} + \Delta x_1) \cdot (x_{20} + \Delta x_2)$$

$$y + \Delta y = x_1 \cdot x_2 + \Delta x_1 \, x_{20} + \Delta x_2 \, x_{10} + \Delta x_1 \Delta x_2$$

Wird das Produkt $\Delta x_1 \Delta x_2$ als klein gegenüber den anderen Termen vernachlässigt, so ist das Ergebnis

$$\Delta y(t) = \Delta x_1(t) \, x_{20} + \Delta x_2(t) \, x_{10}.$$

Das Kleinsignalprodukt wird also durch eine mit betriebspunktabhängigen Koeffizienten gewichtete Kleinsignalsumme ersetzt. Leitet man die Formel aus dem Tayloransatz her, so erhält man

$$\Delta y(t) = \left.\frac{\partial y(t)}{\partial x_1(t)}\right|_{x_{10}} \Delta x_1(t) + \left.\frac{\partial y(t)}{\partial x_2(t)}\right|_{x_{20}} \Delta x_2(t).$$

Der Differentialquotient im Betriebspunkt x_{10} entspricht somit dem Faktor x_{20}, der im Betriebspunkt x_{20} dem Faktor x_{10}.

Anschließend sollen ausschließlich lineare Systeme behandelt werden, wobei sich die Behandlung in der Regel auf kleine Auslenkungen um einen stationären Betriebspunkt beschränkt.

Zur Beschreibung des Zeitverhaltens linearer Übertragungsglieder dienen lineare Differentialgleichungen. Da bei diesen Übertragungsgliedern alle Abweichungen aus einem stationären Anfangszustand wie Abweichungen aus dem Anfangswert Null berechnet werden können, wird im folgenden der Spezialfall Anfangsbedingung gleich Null behandelt.

Systeme sind dann linear, wenn ihre zeitabhängigen Eingangs- und Ausgangsgrößen superponierbar sind. Wenn also z. B. die Eingangsgrößen $u_1(t)$ bzw. $u_2(t)$ die Ausgangsgrößen $v_1(t)$ bzw. $v_2(t)$ erzeugen, so erzeugen die simultanen Eingangsgrößen $u_1(t) + u_2(t)$ die Ausgangsgröße $v_1(t) + v_2(t)$.

A2 Mathematische Beschreibung des Verhaltens typischer Systemelemente

Für Rechenoperationen mit linearen Differentialgleichungen hat sich die Laplace-Transformation bewährt und durchgesetzt, bei der $f(t)$ in $F(s)$ transformiert wird nach der Beziehung

$$F(s) = L[f(t)] = \int_0^\infty f(t)e^{-st}\,dt$$

mit $s = \sigma + j\omega$ als eine willkürliche komplexe Variable. Damit ergibt sich zum einen die Möglichkeit, alle wichtigen, immer wieder vorkommenden Funktionstransformationen aus Tabellen zu entnehmen, zum anderen sind Rechenoperationen nunmehr sehr einfach durchzuführen, wie aus den Beispielen der Tabelle A-1 ersichtlich:

Tabelle A-1

Operation	$f(t)$	$F(s)$
Multiplikation mit einer Konstanten	$k\,f(t)$	$k\,F(s)$
Addition	$f_1(t) + f_2(t)$	$F_1(s) + F_2(s)$
Differentiation	$\dfrac{d}{dt}f(t)$	$s\,F(s) - f(o^+)$
Integration	$\int f(t)\,dt$	$\dfrac{F(s)}{s} + \dfrac{f^{(-1)}(o^+)}{s}$
Verzögerte Funktion	$f(t-a)$ mit $f(t-a) = o$ für $o < t < a$	$e^{-as}F(s)$
Zeitskalierung	$f(at)$	$\dfrac{F(s/a)}{a}$
Anfangswert	$\lim_{t\to 0} f(t)$	$= \lim_{s\to\infty} sF(s)$
Endwert	$\lim_{t\to\infty} f(t)$	$= \lim_{s\to 0} sF(s)$

Tabelle A-2 gibt die Laplace-Funktionen einiger typischer Eingangssignale an, die mit der entsprechenden Übertragungsfunktion des beaufschlagten Systems zu multiplizieren sind. Nach Rücktransformation in den Zeitbereich erhält man die Antwort des Systems.

Tabelle A-2

Eingangssignal	Laplace-Funktion	Ausgangssignal des dynamischen Systems
Impuls oder Nadelfunktion $\delta(t)$	1	Gewichtsfunktion (Stoßantwort)
Sprungfunktion $1(t)$	$1/s$	Sprungantwort (Übergangsfunktion)
Rampenfunktion	$1/s^2$	Rampenantwort
Begrenzte Rampe	$\dfrac{1-e^{-as}}{as^2}$	–
(Einsetzende) Harmonische Anregung $\sin \omega_o t$	$\dfrac{\omega_0}{s^2+\omega_0^2}$	Sinusantwort

Die Vorgehensweise beim Arbeiten mit der Laplace-Transformation folgt dem folgenden Schema:

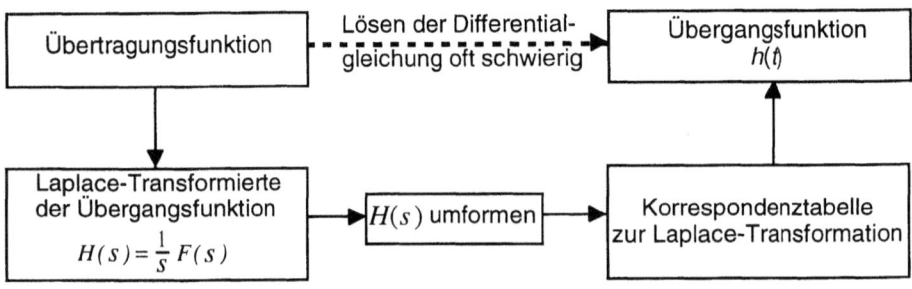

Ein wichtiges Eingangssignal ist die Sinuswelle. Beim linearen Übertragungsglied ist das Ausgangssignal dann auch wieder eine Sinuswelle, allerdings i. d. R. unterschiedlicher Amplitude und mit Phasenverschiebung in Abhängigkeit der Frequenz ω. Das Verhältnis der Ausgangs- zur Eingangsamplitude als Funktion der Frequenz im eingeschwungenen Zustand ist der Frequenzgang, der sich in der komplexen Zahlenebene als Ortskurve darstellt. Dabei entspricht die Länge des Vektors dem Amplitudenverhältnis $|y/x|$, der Winkel mit der reellen Achse dem Phasenwinkel φ in Bild A-6.

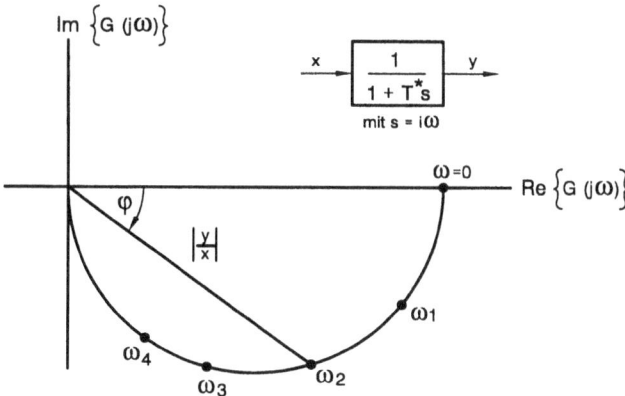

Bild A-6 Ortskurve des Frequenzgangs für Verzögerungsglieder erster Ordnung

Amplitude und Phasenwinkel werden gewonnen, indem in der Laplace-Übertragungsfunktion der Operator s durch $j\omega$ ersetzt wird. Für das in Bild A-6 gezeigte Übertragungsglied 1. Ordnung gilt dann:

$$\frac{y}{x} = G(s) = \frac{1}{1+T^*s} \rightarrow G(j\omega) = \frac{1}{1+T^*j\omega}$$

und

$$\left|\frac{y}{x}\right| = \frac{1}{\sqrt{1+(T^*\omega)^2}} \quad \text{sowie:} \quad \tan\varphi = \frac{\text{Imaginärteil}}{\text{Realteil}} \quad \text{von } G(j\omega)$$

mit

$$\text{Realteil} = \frac{1}{1+(T^*\omega)^2} \quad \text{und} \quad \text{Imaginärteil} = \frac{-T^*\omega}{1+(T^*\omega)^2}$$

somit

$$\varphi = -\arctan T^*\omega .$$

Lage und Gestalt dieser Ortskurven des offenen Systems erlauben Aussagen hinsichtlich Stabilität, Neigung zu Oszillationen etc. auch des geschlossenen Regelsystems. Ist $G(s)$ die Übertragungsfunkion des offenen Systems, so lautet die Übertragungsfunktion des geschlossenen Systems

$$\frac{y}{w}(s) = \frac{G(s)}{1+G(s)}$$

mit $G(s) = y/x$ und

w (Führungsgröße) − y (Regelgröße) = x (Eingangsgröße des offenen Systems).

Für die Stabilität eines Systems besteht ein hinreichendes Kriterium darin, daß alle Wurzeln der charakteristischen Gleichung, also des Nenners einer Übertragungsfunktion, einen negativen Realteil haben. Diese Wurzeln erhält man, indem der Nenner Null gesetzt wird, was für den geschlossenen Regelkreis dann auf

$G(s) = −1$

führt. Der Punkt −1 in der komplexen Ebene spielt deshalb für die Stabilitätskriterien z.B. von Nyquist die zentrale Rolle.

A2.2 Dynamisches Verhalten einiger Grundelemente

	Zeitfunktion	Laplace-Funktion

a) Feder

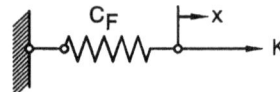

$K = C_F \, x$ $G(s) = C_F$

b) Masse

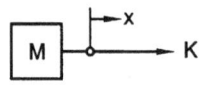

$K = M \dfrac{d^2 x}{dt^2}$ $G(s) = M \cdot s^2$

c) Dämpfung

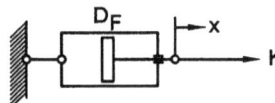

$K = D_F \dfrac{dx}{dt}$ $G(s) = D_F \cdot s$

d) Widerstand

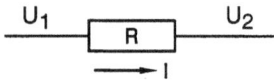

$\Delta U = R \cdot I$ $G(s) = R$

e) Induktivität

$\Delta U = L \dfrac{dI}{dt}$ $G(s) = L \cdot s$

f) Kapazität

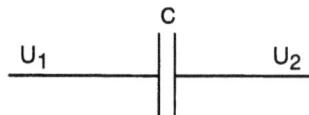

$\Delta U = \dfrac{1}{C} \int I \, dt$ $G(s) = \dfrac{1}{C \cdot s}$

A2 Mathematische Beschreibung des Verhaltens typischer Systemelemente

Durch Zusammenschalten solcher Grundelemente ergeben sich sowohl mechanisch/ hydraulisch als auch elektrisch die vielfältigsten Übertragungsfunktionen.

Beispiel:

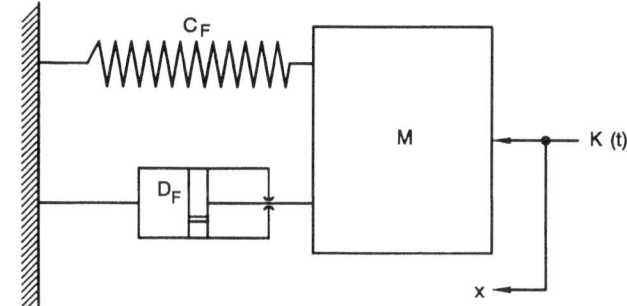

Bild A-8 Masse-Feder-Dämpfungssystem

Da die Kräfte stets im Gleichgewicht sein müssen gilt:

$$K(t) = M \frac{d^2 x(t)}{dt^2} + D_F \frac{dx(t)}{dt} + C_F x(t) \ .$$

Mit der Anfangsbedingung Null lautet die Laplace-Transformation:

$$K(s) = M s^2 X(s) + D_F s X(s) + C_F X(s)$$

oder

$$\frac{X(s)}{K(s)} = \frac{1}{M s^2 + D_F s + C_F} \ .$$

In allgemeiner Form kann diese Gleichung auch geschrieben werden:

$$\ddot{x}(t) + 2\zeta \omega_0 \dot{x}(t) + \omega_0^2 x(t) = \omega_0^2 u(t)$$

mit $u(t)$ als Eingangsgröße, $\omega_0 = \sqrt{C_F / M}$ der natürlichen Frequenz des Systems und

$\zeta = \dfrac{D_F}{2\sqrt{C_F M}}$ dem Dämpfungsfaktor.

Die entsprechende Laplace-Transformation lautet dann:

$$\frac{X(s)}{K(s)} = \frac{\omega_0^2}{s^2 + 2\zeta \omega_0 s + \omega_0^2} = G(s) \ .$$

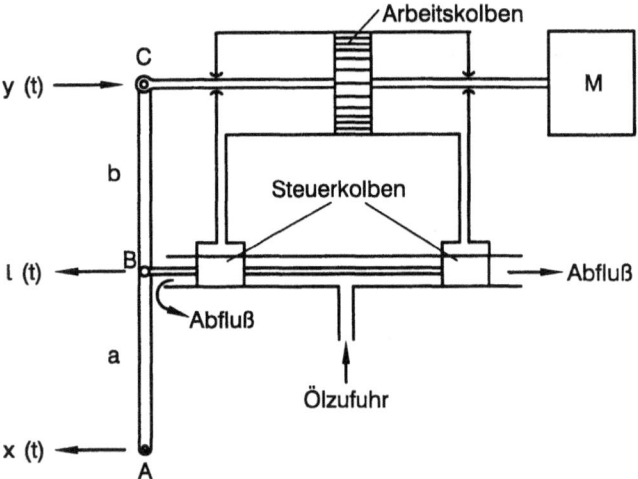

Bild A-9 Hydraulischer Kraftverstärker

Als weiteres Beispiel möge der hydraulische Kraftverstärker in Bild A-9 dienen. Diese Art Kraftverstärker ist in fast allen Brennstoffzumeßgeräten sowie in vielen Stellvorrichtungen am Turboflugtriebwerk anzutreffen. Zu bewegen ist die Masse M in eine Stellung $y(t)$ als Funktion eines Eingangssignals $x(t)$ mittels Hochdruckflüssigkeit als kraftverstärkendes Medium. Die Größe $l(t)$ charakterisiert die Stellung des Steuerventils. Wird der Hebel am Eingangspunkt A ausgelenkt, so dreht sich dieser zunächst um Punkt C und lenkt den Punkt B um einen entsprechenden Betrag $l(t)$ aus. Dadurch öffnet der Steuerkolben die Verbindung zum Arbeitskolben, so daß dieser nach rechts wandert und der Hebel sich nunmehr um A drehend weiter nach rechts bewegt, bis $l(t)$ nach einiger Zeit wieder Null wird.

Nach den geometrischen Verhältnissen am Hebel gilt:

$$l(t) = \frac{b}{a+b} x(t) - \frac{a}{a+b} y(t)$$

Unter der Annahme einer konstanten Druckdifferenz über dem Steuerventil ist der Durchfluß $\dot{V}(t)$ proportional zur Durchtrittsfläche des Ventils, oder:

$$\dot{V}(t) = c \cdot l(t)$$

Dieser Durchfluß muß wiederum der zeitlichen Volumenänderung auf der HD-Seite des Arbeitszylinders entsprechen, also:

$$\dot{V}(t) = A \frac{dy(t)}{dt} \quad \text{oder:} \quad \frac{c[x(t)-y(t)]}{2} = A \frac{dy(t)}{dt}$$

(wenn man der Einfachheit halber $a = b$ setzt). Die Laplace-Transformation lautet dann:

$$X(s) - Y(s) = \frac{2A}{c} s Y(s) \quad \text{oder:} \quad \frac{Y(s)}{X(s)} = \frac{1}{1 + \frac{2A}{c} s}.$$

A2 Mathematische Beschreibung des Verhaltens typischer Systemelemente

Es handelt sich somit unter den hier gemachten Vernachlässigungen von Leckage, Spiel, inkompressiblem Medium usw. um ein einfaches Verzögerungsglied vom Typ $1/(1+T^*s)$. Werden dagegen diese Sekundäreffekte berücksichtigt, so ergibt sich eine Übertragungsfunktion höherer Ordnung. Der erfahrene Ingenieur kann gewöhnlich abschätzen, wann eine Vernachlässigung solcher Sekundäreffekte zur Vereinfachung der Rechnung zulässig ist, ohne das Ergebnis in unzulässigem Maß zu verfälschen.

A2.3 Darstellung in der Zustandsebene

Eine andere, bereits in den sechziger Jahren entwickelte und heute allgemein angewandte Darstellungs- und Lösungsmethode charakterisiert das dynamische System mittels Zustandsgleichungen anstatt Übertragungsfunktionen. Diese Zustandsgleichungen stellen einen Satz von Differentialgleichungen dar, die das dynamische Verhalten des Systems durch seine abhängigen Variablen definieren.

Nimmt man als Beispiel das Feder-Masse-Dämpfungssystem von Bild A-8, so lautet dessen Differentialgleichung in allgemeiner Form:

$$\ddot{x}(t) + 2\zeta\omega_0 \dot{x}(t) + \omega_0^2 x(t) = \omega_0^2 u(t)$$

wobei $x(t)$ die horizontale Auslenkung (Ausgangsgröße) und $u(t)$ die aufgeschaltete Eingangsgröße ist.

Diese Differentialgleichung 2. Ordnung kann auch als ein Paar von Differentialgleichungen erster Ordnung geschrieben werden:

$$\dot{x}_1(t) = x_2(t)$$
$$\dot{x}_2(t) = -2\zeta\omega_0 x_2(t) - \omega_0^2 x_1(t) + \omega_0^2 u(t)$$

wobei $x_1(t) = x(t)$ die Position und $x_2(t) = \dot{x}(t)$ die Geschwindigkeit darstellen. Die Parameter $x_1(t)$ und $x_2(t)$ sind die abhängig Variablen dieses Paars von Differentialgleichungen und werden als Zustandsvariable bezeichnet.

Ein zweidimensionaler Vektor mit den Komponenten $x(t)$ und $\dot{x}(t)$ bezeichnet ebenfalls den Zustand des Systems und heißt Zustandsvektor. Wird in dem schwingenden Feder-Masse-Reibungssystem die Masse M um einen Betrag x_0 vom Gleichgewichtszustand ausgelenkt und losgelassen, so ist der Verlauf des Zustandsvektors in einem $\dot{x}(t) - x(t)$ Schaubild (Bild A-10) darstellbar.

Die Bedeutung des Zustandsvektors liegt darin, daß alle künftigen Zustände des Systems vollständig definiert sind, wenn die Anfangsbedingungen und die System-Eingangsgrößen bekannt sind.

Obige Gleichungen werden dazu in eine Einzel-Vektor-Matrix-Gleichung umgeschrieben:

$$\begin{Bmatrix} \dot{x}_1(t) \\ \dot{x}_2(t) \end{Bmatrix} = \begin{bmatrix} 0 & 1 \\ -\omega_0^2 & -2\zeta\omega_0 \end{bmatrix} \begin{Bmatrix} x_1(t) \\ x_2(t) \end{Bmatrix} + \begin{bmatrix} 0 \\ \omega_0^2 \end{bmatrix} u(t)$$

oder allgemein:

$$\{\dot{x}(t)\} = \mathbf{A}\{x(t)\} + B u(t)$$

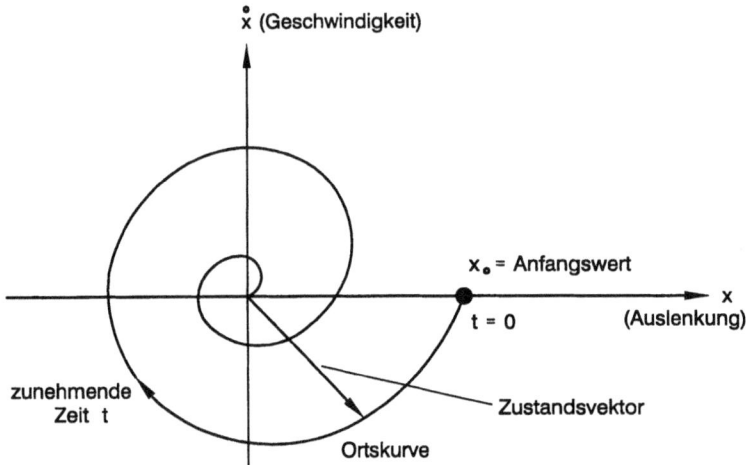

Bild A-10 Typischer Verlauf des Zustandvektors mit der Zeit

Dabei ist $\{x(t)\}$ der Zustandsvektor, **A** eine quadratische Matrix 2×2 und B ein aus zwei Elementen bestehender Vektor. Diese Gleichung stellt eine Beziehung her zwischen der Geschwindigkeit, mit der sich der Systemzustand ändert zum gegenwärtigen Zustand und den Eingangssignalen.

Der gesamte Raum, der von allen Werten des Zustandsvektors ausgefüllt wird, ist der Zustandsraum. Ein System n-ter Ordnung benötigt einen Zustandsvektor mit n Komponenten, der zugehörige Zustandsraum ist dann n-dimensional.

Der allgemeine Fall, wie er z. B. auch beim Turboflugtriebwerk häufig vorliegt, ist das System mit mehr als einer Eingangs- und Ausgangsgröße. Die entsprechenden Zustandsgleichungen lauten dann:

$$\{\dot{x}(t)\} = \mathbf{A}\{x(t)\} + \mathbf{B}\{u(t)\}$$
$$\{v(t)\} = \mathbf{C}\{x(t)\} + \mathbf{D}\{u(t)\}$$

Dabei sind:

$\{x(t)\}$ ≡ Zustandsvektor
$\{v(t)\}$ ≡ Antwort- oder Ausgangsvektor
$\{u(t)\}$ ≡ Regel- oder Eingangsvektor
A ≡ Prozeßmatrix
B ≡ Eingangsmatrix
C ≡ Ausgangsmatrix
D ≡ Übertragungsmatrix.

Der zusätzliche Term $\mathbf{D}\{u(t)\}$ berücksichtigt mögliche Wirkungen zwischen den Eingangs- und Ausgangsgrößen des Systems.

Hat ein System p Eingangsgrößen und q Ausgangsgrößen, so ist $\{u(t)...\}$ ein Eingangsvektor mit p Elementen $u_1(t)$, $u_2(t)$, ... , $u_p(t)$ und $\{v(t)\}$ ist ein Ausgangsvektor mit q Elementen $v_1(t)$, $v_2(t)$, ... , $v_q(t)$. Demzufolge hat die **B**-Matrix die Größe $(n \times p)$, die **C**-Matrix die Größe $(q \times n)$ und die **D**-Matrix die Größe $(q \times p)$ nach den Regeln der Multiplikation von Matrizen.

A3 Zeitverhalten einfacher Regelstrecken und ihre Stabilität

Das Zeitverhalten einer Strecke ist der zeitliche Verlauf einer oder mehrerer Ausgangsgrößen als Funktion bestimmter Eingangsgrößen sowie der mathematischen Struktur der Strecke selbst.

Typische Eingangsgrößen können dabei z.B. Sprung-, Impuls-, Rampenfunktion oder Sinusschwingungen unterschiedlicher Frequenz sein. Liegt andererseits ein bestimmter zeitlicher Verlauf der Eingangsgröße bereits vor, so kann dieser in einzelne Impulse variabler Größe nach jeweils diskreten Zeitschritten zerlegt werden. Die Behandlung erfolgt dann nach der Methode des Faltungsintegrals [112].

Die allgemeine mathematische Struktur in Laplace-Schreibweise zwischen Eingangsgröße $X(s)$ und Ausgangsgröße $Y(s)$ der Strecke lautet:

$$\frac{Y(s)}{X(s)} = K G(s).$$

Während K eine einfache Konstante ist, steht $G(s)$ für die Übertragungsfunktion. Diese besitzt in ihrer allgemeinen Form ein Polynom in s im Zähler und eins im Nenner.

a) System erster Ordnung

Dieses einfachste, aber häufig vorkommende System hat die Form

$$G(s) = \frac{1}{1 + T^* s}.$$

Seine Antwort $Y(s)$ auf eine Sprungfunktion der Eingangsgröße $X(s)$ erhält man, indem $X(s)$ durch $1/s$ ersetzt und mit $G(s)$ multipliziert wird, also

$$Y(s) = \frac{1}{s(1 + T^* s)}.$$

Mit der Laplace-Rücktransformation ergibt sich im Zeitbereich

$$y(t) = 1 - e^{-t/T^*}.$$

Die Sprungantwort steigt also nach einer e-Funktion an (Bild A-11).

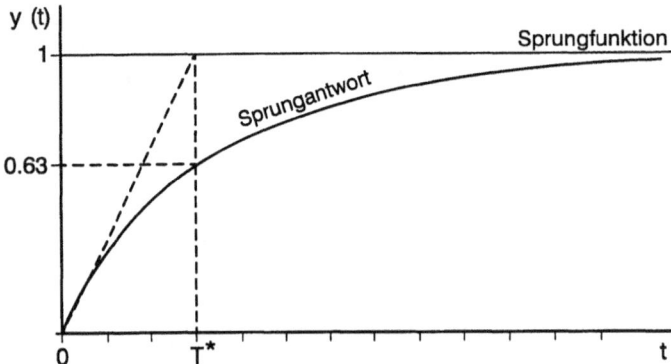

Bild A-11 Sprungantwort des Systems erster Ordnung

Die Sprungantwort $y(t)$ beträgt 63% ihres Endwertes bei $t = T^*$. Eine Tangente an die Kurve im Nullpunkt schneidet die Horizontale durch den Endwert bei $t = T^*$. Außerdem liegt $y(t)$ für $t > 4T^*$ innerhalb von 2% des Endwertes.

Die Antwort dieses Systems auf eine Rampe am Eingang, also $x(t) = t$, erhält man ebenfalls rasch über die Laplace-Transformation zu

$$Y(s) = \frac{1}{s^2(1+T^*s)}$$

und rücktransformiert zu $y(t) = t - T^* + T^* e^{-t/T^*}$.

Gemäß Bild A-12 beträgt die bleibende Abweichung zwischen Eingangs- und Ausgangsgröße T^*, die wiederum nach $t = 4T^*$ innerhalb von 2% erreicht wird.

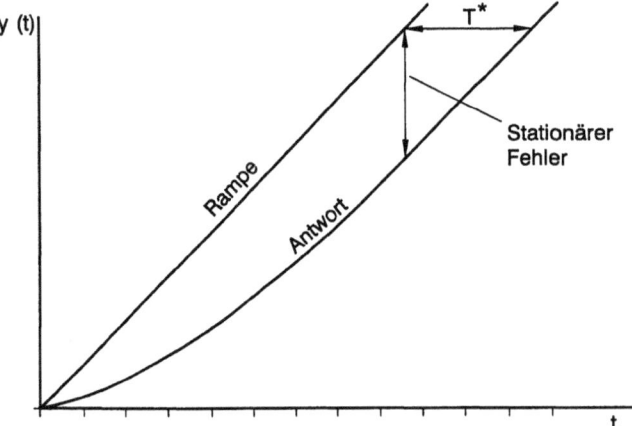

Bild A-12 Antwort auf Rampe des Systems erster Ordnung

Das System erster Ordnung ist per se stabil, da seine Ausgangsgröße nach Abklingen eines jeden beliebigen Eingangssignals einem festen Endwert zustrebt. Eine Optimierung des Zeitverhaltens ist nur über eine Veränderung der Zeitkonstante T^* möglich.

b) System zweiter Ordnung

Viele Systeme in der Praxis entsprechen (zumindest näherungsweise) dem System zweiter Ordnung. Die Übertragungsfunktion in Laplace-Schreibweise lautet:

$$G(s) = \frac{\omega_0^2}{s^2 + 2\zeta\omega_0 s + \omega_0^2} \ .$$

Die Systemantwort z. B. auf eine Sprungfunktion der Eingangsgröße $X(s)$ erhält man wiederum, indem $X(s)$ durch $1/s$ ersetzt und mit $G(s)$ multipliziert wird, also

$$Y(s) = \frac{\omega_0^2}{s\left(s^2 + 2\zeta\omega_0 s + \omega_0^2\right)} \ .$$

Durch Partialbruchzerlegung und Umformen in Summanden erhält man

$$Y(s) = \frac{1}{s} + \frac{C_1}{s - p_1} + \frac{C_2}{s - p_2}$$

wobei C_1 und C_2 Konstanten und p_1 und p_2 die Wurzeln der charakteristischen Gleichung $s^2 + 2\zeta\omega_0 s + \omega_0^2 = 0$ darstellen.

Die Rücktransformation in den Zeitbereich ergibt

$$y(t) = 1 + C_1 e^{p_1 t} + C_2 e^{p_2 t} \ .$$

Dabei sind:

$$C_1 = -\frac{1}{2} - \frac{\zeta}{2\sqrt{(\zeta^2 - 1)}} \quad \text{und} \quad C_2 = -\frac{1}{2} + \frac{\zeta}{2\sqrt{(\zeta^2 - 1)}}$$

$$p_1 = -\zeta\omega_0 + \omega_0\sqrt{(\zeta^2 - 1)} \quad \text{und} \quad p_2 = -\zeta\omega_0 - \omega_0\sqrt{(\zeta^2 - 1)} \ .$$

Je nach Größe des Dämpfungsfaktors ζ ergeben sich qualitativ unterschiedliche Verläufe der Sprungantwort (Bild A-13).

Ist $\zeta > 1$, so erhält man für p_1 und p_2 zwei negative, reale und und ungleiche Wurzeln und die Koeffizienten C_1 und C_2 sind ebenfalls real. Das System ist überkritisch gedämpft. Ist $\zeta < 1$, so erhält man für p_1 und p_2 zwei konjugiert komplexe Wurzeln und die Koeffizienten C_1 und C_2 sind ebenfalls konjugiert komplex.

Die Sprungantwort kann auch ausgedrückt werden als:

$$y(t) = 1 - \frac{1}{\sqrt{1-\zeta^2}} e^{-\zeta\omega_0 t} \sin\left(\omega_0 \sqrt{1-\zeta^2}\, t + \varphi\right)$$

mit $\varphi = \arccos\zeta$.

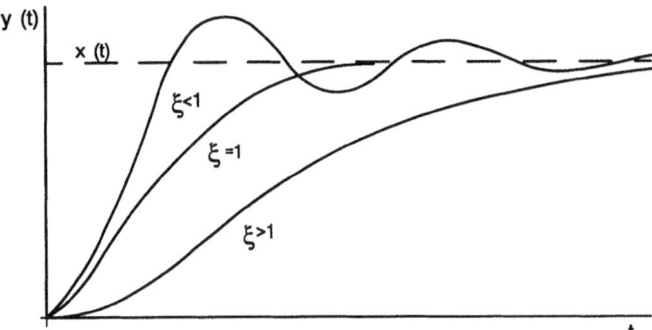

Bild A-13 Einfluß des Dämpfungsfaktors ζ auf die Sprungantwort

Dieses System ist unterkritisch gedämpft und oszilliert, bis es zur Ruhe kommt.

Für den Grenzfall $\zeta = 0$ besteht keine Dämpfung und die Sprungantwort oszilliert mit konstanter Amplitude und der Frequenz ω_0. Ist $\zeta = 1$, so erhält man für p_1 und p_2 zwei negative reale und gleiche Wurzeln; dies ist der Grenzfall, bei dem die Sprungantwort gerade noch kein Übersteuern aufweist.

Für das Zeitverhalten und die Stabilität ist die Lage der Wurzeln $p_1, p_2 \ldots$ der charakteristischen Gleichung in der komplexen s-Ebene verantwortlich.

Betrachtet man zunächst wieder das System 2. Ordnung mit der konstanten Eigenfrequenz ω_0 und variablem Dämpfungsfaktor ζ, so zeigt Bild A-14, wie die Wurzeln für $0 < \zeta < \infty$ liegen können.

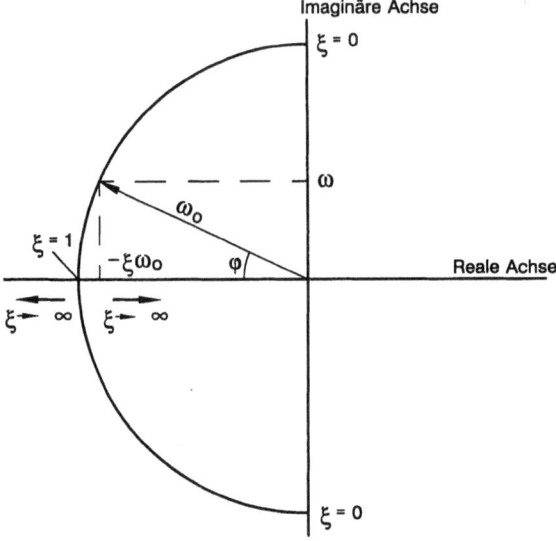

Bild A-14 Wurzelort des Systems 2. Ordnung mit $0 < \zeta < \infty$, für $\zeta = 0$: p_1 *und* $p_2 = \pm j\omega$

Die Wurzeln sind rein imaginär und der Übergangsteil der Lösung lautet:

$$C_1 e^{j\omega_0 t} + C_2 e^{-j\omega_0 t}$$

Für den Sprungeingang ist $C_1 = C_2 = -\frac{1}{2}$ und $y(t) = 1 - \cos\omega_0 t$.

Für $0 < \zeta < 1$: p_1 und $p_2 = -\zeta\omega_0 \pm j\omega_0\sqrt{1-\zeta^2}$

Die Lage der Wurzeln beschreibt einen Halbkreis mit Radius ω_0. Wie dem Bild zu entnehmen, gilt auch $\zeta\omega_0 = \omega_0\cos\varphi$ oder $\zeta = \cos\varphi$.

Der Parameter $\omega = \omega_0\sqrt{1-\zeta^2}$ wird auch als die gedämpfte Eigenfrequenz bezeichnet. Mit $\zeta \to 0$ geht auch $\omega \to \omega_0$.

Für $\zeta \geq 1$ liegen die zwei Wurzeln auf der negativen realen Achse. Für $\zeta = 1$ sind die Wurzeln real und gleich. Für darüber ansteigende Werte nähert sich eine Wurzel entlang der realen Achse dem Null-Punkt, während die andere in Richtung $-\infty$ geht. Das Zeitverhalten des Systems wird umsomehr von der ersten Wurzel bestimmt, je mehr die zweite sich in Richtung $-\infty$ entfernt. Als Faustregel gilt, daß der Einfluß der zweiten Wurzel vernachlässigbar wird, wenn sie mehr als 6 mal so weit vom Ursprung liegt wie die erste Wurzel. Das Systemverhalten ähnelt dann immer mehr dem des Systems erster Ordnung.

c) System höherer Ordnung

In allgemeiner Form lautet die Übertragungsfunktion in der s-Ebene

$$G(s) = \frac{Z(s)}{(s-p_1)(s-p_2)(s-p_3)\cdots(s-p_N)}.$$

Nach Partialbruchzerlegung und Rücktransformation in die Zeitebene erhält man

$$y(t) = 1 + C_1 e^{p_1 t} + C_2 e^{p_2 t} + C_3 e^{p_3 t} + \ldots + C_N e^{p_N t}$$

oder

$$y(t) = 1 + \sum_{n=1}^{N} C_n e^{p_n t}$$

mit $C_1, C_2 \ldots C_N$ Konstanten.

Das Übergangsverhalten ist somit die Summe aus den Termen $C_n e^{p_n t}$ mit $p_1, p_2 \ldots p_n \ldots p_N$ als den Wurzeln der charakteristischen Gleichung, die die Pole der Übertragungsfunktion darstellen.

Der Beitrag, den jeder Term zum Übertragungsverhalten im Zeitbereich liefert, hängt zum einen ab von seinen Koeffizienten C_n, sowie zum anderen von der Lage der Pole p_n in der komplexen s-Ebene. Jede oszillierende Antwort resultiert aus einem Paar konjugiert komplexer Wurzeln. Jede Wurzel mit einem positiven reellen Teil hat einen Pol in der rechten Hälfte der s-Ebene und führt zu einem mit der Zeit grenzenlos ansteigenden Term, d. h. das System ist instabil.

Von den Polen in der linken Hälfte der s-Ebene verschwinden die Terme am ehesten mit der Zeit, die am weitesten links liegen, einmal gleiche Koeffizienten C_n vorausgesetzt. Wiederum kann davon ausgegangen werden, daß Pole, die ca. 6 mal weiter von der imaginären Achse wegliegen als die dominierenden Pole, in ihrer Wirkung vernachlässigbar sind.

A4 Reglerentwurf mit Sprungantwort

A4.1 Allgemeine Optimierungskriterien

Neben einem Reglerentwurf mit Hilfe des Frequenzkennlinienverfahrens wird für einfachere Regelungen auch der Reglerentwurf mit Hilfe der Sprungantwort durchgeführt.

Neben einer ausreichenden Stabilitätsgrenze wird von einer guten Regelung i. a. gefordert, daß sie Änderungen der Führungsgröße möglichst schnell und genau folgt und über eine ausreichende Dämpfung verfügt.

In der Praxis wird bei der Regleroptimierung grundsätzlich etwa folgendermaßen vorgegangen:

Gegeben ist das Übertragungsverhalten der Regelstrecke, also hier des Turboflugtriebwerks, entweder aus Rechnungen (vgl. Abschnitt 3.5.4) oder aus Messungen. Gesucht wird der für diese Regelstrecke parameteroptimale Regler z. B. bezüglich Schnelligkeit, Genauigkeit und Dämpfung.

Aus der Zahl bekannter Optimierungskriterien und -verfahren kann man bereits schließen, daß es kein allgemeingültiges, noch dazu leicht handhabbares Verfahren für alle Fälle gibt und auch nicht geben kann. Im folgenden seien einige der bekanntesten Kriterien genannt:

a) Minimierung der absoluten Regelfläche

Bild A-15 zeigt beispielhaft die Sprungantwort der geregelten Größe auf eine entsprechende sprungartige Änderung der Führungsgröße.

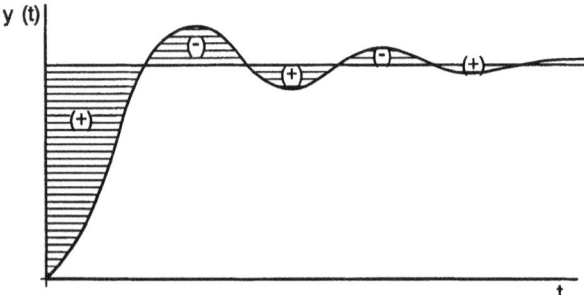

Bild A-15 Definition der Regelfläche

Bei diesem Kriterium wird gefordert, daß die absolute Gesamtregelfläche

$$F_a = \int_0^\infty |y_\infty - y(t)|\, dt \quad \text{ein Minimum wird.}$$

A4 Reglerentwurf mit Sprungantwort

b) Minimierung der quadratischen Regelfläche

Gefordert wird hier, daß die quadratische Regelfläche

$$F_{qu} = \int_0^\infty [y_\infty - y(t)]^2 \, dt$$

ein Minimum wird. Bei diesem Kriterium werden durch das Quadrieren die größeren Regelabweichungen stärker gewichtet. Dadurch können dann aber langsam abklingende Schwingungen kleiner Amplitude auftreten. Eine bessere Dämpfung erhält man mit dem folgenden ITAE-Kriterium.

c) Minimierung der mit der Zeit multiplizierten Regelfläche (ITAE-Kriterium, integral of time multiplied absolute value of error)

Gefordert wird, daß

$$F_{ITAE} = \int_0^\infty t \left| [y_\infty - y(t)] \right| \, dt$$

ein Minimum wird.

Alle vorstehenden Kriterien führen in der Regel auf größere numerische Rechnungen. Einfachere Einstellvorschriften für die frei anpaßbaren Regelparameter liefert dagegen das folgende Betragsoptimum.

d) Betragsoptimum

In der Praxis hat dieses Verfahren die größte Bedeutung erlangt. Es beschränkt sich auf die Betrachtung des Führungsverhaltens, wobei die Reglerkonstanten einfach und rasch bestimmt werden können. Gefordert wird, daß sich der Betrag des Frequenzgangs des geschlossenen Regelkreises

$$|F(j\omega)| = \left| \frac{y(j\omega)}{w(j\omega)} \right|$$

im Punkt $\omega = o$ an die Horizontale $|F(j\omega)| = 1$ anschmiegt (Bild A-16). Eine ideale Regelung läge vor, wenn $y(j\omega) = w(j\omega)$ für alle Frequenzen erzielt werden könnte.

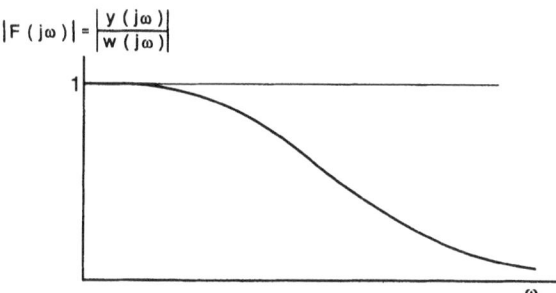

Bild A-16 Betragsoptimierung

A4.2 Kompensation von P-T-Gliedern in der Regelstrecke

Die Regelstrecken $G_1(s)$ weisen häufig P-T-Glieder auf, die das Übertragungsverhalten verlangsamen. Es ist deshalb in der Regel das Ziel, dieses unerwünschte Verhalten zu kompensieren.

a) Kompensation mit idealem PD-Glied

Im einfachsten Fall sei die Regelstrecke

$$G_1(s) = \frac{K_1}{(1+T^*s)}.$$

Zur Kompensation werde zunächst ein ideales PD-Glied

$$G_2(s) = K_2(1+T_v^*s)$$

vorgeschaltet, so daß die resultierende Übertragungsfunktion lautet:

$$G(s) = G_2(s)\,G_1(s) = K_2(1+T_v^*s) \cdot \frac{K_1}{1+T^*s}$$

Wählt man $T_v^* = T^*$, so ergibt sich die ideale Kompensation zu $G(s) = K_2\,K_1$, d.h. die Ausgangsgröße folgt der Eingangsgröße ohne Verzögerung.

Ist die Vorhaltzeitkonstante T_v^* nicht genau gleich der Zeitkonstanten T^*, so ergibt sich entweder eine Über- oder Unterkompensation.

b) Kompensation durch PD-Glied mit Verzögerung

In der Praxis hat ein Vorhaltglied in der Regel selbst eine zumindest kleine Verzögerung, so daß

$$G_2(s) = \frac{K_2(1+T_v^*s)}{(1+T_1^*s)}.$$

Ist jedoch $T_v^* \gg T_1^*$ und $T_v^* = T^*$, so ergibt sich näherungsweise die gleiche Kompensation, lediglich mit einer kleinen Verzögerung gemäß T_1^*, also:

$$G(s) = \frac{K_1\,K_2}{1+T_1^*s}.$$

c) Kompensation durch Gegenkoppelung (geschlossener Regelkreis)

Während die unter a) und b) beispielhaft gezeigte Kompensation insbesondere auch für die Auslegung von Steuerketten relevant ist, besteht darüberhinaus durch Gegenkoppelung in einem Regelkreis die gleiche Möglichkeit der Kompensation. Dies sei wiederum mittels der einfachen Regelstrecke

$$G_1(s) = \frac{K_1}{1+T^*s}$$

kurz dargestellt. Gemäß Bild A-17 wird die Ausgangsgröße y von der Führungsgröße w abgezogen und die Differenz $x = w - y$ mit dem Reglerverstärkungsfaktor K_R multipliziert. Die Regelgröße y ergibt sich dann zu

$$y = \frac{K_R K_1}{1 + T^* s} x$$

Ist

$$\frac{y}{x} = G_0(s) = \frac{K_R K_1}{1 + T^* s},$$

so ist

$$\frac{y}{w} = \frac{G_0(s)}{1 + G_0(s)} = \frac{K}{1 + T_R^* s}$$

mit

$$K = \frac{K_R K_1}{1 + K_R K_1}$$

und der Zeitkonstante des Regelkreises

$$T_R^* = \frac{T^*}{1 + K_1 K_R} \ .$$

Für $K_R \to \infty$ ergibt sich das verzögerungsfreie Ansprechverhalten $\frac{y}{w} = 1$.

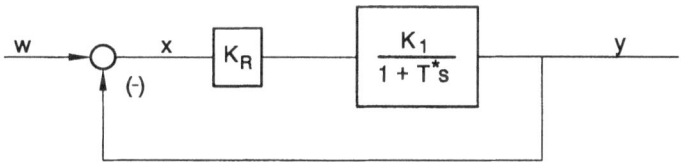

Bild A-17 Kompensation der Verzögerung durch Gegenkoppelung

A4.3 Unterlagerte Regelkreise

Zur Verbesserung des dynamischen Verhaltens komplexer Regelungsaufgaben werden häufig unterlagerte Regelkreise eingesetzt. Bild A-18 zeigt die grundsätzliche Struktur eines solchen Systems.

Die zusätzlich zurückgeführten Größen werden auch als Hilfsregelgrößen bezeichnet. Dabei wird der Regler G_{K1} so ausgelegt, daß durch ihn die Strecken-Zeitkonstante von G_{S1} kompensiert wird. Die restlichen Zeitkonstanten der Regelstrecke in G_{S2} können dann extra, z. B. durch einen PI-Regler stabilisiert werden. Durch den zusätzlichen inneren Regelkreis wird die Stabilität wesentlich verbessert. Außerdem werden Störgrößen, die auf den inneren Kreis einwirken, bereits dort in ihrer Wirkung weitestgehend eliminiert, ohne sich auf die eigentliche Regelgröße auswirken zu können.

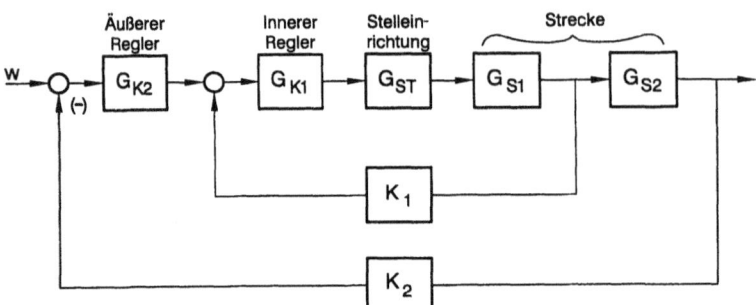

Bild A-18 Unterlagerter Regelkreis

Reglerentwurf und Optimierung, früher mit sehr viel manuellem Rechenaufwand verbunden, ist heute durch zahlreiche Anwendungsprogramme im Rahmen des CAE (*computer aided engineering*) wesentlich erleichtert worden. In kurzer Zeit kann der Regelungsingenieur verschiedene Reglervarianten durchrechnen und die beste auswählen. So können mit Hilfe der zur Verfügung stehenden Grafikelemente Wirkungspläne auf dem Bildschirm zusammengestellt werden, auch unter Benutzung typischer nichtlinearer Elemente wie Begrenzer, Hysterese etc. Ist der Rechner trotz CAE-Programm und grafischer Oberfläche noch echtzeitfähig, so kann eine Ankoppelung an ein Modell der Regelstrecke erfolgen. Dies ist heute üblicher Standard bei der Entwicklung von Triebwerkreglern.

A5 Digitale Regelungen

Die Vorteile digitaler Regelungen liegen vor allem in ihrer Fähigkeit, komplexe Rechnungen bei Langzeitkonstanz der Rechenergebnisse durchzuführen, in der relativ leichten Umprogrammierbarkeit der Rechenalgorithmen ohne Hardware-Änderungen, in der Speicherfähigkeit von Daten und der inherenten Fähigkeit zur Selbstüberwachung. Sie haben sich deshalb im Triebwerkbau durchgesetzt, so daß hier kurz auf einige besondere Merkmale eingegangen werden soll.

A5.1 Funktionseinheiten

Da sowohl die Sensorausgänge als auch die Stellgliedereingänge in der Regel analoge Signale sind, müssen dem digitalen Regler Analog-/Digital-Wandler (ADW) vor- und Digital-/Analog-Wandler (DAW) nachgeschaltet werden.

ADW

Gesteuert durch einen Zeitimpuls, verwandelt ein ADW eine analoge Größe, z. B. eine Spannung zum Zeitpunkt t_k in einen Zahlenwert x_k ($k = 0, 1, 2, 3 \ldots$). Dabei muß die analoge Größe während der Umsetzzeit konstant gehalten werden, bis alle Ziffern des Zahlenwertes bestimmt sind. Die binären Zahlenwerte x_k ergeben sich durch eine Unterteilung des Bereichs des analogen Signals auf die Bit-Zahl des ADW. Bei z. B. 3 Bit sind dies $2^3 = 8$ Intervalle.

A5 Digitale Regelungen

Bei einem ADW mit höherer Bit-Zahl ist die Auflösung besser, dafür nimmt die Wandlerzeit zu. Um das zu wandelnde Signal nicht zu verfälschen, sollte die Abtastfrequenz mindestens doppelt so groß sein wie die höchste im Signal enthaltene Frequenz.

Digitaler Regler

Um aus der digitalen Regeldifferenz die digitale Stellgröße zu berechnen, ist die Rechenzeit T_R erforderlich. Die Berechnung beginnt, nachdem die A/D-Wandelzeit abgelaufen ist. Sobald der neue Wert der Stellgröße vorliegt, kann die D/A-Wandlung beginnen. Je höher die Stellenzahl, mit der der Rechner arbeitet, um so geringer sind die Rundungsfehler, allerdings mit zunehmender Rechenzeit.

DAW

Entsprechend den Stellen der Binärzahl wandelt der DAW eine Binärzahl in einen analogen Spannungswert, wobei die einzelnen Stellen der Binärzahl als Schalter wirken, die Teilspannungen zuschalten können. Der Spannungswert am Ausgang des DAW wird solange konstant gehalten, bis ein neuer Stellgrößenwert geliefert wird. Diese D/A-Wandlung beginnt, nachdem die A/D-Wandlungszeit und die Rechenzeit abgelaufen sind. Durch die Konstanthaltung wird die Stellwirkung um eine halbe Abtastperiode verzögert.

A5.2 Digitalisierung analoger Reglerfunktionen

Aus praktischen Gründen wird häufig zunächst ein analoger PID-Regler optimiert und anschließend digitalisiert bzw. diskretisiert. Der PID-Regler reicht in seinen Anpassungsmöglichkeiten für die meisten Regelungsaufgaben aus. Grundsätzlich kann aber selbstverständlich auch jeder andere Reglertyp diskretisiert werden.

Die Gleichung für den (verzögerungsfreien) analogen PID-Regler lautet:

$$y(t) = K_P\, x(t) + K_I \int_0^t x(\tau)\, d\tau + K_D\, \dot{x}(t)$$

mit $x(t)$: Reglereingang als Differenz zwischen Führungs- und Regelgröße.

Mit der Abtastzeit T ergibt sich der diskontinuierliche Regelalgorithmus zu:

$$y(kT) = K_P\, x(kT) + K_I \sum_{\nu=0}^{k} x(\nu T)\, T + K_D\, \dot{x}(kT)\ .$$

Kann die Abtastzeit T klein genug gewählt werden, so ergeben sich ähnliche Verläufe wie beim analogen Regler und die Abtastvorgänge können ignoriert werden. Liegt T jedoch im Bereich der Streckenzeitkonstanten, müssen die Abtastvorgänge bei der Regleroptimierung berücksichtigt werden.

Wird für den Integralteil die Trapezregel angewandt und schreibt man für $y(kT) = y_k$; $x(kT) = x_k$ und $x(\nu T) = x_\nu$, so erhält man:

$$y_k = K_P\, x_k + K_I\, T \sum_{\nu=0}^{k} \frac{x_\nu + x_{\nu-1}}{2} + K_D\, \frac{x_k - x_{k-1}}{T}\ .$$

Bei der Digitalisierung des I-Anteils muß durch sogenannte Anti-Windup-Algorithmen ein unkontrolliertes Hochlaufen dieses Anteils verhindert werden. Beim D-Anteil können sich bei sehr kleiner Abtastperiode T durch den Quantisierungseffekt im ADW Sprünge dieses Anteils ergeben. Dieses sogenannte Quantisierungsrauschen auf die Regelgröße kann durch einen verzögerten D-Anteil vermindert werden.

A5.3 Verschiebungsoperator und Z-Transformation

Der Reglerausgangswert y_{k+1} errechnet sich aus dem vorangegangenen Wert y_k und den Eingangswerten x_k und x_{k+1}. Es müssen also sowohl von der Eingangsfolge als auch von der Ausgangsfolge gespeicherte Werte zur Verfügung stehen. Es wird somit zunächst eine zusätzliche Operation benötigt, die das Speichern bzw. Verschieben von Werten gestattet. Wird der Verschiebungsoperator VO verwendet, so ist

$$VO\{x_{k+1}\} = x_k .$$

Aus einer Gleichung

$$y_{k+1} = C_1 x_k + C_2 x_{k+1} + C_3 y_k$$

wird dann

$$y_k = C_2 x_k + VO\{C_1 x_k + C_3 y_k\} .$$

Analog zur Laplace-Transformation der kontinuierlichen Zeitfunktion $x(t)$ wird bei diskreten Wertefolgen $x(kT)$ die sogenannte diskrete Laplace-Transformierte $L\{x(kT)\}$ definiert.

$$L\{x(kT)\} = \sum_{k=o}^{\infty} x(kT) e^{-skT}$$

Mit der Substitution $e^{sT} = z$ wird für die Variable s eine neue Variable z eingeführt. Damit erhält man die z-Transformierte $X(z)$ der Wertefolge $x(kT)$ mit:

$$Z\{x(kT)\} = X(z) = \sum_{k=o}^{\infty} x(kT) z^{-k} .$$

Analog zur Laplace-Transformation gibt es auch hier entsprechende Korrespondenztabellen zur z-Transformation. Die z-Übertragungsfunktion ist dann der Quotient der z-Transformierten von Ausgangs- zu Eingangswertefolge bei Anfangsbedingung gleich Null.

$$F(z) = \frac{Z\{y(kT)\}}{Z\{x(kT)\}} = \frac{Y(z)}{X(z)}$$

Diese z-Übertragungsfunktion hat bei Stabilitätsuntersuchungen von Abtastregelkreisen eine große Bedeutung.

A5.4 Wahl der Abtastperiode

Es ist in der Regel das Ziel, daß der digitalisierte Regler möglichst genauso gut regelt wie der analoge Regler.

Allerdings kann der digitalisierte Regler nur zu den Abtastzeitpunkten Signale verarbeiten. Außerdem hat er eine Gesamttotzeit von etwa der Summe aus Rechenzeit und halber Abtastzeit für den DAW. Diese Totzeit verringert die Stabilitätsreserven gegenüber dem analogen Regler.

Einer extremen Verkleinerung der Abtastperiode steht meist die Forderung entgegen, mit dem (auch schnellen) Prozeßrechner noch andere Aufgaben zu erledigen, wie z. B. weitere Regelkreise, Überwachung etc. Deshalb hat sich in der Praxis die größte noch zulässige Abtastperiode an der geforderten Regelgüte zu orientieren. So kann sich die dafür anzuwendende Faustregel z. B. an der Führungssprungantwort, also dem Einschwingverhalten des analogen Regelkreises orientieren. Danach sollte die Abtastperiode kleiner sein als ein Zehntel der ersten Zeitkonstante, oder, bei einem unterkritisch gedämpften Antwortverlauf, als ein Zehntel der Periodendauer.

A6 Besonderheiten und Vorgehensweise beim Entwurf von Steuer- und Regelsystemen von Turboflugtriebwerken

Die Besonderheiten beim Turboflugtriebwerk ergeben sich durch die folgenden, teilweise gravierenden drei Erschwernisse. Zunächst ändern sich auch bei Linearisierung die „Konstanten" in den Übertragungsfunktionen des Triebwerks sehr stark mit dem Flugzustand sowie dem Lastpunkt zwischen Leerlauf und Vollast. Je nach Flugbereich und Drehzahlbereich kann sich z. B. die dominierende Zeitkonstante, die die Dynamik der Rotorsysteme beschreibt, zwischen ihrem Minimal- und Maximalwert um einen Faktor bis zu 20 ändern, z. B. bei Überschalltriebwerken. Das bedeutet, daß auch die Reglerkonstanten diesen Änderungen folgen müssen. Auch die Stellkräfte z. B. für die Verstellung einer variablen Schubdüse können beträchtlich schwanken. Die zweite Erschwernis liegt darin, daß eine Linearisierung um einen Betriebspunkt i. d. R. nur für relativ kleine Auslenkungen zulässig ist. Wenn aber z. B. variable Triebwerkgeometrie an einen Anschlag läuft, sind nicht einmal für kleine Änderungen lineare Verhältnisse gegeben. Da die noch relativ leicht zu handhabenden Behandlungsmethoden der Regelungstechnik aber lineare Differentialgleichungen voraussetzen, ergeben sich auch hier häufig große Erschwernisse beim Versuch einer geschlossenen mathematischen Behandlung.

Während dies alles aber bei einfachen Triebwerken mit einer variablen Eingangsgröße, dem Brennstoff in die Brennkammer sowie evtl. verstellbaren Verdichterleiträdern noch relativ einfach beherrschbar ist, ergeben sich bei Triebwerken mit mehreren variablen Eingangsgrößen zusätzliche Probleme. So liegen z. B. bei einem Überschalltriebwerk mit Nachbrenner in der Regel mindestens folgende variable Eingangsgrößen vor:

– Brennstoff in die Triebwerkbrennkammer,
– Brennstoff in den Nachbrenner,
– Stellung der Schubdüsenfläche,
– Stellung variabler Leitschaufeln,

– Luftentnahme aus dem Verdichter,
– Leistungsentnahme von einer Triebwerkwelle.

Hinzu kommen die erwähnten Variationen der Eintrittsbedingungen durch den Flugzustand, gekennzeichnet durch die Eintrittstemperatur T_2, den Eintrittsdruck P_2 sowie bei unterkritisch durchströmter Schubdüse auch noch den statischen Außendruck (Gegendruck), gegen den der Abgasstrahl ausströmt. Da sich diese Größen relativ langsam ändern, können sie i. d. R. für einen Flugzustand als konstant angesetzt werden. Dafür sind solche Rechnungen dann aber für eine größere Anzahl von Flugzuständen im zulässigen Flugbereich durchzuführen.

Die Zahl der Eingangsgrößen, d. h. Stellgrößen für die Triebwerkanlage, kann sich durch weitere variable Geometrie vor dem Triebwerk im Einlauf oder im Triebwerk erhöhen. Letzteres ist dann der Fall, wenn die seit langem diskutierten Triebwerke variabler Geometrie – z. B. Klappen im Nebenstromkanal – realisiert werden sollten.

Weitere Eingangsgrößen, hier als Störgrößen, können plötzlich auftretende und für das Triebwerk u. U. kritische Druckprofile nach dem Einlauf sein, wie sie insbesondere bei Flugmanövern von Kampfflugzeugen entstehen können. Bei den senkrecht startenden Kampfflugzeugen kann die Heißgasrezirkulation zum Problem werden, wobei Heißgassträhnen des Abgasstrahls vom Triebwerk wieder angesaugt werden, meist mit ungleichmäßiger Temperaturverteilung am Eintritt.

Da die Triebwerkanlage unter weitestgehender Vermeidung katastrophaler Störungen möglichst fehlertolerant zu konzipieren ist, sind auch noch typische Fehler im Triebwerk, an seinen Stellgliedern sowie im Steuer-/Regelsystem selbst zu berücksichtigen.

Bei der Regelstrecke Triebwerk kann es sich somit um ein gekoppeltes System mit mehreren Eingangsgrößen (Stell- oder Störgrößen) und mehreren Ausgangsgrößen (Regelgrößen) handeln, mit Beeinflussungslinien wie in Bild A-19 dargestellt.

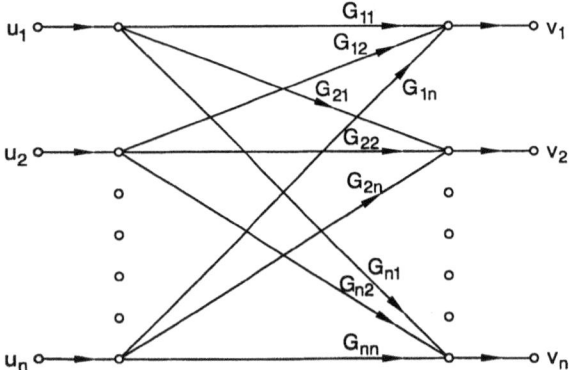

Bild A-19 Gekoppeltes System mit mehreren Eingangs- und Ausgangsgrößen

A6 Besonderheiten und Vorgehensweise beim Entwurf

Ob dann tatsächlich alle Eingangsgrößen alle Ausgangsgrößen beeinflussen, hängt vom jeweiligen Triebwerktyp ab und wurde in Abschnitt 3.7 behandelt. Die genauen diesbezüglichen Kenntnisse der Regelstrecke sind aber unabdingbare Voraussetzung für die Strukturierung der Steuerungen und Regelungen.

Zwar gibt es in der Fachliteratur seit längerer Zeit Veröffentlichungen und Vorschläge für den Entwurf von Triebwerkreglern für solche gekoppelten Regelkreise. Aus den eingangs erwähnten Schwierigkeiten wird in der Praxis aber in der Regel anders vorgegangen, zumal auch die Ausfall-/Sicherheitsfragen nicht geklärt sind.

Deshalb wird meist zunächst versucht, die gegenseitige Beeinflussung der Regelkreise zu minimieren. In einigen Fällen werden auch Steuerungen eingesetzt, wie z. B. bei der Betätigung von variablen Leitschaufeln als Funktion der reduzierten Drehzahl. Im Fall des Tornado-Triebwerks konzipierte der Verfasser sogar das gesamte Nachbrenner-Betriebssystem als reine Steuerung (vgl. Abschnitt 4.6.3), die ein enorm rasches Ansprechverhalten bei kommandierten Schubänderungen ermöglichte bei sehr hoher Stabilität und Sicherheit, so daß dieses Konzept beim Triebwerk EJ200 für den Eurofighter wiederum Verwendung findet. Der von Kritikern vorgebrachte Einwand, daß eine Regelung doch genauer sei und z. B. Triebwerkverschlechterungen automatisch kompensiere, was die Steuerung nicht könne, hat sich als unzutreffend erwiesen. Durch richtige Wahl der Steuerparameter unter Berücksichtigung der genauen thermodynamischen Gegebenheiten ist es durchaus möglich, solche Effekte mit zu berücksichtigen. Voraussetzung ist aber in jedem Fall eine sehr genaue Kenntnis der Regelstrecke. Richtig ist auch, daß u. U. ein etwas größerer Aufwand bei den zu speichernden Funktionen und Rechenoperationen zu treiben ist, der aber bei den heute verfügbaren leistungsfähigen Mikroprozessoren kein Problem darstellt.

Ein Schritt in diese Richtung, aber nicht ganz so weit, ist die Kombination einer Vorsteuerung mit einem überlagerten Regelkreis begrenzter Autorität, der z. B. nur die letzten 10–20% auszuregeln hat. Dadurch ergeben sich i. a. auch schon bessere Voraussetzungen für die dynamische Stabilität.

Werden geschlossene Regelkreise benötigt, wie z. B. bei der Begrenzung wichtiger Parameter auf maximal bzw. minimal zulässige Grenzwerte, so werden diese Kreise zunächst einzeln nach den üblichen Auslegungskriterien meist mittels eines PID-Reglers strukturiert und ihre Konstanten vorläufig festgelegt. Angestrebt werden hinreichende Regelgenauigkeit und Dynamik, ein geeignetes Führungsverhalten, Robustheit gegen Störgrößen etc. Analytisch bedeutet dies Regelkreispole hinreichend weit links in der linken s-Halbebene, die Wahl konjugiert komplexer Pole mit hinreichend gutem Dämpfungsgrad und z. B. einen hinreichend großen Stabilitätsradius.

Aus dem vorher Gesagten folgt jedoch, daß dies eine zwar notwendige, keinesfalls aber hinreichende Vorgehensweise darstellen kann.

Zur Überprüfung der Auswirkungen gegenseitiger Beeinflussungen vermaschter Regelkreise, des Einflusses zahlreicher Nichtlinearitäten, der auftretenden Störgrößen und Fehlermöglichkeiten, der Triebwerkverschlechterung etc. ist eine weitergehende Überprüfung und Parameteroptimierung nötig. Dabei kann sich auch die Notwendigkeit von Strukturänderungen an den Steuer- und Regelkonzepten ergeben.

Diese Überprüfung geschieht mit Hilfe einer Simulation, früher auf einem Analogrechner, heute in der Regel digital. Dazu wird ein geeignetes mathematisches Modell der

Regelstrecke „Triebwerk" erstellt (vgl. Abschnitt 3.5.4) und mit den Funktionen der Steuer- und Regelorgane verknüpft. Die damit mögliche Optimierung hat zwar iterativen Charakter. Mit etwas Erfahrung erhält man aber meist sehr rasch „optimale" Verhältnisse auf einer sehr realistischen Basis. Bei dieser Vorgehensweise gibt es heute kaum noch größere Stabilitätsprobleme in der Entwicklungsphase des Triebwerks, wie sie z. B. bei Nachbrennertriebwerken bis in die sechziger Jahre üblich waren und nur durch Versuche und Erprobung im sehr teuren Triebwerkhöhenprüfstand studiert und eliminiert werden konnten.

Ob der Einsatz alternativer moderner Regelungsverfahren z. B. auf der Basis von selbstadaptiven Systemen, mit Fuzzy Logik oder/und neuronalen Netzen etc. künftig einen Vorteil bringen wird, bleibt abzuwarten.

Verwendete Symbole

Triebwerkebenen:

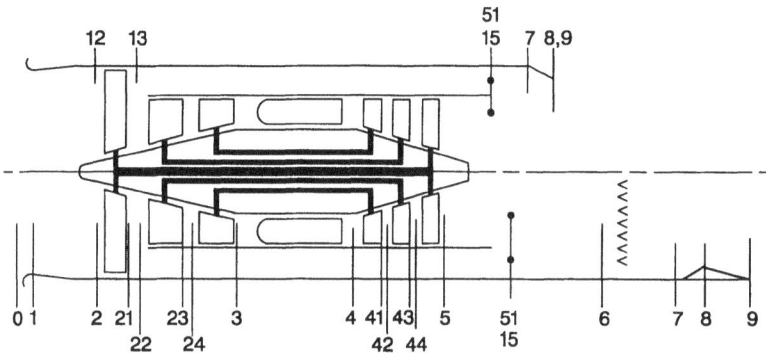

Triebwerkebenen, hier beispielhaft für ein Dreiwellen-Nebenstromtriebwerk mit und ohne Nachverbrennung

Triebwerkparameter:

F	Schub
F_{RH}	Schub mit Nachverbrennung
F_G	Bruttoschub
F_N	Nettoschub
$W; W_v$	Massendurchsatz (in Ebene v)
ΔW_v	Luftentnahme
W_F	Brennstofffluß in Brennkammer
W_{FRH}	Brennstofffluß in Nachbrenner
$P; P_v$	Totaldruck (in Ebene v)
P_{sv}	Statischer Druck (in Ebene v)
$T; T_v$	Totaltemperatur (in Ebene v)
N_H	Drehzahl des Hochdruckläufers
N_I	Drehzahl des Mitteldruckläufers
N_L	Drehzahl des Niederdruckläufers
N_G	Drehzahl des Gasgenerators
N_{NT}	Drehzahl der Nutzturbine
N_P	Drehzahl des Propellers
Π	Druckverhältnis
μ	Nebenstromverhältnis ($W_{außen}/W_{innen}$)
$\emptyset_v$	allgemeiner Triebwerkparameter
$\emptyset_{v\,red}$	allgemeiner reduzierter Triebwerkparameter
$\emptyset$	Stellwinkel des Nachbrenner-Brennstoffsteuerhebels

H	Arbeit
H_{is}	Arbeit (isentrop)
H_{eff}	Arbeit (effektiv)
M	Überschußmoment zwischen Turbine und Verdichter
M^*	Wellenmoment
P_G	Gaserzeugerleistung
P_C	Verdichterleistung
ΔP	Leistungsentnahme, Leistungsüberschuß
ω	Winkelgeschwindigkeit
Θ	polares Massenträgheitsmoment
η	Wirkungsgrad
η_{is}	isentroper Wirkungsgrad
η_c	Ausbrenngrad der Brennkammer
η_{RH}	Ausbrenngrad des Nachbrenners
α	Leistungshebelstellung
β	Grad der Nachverbrennung; Blattanstellwinkel
H_F	Heizwert des Brennstoffs
FAR	Brennstoff/Luftverhältnis
TBT	Turbinenschaufeltemperatur
R	Gaskonstante; el. Widerstand
c_p	spezifische Wärme bei konstantem Druck
$\bar{c}_p$	mittlere spezifische Wärme bei konstantem Druck
κ	Expansionskoeffizient c_p/c_v
i	spezifische Enthalpie
v_v	Geschwindigkeit in Ebene v
K	Kelvin; Kraft
Q	Wärmestrom
$Q_{integr.}$	integrierte Wärmemenge
Ma	Machzahl
M_{TW}	Triebwerkmasse
ρ	Dichte
ν	Viskosität
A	Querschnittsfläche, Amplitudenverhältnis
A_{eff}	Effektive Querschnittsfläche für Strömung
ΔP_Z	Druckdifferenz über Zumeßfläche
V	Volumen
$\dot{V}$	Volumenstrom
$\dot{m}$	Massenstrom in Geräten
L, l	Länge, Auslenkung
h	Höhe

Verwendete Symbole

NV	Niederdruckverdichter
HV	Hochdruckverdichter
ND	Niederdruck
HD	Hochdruck
U, u	el. Spannung (Gleich-, Wechselspannung)
I, i	el. Strom (Gleich-, Wechselstrom)
D_F	Dämpfungsfaktor
L	Induktivität
C	Kapazität
C_V	Konstanten
C_F	Federkonstante
a, b, c, k	Konstanten
ISA	Internationale Standard Atmosphäre
0/0	Bodenstand-Bedingung

Sonstige regelungstechnische Parameter:

t	Zeit
τ	Totzeit
T^*	Zeitkonstante
T	äquidistante Zeitschritte
D	d/dt
ω	Kreisfrequenz
ω_o	natürliche Kreisfrequenz
φ	Phasenwinkel
j	Imaginärteil
s	Laplace-Operator
$F(s)$	Laplace-Transformation von $f(t)$
z	diskreter Laplace-Operator
$F(z)$	diskrete Laplace-Transformation
$\{u(t)\}$	Eingangsvektor $(u_1, u_2, u_3 \dots u_p)$
$\{v(t)\}$	Ausgangsvektor $(v_1, v_2, v_3 \dots v_q)$
$\{x(t)\}$	Zustandsvektor $(x_1, x_2, x_3 \dots x_n)$
w	Führungsgröße
x	Eingangsgröße des offenen Systems
y	Regelgröße

Literaturverzeichnis

[1]   Kühl, H.: Grundlagen der Regelung von Gasturbinentriebwerken für Flugzeuge
Teil 1: Vereinheitlichung der Berechnung der Regelung von GT-Triebwerken für Flugzeuge durch Anwendung der Ähnlichkeitsgesetze. Deutsche Lufa FB 1796/1, DVL Berlin 1943
Teil 2: Gemeinsame Prinzipien der Regelung bei TL-, PTL- und ZTL-Triebwerken. Deutsche Lufa FB 1796/2, DVL Berlin 1943
Teil 3: Regelung von TL-Triebwerken. Deutsche Lufa 1796/3, DVL Berlin 1943

[2]   Münzberg, H.G.; Kurzke, J.: Gasturbinen-Betriebsverhalten und Optimierung. Springer-Verlag, Berlin, 1977

[3]   Hagen, H.: Fluggasturbinen und ihre Leistungen. Braun-Verlag, Karlsruhe, 1982

[4]   Cohen, H.; Rogers, G.F.; Saravanamuttoo, H.I.: Gas Turbine Theory. Longman, London, 1974

[5]   Urlaub, A.: Verbrennungsmotoren. 2. Auflage, Springer Verlag, Berlin, 1995

[6]   Dates, G.C.: Aerothermodynamics of Gas Turbines and Rocket Propulsion, Revised and Enlarged. AIAA, Washington, 1988

[7]   Mattingly, J.D.: Elements of Gas Turbine Propulsion. McGraw Hill, New York, 1996

[8]   Bauerfeind, K.: Luftfahrttriebwerke – Gütekriterien, Bauformen und Neuentwicklungen. Physik in unserer Zeit, 20 (1989), Nr. 1, S. 17 – 24

[9]   Bauerfeind, K.: Aircraft Gas Turbine Cycle Programs – Requirements for Compressor and Turbine Performance Predictions. AGARD-LS No. 83, 1976

[10] Bauerfeind, K.: Die exakte Bestimmung des Übertragungsverhaltens von Turbostrahltriebwerken unter Berücksichtigung des instationären Verhaltens seiner Komponenten. Dissertation TH München, 1968
auszugsweise:
Die Berechnung des Übertragungsverhaltens von Turbo-Strahltriebwerken unter Berücksichtigung des instationären Verhaltens der Komponenten. Luftfahrttechnik – Raumfahrttechnik, (1968) 14, Nr. 5 und 6, S. 117 – 124 und 143 – 151
weiter gekürzte Version:
A New Method for the Determination of Transient Jet Engine Performance Based on the Nonstationary Characteristics of the Components. AGARD-CP 34, Paper No 32, 1968

[11] Bauerfeind, K.: Das Übertragungsverhalten von Strahltriebwerken, Luftfahrttechnik – Raumfahrttechnik 10, (1964) S. 325 – 329

[12] Kirsch, D.B.; Wenzel, L.M.; Hart, C.E.: Experimental Investigation of Turbojet Engine Multiple-Loop Controls for Nonafterburning and Afterburning Modes of Engine Operation. NACA TN-4159, 1958

[13] Koff, B.L.: Designing for Fighter Engine Transients. AGARD CP-324, 1982

[14] Bauerfeind, K.: Some General Topics in the Field of Engine Handling. Vortrag AGARD 60th PEP Meeting, Agios Andreas, GR 11. – 14.10.1982

[15] Bauerfeind, K.: Triebwerksimulation – ein unentbehrliches Instrument bei der Triebwerkentwicklung. MTU-Heute, (1984) H. 5, S. 16 – 18

[16] French, M.W.: Development of a compact real-time turbo fan engine dynamic simulation. SAE-Paper 821401, 1982

[17] Roberts, M.; Schäffler, A.: RB145 Engine: Windmilling and Starting Characteristics. Interner Rolls-Royce-MAN-Bericht v. 12.05.1961

[18] Schäffler, A.: Das Verhalten von TL-Triebwerken beim Antrieb durch den Flugstau. Vortrag WGL-Sitzung Aachen, AVA-FB 62-02, 1961

[19] Zhao Qui Shou: Calculation of Windmilling Characteristics of Turbojet Engines. ASME Paper No. 80-GT-50, 1980

[20] Morita, Sasaki, Torisaki: Restart Characteristics of Turbofan Engines. ISABE- und AIAA Paper-89-7127, 1989

[21] Uni Stuttgart Institut für Luftfahrtantriebe: Untersuchungen zum Verhalten von ND-Verdichtern unter Windmillingbedingungen. Institutsbericht vom 15. Mai 1991

[22] Zhao Qui Shou: Calculation of Windmilling characteristics of turbojet engines. Trans. ASME J. Eng. Power, 103 (1981) 1, S. 1 – 12

[23] Hagen, H.: Verdichterkennfeld und Anlaßleistung bei TL-Geräten. Bericht 171 der Lilienthal Gesellschaft für Luftfahrtforschung, S. 79 – 87, Berlin, 1943

[24] Bauerfeind, K.: Einfluß des Kraftstoff-Regelsystems auf die Schubcharakteristik eines Einwellen-Einstrom-Strahltriebwerks. Luftfahrttechnik 8 (1962) 12, S. 348 – 351

[25] The Jet engine: Fourth Edition, Rolls-Royce plc, Derby, 1986

[26] Gajewski, S.A.; Morosow, F.N.; Tichomirow, J.P.: Regelung der Luftstrahltriebwerke. Militärverlag, Berlin, 1984

[27] Bauerfeind, K.: PRAC – A New Gas Turbine Engine Control Concept. AGARD-CP-151, S. 13-1 bis 13-14, 1975

[28] Bauerfeind, K.: Der gesteuerte Nachbrennerbetrieb beim Tornado-Triebwerk RB199. ZFW, 16 (1992), No 3, S. 183 – 193

[29] P&W believes fixes solve F100 stagnation stall problem. Aviation Week and Space Technology, 2. May 1977, S. 119

[30] Scheppern im Wind: Der Spiegel, (1978) Nr. 51, S. 145 – 146

[31] F-14 to receive improved TF30 engine. Aviation Week and Space Technology, 17. August 1981, S. 62

[32] Robinson, K.: Gas turbine reheat control: A case for microprocessors, Control and instrumentation 9 (1977) H. 2 S. 33 – 37

[33] Robinson, K.: Afterburning regulating concepts. AGARD-CP-151, S. 16 – 17, 1975

[34] Yates, T.C.; Smith, T.S.: Pumping systems and flow interfaces for rapid response electronic reheat controls. AGARD CP-421, S. 21-1 bis 21-18, 1987

[35] Bauerfeind, K.: Mode Control – A Flexible Control Concept For Military Aircraft Engines. AGARD-CP-274 S. 13-1 bis 13-9, 1979

[36] Henning, H.J.: Regelung der Kraftstoffzufuhr bei Gasturbinentriebwerken. Schrift der Firma A. Pierburg, Neuss, 1964

[37] Epstein, A.H.: Intelligent turbine engines for army applications. Final Report US Army Research Office ARO-3305.1-EG-CF, 1994

[38] Advanced aero-engine concepts and control. AGARD-CP-572, 1996

[39] Ralph, J.A.; Bansal, I.; Bong, R.M.: Advanced Control for airbreathing engines. Vols. 1 – 3 NASA CR-189203, CR-189204, CR-189205, 1993

[40] Dadd, G.J.; Sutton, A.E.; Greig, A.W.: Multivariable Control of Military Engines. AGARD CP-572, Paper 28, 1995

[41] Johnson, J.E.: Variable Cycle Engine Concepts. AGARD CP-572, Paper 13, 1995

[42] Heitmeir, F.J.: Combined Cycle Engines for Hypersonic Applications. AGARD CP-572, Paper 16, 1995

[43] Cruzen, G.S.: Expendable Gas Turbine Engine Technology Advances. AGARD CP-537, Paper 7, 1993

[44] Stricker, J.M.: Gas Turbines. In: Tactical Missile Propulsion (Progress in Astronautics and Aeronautics; Vol 170), Reston, VA, USA, 1996, S. 363 – 421

[45] Benson, M.J.: Secondary Power-Benefits of Digital Control and Vehicle Management System Integration. Aerospace Power Systems Technology SP-758, S. 75, 1988

[46] Vinci, C.; Campo, E.; Travati, A.: The Development of an Auxiliary Power Unit for a Fighter Aircraft. AGARD CP-537, Paper 11, 1993

[47] Pearson, D.M.: Powerplants and Lift Systems for ASTOVL Aircraft – the Challenges to an Engine Maker. AGARD CP-572, Paper 8, 1995

[48] Bauerfeind, K.: Extraction of Auxiliary Power from Airbreathing Propulsion Systems. AGARD CP-104, 1972

[49] Couch, B.P.: Control System Technologies for Next Generation Turbine Engines. Royal Aeronautical Society, Conf. Proceedings, 3 Nov. 1994, Paper 2, S. 1 bis 8

[50] Hienz, E.; Illuzi, L.: Propulsion Integration Aspects in Advanced Military Aircraft. AGARD CP-572, Paper 43, 1995

[51] Simon, D.L.: Adaptive Optimization of Aircraft Engine Performance Using Neural Networks. AGARD CP-572, Paper 34, 1995

[52] Bridsall, J.C.; Fields, C.V.: Review of Photonic System Development for Propulsion Controls. AGARD CP-572, Paper 37, 1995

[53] Slatford, J.: Civil airworthiness requirements for powerplant reliability. AGARD CP-215, 1977

[54] Probalistic concepts for gas-turbine engine management. Aerospace Engineering, (1995) July, S. 9 – 12

[55] Guenzel, U.: Aktuelle Aspekte der Sicherheit und Zuverlässigkeit im Luftverkehr. DGLR-Paper 91-249, 1991

[56] Lauber, J.K.: Airline Safety: The Effective Management of Risk. Aus: The Handbuch of Airline Economics, McGraw-Hill, New York, 1995

[57] Müller, G.: Leben mit dem „Restrisiko". Flugsicherheit, (1996) H3 S. 20 – 25

[58] Neufeldt, K.: Sicherheit von technischen Systemen in der Luftfahrt. LBA-Info (1991) Nr. 15, S. 7 – 11 (9030)

[59] Stüssel, R.: Zuverlässigkeit und Wirtschaftlichkeit von Flugzeugsystemen – eine Herausforderung an den Entwurfsingenieur. Vortrag DGLR-Jahrestagung, 03.10.1989

[60] Maier, K.: Flugkraftstoff. LTH Band Triebwerk, 19.06.1986

[61] Handbook of Aviation Fuel Properties. CRC Report No. 530, 1983

[62] Bonfig, K.W.; Bartz, W.J.; Wolff, J.: Das Handbuch für Ingenieure: Sensoren Meßaufnehmer für die Praxis. 2. Auflage, Expert Verlag Ehingen, 1988

[63] Vogelmann, H.: Digitale Drehzahlmessung mit Mikrorechner. Technisches Messen 51. (1984) Heft 1, S. 21 – 28

[64] Müller, K.: Moderne Drehzahlmessung. Antriebstechnik 24, 1985 Nr. 10, S. 34 – 48

[65] Furniss, C.P.: Base-Metal Thermocouple Technology for Improved Temperature Measurement in Gas Turbine Engines. ASME-Paper 93-GT-198, 1993

[66] Wisch, H.: A Review of the Full Capabilities of Blade Path Thermocouples. ASME-Paper 93-GT-222, 1993

[67] Maden, K.H.: A Review of Elevated Temperature Measurements in Gas Turbine Exhausts. I. Mech E. C398[9, 1989

[68] Petrie, C.; Beattie, H.: Hermetically Sealed Thermocouples. ASME-Paper 93-GT-36, 1993

[69] Wrigley, M.: Two-colour pyrometers for gas turbine engines. Proceedings Transducer Conference 1985, Landau, 29. – 31.10.1985

[70] The Use of Optical Pyrometers in Axial Flow Turbines. AIAA-Paper 89-2692, 1989

[71] Suarez, E.: Pyrometer for Turbine Applications in the Presence of Reflection and Flame. AIAA-Paper 93-2374, 1993

[72] Hayden, T.: Evaluating Lens Purge Systems for Optical Sensors on Turbine Engines. AIAA-Paper 88-3037, 1988

[73] Zipser, L.; Dorfmüller, L.: Stand und Entwicklungstendenzen bei pneumatisch-elektrischen und elektrisch-pneumatischen Signalwandlern (Teil II). Messen, Steuern, Regeln 22, 1979, H. 9, S. 505 – 507

[74] o. Verf.: Pneumatische Druckmeßumformer. Regel.-Techn. Praxis und Proz. Rechentechnik, 15, 1973, H 12, S. 304 – 305

[75] Mallon, J.R.: Technology Trends in High Temperature Pressure Transducers: The Impact of Micromachining. NASA-CP 2161, 1992

[76] Freitag, E.: Konstruktionskriterien für Druck- und Differenzdruck-Meßumformer. Messen - Prüfen - Automatisieren 22 (1986) 5, S. 257 – 261

[77] Brinklaus, B.: Orientierung in Kristallentwicklung piezoresistiver Drucksensoren mit extrem hoher Empfindlichkeit. KEM 28, (1991) Heft 10, S. 21 – 22

[78] Birdsall, J.: Light Weight Gas Turbine Engine Fuel Pumping Technology. AIAA-Paper 89-2587, 1989

[79] Martini, L.: Variable Displacement Fuel Pump Design for Open Cycle Operation. AIAA-Paper 80-1306, 1980

[80] Kassel, J.M.; Birdsall, J.: Light Weight Gas Turbine Engine Fuel Pumping Technology. AIAA-Paper 89-2587, 1989

[81] Rohatgi, U.S.: Aircraft Fuel Pump Design, in: Design Methods for Two-Phase Flow in Turbomachinery. ASME FED-Vol 26, S. 1 – 29, 1985

[82] Overstreet, M.; Teague, C.: Lightweight Fuel Pump and Metering Component for Advanced Gas Turbine Engine Control. AIAA-Paper 90-2032, 1990

[83] Krepec, T.; Labbate, A; Taylor, M.: Digitally Controlled Fuel Metering Pump for Small Gas Turbine Engines. SAE-Paper 910057, 1991

[84] Stickles, R.W. et. al: Innovative High Temperature Aircraft Engine Fuel Nozzle Design. ASME-Paper 92-GT-132, 1992

[85] Halvorsen, R.M.; Koblish, T.R.: Fuel Injector Technology in aircraft gas turbine application. Aus: World Aerospace Technologie '90, S. 109 – 112, London, 1990

[86] Myers, G.D.; Armstrong, J.P.; While, C.D.; Clouser, S.; Harvey, R.J.: Development of an Innovative High-Temperature Gas Turbine Fuel Nozzle. ASME-Paper 91-GT-36, 1991

[87] Dodds, W.J.; Ekstedt, E.: Evaluation of Fuel Preparation Systems for Lean Premixing - Prevapourizing Combustors. ASME-Paper 85-GT-137, 1985

[88] Cohen, J.M.; Rosfjord, T.J.: Influences on the Sprays Formed by High-Shear Fuel Nozzle-Swirler Assemblies. AIAA-Paper 90-2193, 1993

[89] Micklow, G.J. et. al: Emissions Reduction by Varying the Swirler Airlflow Split in Advanced Gas Turbine Combustors. ASME-Paper 92-GT-110, 1992

[90] Tortarolo, F.; Crosetti, G.; Difilippo, C.: Safety Critical Software Development for Advanced Full Authority Control Systems. AGARD-CP-572, Paper 36, 1995

[91] Ding, K.: Moderne Mikroelektronik im Triebwerkbau. Interner Vortrag bei der MTU München am 04.08.1993

[92] Collin, J.M.: Progress and new Challenges in Electronics and Digital Engine Control. Review Scientifique SNECMA, 1994 No 5, S. 5 – 17

[93] Janvier, A.; Baufreton, P.; Gélineau, L.; Oliver, C.: Innovative Methods for Developing Electronic Control Systems. Review Scientifique SNECMA, 1994 No 5, S. 19 – 29

[94] Claveau; Frealle: Advanced Fuel Control System for Turboshaft Engines. Paper Annual Forum, Washington D.C., June 1996

[95] Walle, G.: Kraftstoffregelsysteme moderner Luftfahrttriebwerke, Teil 2: Der elektronische Rechner. Firmenschrift Bodenseewerk Gerätetechnik Überlingen, 1997

[96] Schulz, P.: PW4000 FADEC – Improved Operational Reliability, FAST Airbus Technical Digest (1993)[No 15, S. 8 – 11

[97] Birdsall, J.C.; Fields, C.V.: Review of Photonic System Development for Propulsion Controls. AGARD-CP-572, Paper 37

[98] Walle, G.: Versatility in Digital Engine Control Units. Vortrag Indonesian Aircraft Propulsion Symposium, 1997

[99] Walle, G.: Versatiler Triebwerkregler für eine Triebwerkfamilie. Firmenschrift Bodenseewerk Gerätetechnik Überlingen, 1997

[100] Hörl, F.; Mountford, K.: Modern Control System for the EJ200 Engine DGLR Jahrestagung München, TU München 1997

[101] Regelverfahren: Europäische Patentschrift 0358 139 B1

[102] Schwamm, F.: FADEC Computer Systems For Safety Critical Application. ASME 98-GT-170, 1998

[103] Joby, M.: FADEC widens its application base. World Aerospace Technology 91, S. 103 – 106, 1991

[104] Thompson, H.: Parallel Processing For Jet Engine Control. Springer-Verlag Berlin, 1992

[105] Hilberg, W.: Grundlagen elektronischer Schaltungen, Oldenbourg-Verlag, München, 1989

[106] Föllinger, O.: Regelungstechnik - Einführung in die Methoden und ihre Anwendungen. AEG-Telefunken, Berlin, 3. Auflage 1980

[107] Weinmann, A.: Regelungen - Analyse und technischer Entwurf, Band 1. Springer-Verlag, Wien, 3. Auflage, 1994

[108] Nixon, F.E.: Principles of Automatic Control. MacMillan, London, 1958

[109] Xander, K.; Enders, H.H.: Regelungstechnik mit elektronischen Bauelementen. 3. Auflage, Werner-Verlag, 1981

[110] Isermann, R.: Digitale Regelsysteme. Springer-Verlag Berlin, 1977

[111] Hoffmann, N.: Digitale Regelung mit Mikroprozessoren. Vieweg, Braunschweig, 1983

[112] Oppelt, W.: Kleines Handbuch Technischer Regelvorgänge. Verlag Chemie, Weinheim, 1964

[113] Schwarzenbach, J.; Gill, K.F.: System Modelling and Control. 3. Edition, Edward Arnold, London, 1992

[114] DIN 19226 Regelungstechnik und Steuerungstechnik
Teil 1: Allgemeine Grundbegriffe, Teil 2: Funktionelle Begriffe,
Teil 3: Begriffe zum Verhalten dynamischer Systeme
Beuth Verlag GmbH, Berlin, 1994

Sachwortverzeichnis

A
Abblaseluft 121 f.
Abschaltvorgang 68
Abschirmung (EMC, Blitz, nukl. Explosion) 207
Abtastperiode 297
ADW (Analog-/Digital-Wandler) 294
Analoge Schaltungstechnik 183
Analoge Signale 272
Arbeitslinienregelung 22
Arbeitspunktverläufe im Verdichter 57 f.
Aufheizleistung 27, 30
Aufstauverhalten 32
Autarke Steuerungskonzepte 115 ff.
Automatisches Steuern und Regeln 5

B
Bauformen der Triebwerke 9 ff., 12 f.
Begriffe der Steuer-/Regelungstechnik 269 ff.
Beschleunigungsregelung 22, 71 f.
Betragsoptimum 291
Bodie-Transients 33
Brennkammerkennfeld 16
Brennstoffdichte 136 f.
Brennstoffdüsen 168 f.
Brennstoffpumpen 156
Brennstoff-Schmierfähigkeit 137
Brennstoffstabilität 138
Brennstoffsteuerung 191
Brennstofftypen 133 ff.
Brennstoffventile, direkt zumessende 164 f.
Brennstoffventile, indirekt zumessende 167 f.
Brennstoffverunreinigung 138
Brennstoffvorsteuerung 20
Brennstoffzumessung 67
Brennstoffzumeßventile 164

D
DAW (Digital-/Analog-Wandler) 295
Dichtungsspiele instationär 31
Digitale Elektronik 189 ff.
Digitale Regelsysteme (Beispiele) 202 f.
Digitale Regelung 294 f.
Digitale Signale 273
Digitalisierung analoger Funktionen 295
Drehimpulsgeber 154
Drehmomentmessung 154
Drehzahlmessung 143
Dreidimensionaler Nocken 179
Druckdosen 148 f.

Druckgeber (elektrisch) 151 f.
Duplex-Düse 170
Durchflußmessung 153 f.

E
Elektrische Brennkammerzündung 67
Elektrische Funktionserzeugung 181 f.
Elektrische Nachbrennerzündung 88
Elektromotoren 177
Entwicklungsschwerpunkte 111 ff.
Entwurf digitaler Triebwerkregler 297

F
FADEC 189 ff.
FADEC, Entwicklung 196 f.
FADEC, Entwicklungstendenzen 218 ff.
FADEC, Software 198, 213 ff.
FADEC, Stromversorgung 209
FADEC, Überwachungssystem 195
FADEC, Validieren 216
FADEC, Zulassung 196
Flammenlanzen-Nachbrennerzündung 89
Flügelpumpen 160 f.
Fluidik-Druckverhältnisgeber 149 f.
Funktionserzeuger 178

G
Gekoppelte Systeme 298 f.
Grenzwertparameter-Begrenzer 74 ff.

H
Halbkugelventil 167
Hardware Digitalregler 199
Hilfsgasturbinen (APU's) 105 ff.
Hochdruckpumpen 157
Hochtemperatur-Elektronik 219
Hydraulikpumpen und -motoren 176 f.
Hydraulische Stellzylinder 175
Hydraulischer Kraftverstärker 282
Hyperschalltriebwerke 102 f.

I
Instationäres Betriebsverhalten 24 ff.
Integration von Elektronik 210

J
Jumo 109-004 B 223 ff.

K
Katalytische Nachbrennerzündung 88

Kinetisches Messerventil 168
Kommunikation, digital 207
Kompensation für Brennstoffarten 132
Kühl'sche Gerade 21

L
Laplace-Transformation 277 f.
Leistungsrechnung stationär 16 f.
Leistungsstufen militärisch 64
Lufteinlauf 115 ff.
Lufteinlauf, Überschall 116
Lufteinlauf, Unterschall 116
Luftmotoren 174
Luftschraubensteuerung 93
Luft-Zerstäuber-Brennstoffdüse 171

M
Masse-Feder-System 281
Mechanische Antriebe 177
Mechanische Funktionserzeugung 179
Mehrfach-Einspritzdüse 171
Meßturbine 153
Mikroprozessoren 205
Modell für instationären Betrieb 34 f.
MTBF 200
MTR 390-Betriebssystem 263 ff.

N
Nachbrennerbetrieb 78 ff.
Nachbrenner-Einspritzdüsen 172 f.
Nachbrenner-Regelung 79 ff.
Nachbrenner-Steuerung 84 ff., 124
Nebenstromverhältnis 11

O
Operationsverstärker 184 ff.
Optimierte Betriebsartensteuerung 90 ff.
Optimierung des Triebwerks 14
Optoelektronik 219
Ortskurve 279

P
Pneumatische Funktionserzeugung 180
Pneumatische Stellzylinder 174
Positionsmessung 155
P-T-Regelstrecken 292
Pyrometer 146

R
RB199-Betriebssystem 228 ff.
Reduzierte Leistungsparameter 18 ff.
Regelgrößen Triebwerk 56 ff.
Regelstrecke Triebwerk 9
Regelungskonzepte 59 ff.
Reglerentwurf 290 f.
Regleroptimierung 290 f.

Reglerstruktur, Beispiel 194
Rotorbeschleunigung/-verzögerung 69 ff.
Rotordrehzahlbeschleunigung 26
Rotorsteuerung Hubschrauber 96 ff.
Rückfluß-Düse 170

S
Schaufelspiel-Konstanthaltung 123
Schubdüse für Überschall 11, 126
Schuberzeugung 10
Schubsteuerung 59 ff.
Schubumkehrer 127
Sensoren 141 ff.
Sicherheitsanforderungen 128 ff.
Simplex-Düse 169
SMT-Montagetechnik 206
Speicher, digitale 205
Sprungantwort 285 f.
Spulenantriebe 177
Startermotor 65 f.
Startverhalten, Grundlagen 53 f.
Startvorgang 64 f.
Stationäres Betriebsverhalten 14 ff.
Stauscheibe 153
Steuerung sekundärer Luftströme 192
Steuerung variabler Geometrie 191
Steuerung Wärmehaushalt 192
Störgrößen Triebwerk 55 ff.
Stromversorgung FADEC 209

T
Tankpumpen 156
Taumelscheibenpumpe 160
Temperaturmessung 144
Thermoelemente 144
Triebwerk variabler Geometrie 100 f.
Triebwerkverhalten, instationäres 33
Triebwerkzeitkonstante 36
Turbinenkennfeld 15
Turbinensteuerung 124

U
Überschußmoment 26
Übertragungsverhalten der Triebwerke 35
Überwachungssystem FADEC 195
Unterlagerte Regelkreise 293 f.

V
V2500-Betriebssystem 255 ff.
Validieren Software 215
Vapour Core Pump 163
Verdampfungsdüse 171
Verdichterkennfeld 15, 27
Verdichtersteuerung 119 ff.
Verlusttriebwerke 103 f.
Versatile Regler 222

Verteilte Intelligenz 220
Vorleitradverstellung, mehrstufige 121
Vortriebswirkungsgrad 9
VTOL-Triebwerke 108 ff.

W
Wärmeaustausch Gas/Triebwerk 27
Wärmeströme im Triebwerk 28 f.
Wasser-Methanol-Einspritzung 76 ff.
Wiederbeschleunigung 33
Windmilling 41 ff.
Wurzelortskurve 287 f.

Z
Zahnradpumpen 158
Zeitverhalten von Übertragern 285
Zentrifugalpumpen 156, 162 f.
Z-Transformation 296
Zündvorrichtungen Brennkammer 67
Zündvorrichtungen Nachbrenner 88 f.
Zulassung FADEC 196
Zustandsebene 283 f.
Zustandsvektor 284
Zuverlässigkeitsanforderungen 128 ff.
Zwischenkühlungseffekt 31

GPSR Compliance

The European Union's (EU) General Product Safety Regulation (GPSR) is a set of rules that requires consumer products to be safe and our obligations to ensure this.

If you have any concerns about our products, you can contact us on

ProductSafety@springernature.com

In case Publisher is established outside the EU, the EU authorized representative is:

Springer Nature Customer Service Center GmbH
Europaplatz 3
69115 Heidelberg, Germany